过程装备力学分析及有限元法

李 勤　李福宝　孙 博　主编

中国石化出版社

内容提要

本书以石油化工行业为背景，强调理论与实践结合。全书共分9章，主要内容包括弹性理论基本方程、薄壳理论、厚壁圆筒力学分析、薄板理论、开孔应力分析、外压容器力学分析、卧式容器力学分析、直立设备力学分析及过程装备力学问题的有限元分析。

本书可作为过程装备与控制工程和能源与动力工程的本科及动力工程与工程热物理专业研究生的专业教材，也适用于化工设备与能源行业的专业职业培训。

图书在版编目（CIP）数据

过程装备力学分析及有限元法/李勤，李福空，孙博主编.
—北京：中国石化出版社，2021.9
ISBN 978-7-5114-6429-3

Ⅰ.①过… Ⅱ.①李… ②李… ③孙… Ⅲ.①化工过程-化工设备-工程力学-分析 Ⅳ.①TQ051

中国版本图书馆CIP数据核字（2021）第175449号

中国石化出版社出版发行

地址：北京市东城区安定门外大街58号
邮编：100011 电话：(010) 57512500
发行部电话：(010) 57512575
http://www.sinopec-press.com
E-mail: press@sinopec.com
北京富泰印刷有限责任公司印刷
全国各地新华书店经销

*

787×1092毫米 16开本 19.5印张 494千字
2021年10月第1版 2021年10月第1次印刷
定价：45.00元

前　　言

随着中国经济发展进入新常态，世界经济发展进入转型期，世界科技发展酝酿新突破的发展格局，加快转变经济发展方式，调整经济发展结构，提高经济发展质量和效益成为“新时代”的必然要求，也给“新工科”提出了从理论到实践的新要求，赋予了“新工科”新的内涵。与之相适应的人才培养新常态随之产生，人才培养理念的变革势在必行。而变革人才培养的基础是要“改造我们的课堂”，“改造我们的课堂”首先要“改造我们的教材”，教材要贴近科技主流，要服务科技创新，要贴近生产实际，要强调理论和实际的结合。本书的编写特点如下：

1. “教育要落地”。教育的本质是培养人，教育的目标是培养适应“新时代、新工科”知识结构需要的人。本书就是以石油化工装备为对象，把经典理论和实践应用紧密结合在一起，解决了经典理论用在哪、怎样应用的问题，避免理论与实践脱节，使理论有归属感。

2. “所学为所用”。我们分析工程实践问题时，通常采用如下方法：工程实际问题通过“抓主去末”抽象出物理模型，再通过经典理论建立起物理模型对应的数学模型，求出数学模型的解后，经过修正应用到工程实践问题上。因此，理论与人才培养目标都要求我们要面向实践，避免“学是学，用是用”，单纯的理论而理论，单纯的解题而解题，使“学”与“用”缺乏相关性，要解决所学的知识用在哪？怎么用？要回归到理论的本质上去。我们在编写时，注重石油化工方面的经典设备和典型零部件具体算例，学习和应用指向具有明确的针对性。

3. “用则精学”。在有限的时间内要根据不同的专业方向、不同应用领域采取节选学习和分级学习。要“集中优势兵力打歼灭战”，用到的就要学懂、学通、学透，特别是基本概念、基本原理，基础厚实了，将来用什么再拓展学什么，避免“胡子眉毛一把抓”，什么都学的“不生不熟”，课程变成了“科普化”。在编写有限元这一章时，我们选取经典的简单算例，用理论分析法和有限元仿真分别对其进行计算，并分析其结果。利用简单算例，通过对比分析，很容易掌握有限元仿真的完整过程，达到了上手快、易理解之目的，给解决工程复杂问题打下了坚实的基础。

本书由沈阳工业大学李勤、李福宝、孙博主编。全书共9章，其中第1章由李福宝教授编写，第2章由李勤教授编写，第3~5章由孙博讲师编写，第6章由银川科技学院院长刘雄飞编写，第7章由沈阳工业大学刘岩岩工程师编写，第8章由上海复合材料科技有限公司高级工程师、博士研究生李川编写，第9章由霍英妲博士和杭州海康威视数字技术股份有限公司高级算法工程师、博士研究生屈凯编写，全书由李勤教授统稿。

在本书的编写过程中，得到了兄弟院校的大力支持。研究生王东帅、李文溢、肖丰琨、王亚军、张思琦、程英杰、吕鑫、张爱涛、李洪儒、王莹、刘璐、马志锐、高亚男等也作出了贡献，在此表示衷心的感谢。

由于水平有限，书中难免有疏漏不足，甚至错误之处，呈请读者批评指正。

编者

2021年8月

目　　录

第 1 章

弹性理论基本方程

弹性理论所研究的对象是理想弹性体，即弹性体中的变形是应力的单值函数，在外载荷取消后变形即消失。而在塑性理论中，所研究的物体在足够大的应力作用下引起残余变形，即使载荷卸除后残余变形仍不消失。弹性理论是研究理想弹性体在外力作用下所产生的应力和变形以及与变形有关的位移；而塑性理论则是研究物体处于全部或局部塑性状态时的应力和变形问题。

弹性力学解决问题的目的是求解出弹性体各点的应力状态，从而得到弹性体各点的应力分布。

(1)力学分析方法

在研究过程装备力学分析时，将弹性体假想地分成无数小单元体，如图 1－1 所示。任取一微元体 A_1，以 A_1 为研究对象，根据 A_1 的平衡方程、几何方程与物理方程等得到关于 A_1 的关系式。由于 A_1 是任取一微元体，因此关于 A_1 的关系式适用于任何微元体。对于边界处 A_n 微元体也满足此关系式，但 A_n 具有已知边界条件，因此减少了未知数，可求出 A_n 的应力状态。反推，从已知 A_n 出发，根据连续体性质及相邻微元体相互相关性，逐步求出 A_{n-1}，A_{n-2}…A_2，A_1 从而得到弹性体的应力分布。

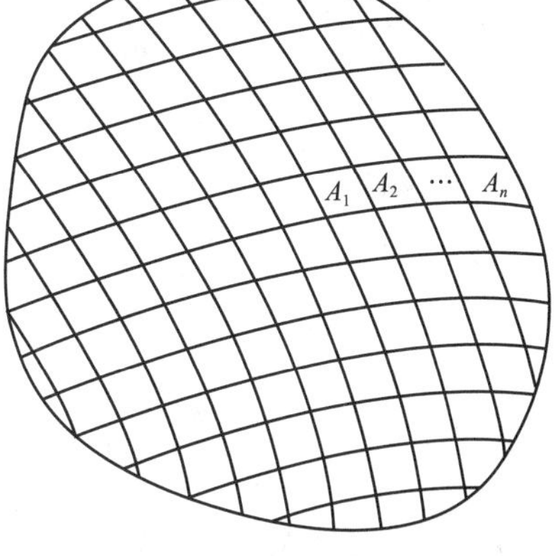

图 1－1　单元体划分

(2)应力状态

应变状态是指物体受力后，通过其内任意一点的各个截面上在该点处的应力情况，通常情况下围绕一点作一个三面相互垂直的六面体，即微小单元体(简称“微元”)，物体受力作用时，其内部应力的大小和方向不仅随截面方位的不同而变化，而且在同一截面上各点处的应力也不一定相同；反之，当六面体各边边长充分小时，可宏观的趋于一个“点”，应力状态就是描述过该点不同方位截面上应力之间的关系，而一旦确定了一点在三个相互垂直面上的应力，则该点处的应力状态即完全确定。

通过物体的一点可以作出无数个不同取向的截面，其中一定可选出这样一个立面体；

三个相互垂直的截面且每个面上只有正应力，没有剪应力，这六面体即为主单元体，每个面叫主平面。一般情况下，常用主单元体上的主应力表示此点的应力状态。

应变状态问题是研究指定点处不同方向应变之间的关系。

微元体表面上的应力状态，如图 1－2 所示。在弹性体表面区一小面积 ΔA，受力 F 作用，n 为 ΔA 的外法线。将 F 分解为法线方向上的分力 F_n 和切平面的力 F_τ，在切平面上 F_τ 分解为 $F_{\tau x}$ 和 $F_{\tau y}$。如图 1－3 所示。

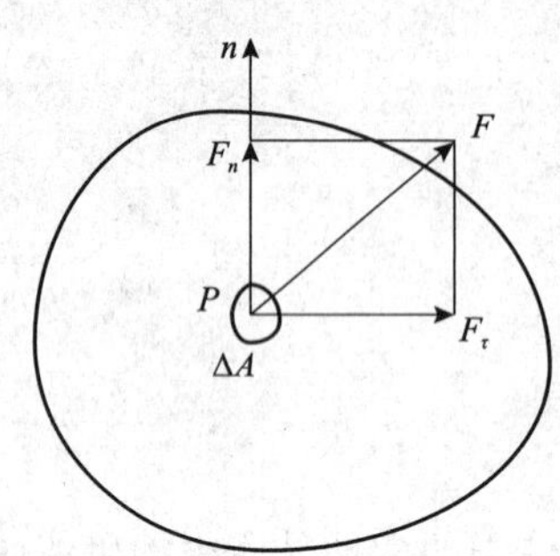

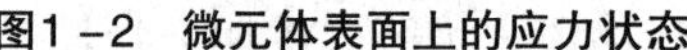

图1－2　微元体表面上的应力状态

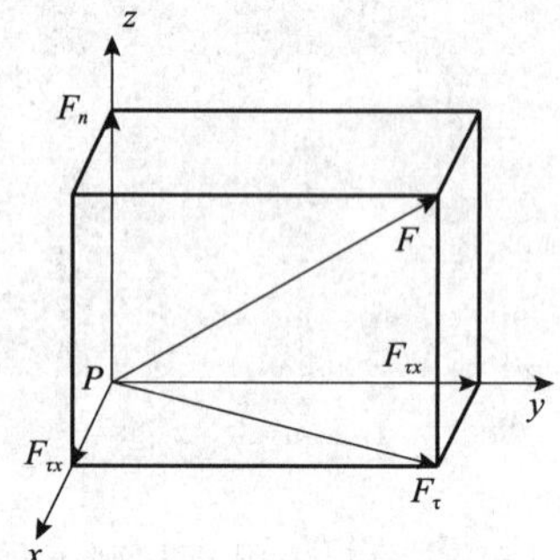

图 1－3　应力分解图示

总应力为：

$$p = \lim_{\Delta A \to 0} \frac{F}{\Delta A} \tag{1-1}$$

正应力为：

$$\sigma = \lim_{\Delta A \to 0} \frac{F_n}{\Delta A} \tag{1-2}$$

剪应力为：

$$\tau = \lim_{\Delta A \to 0} \frac{F_\tau}{\Delta A} \tag{1-3}$$

可以分解为：

$$\begin{cases} \tau_x = \lim\limits_{\Delta A \to 0} \dfrac{F_{\tau x}}{\Delta A} \\ \tau_y = \lim\limits_{\Delta A \to 0} \dfrac{F_{\tau y}}{\Delta A} \end{cases} \tag{1-4}$$

1.1　空间问题

1.1.1　力的概念

弹性理论中常用的物理量有外力、应力、变形和位移。

(1)外力

作用于物体外力可以分为体力和面力。所谓体力，是分布在物体体积内的力，即作用在体积上的力。例如重力和惯性力，以 X、Y、Z 表示单位体积上的力(即体力)在 x、y、z 坐标轴上的投影；所谓面力，是作用在物体表面上的力，例如流体的压力和接触力，以

$\overline{X}$、$\overline{Y}$、$\bar{z}$ 表示体力在 x、y、z 坐标轴上的投影。

(2)应力

在物体内某一点 P 取一个无穷小的平行六面体，它的棱边平行于坐标轴，而长度 $PA = dx$，$PB = dy$，$PC = dz$，如图 1－4 所示，将每个面上的应力分解为一个正应力和两个剪切应力，分别与三个坐标轴平行。正应力用 σ 表示，为了表面这个应力的作用面和作用方向，再加一个下标，例如：正应σ_y是作用在垂直于 x 轴的面上，且沿 y 轴方向作用。剪应力用字母 τ 表示，并加上两个下标。前一个下标表明作用面垂直于哪一个坐标轴，下标的第二个字母表明作用方向沿着哪一个坐标轴，例如：剪应力 τ_{xy}是作用在垂直与 x 轴的面上，而沿 y 轴方向作用的，如果某一个面上的外法线与坐标轴的正方向相同即正面，则这个面上的应力就以沿着坐标轴正方向为正，沿坐标轴负方向为负；反之，如果某一面上的外法线与坐标轴的负方向相同即负面，则这个面上的应力沿着坐标轴的负方向为正，沿坐标轴正方向为负。因此，对于剪应力，正面上沿坐标轴正向为正，沿坐标轴负向为负；负面上沿坐标轴负向为正，沿坐标轴正向为负。图 1－4 中所示的应力全是正的。

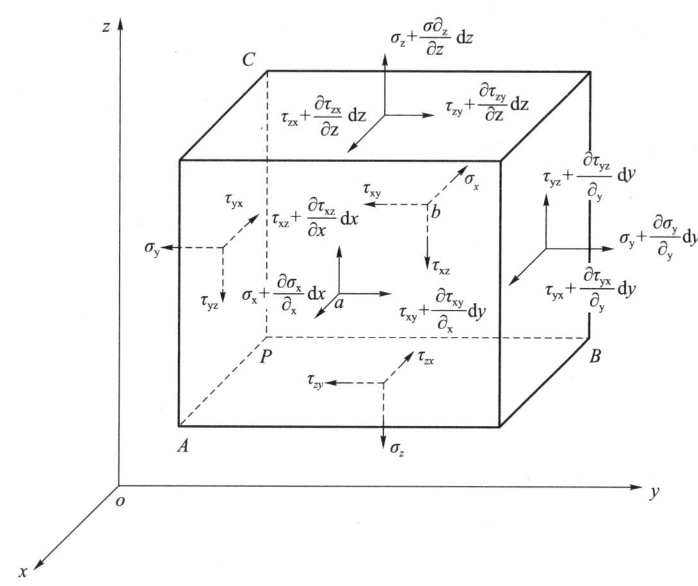

图 1－4　弹性体内某一点 *P* 的应力状态

一般而言，应力是位置坐标的函数，即 $p = p(x,\ y,\ z)$，因此，作用在这六面体两对面上的应力不完全相同，而有微小的差量。如图 1－5所示，过点 APC 所得的面的正应力是 σ_y，由于坐标 y 的改变，作用在过 B 点面上正应力则是 $\sigma_y + \frac{\partial\sigma_y}{\partial y}dy$，以此类推。

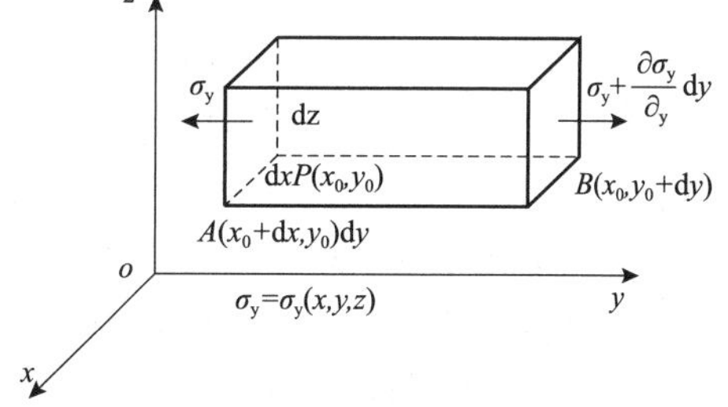

图 1－5　应力增量

(3)剪应力互等定理

根据平衡条件：$\Sigma M = 0$，可列出微元体的平衡方程。

首先，连接六面体前后两面中心的直线 ab，并为此为矩轴，$\Sigma M_{ab} = 0$

$$\left(\tau_{yz}+\frac{\partial\tau_{yz}}{\partial y}dy\right)dxdz\frac{dy}{2}+\tau_{yz}dxdz\frac{dy}{2}-\left(\tau_{zy}+\frac{\partial\tau_{zy}}{\partial z}dz\right)dxdy\frac{dy}{2}-\tau_{zy}dxdy\frac{dz}{2}=0$$

化简后，得：

$$\tau_{yz}+\frac{1}{2}\frac{\partial\tau_{yz}}{\partial y}dy-\tau_{zy}-\frac{1}{2}\frac{\partial\tau_{zy}}{\partial z}dz=0$$

略去微量以后，得：

$$\tau_{yz}=\tau_{zy} \tag{1-5}$$

同样可以得出：

$$\tau_{zx}=\tau_{xz},\ \tau_{xy}=\tau_{yx} \tag{1-6}$$

剪应力互等定律：作用在两垂直于该两面交线，剪应力是互等的(即大小相等、符号也相同或同时指向或同时背离交线)，因此，剪应力记号的两个下标先后次序可以对调。

1.1.2　空间问题的平衡方程

以 x 轴为投影，列出 $\Sigma F_x=0$，X 表示单位体积的体力在 x 坐标轴上的投影，得：

$$\left(\sigma_x+\frac{\partial\sigma_x}{\partial x}dx\right)dydz-\sigma_x dydz+\left(\tau_{yz}+\frac{\partial\tau_{yx}}{\partial y}\right)dydx-\tau_{yx}dzdx+\left(\tau_{zx}+\frac{\partial\tau_{zx}}{\partial z}\right)dxdy-\tau_{zx}dxdy+Xdxdydz=0$$

同理，可以得出与上式相似的两个方程式。整理后得：

$$\begin{cases}\dfrac{\partial\sigma_x}{\partial x}+\dfrac{\partial\tau_{yx}}{\partial y}+\dfrac{\partial\tau_{zx}}{\partial z}+X=0\\ \dfrac{\partial\sigma_y}{\partial y}+\dfrac{\partial\tau_{zy}}{\partial z}+\dfrac{\partial\tau_{xy}}{\partial x}+Y=0\\ \dfrac{\partial\sigma_z}{\partial z}+\dfrac{\partial\tau_{xz}}{\partial x}+\dfrac{\partial\tau_{yz}}{\partial y}+Z=0\end{cases} \tag{1-7}$$

这就是空间问题的平衡方程式。σ_x，σ_y，σ_z，$\tau_{xy}=\tau_{yx}$，$\tau_{yz}=\tau_{zy}$，$\tau_{xz}=\tau_{zx}$，这六个量完全可以确定空间某一点 P 的应力状态，称之为该点的应力分量。

式(1-7)的三个平衡方程中包括了六个应力的分量，即 σ_x、σ_y、σ_z、τ_{xy}、τ_{yz}、τ_{zx}，求解必须借助变形与位移关系，即几何方程和物理方程才能完成。

1.1.3　空间问题的几何方程

力作用在物体上产生两种效应，一种是使物体产生运动，即外效应，相对应物理量为 u，v，w；一种是使物体产生变形，即内效应，相对应物理量为线变形 ε 和角变形 γ。将空间的变形和位移分解到三个相互垂直的三个平面上的参数互不相关，分别求解，结果又合成为空间变形和位移。因此把空间问题变成平面问题来解决。取弹性体内任意一点 P 微小平行六面体 $x-y$ 平面的投影，如图1-6所示。PA、PB 是

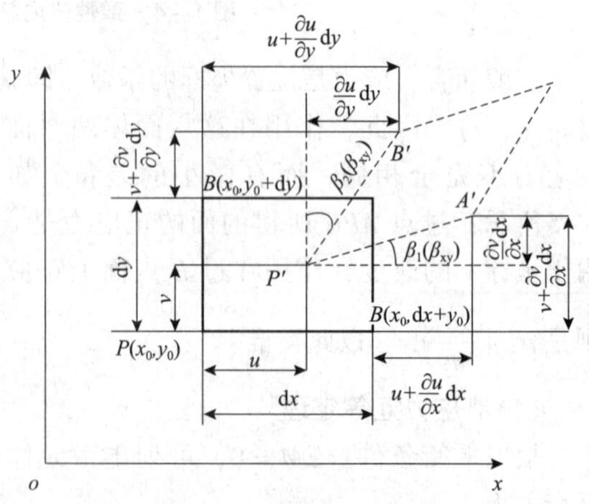

图1-6　点 P 在 $x-y$ 平面的位移

弹性体受力前的线段，受力以后 P、A、B 分别位移到 P'、A'、B'。设 $PA=\mathrm{d}x$，$PB=\mathrm{d}y$。P 点在 x 方向的位移分量是 u，在 y 方向的位移分量是 v，由于是连续体，如图 1－6 所示，在 $x-y$ 平面上 $u(x, y)$，$v(x, y)$都是 x、y 的函数，根据泰勒公式展开：

$$u_A(x, y)=u_A(x_0+\mathrm{d}x, y_0)=u(x_0, y_0)+\left(\mathrm{d}x\frac{\partial}{\partial x}+0\right)u(x_0, y_0)+\cdots=u+\frac{\partial u}{\partial x}\mathrm{d}x$$

$$v_A(x, y)=v_A(x_0+\mathrm{d}x, y_0)=v(x_0, y_0)+\left(\mathrm{d}x\frac{\partial}{\partial x}+0\right)v(x_0, y_0)+\cdots=v+\frac{\partial v}{\partial x}\mathrm{d}x$$

则 A 点在 x 方向的位移分量是 $u+\frac{\partial u}{\partial x}\mathrm{d}x$。因此，线段 PA 单位长度上的变化量，即正应变为：

$$\varepsilon_x=\frac{\left(u+\frac{\partial u}{\partial x}\mathrm{d}x\right)-u}{\mathrm{d}x}=\frac{\partial u}{\partial x}$$

同样，P 点在 y 方向的位移量是 v，线段 PB 的正应变是：

$$\varepsilon_y=\frac{\partial v}{\partial y}$$

利用图 1－6 可求线段 PA 与 PB 之间的直角改变，也就是剪应变 γ_{xy}。这个应变是由两部分组成的，一部分是 x 方向的线段 PA 向 y 方向的线段 PB 的转角 $\beta_1(\beta_{xy})$，另一部分是 y 方向的线段 PB 向 x 方向的线段 PA 的线段的转角 $\beta_2(\beta_{xy})$。从图 1－6 可以看出：

$$\beta_1=\beta_{xy}=\frac{\left(v+\frac{\partial v}{\partial x}\mathrm{d}x\right)-u}{\mathrm{d}x}=\frac{\partial v}{\partial x}$$

$$\beta_2=\beta_{yx}=\frac{\partial u}{\partial y}$$

可见，线段 PA 与 PB 之间平均角度的变化量即剪应变为：

$$\gamma_{xy}=\beta_{xy}+\beta_{yx}=\frac{\partial \alpha}{\partial x}+\frac{\partial u}{\partial y}$$

同理，根据弹性体内任一点 P 的微小六面体在 $y-x$ 平面和 $x-z$ 平面上的投影，可求得在 z 方向的正应变和相应的剪应变为：

$$\varepsilon_z=\frac{\partial w}{\partial z},\ \gamma_{yz}=\frac{\partial w}{\partial y}+\frac{\partial v}{\partial z},\ \gamma_{xz}=\frac{\partial w}{\partial x}+\frac{\partial u}{\partial z}$$

式中，w 为 P 点在 z 方向的位移分量。

综合以上各式，空间问题的几何方程为：

$$\begin{cases}\varepsilon_x=\dfrac{\partial u}{\partial x},\ \gamma_{yz}=\dfrac{\partial w}{\partial y}+\dfrac{\partial v}{\partial z}\\ \varepsilon_y=\dfrac{\partial v}{\partial y},\ \gamma_{xz}=\dfrac{\partial u}{\partial z}+\dfrac{\partial w}{\partial x}\\ \varepsilon_z=\dfrac{\partial w}{\partial z},\ \gamma_{xy}=\dfrac{\partial v}{\partial x}+\dfrac{\partial u}{\partial y}\end{cases}\tag{1－8}$$

以上 6 个方程中共有 9 个未知数。至于弹性体变形前后体积的改变与位移分量之间的关系可以从下列步骤中求得：无穷小的平行六面体，它的棱边长度是 $\mathrm{d}x$、$\mathrm{d}y$、$\mathrm{d}z$。变形前的体积是 $\mathrm{d}x\mathrm{d}y\mathrm{d}z$；变形后体积为$(\mathrm{d}x+\varepsilon_x\mathrm{d}x)(\mathrm{d}y+\varepsilon_y\mathrm{d}y)(\mathrm{d}z+\varepsilon_z\mathrm{d}z)$。因此，它的体积应变

是 e，即每单元体积的体积改变：

$$e=\frac{(\mathrm{d}x+\varepsilon_x\mathrm{d}x)(\mathrm{d}y+\varepsilon_y\mathrm{d}y)(\mathrm{d}z+\varepsilon_z\mathrm{d}z)}{\mathrm{d}x\mathrm{d}y\mathrm{d}z}=(1+\varepsilon_x)(1+\varepsilon_y)(1+\varepsilon_z)-1 \tag{1-9}$$

略去高阶微量(两个或三个应变的乘积)得：

$$e=\varepsilon_x+\varepsilon_y+\varepsilon_z \tag{1-9a}$$

或

$$e=\frac{\partial u}{\partial x}+\frac{\partial v}{\partial y}+\frac{\partial w}{\partial z} \tag{1-9b}$$

1.1.4 空间问题的物理方程

对于完全弹性体其各相同性，根据胡克定律导出应力分量与变形分量之间的关系式为：

$$\begin{cases}\varepsilon_x=\dfrac{1}{E}[\sigma_x-\mu(\sigma_y+\sigma_z)]\\ \varepsilon_y=\dfrac{1}{E}[\sigma_y-\mu(\sigma_x+\sigma_z)]\\ \varepsilon_y=\dfrac{1}{E}[\sigma_z-\mu(\sigma_x+\sigma_y)]\\ \gamma_{yz}=\dfrac{1}{G}\tau_{yz},\ \gamma_{zx}=\dfrac{1}{G}\tau_{zx},\ \gamma_{xy}=\dfrac{1}{G}\tau_{yx}\end{cases} \tag{1-10}$$

这是空间问题的物理方程。其中 G 是剪性弹性模数，E 是弹性模数，μ 是泊松系数。三者之间的关系为：

$$G=\frac{E}{2(1+\mu)}$$

综上所述，单元体共有未知量：应力：σ_x、σ_y、σ_z、τ_{xy}、τ_{yz}、τ_{zx}，共 6 个；应变：ε_x、ε_y、ε_z、γ_{xy}、γ_{yz}、γ_{zx}，共 6 个；位移：u、v、w，共 3 个；总未知量 15 个。由单元体得到的方程：平衡方程 3 个，几何方程 6 个，物理方程 6 个，共 15 个。由此可知，15 个方程，15 个未知量，形式上可解。在每个具体问题求解过程中。可再给出弹性体表面上边界条件作为补充方程。

1.2 平面问题

任何一个弹性体都是空间问题，一般的外力都是空间力系。但是，当弹性体具有某种特殊形状并且受到某种特殊的体力和面力时，空间问题可以简化为平面问题，只需要考虑平行于某一平面的应力或者位移。

1.2.1 平面应力问题与平面应变问题

平面问题可分为平面应力问题和平面应变问题。

(1) 平面应力问题

当弹性体的一个方向的尺寸很小，如薄板，如图 1－7 所示，只在边缘上受到平行于板面而且不沿厚度变化的面力，同时体力也平行于板面并且不沿厚度变化。

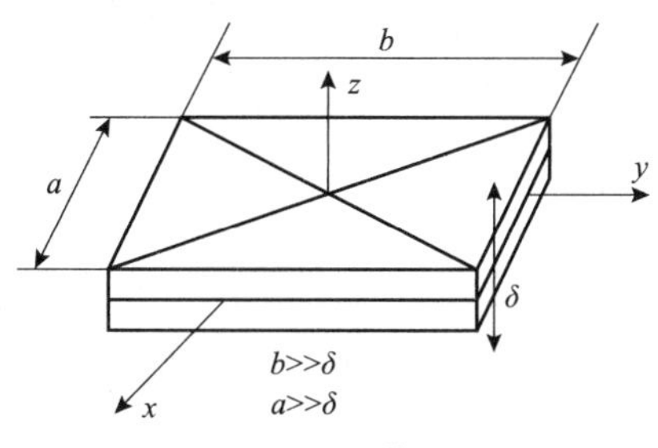

图1－7　薄板

设薄板厚度为 δ，由于上下板面无外载荷作用，因而上下板面的应力分量为零，即：

$$(\sigma_z)_{z=\pm\frac{\delta}{2}}=0,\ (\tau_{zx})_{z=\pm\frac{\delta}{2}}=0,\ (\tau_{zy})_{z=\pm\frac{\delta}{2}}=0$$

如图1－8所示，因为薄板很薄，外力又不沿厚度变化，应力沿着板的厚度又是连续分布的，所以可以认为在整个薄板的所有各点都有：

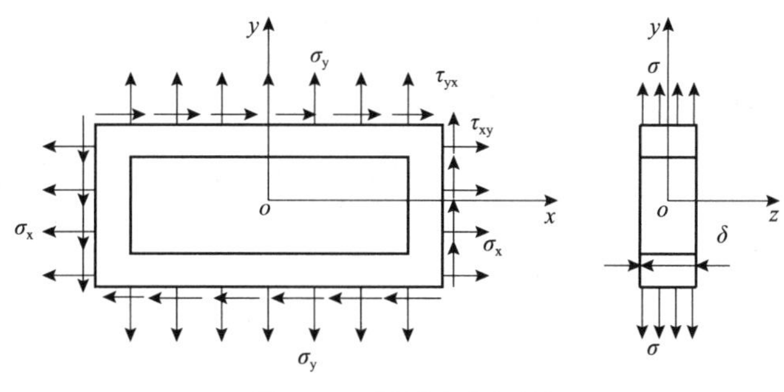

图1－8　平面应力问题

$$\sigma_z=0,\ \tau_{zx}=\tau_{xz}=0,\ \tau_{zy}=\tau_{yz}=0$$

其特点为：

①只有平行于 $x-y$ 面的三个应力分量：σ_x，σ_y，$\tau_{xy}=\tau_{yx}$。

②由于薄板很薄，这三个应力变量以及应变分量和位移分量也都可以认为是不沿厚度变化，而且它们只是 x 和 y 的函数，与 z 无关，这类问题称为平面应力问题。

(2) 平面应变问题

当弹性体的一个方向线性尺寸很大，例如无限长的管子(圆柱形筒体)，如图1－9所示，每个截面都有 $\varepsilon_z=0$，$\gamma_{zy}=\gamma_{yz}=0$：

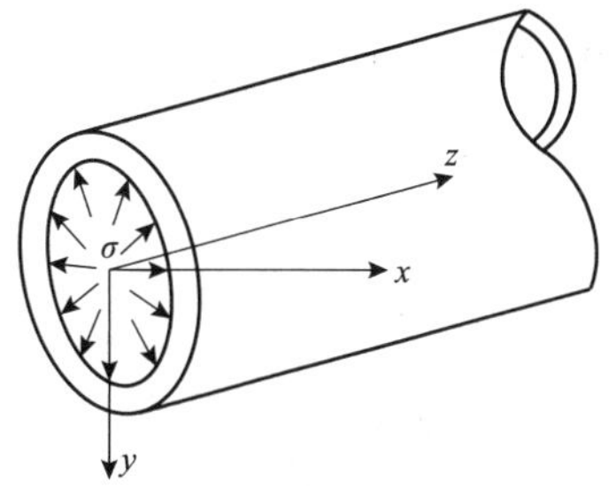

图1－9　平面应变问题

①圆柱体在任一点的应力变量、应变分量和位移都不沿 z 方向变化，只是 x 和 y 的函数，与 z 无关。在这一情况下，在 z 方向圆柱体的结构形式和受力都相同。

②任一横截面都可以看作是对称面，而对称面在 z 方向的位移必须为零，所以圆柱体内任一点只有 x、y 方向的位移 u、v。这类问题称为平面应变问题。

1.2.2 平面问题的三大方程

平衡微分方程式：

$$\begin{cases}\dfrac{\partial\sigma_x}{\partial x}+\dfrac{\partial\tau_{yx}}{\partial y}+X=0\\ \dfrac{\partial\sigma_y}{\partial y}+\dfrac{\partial\tau_{xy}}{\partial x}+Y=0\end{cases}\tag{1-11}$$

几何方程式：

$$\begin{cases}\varepsilon_x=\dfrac{\partial u}{\partial x}\\ \varepsilon_y=\dfrac{\partial u}{\partial y}\\ \gamma_{xy}=\dfrac{\partial v}{\partial x}+\dfrac{\partial u}{\partial y}\end{cases}\tag{1-12}$$

物理方程式：

①在平面应力情况下，因 $\sigma_z=0$，$\tau_{yx}=0$，$\tau_{xy}=0$，故：

$$\begin{cases}\varepsilon_x=\dfrac{1}{E}(\sigma_x-\mu\sigma_y)\\ \varepsilon_y=\dfrac{1}{E}(\sigma_y-\mu\sigma_x)\\ \varepsilon_z=-\dfrac{\mu}{E}(\sigma_x+\sigma_y)\\ \gamma_{xy}=\dfrac{1}{G}\tau_{xy}\end{cases}\tag{1-13}$$

②在平面应变情况下，因 $\varepsilon_z=0$，$\gamma_{zx}=\gamma_{xz}=0$，$\gamma_{zy}=\gamma_{yz}=0$，所以 σ_z 不等于零，σ_z 是自成平衡的，而物体所有点都不沿 z 方向移动，所以 z 方向的线段都没有正应变，即 $\varepsilon_z=0$，也就是有：

$$\varepsilon_z=\frac{1}{E}[\sigma_z-\mu(\sigma_x+\sigma_y)]=0$$

即：

$$\sigma_z=\mu(\sigma_x+\sigma_y)$$

物理方程式为：

$$\begin{cases}\varepsilon_x=\dfrac{1-\mu^2}{E}\left(\sigma_x-\dfrac{\mu}{1-\mu}\sigma_y\right)\\ \varepsilon_y=\dfrac{1-\mu^2}{E}\left(\sigma_y-\dfrac{\mu}{1-\mu}\sigma_x\right)\\ \gamma_{xy}=\dfrac{2(1+\mu)}{E}\tau_{xy}\end{cases}\tag{1-14}$$

比较式(1-13)与式(1-14)可以看出：在式(1-13)中，将 E 换为$\dfrac{E}{1-\mu^2}$，μ 换为$\dfrac{\mu}{1-\mu}$，就得到式(1-14)。亦即平面应力问题有关方程式经过这样的变换就可以得到平面应变问题的相应方程式。

1.2.3 弹性理论问题的求解方法

求解弹性理论问题有两种基本方法：以位移为未知量按位移求解和应应力为未知量按应力求解。按位移求解时，取弹性体中各点的位移作为基本未知量，这样对于物体每一点(x, y, z)有三个未知量u、v、w使之满足平衡方程式(1-7)，同时满足边界条件，这些方程都用位移分量表示；按应力求解时，取弹性体中各点的应力作为基本未知量，这样对于物体中每一点都有六个未知量：σ_x、σ_y、σ_z、τ_{xy}、τ_{yz}、τ_{zx}，要求出这6个未知量，只有平衡方程式(1-7)是不够的，因此还需要用变形条件和边界条件补充不足。求解平面问题，在绝大多数的情况下都是按应力求解比较方便。

(1)平面问题的变形协调方程式或相容条件

①以应变表示的变形协调方程，在平面问题的几何方程中，即式(1-12)，将ε_x对于y的二阶导数和ε_y对于x的二阶导数相加，得：

$$\frac{\partial^2 \varepsilon_x}{\partial y^2}+\frac{\partial^2 \varepsilon_y}{\partial x^2}=\frac{\partial^3 u}{\partial x \partial y^2}+\frac{\partial^3 v}{\partial y \partial x^2}=\frac{\partial^2}{\partial x \partial y}\left(\frac{\partial u}{\partial y}+\frac{\partial v}{\partial x}\right)$$

上式中右端括号中的表达式就是γ_{xy}，故可写成：

$$\frac{\partial^2 \varepsilon_x}{\partial y^2}+\frac{\partial^2 \varepsilon_y}{\partial x^2}=\frac{\partial^2 \gamma_{xy}}{\partial x \partial y} \tag{1-15}$$

式(1-15)称为平面问题的变形协调方程式或相容条件，光滑连续从几何意义上讲是一条光滑曲线，从数学意义上讲曲线函数是连续的，一阶导数也连续，即应变表示的变形协调方程。

相容条件的物理意义是变形以后的物体保持连续。若任选函数ε_x、ε_y、γ_{xy}而不能满足这个方程式，则将任选的ε_x、ε_y、γ_{xy}代入几何方程式(1-12)中，由其中的任意两式，例如$\varepsilon_x=\frac{\partial u}{\partial x}$，$\varepsilon_y=\frac{\partial v}{\partial y}$求出的位移分量$u$、$v$将不满足保持连续，发生某些部分相互脱离或间断的情况。只有当ε_x、ε_y、γ_{xy}满足式(1-15)，变形才能协调。

②以应力表示的变形协调方程，将物理方程式(1-13)代入式(1-15)得：

$$\frac{\partial^2}{\partial y^2}(\sigma_x-\mu\sigma_y)+\frac{\partial^2}{\partial x^2}(\sigma_y-\mu\sigma_x)=2(1+\mu)\frac{\partial^2 \tau_{xy}}{\partial x \partial y} \tag{1-15a}$$

用平衡微分方程式(1-11)的关系，将上式中的剪应力消除。为此，式(1-11)改写成：

$$\frac{\partial \tau_{xy}}{\partial y}=-\frac{\partial \sigma_x}{\partial x}-X \tag{A}$$

$$\frac{\partial \tau_{xy}}{\partial x}=-\frac{\partial \sigma_y}{\partial y}-Y \tag{B}$$

将前式对x求导数，将后式对y求导数，然后相加，得：

$$2\frac{\partial^2 \tau_{xy}}{\partial x \partial y}=-\frac{\partial^2 \sigma_x}{\partial x^2}-\frac{\partial^2 \sigma_y}{\partial y^2}-\frac{\partial X}{\partial x}-\frac{\partial Y}{\partial y} \tag{C}$$

代入式(1-15a)得：

$$\frac{\partial^2}{\partial y^2}(\sigma_x-\mu\sigma_y)+\frac{\partial^2}{\partial x^2}(\sigma_y-\mu\sigma_x)=(1+\mu)\left(\frac{\partial^2\sigma_x}{\partial x^2}+\frac{\partial^2\sigma_y}{\partial y^2}+\frac{\partial X}{\partial x}+\frac{\partial Y}{\partial y}\right) \tag{D}$$

化简，得：

平面应力下的相容条件：

$$\left(\frac{\partial^2}{\partial x^2}+\frac{\partial^2}{\partial y^2}\right)(\sigma_x+\sigma_y)=-(1+\mu)\left(\frac{\partial X}{\partial x}+\frac{\partial Y}{\partial y}\right) \tag{1-16}$$

对于平面应变的情况，依次同样的推导，可以求得：

平面应变下的相容条件：

$$\left(\frac{\partial^2}{\partial x^2}+\frac{\partial^2}{\partial y^2}\right)(\sigma_x+\sigma_y)=-\frac{1}{1-\mu}\left(\frac{\partial X}{\partial x}+\frac{\partial Y}{\partial y}\right) \tag{1-17}$$

如果体力分量 X 和 Y 在整个物体内是常量(例如：重力)，那么，式(1－16)和式(1－17)的右边都等于零。在这种情况下，用应力表示的相容条件在平面和平面应变两种情况下都是：

$$\left(\frac{\partial^2}{\partial x^2}+\frac{\partial^2}{\partial y^2}\right)(\sigma_x+\sigma_y)=0 \tag{1-18}$$

此式既满足平面应力问题，又满足平面应变问题，即为应力表示的变形协调方程。

因此，按应力求解平面问题时，如果体力为常量，应力分量应当满足平衡条件和相容条件，综合写在一起成为：

$$\begin{cases}\dfrac{\partial\sigma_x}{\partial x}+\dfrac{\partial\tau_{xy}}{\partial y}+X=0\\[2ex]\dfrac{\partial\sigma_y}{\partial y}+\dfrac{\partial\tau_{xy}}{\partial x}+Y=0\\[2ex]\left(\dfrac{\partial^2}{\partial x^2}+\dfrac{\partial^2}{\partial y^2}\right)(\sigma_x+\sigma_y)=0\end{cases} \tag{1-19}$$

③除此以外，应力分量在弹性体的边界上还应当满足边界条件。

(2)平面问题的边界条件

平面问题的边界条件有以下三种。

①位移边界条件。若弹性体在边界上给定位移分量 $\bar{u}$、$\bar{v}$，它们是边界坐标的已知函数。作为基本方程的位移分量 u、v，则是坐标的待求函数，当代入边界坐标时，必须等于该点的给定位移，即要求：

$$u=\bar{u},\quad v=\bar{v} \tag{1-20}$$

式(1－20)就是位移边界条件，从此式可以看出在边界上多了2个已知方程。

②应力边界条件。若弹性体在边界上给定表面力分量 $\bar{X}$、$\bar{Y}$，它们在边界上是坐标的已知函数，作为基本方程解的应力分量 σ_x、σ_y、τ_{xy} 则是坐标的待求函数。在边界上，应力分量与给定表面力之间的关系，即应力边界条件，可由边界上微小单元体的平衡条件得出。

将一待求弹性体分割成无数小微元体，在边界上取出微小单元体 PAB，它的斜面 AB 与物体的边界重合，如图1－10所示。

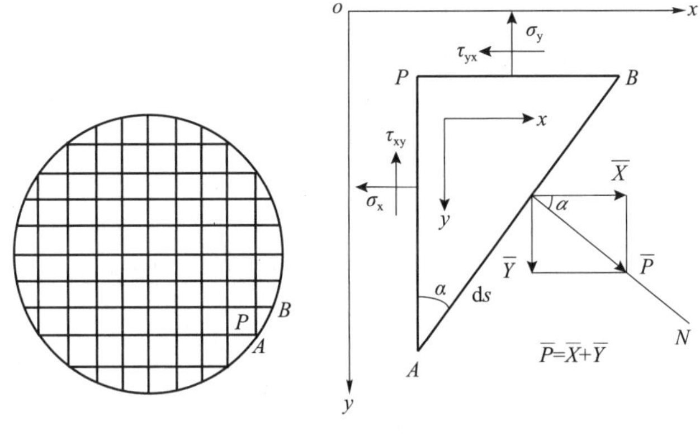

图1－10　边界分析

用 N 代表边界面 AB 的外法线方向，若边界面 AB 的长度为 ds，则 PA 和 PB 的长度为 cosαds 和，垂直于图面的 z 方向的尺寸取为一个单位，作为在边界上的已知面力沿坐标轴的分量为 $\bar{X}$、$\bar{Y}$、$\Sigma F_x=0$。

由平衡条件，得：

$$\cos\alpha \mathrm{d}s\bar{X}\mathrm{d}s\cdot 1-\sigma_x \mathrm{d}s\cdot\cos\alpha\cdot 1-\tau_{yx}\mathrm{d}s\cdot\sin\alpha\cdot 1+X\cdot\frac{(\cos\alpha\cdot \mathrm{d}s)(\sin\alpha\cdot \mathrm{d}s)\cdot 1}{2}=0 \quad (\mathrm{A})$$

略去高阶微量并将各项除以 ds，并令 ds 趋于零，则得：

$$\cos\alpha\ (\sigma_x)_e+\sin\alpha\ (\tau_{yx})_e=\bar{X} \quad (\mathrm{B})$$

于是得到物体边界上各点应力分量与面力分量之间的关系式，即平面问题的边界条件为：

$$\begin{cases}\cos\alpha\ (\sigma_x)_e+\sin\alpha\ (\tau_{yx})_e=\bar{X}\\ \sin\alpha\ (\sigma_y)_e+\cos\alpha\ (\tau_{xy})_e=\bar{Y}\end{cases} \quad (1-21)$$

此式相当于在边界上多了2个已知方程。

当边界垂直于某一坐标轴时，应力边界条件的形式将大大简化：在垂直于 x 轴的边界上(即 $\alpha=0$)，x 值为常量，$\cos\alpha=\pm1$，$\sin\alpha=0$，应力边界条件简化为：

$$(\sigma_x)_e=\pm\bar{X},\ (\tau_{xy})_e=\pm\bar{Y} \quad (1-22)$$

在垂直于 Y 轴的边界上，即 $\alpha=90°$，Y 值为常量，$\cos\alpha=0$，$\sin\alpha=\pm1$，应力边界条件简化为：

$$(\sigma_y)_e=\pm\bar{Y},\ (\tau_{yx})_e=\pm\bar{X} \quad (1-23)$$

可见，在这种情况下，应力分量的边界值等于对应的面力分量。

③混合边界条件。当物体的一部分边界具有已知位移，而另一部分边界具有已知面力时，则具有已知位移的边界可应用式(1－20)，具有已知面力的边界可应用式(1－21)。此外，还可能在同一部分边界上出现混合边界条件，即两个边界条件中的一个是位移边界条件，另一个则是应力边界条件。

(3)以应力函数表示的变形协调方程

为了求解方便，构造一个函数 $\phi(x, y)$。

在体力为常量的情况下，将应力作为基本变量求解平面问题，归纳为求解下列微分方程组：

$$\begin{cases}\dfrac{\partial\sigma_x}{\partial x}+\dfrac{\partial\tau_{yx}}{\partial y}+X=0\\[2mm]\dfrac{\partial\sigma_y}{\partial y}+\dfrac{\partial\tau_{xy}}{\partial X}+Y=0\end{cases}\tag{1-24}$$

$$\left(\frac{\partial^2}{\partial x^2}+\frac{\partial^2}{\partial y^2}\right)+(\sigma x+\sigma y)=0\tag{1-25}$$

式(1－24)是非齐次微分方程组，它的解包括两部分，即式(1－24)的任一特解和齐次方程的通解之和。

$$\begin{cases}\dfrac{\partial\sigma_x}{\partial x}+\dfrac{\partial\tau_{yx}}{\partial y}=0\\[2mm]\dfrac{\partial\sigma_y}{\partial y}+\dfrac{\partial\tau_{xy}}{\partial x}=0\end{cases}\tag{1-26}$$

式(1－24)的特解为：

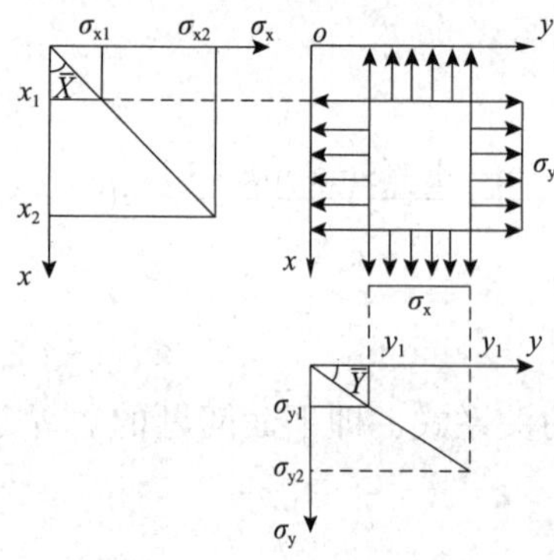

图1－11　特解物理意义

$$\sigma_x=-Xx,\ \sigma_y=-Yy,\ \tau_{xy}=0\tag{1-27}$$

将式(1－27)代入式(1－24)是能满足方程的，其物理意义为：主单位体受力状态，如图1－11所示。

为了求齐次方程(1－26)的通解，可将式(1－26)改写为：

$$\frac{\partial\sigma_X}{\partial X}=\frac{\partial}{\partial y}(-\tau_{yx})\tag{A}$$

$$\frac{\partial\sigma_y}{\partial y}=\frac{\partial}{\partial X}(-\tau_{xy})\tag{B}$$

由微分理论可知：若存在$\dfrac{\partial p(x,\ y)}{\partial y}=\dfrac{\partial p(x,\ y)}{\partial x}$。则表达式 $p(x\cdot y)\mathrm{d}x+q(x,\ y)\mathrm{d}y$ 必是某 x、y 函数的全微分。因此，式(A)指出了表达式，$\sigma_x\mathrm{d}y-\tau_{yx}\mathrm{d}x$ 是以 $A(x,\ y)$ 力表示某函数的全微分，即 $\mathrm{d}A=\sigma_r\mathrm{d}y-\tau_{yx}\mathrm{d}x=\dfrac{\partial A(x,\ y)}{\partial x}\mathrm{d}x+\dfrac{\partial A(x,\ y)}{\partial y}\mathrm{d}y$。

于是：

$$\sigma_x=\frac{\partial A(x,\ y)}{\partial y},\ \tau_{yx}=-\frac{\partial A(x,\ y)}{\partial x}\tag{C}$$

同样，式(B)指出了表达式$\sigma_y dx-\tau_{xy}dy$ 是函数 $B(x,\ y)$的全微分。且有：

$$\tau_{xy}=\frac{\partial B(x,\ y)}{\partial y},\ \sigma_y=-\frac{\partial B(x,\ y)}{\partial x}\tag{D}$$

比较式(C)和式(D)，可得到：

$$\frac{\partial A(x,\ y)}{\partial x}=\frac{\partial B(x,\ y)}{\partial y}\tag{E}$$

由式(E)也指出表达式 $B(x,\ y)\mathrm{d}x+A(x,\ y)\mathrm{d}y$ 是某函数力 $\phi(x,\ y)$的全微分，并且有：

$$B=(x,\ y)=\frac{\partial\phi}{\partial x},\ A(x,\ y)=\frac{\partial\phi}{\partial y}\tag{F}$$

将式(C)、式(D)、代入式(F)就得到式(1-26)的通解得：

$$\begin{cases}\sigma_x=\dfrac{\partial^2\phi}{\partial y^2}\\ \sigma_y=\dfrac{\partial^2\phi}{\partial x^2}\\ \tau_{xy}=-\dfrac{\partial^2\phi}{\partial x\partial y}\end{cases}\tag{1-28}$$

将通解和特解叠加，即得微分方程(1-24)的全解得：

$$\begin{cases}\sigma_x=\dfrac{\partial^2\phi}{\partial y^2}-Xx\\ \sigma_y=\dfrac{\partial^2\phi}{\partial x^2}-Yy\\ \tau_{xy}=\tau_{yx}=-\dfrac{\partial^2\phi}{\partial x\partial y}\end{cases}\tag{1-29}$$

不论 ϕ 是什么样的函数，应力分量式(1-29)总能满足平衡微分方程(1-24)，函数 ϕ 称作平面问题的应力函数。

(4)以应力函数表示的相容方程

应力分量式(1-29)除必须满足平衡微分方程外，还应满足变形协调条件。将式(1-29)代入相容方程(1-25)得：

$$\left(\frac{\partial^2}{\partial x^2}+\frac{\partial^2}{\partial y^2}\right)\left(\frac{\partial^2\varphi}{\partial x^2}-Xx+\frac{\partial^2\varphi}{\partial y^2}-Yy\right)=0$$

当体力分量 X、Y 为常量时，上式可变为：

$$\left(\frac{\partial^2}{\partial x^2}+\frac{\partial^2}{\partial y^2}\right)\left(\frac{\partial^2\phi}{\partial x^2}+\frac{\partial^2\phi}{\partial y^2}\right)=0\tag{1-30a}$$

或展开为：

$$\frac{\partial^4\phi}{\partial x^4}+2\frac{\partial^4\phi}{\partial x^2\partial y^2}+\frac{\partial^4\phi}{\partial y^4}=0\tag{1-30b}$$

也可简化为：

$$\nabla^2\nabla^2\phi=0\tag{1-30c}$$

这就是用应力函数 ϕ 表示的相容方程。由此可见，应力函数当是重调和函数。

如果体力可以不计，则 $X=Y=0$。式(1-29)简化为：

$$\sigma_x=\frac{\partial^2\phi}{\partial y^2},\ \sigma_y=\frac{\partial^2\phi}{\partial x^2},\ \tau_{xy}=-\frac{\partial^2\phi}{\partial x\partial y}\tag{1-31}$$

(5)求解平面问题时的解题步骤

在弹性理论中，按应力求解平面问题时，在平面应力的情况下，应力分量应当满足平衡微分方程式(1-24)和相容条件式(1-16)；在平面应变的情况下，应力分量应当满足平衡微分方程(1-22)和相容条件式(1-17)。除此以外，应力分量还应当满足边界条件。于是，求解平面问题时，如果体力是常量，就只需由式(1-29)求解应力函数，然后由式(1-29)求出应力分量，并使这些应力分量满足边界条件，这就是弹性理论中按应力求解平面问题时的解题步骤。

但是，在实际解题时，应力函数也可以不直接从偏微分方程式(1－30)求解，而是设定各种简单形式，且满足相容条件的应力函数，由式(1－29)求出应力分量，然后根据边界条件来考查这些应力分量在各种形状的弹性体上对应什么样的面力，从而得知该应力函数是否可以解决所拟定解决的问题。

在解决实际问题时，还可以根据弹性体的边界形状和受力情况，假设一部分或全部应力分量为某种形式的函数，从而求出应力函数 $\phi(x, y)$，然后来考查这个应力函数是否满足相容条件，以及原来假设的应力分量和由这个应力函数求出的其余应力分量是否满足边界条件。

1.2.4 轴对称问题

在工程问题中经常会遇到一些实际结构，它们的几何形状、约束条件和外载荷均对称于某一固定轴，该固定轴称为对称轴。则在载荷作用下产生的应力、应变和位移也都对称此轴，这种问题就称为轴对称问题，如离心机械、压力容器、矿山机械、飞行器中常见的结构。

轴对称问题中，所有应力、应变和位移分量都是 r 和 z 的函数，与 θ 无关，即不随 θ 变化而变化，弹性体内任意一点只有两个位移，即沿 r 方向的径向位移和沿 z 方向的轴向位移。由于轴对称，沿 θ 方向的环向位移等于零，因此轴对称问题是二维问题。

在描述轴对称问题中的应力及应变时，用圆柱坐标(r, θ, z)比用直角坐标(x, y, z)方便得多，这是因为如果以弹性体的对称轴为 z 轴，则所有的应力分量、形变分量和位移分量都将只是 r 和 z 的函数，不随 θ 而变。用相距 Δr 的两个圆柱面、互成 $\Delta\theta$ 角的两个铅直面和相距 Δz 的两个水平面，从弹性体割取一个微小六面体，如图 1－12 所示。

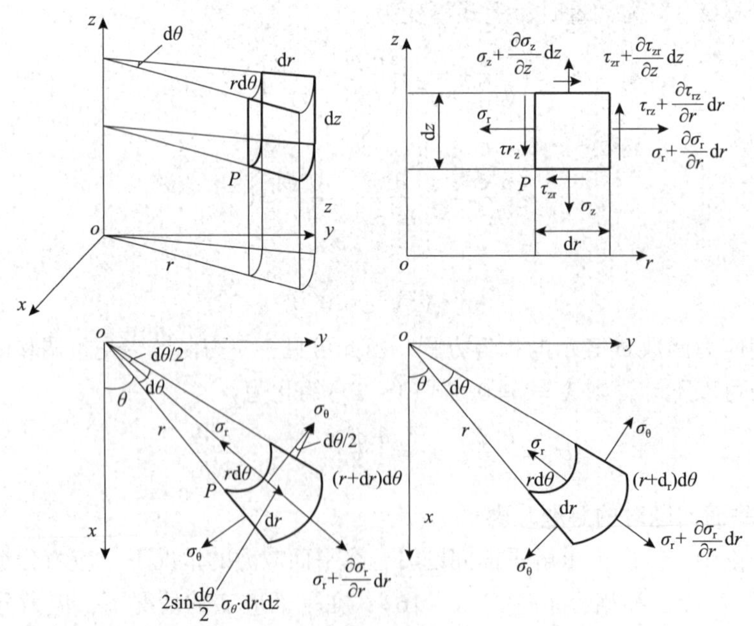

图 1－12 圆柱坐标表示的微元体应力

应力：沿 r 方向的正应力，称为径向应力，用 σ_r 代表沿 θ 方向的正应力，称为周向应力，用 σ_θ 代表；沿 z 方向的正应力，称为轴向应力，仍然用 σ_z 代表；在垂直于 z 轴的面

上而沿 r 方向作用的剪应力用τ_{zr}代表；在圆柱面上而沿 z 方向作用的剪应力用 τ_{rz}代表，根据剪应力互等定律 $\tau_{zr}=\tau_{rz}$。根据对称条件，其余的剪应力分量 $\tau_{r\theta}=\tau_{\theta r}$及 $\tau_{\theta z}=\tau_{z\theta}$都不存在。这样，总共只有四个应力分量 σ_r、σ_θ、σ_z、τ_{zr}。

应变：相应于四个应力分量，应变分量也只有四个：沿 r 方向的正应变称为径向正应变，用 ε_r 代表；沿 θ 方向的正应变称为周向正应变，用 ε_θ 代表；沿 z 方向的正应变称为轴向正应变，用 ε_z 代表；沿 r 及 z 两向的剪应变用 γ_{zr}代表。这样，总共有四个应变分量 σ_r、ε_θ、ε_z、γ_{zr}。

位移：弹性体内任一点的位移可以分解为两个分量：沿 r 方向的位移分量称为径向位移，用 u 代表；沿 z 方向的位移分量称为轴向位移，用 w 代表。由于对称，不会有 θ 方向的位移，即没有周向位移 v。这样，总共有 2 个位移分量 u、w。

(1)轴对称问题三大方程

①平衡方程　在图 1－12 中，假设体力可以不计，将六面体所受的各力分别投影到六面体中心的径向轴上和 z 轴上，取 $\sin\frac{d\theta}{2}\approx\frac{d\theta}{2}$，$\cos\frac{d\theta}{2}\approx 1$，得：

径向轴上：

$$\left(\sigma_r+\frac{\partial\sigma_r}{\partial r}dr\right)(r+dr)d\theta dz-\sigma_r rd\theta dz-2\sigma_\theta drdz\frac{d\theta}{2}+\left(\tau_{zr}+\frac{\partial\tau_{zr}}{\partial z}dz\right)rd\theta dr-\tau_{zr}rd\theta dr=0$$

除以 $rd\theta drdz$，并略去微量，简化得：

$$\frac{\partial\sigma_r}{\partial r}+\frac{\partial\tau_{zr}}{\partial z}+\frac{\sigma_r-\sigma_\theta}{r}=0 \tag{A}$$

将六面体所受的各力投影到 z 轴上，得：

$$\left(\tau_{rz}+\frac{\partial\tau_{rz}}{\partial r}dr\right)(r+dr)d\theta dz-\tau_{rz}rd\theta dz+\left(\sigma_z+\frac{\partial\sigma_z}{\partial z}\right)rd\theta dr-\sigma_z rd\theta dr=0$$

简化后，得：

$$\frac{\partial\sigma_z}{\partial z}+\frac{\partial\tau_{rz}}{\partial r}+\frac{\tau_{rz}}{r}=0 \tag{B}$$

故得轴对称问题的平衡微分方程式如下：

$$\begin{cases}\dfrac{\partial\sigma_r}{\partial r}+\dfrac{\partial\tau_{zr}}{\partial z}+\dfrac{\sigma_r-\sigma_\theta}{r}=0\\[2mm]\dfrac{\partial\sigma_z}{\partial z}+\dfrac{\partial\tau_{rz}}{\partial r}+\dfrac{\tau_{rz}}{r}=0\end{cases} \tag{1-32}$$

②几何方程　微元体几何变化，如图 1－13 所示。

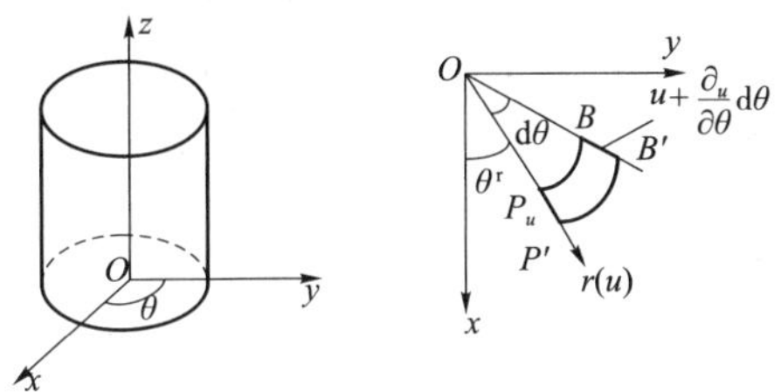

图 1－13　微元体几何关系

仿式(1－8)，对于 roz 平面：

$$\varepsilon_r = \frac{\partial u}{\partial r}$$

$$\gamma_{zr} = \frac{\partial u}{\partial z} + \frac{\partial w}{\partial r}$$

$$\varepsilon_z = \frac{\partial w}{\partial z}$$

对于 xoy 平面：

$$\begin{aligned}\varepsilon_\theta &= \frac{P'B' - PB}{PB} \\ &= \frac{(r+u)\mathrm{d}\theta - r\mathrm{d}\theta}{r\mathrm{d}\theta} \\ &= \frac{u}{r}\end{aligned}$$

整理后得：

$$\begin{cases}\varepsilon_r = \dfrac{\partial u}{\partial r} \\ \varepsilon_\theta = \dfrac{u}{r} \\ \varepsilon_z = \dfrac{\partial w}{\partial z} \\ \gamma_{zr} = \dfrac{\partial u}{\partial z} + \dfrac{\partial w}{\partial r}\end{cases} \tag{1-33}$$

③物理方程　轴对称问题的物理方程式如下：

$$\begin{cases}\varepsilon_r = \dfrac{1}{E}[\sigma_r - \mu(\sigma_\theta + \sigma_z)] \\ \varepsilon_\theta = \dfrac{1}{E}[\sigma_\theta - \mu(\sigma_r + \sigma_z)] \\ \varepsilon_z = \dfrac{1}{E}[\sigma_z - \mu(\sigma_\theta + \sigma_r)] \\ \gamma_{zr} = \dfrac{1}{G}\tau_{zr}\end{cases} \tag{1-34}$$

(2)极坐标中的几何方程和物理方程

在极坐标中，用 ε_r 代表径向线应变，ε_θ 代表周向线应变，$\gamma_{r\theta}$ 代表径向与周向两线段之间的直角改变即切应变，u 代表径向位移，v 代表周向位移。

在推到几何方程的过程中，由于是小变形，可以不计高阶微量，且可用叠加原理。

首先，假设只有径向位移，没有周向位移，如图 1－14 所示。由于径向位移 u，径向线段 $PA(=\mathrm{d}r)$ 移到 $P'A'$。周向线段 $PB(=r\mathrm{d}\theta)$ 移到 $P'B'$。P、A、B 三点位移分别为：

$$PP' = u,\ AA' = u + \frac{\partial u}{\partial r}\mathrm{d}r,\ BB' = u + \frac{\partial u}{\partial \theta}\mathrm{d}\theta$$

径向线段 PA 的线应变为：

$$\varepsilon_r = \frac{P'A' - PA}{PA} = \frac{AA' - PP'}{PA} = \frac{\left(u + \frac{\partial u}{\partial r}\mathrm{d}r\right) - u}{\mathrm{d}r} = \frac{\partial u}{\partial r}$$

周向线段 PB 的线应变为：

$$\varepsilon_\theta = \frac{P'B' - PB}{PB} = \frac{(r+u)\mathrm{d}\theta - r\mathrm{d}\theta}{r\mathrm{d}\theta} = \frac{u}{r}$$

径向线段 PA 的转角为 $\alpha = 0$

周向线段 PB 的转角为：

$$\beta = \frac{BB' - PP'}{PB} = \frac{\left(u + \frac{\partial u}{\partial \theta}\mathrm{d}\theta\right) - u}{\mathrm{d}\theta} = \frac{1}{r}\frac{\partial u}{\partial \theta}$$

切应变为：

$$\gamma_{r\theta} = \alpha + \beta = \frac{1}{r}\frac{\partial u}{\partial \theta} \tag{C}$$

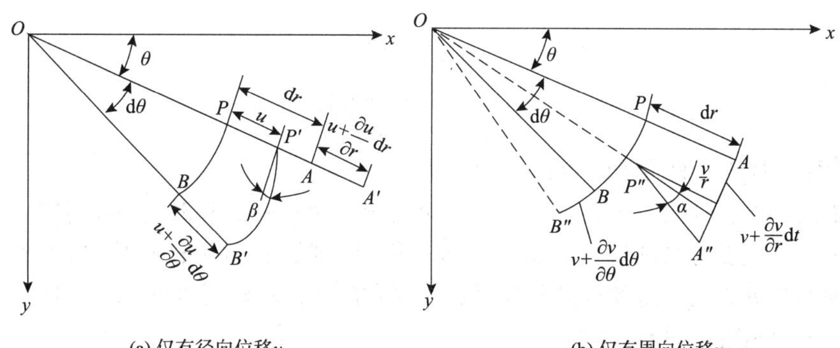

图 1－14 极坐标中的位移

假设只有周向位移而没有径向位移，如图 1－9(b)所示，由于周向位移，径向线段 PA 移到 $P''A''$。周向线段 PB 移到 $P''B''$。P、A、B 三点位移分别为：

$$P'' = v,\ AA'' = v + \frac{\partial v}{\partial r}\mathrm{d}r,\ BB'' = v + \frac{\partial v}{\partial \theta}\mathrm{d}\theta$$

径向线段 PA 的线应变为：

$$\varepsilon_r = 0 \tag{D}$$

周向线段 PB 的线应变为：

$$\varepsilon_\theta = \frac{P''B'' - PB}{PB} = \frac{\left(v + \frac{\partial v}{\partial \theta}\mathrm{d}\theta\right) - v}{r\mathrm{d}\theta} = \frac{1}{r}\frac{\partial v}{\partial \theta} \tag{E}$$

径向线段 PA 的转角：

$$\alpha = \frac{AA'' - PP''}{PA} - \frac{v}{r} = \frac{v + \frac{\partial v}{\partial r}\mathrm{d}r - v}{\mathrm{d}r} - \frac{v}{r} = \frac{\partial v}{\partial r} - \frac{v}{r}$$

周向线段 PB 的转角：

$$\beta = 0$$

切应变为：

$$\gamma_{r\theta} = \alpha + \beta = \frac{\partial v}{\partial r} - \frac{v}{r} \tag{F}$$

在一般情况下，径向和周向都有位移时，可将式(A)、式(B)、式(C)和式(D)、式(E)、式(F)分别相加起来，就得到极坐标中的几何方程：

$$\left.\begin{aligned}\varepsilon_r&=\frac{\partial u}{\partial r}\\ \varepsilon_\theta&=\frac{u}{r}+\frac{1}{r}\frac{\partial v}{\partial\theta}\\ \gamma_{r\theta}&=\frac{1}{r}\frac{\partial u\partial v}{\partial\theta\partial r}-\frac{v}{r}\end{aligned}\right\}\tag{1-35}$$

由于极坐标和直角坐标一样，也是正交坐标，所以极坐标的物理方程和直角坐标的物理方程具有同样的形式，只是下标 x 和 y 分别改成 r 和 θ。据此，在平面应力情况下，物理方程为：

$$\left.\begin{aligned}\varepsilon_r&=\frac{1}{E}(\sigma_r-\mu\sigma_\theta)\\ \varepsilon_\theta&=\frac{1}{E}(\sigma_\theta-\mu\sigma_r)\\ \gamma_{r\theta}&=\frac{1}{G}\tau_{r\theta}=\frac{2(1+\mu)}{E}\tau_{r\theta}\end{aligned}\right\}\tag{1-36}$$

(3) 求解轴对称平面问题的步骤

在平面问题中，如果它的几何形状、约束情况以及承受的外载荷都对称于 z 轴，则所有的应力分量、应变分量和位移分量也必然对称于 z 轴，也就是这些分量仅是径向坐标 r 的函数，而与角 θ 无关，这类问题称作平面轴对称问题。在轴对称问题中，应力函数 Φ 只是径向坐标 r 的函数，即 $\Phi=\Phi(r)$。

逆解法：选取一组位移或应力的函数。由此求出应变与应力，然后验证是否满足基本方程。若满足，则写出与之对应的边界上的位移或面力，再与实际边界条件比较。如果相同或可认为相近，就可把所选取的解作为所要求的解。

半逆解法(又叫凑合解法)：就是在未知量中，先根据问题的特点假设一部分为已知，然后在基本方程和边界条件中，求另一部分，这样便得到了全部未知量。

①坐标转换　在解轴对称平面问题时，需将直角坐标(x，y，z)换算成圆柱坐标(r，θ，z)。显然当 $\theta=0$ 时，σ_r，σ_θ，$\tau_{r\theta}=\tau_{\theta r}$ 分别等于 σ_x，σ_y，$\tau_{yx}=\tau_{xy}$。在不计体力的情况下，只要求出 $\frac{\partial^2\phi}{\partial x^2}$、$\frac{\partial^2\phi}{\partial y^2}$、$\frac{\partial^2\phi}{\partial x\partial y}$ 换算为圆柱坐标的表达式，用应力函数所表示的应力分量方程式就可求出。

现将 $\frac{\partial^2\phi}{\partial x^2}$、$\frac{\partial^2\phi}{\partial y^2}$、$\frac{\partial^2\phi}{\partial x\partial y}$ 换算成圆柱坐标。

因为：

$$r^2=x^2+y^2,\ \theta=\mathrm{tg}^{-1}\frac{y}{x}\tag{A}$$

故：

$$\frac{\partial r}{\partial x}=\frac{x}{r}=\cos\theta\mathrm{d},\ \mathrm{d}\frac{\partial r}{\partial y}=\frac{y}{r}=\sin\theta\tag{B}$$

$$\frac{\partial\theta}{\partial x}=\frac{1}{1+y^2/x^2}\left(-\frac{y}{x^2}\right)=-\frac{y}{x^2+y^2}=-\frac{y}{r^2}=-\frac{\sin\theta}{r}\tag{C}$$

$$\frac{\partial\theta}{\partial y}=\frac{1}{1+y^2/x^2}\left(\frac{1}{x}\right)=\frac{x}{x^2+y^2}=\frac{x}{r^2}=\frac{\cos\theta}{r} \tag{D}$$

由于 φ 是 x、y 的函数，即 $\varphi=\varphi(x,\ y)$，而 r、θ 是 x，y 的函数，因此 φ 也是 r、θ 的函数，即 $\varphi=\varphi(r,\ \theta)$。$\varphi=\varphi(r(x,\ y),\ \theta(x,\ y))$，得：

$$\frac{\partial\phi}{\partial x}=\frac{\partial\phi}{\partial r}\frac{\partial r}{\partial x}+\frac{\partial\phi}{\partial\theta}\frac{\partial\theta}{\partial x}=\cos\theta\frac{\partial\phi}{\partial r}-\frac{\sin\theta}{r}\frac{\partial\phi}{\partial\theta} \tag{E}$$

$$\frac{\partial\phi}{\partial y}=\frac{\partial\phi}{\partial r}\frac{\partial r}{\partial y}+\frac{\partial\phi}{\partial\theta}\frac{\partial\theta}{\partial y}=\sin\theta\frac{\partial\phi}{\partial r}+\frac{\cos\theta}{r}\frac{\partial\phi}{\partial\theta} \tag{F}$$

所以：

$$\frac{\partial^2\phi}{\partial x^2}=\cos^2\theta\frac{\partial^2\phi}{\partial r^2}+\frac{\sin^2\theta}{r}\frac{\partial\phi}{\partial r}-\frac{2\sin\theta\cos\theta}{r}\frac{\partial^2\phi}{\partial r\partial\theta}+\frac{2\sin\theta\cos\theta}{r^2}\frac{\partial\phi}{\partial\theta}+\frac{\sin^2\theta}{r^2}\frac{\partial^2\phi}{\partial\theta^2} \tag{G}$$

$$\frac{\partial^2\phi}{\partial y^2}=\sin^2\theta\frac{\partial^2\phi}{\partial r^2}+\frac{\cos^2\theta}{r}\frac{\partial\phi}{\partial r}+\frac{2\sin\theta\cos\theta}{r}\frac{\partial^2\phi}{\partial r\partial\theta}-\frac{2\sin\theta\cos\theta}{r^2}\frac{\partial\phi}{\partial\theta}+\frac{\cos^2\theta}{r^2}\frac{\partial^2\phi}{\partial\theta^2} \tag{H}$$

$$\frac{\partial^2\phi}{\partial x\partial y}=\sin\theta\cos\theta\frac{\partial^2\phi}{\partial r^2}+\frac{\cos^2\theta-\sin^2\theta}{r}\frac{\partial^2\phi}{\partial r\partial\theta}-\frac{\sin\theta\cos\theta}{r}\frac{\partial\phi}{\partial r}-\frac{\cos^2\theta-\sin^2\theta}{r^2}\frac{\partial\phi}{\partial\theta}-\frac{\sin\theta\cos\theta}{r^2}\frac{\partial^2\phi}{\partial\theta^2} \tag{I}$$

故有：

$$\frac{\partial^2\phi}{\partial x^2}+\frac{\partial^2\phi}{\partial y^2}=\frac{\partial^2\phi}{\partial r^2}+\frac{1}{r}\frac{\partial\phi}{\partial r}+\frac{1}{r^2}\frac{\partial^2\phi}{\partial\theta^2} \tag{1-37}$$

②方程转换　对于轴对称平面问题，其平面为垂直于旋转轴 Z 的平面，因此具有在 Z 平面(即垂直于 Z 轴平面)上有应力、应变、位移的变化，而沿 Z 轴方向是没有变化的，因此 $\tau_{rz}=0$。

故微分平衡方程式(1-32)变为：

$$\frac{\partial\sigma_r}{\partial r}+\frac{\sigma_r-\sigma_\theta}{r}=0 \tag{1-38a}$$

$$\frac{\partial\sigma_z}{\partial z}=0 \tag{1-38b}$$

由式(1-38b)可见。$\sigma_z=\text{const}$，自平衡，如图 1-15 所示，说明 σ_z 在 Z 方向上存在，是恒定的，此问题仍为平面问题。

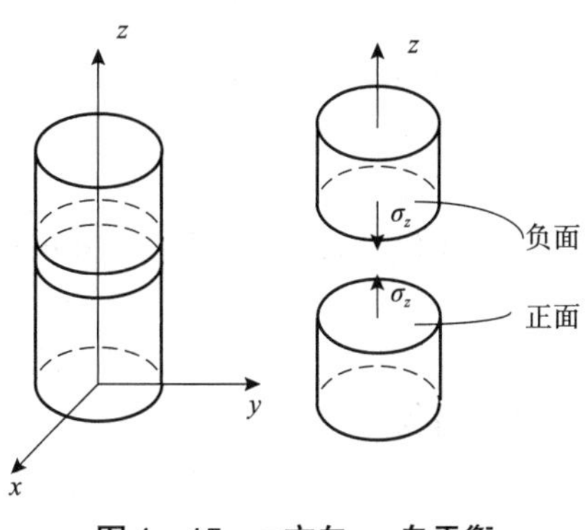

图 1-15　z 方向 σ_z 自平衡

用应力函数表示应力分量的方程式(1-29)：

$$\begin{cases}\sigma_x=\dfrac{\partial^2\phi}{\partial y^2}-Xx & \text{(A)}\\ \sigma_y=\dfrac{\partial^2\phi}{\partial x^2}-Y_y & \text{(B)}\\ \tau_{xy}=\tau_{yx}=-\dfrac{\partial^2\phi}{\partial x\partial y} & \text{(C)}\end{cases}$$

边界条件解决轴对称问题，如图1－16所示。

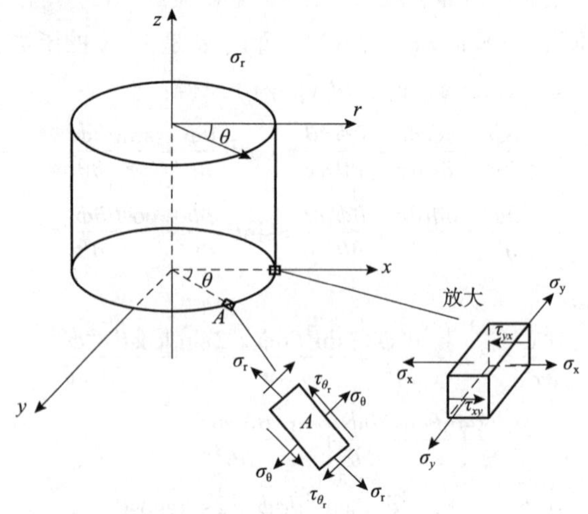

图1－16　轴对称边界条件

当 $\theta=0$ 时，r 轴与 x 轴重合，则 $\sigma_r=\sigma_x$，$\sigma_\theta=\sigma_y$，$\tau_{r\theta}=\tau_{xy}$。由于轴对称，故 θ 取任意值，$\sigma_{\rm r}$、σ_θ、$\tau_{r\theta}$都相等，且都等于 $\theta=0$ 时的值。所以，只要求出 $\theta=0$ 时的 σ_x、σ_y、τ_{xy}，就可以求出任意的 $\sigma_{\rm r}$、σ_θ、$\tau_{r\theta}$。

令 $\theta=0$ 代入式(1－29)，得：

$$\begin{cases}\sigma_{\rm r}=(\sigma_x)_{\theta=0}=\left(\dfrac{\partial^2\phi}{\partial y^2}\right)_{\theta=0}=\dfrac{1}{r}\dfrac{\partial\phi}{\partial r}+\dfrac{1}{r^2}\dfrac{\partial^2\phi}{\partial\theta^2} & \text{(D)}\\ \sigma_\theta=(\sigma_y)_{\theta=0}=\left(\dfrac{\partial^2\phi}{\partial y^2}\right)_{\theta}=\dfrac{\partial^2\phi}{\partial r^2} & \text{(E)}\\ \tau_{r\theta}=(\tau_{xy})_{\theta=0}=\left(-\dfrac{\partial^2\phi}{\partial x\partial y}\right)_{\theta=0}=-\dfrac{1}{r}\dfrac{\partial^2\phi}{\partial r\partial\theta}+\dfrac{1}{r^2}\dfrac{\partial\phi}{\partial\theta} & \text{(F)}\end{cases}$$

对于轴对称平面问题，应力函数 ϕ 与 θ 无关，只是 r 的函数，即 $\phi=\phi(r)$ 只要 r 不变化任意 θ 处应力函数都相等。故得出用应力函数表示的应力分量表达式为：

$$\begin{cases}\sigma_{\rm r}=\dfrac{1}{r}\dfrac{{\rm d}\phi}{{\rm d}r} & (1-39{\rm a})\\ \sigma_\theta=\dfrac{{\rm d}^2\phi}{{\rm d}r^2} & (1-39{\rm b})\end{cases}$$

而式(1－37)可写成：

$$\frac{\partial^2\phi}{\partial x^2}+\frac{\partial\phi}{\partial y^2}=\frac{{\rm d}^2\phi}{{\rm d}r^2}+\frac{1}{r}\frac{{\rm d}\phi}{{\rm d}r} \qquad (1-40)$$

将此式代入式(1－30a)，就可求出应力函数所应满足的相容条件。

$$\left(\frac{{\rm d}^2}{{\rm d}r^2}+\frac{1}{r}\frac{d}{{\rm d}r}\right)\left(\frac{{\rm d}^2\varphi}{{\rm d}r^2}+\frac{1}{r}\frac{{\rm d}\varphi}{{\rm d}r}\right)=0 \qquad (1-41{\rm a})$$

展开后得：

$$\frac{{\rm d}^4\varphi}{{\rm d}r^4}+\frac{2}{r}\frac{{\rm d}^3\varphi}{{\rm d}r^3}-\frac{1}{r^2}\frac{{\rm d}^2\varphi}{{\rm d}r^2}+\frac{1}{r^3}\frac{{\rm d}\varphi}{{\rm d}r}=0 \qquad (1-41{\rm b})$$

这就是轴对称平面问题的相容条件，求解这一微分方程式，就得出应力函数的表达式。

③求应力函数　为了把式(1－41B)变换为常系数线性微分方程式，引用变换式 $r=e^t$，其中 e 为自然对数底，于是得：

$$\frac{d^4\varphi}{dt^4}-4\frac{d^3\varphi}{dt^3}+4\frac{d^2\varphi}{dt^2}=0 \tag{A}$$

构造通解：

$$\phi = At + Bth^2 + Ce^{2t} + D \tag{B}$$

上式中 A、B、C、D 是待定系数，可取任意数，带入式(B)都满足此方程，只要确定 φ 多项式，就是此方程的解。因为 $t=\ln r$，所以式(B)变为：

$$\phi = A\ln r + Bth^2 + Ce^{2t} + D \tag{C}$$

代入式(1－39)，求得轴对称平面问题的应力分量：

$$\begin{cases}\sigma_r = \dfrac{A}{r^2}+B(1+2\ln r)+2C & (1-42a)\\[2ex] \sigma_\theta = -\dfrac{A}{r^2}+B(3+2\ln r)+2C & (1-42b)\end{cases}$$

在平面应力的情况，将式(1－42)代入物理方程式(1－34)中，得应变分量的表达式为：

$$\begin{cases}\varepsilon_r = \dfrac{1}{E}(\sigma_r-\mu\sigma_\theta)\\[1ex] \quad = \dfrac{1}{E}\left[(1+\mu)\dfrac{A}{r^2}+(1-3\mu)B+2B(1-\mu)\ln r+2(1-\mu)C\right]\\[1ex] \varepsilon_\theta = \dfrac{1}{E}(\sigma_\theta-\mu\sigma_r)\\[1ex] \quad = \dfrac{1}{E}\left[-(1+\mu)\dfrac{A}{r^2}+(3-\mu)B+2B(1-\mu)\ln r+2(1-\mu)C\right]\end{cases} \tag{1-43}$$

将应变分量的表达式(1－43)代入几何方程式(1－33)中，就可求得位移分量的表达式。

从 $\varepsilon_r=\dfrac{du}{dr}$的关系得：

$$u=\frac{1}{E}\left[-(1+\mu)\frac{A}{r}+(3-\mu)Br+2B(1-\mu)r(\ln r-1)+2(1-\mu)Cr\right]+F \tag{1-44a}$$

式中，F 表示积分常数。

从 $\varepsilon_\theta=\dfrac{du}{dr}$的关系得：

$$u=\frac{1}{E}\left[-(1+\mu)\frac{A}{r}+(3-\mu)Br+2B(1-\mu)\ln r+2(1-\mu)Cr\right] \tag{1-44b}$$

为了使两个位移分量 u 的表达式一致，在式(1－44a)和式(1－44b)中必须使 B＝0，F＝0。所以，位移分量的表达式为：

$$u=\frac{1}{E}\left[-(1+\mu)\frac{A}{r}-2(1-\mu)Cr\right] \tag{1-45}$$

由此可得在轴对称平面应力情况下的应力分量、应变分量和位移分量表达式为：

应力表达式：

$$\begin{cases}\sigma_r = \dfrac{A}{r^2} + 2C \\ \sigma_\theta = -\dfrac{A}{r^2} + 2C\end{cases} \tag{1-46}$$

应变表达式：

$$\begin{cases}\varepsilon_r = \dfrac{1}{E}\left[(1+\mu)\dfrac{A}{r^2} + 2(1-\mu)C\right] \\ \varepsilon_\theta = \dfrac{1}{E}\left[-(1+\mu)\dfrac{A}{r^2} + 2(1-\mu)C\right]\end{cases} \tag{1-47}$$

位移表达式：

$$\begin{cases}u = \dfrac{1}{E}\left[-(1+\mu)\dfrac{A}{r} + 2(1-\mu)Cr\right] \\ v = 0\end{cases} \tag{1-48}$$

方程中的积分常数A、C由边界条件确定。

对于轴对称平面应变问题，只要将应变分量和位移分量的表达式(1-47)和表达式(1-48)中的E换为$\dfrac{E}{1-\mu^2}$，μ换为$\dfrac{\mu}{1-\mu}$就可得到。

工程实践例题与简解

【例题1-1】

管道是指用管件连接而成的，用于输送流体的装置，是给排水、煤气等生活物料输送以及石油化工行业必须装置。管件最重要的组成部分是管子，应用最为广泛的性价比最高的管子称为螺旋焊管；螺旋焊管是将低碳碳素结构钢或低合金结构钢钢带按一定的螺旋线的角度(叫成型角)卷成管坯，然后将管缝焊接起来制成如图1-17所示，它可以用较窄的带钢生产大直径的钢管。

螺旋焊管在焊缝处最为薄弱如图1-18所示，现有一管道承受内压、扭矩以及两端的支架反力，现求焊缝上有一点p应力分量$\sigma_x = 15\text{MPa}$，$\sigma_y = 25\text{MPa}$，$\tau_{xy} = 20\text{MPa}$，如图1-18所示。求此点在焊缝方向$l = \cos30°$，$M = \cos60°$斜面上的应力X_N、Y_N、σ_N、τ_N。

图1-17 螺旋焊管

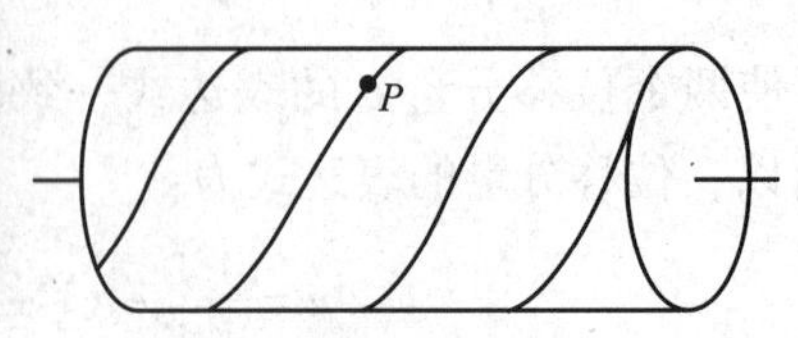

图1-18 【例题1-1】图

解：

$$X_N = l\sigma_x + M\tau_{xy} = \cos 30° \times 15 + \cos 60° \times 20 = 22.99\text{MPa}$$
$$Y_N = M\sigma_y + l\tau_{xy} = \cos 60° \times 25 + \cos 30° \times 20 = 29.82\text{MPa}$$
$$\sigma_N = l^2\sigma_x + M^2\sigma_y + 2lM\tau_{xy} = \cos^2 30° \times 15 + \cos^2 60° \times 25 + 2 \times \cos 30° \times \cos 60° \times 20 = 34.82\text{MPa}$$
$$\begin{aligned}\tau_N &= lM(\sigma_x - \sigma_y) + (l^2 - M^2)\tau_{xy} \\ &= \cos 30° \times \cos 60° \times (25 - 15) + (\cos^2 30° - \cos^2 60°) \times 20 = 14.33\text{MPa}\end{aligned}$$

在焊缝处应力正应力为34.82MPa，剪应力为14.33MPa。

【例题1－2】

无缝钢管是高压管道的常用的管子类型如图1－19所示，其安全性好，但是造价较高，无缝钢管是由整块金属制成的，表面上没有接缝的钢管，称为无缝钢管。根据生产方法，无缝管分热轧管、冷轧管、冷拔管、挤压管、顶管等。

现有一管道系统如图1－20所示，承受内压及热应力，采用无缝钢管，已知其上有一点E应力分量$\sigma_x = 30\text{MPa}$，$\sigma_y = 15\text{MPa}$，$\tau_{xy} = 50\text{MPa}$，试求主应力σ_1、σ_3以及第一主应力方向。

图1－19 管道系统

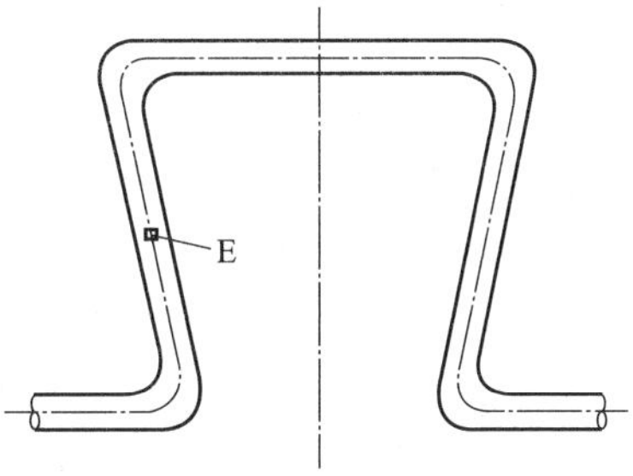

图1－20 【例题1－2】图

解：(1)主应力为：

$$\sigma_1 = \frac{\sigma_x + \sigma_y}{2} + \sqrt{\left(\frac{\sigma_x - \sigma_y}{2}\right)^2 + \tau_{xy}^2} = \frac{30 + 15}{2} + \sqrt{\left(\frac{30 - 15}{2}\right)^2 + 50^2}$$
$$= 73.1\text{MPa}$$
$$\sigma_3 = \frac{\sigma_x + \sigma_y}{2} - \sqrt{\left(\frac{\sigma_x - \sigma_y}{2}\right)^2 + \tau_{xy}^2} = \frac{30 + 15}{2} - \sqrt{\left(\frac{30 - 15}{2}\right)^2 + 50^2}$$
$$= -28.06\text{MPa}$$

(2)第一主应力与竖直方向夹角为：

$$2\alpha = \arctan\left(\frac{2\tau_{xy}}{\sigma_Y - \sigma_x}\right) = \arctan\left(\frac{2 \times 50}{15 - 30}\right) = -81.5°$$
$$\alpha_1 = -40.7°$$

(3)应力分布如图1－21所示。

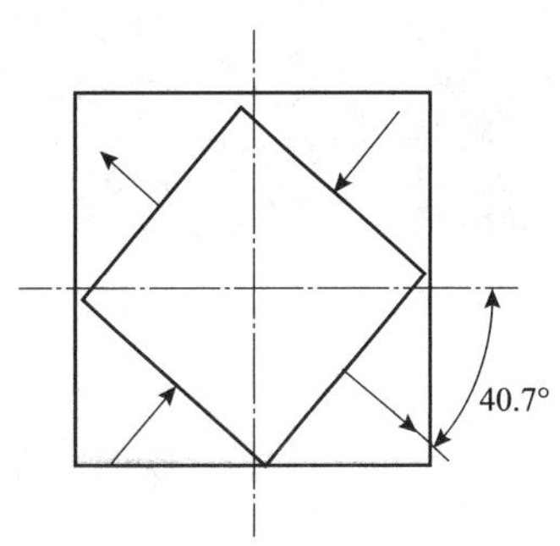

图1－21 应力分布

【例题1－3】

厚壁钢管如图1－22所示，把钢管外径和壁厚之比小于20mm的钢管称为厚壁钢管。主要用作石油地质钻探管、石油化工用的裂化管、锅炉管、轴承管以及汽车、拖拉机、航空用高精度结构管等。现有用厚壁圆筒做的石油地质钻探管，其受力结构可以近似认为两端固定，管道承受内压。

厚壁钢管材料为 Q345R，其中任意一点应力状态如图 1－23 所示，$\sigma_x = 35\text{MPa}$，$\sigma_y = 25\text{MPa}$，求 Z 方向应力，以及 X、Y 方向应变。

图 1－22　厚壁钢管

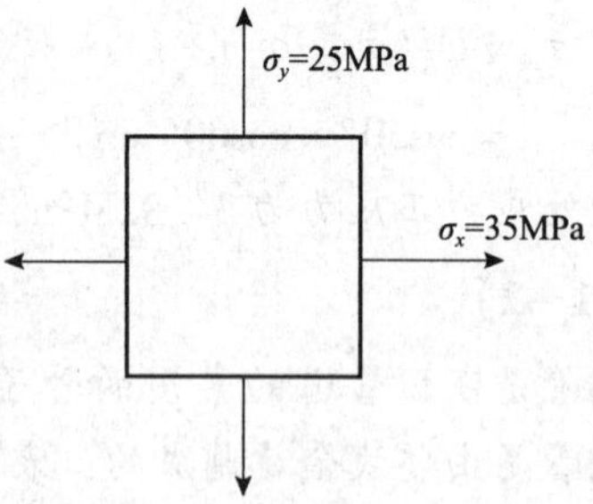

σ_y=25MPa

σ_x=35MPa

图 1－23　【例题 1－3】图

解：由于材料为 Q345R，故有 $E = 2.0 \times 105\text{MPa}$；$\mu = 0.3$

由于两端固定，认为 Z 方向应变为 0，所以有：

$$\varepsilon_z = \frac{1}{E}[\sigma_z - \mu(\sigma_y + \sigma_x)] = 0$$

可得：

$$\sigma_z = 18\text{MPa}$$

由物理方程可得：

$$\varepsilon_x = \frac{1}{E}[\sigma_x - \mu(\sigma_y + \sigma_z)]$$

可得：

$$\varepsilon_x = 1.1 \times 10^{-4}\text{mm}$$

$$\varepsilon_y = \frac{1}{E}[\sigma_y - \mu(\sigma_x + \sigma_z)]$$

可得：

$$\varepsilon_y = 4.6 \times 10^{-5}\text{mm}$$

【例题 1－4】

催化燃烧反应器如图 1－24 实现催化燃烧反应过程的设备、反应器有固定床和流化床两类，工业上多采用固定床反应器：优点为轴向返混少、反应速度较快，因而反应器体积小，催化剂用量少；气体在反应器内停留时问可严格控制。温度分布可适当调节，因而有利于提高转化率和选择性；催化刹磨损少；可在高温高压下操作。

图 1－24　催化燃烧反应器

现有催化燃烧反应器已知其喷嘴部分应力分量 $\sigma_x = -Qxy^2 + C_1$，$\sigma_y = \frac{3}{2}C_2xy^2$，$\tau_{xy} = -C_2y^2 - C_3x^2y$，体力不计，$Q$ 为常数，利用平衡微分方程求系数 C_1、C_2、C_3。

解：代入微分方程：

$$\frac{\partial \sigma_x}{\partial x} + \frac{\partial \tau_{xy}}{\partial y} = 0；\frac{\partial \sigma_y}{\partial y} + \frac{\partial \tau_{xy}}{\partial x} = 0$$

得：

$$-Qy^2+3C_1x^2-2C_2y-C_3x^2=0$$
$$-3C_2xy-2C_3xy=0$$

由 x、y 的任意性得：

$$Q+2C_2=0,\ -3C_1-2C_3=0,\ 3C_2+3C_3=0$$
$$C_1=\frac{Q}{4},\ C_2=\frac{-Q}{2},\ C_3=\frac{3Q}{4}$$

【例题 1－5】

单级单吸悬臂式离心泵如图 1－25 所示，供输送清水或物理化学性质类似于水的其他液体之用，使用温度一般不高于 80℃、转速：2900r/min 或 1450r/min 吸入口直径：50～200mm 流量：6.3～400m^3/h 扬程：5～125m，密封方式：填料密封、机械密封。材质：铸铁。

因为其主轴结构为悬臂式故称之为悬臂式离心泵，现在将其主轴简化为悬臂梁如图 1－26 所示，假设应力函数 $\Phi=\frac{qx^2}{4}\left(-4\frac{y^3}{h^3}+3\frac{y}{h}-1\right)+\frac{qy^2}{5}\left(\frac{y^3}{h^3}-\frac{y}{2h}\right)$，判断该函数可否成为应力函数；求该应力分量表达式。

图 1－25 单级单吸悬臂式离心泵

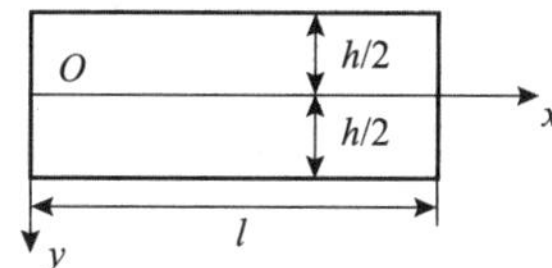

图 1－26 【例题 1－5】图

解：

(1) 将 φ 代入相容方程 $\frac{\partial^4\Phi}{\partial x^4}+2\frac{\partial^4\Phi}{\partial x^2\partial y^2}+\frac{\partial^4\Phi}{\partial y^4}=0$，显然满足。因此，该函数可以作为应力函数。

(2) 应力分量的表达式为：

$$\sigma_x=\frac{\partial^2\Phi}{\partial y^2}=\frac{6qx^2y}{h^3}+\frac{4qy^3}{h^3}-\frac{3qy}{5h}$$

$$\sigma_y=\frac{\partial^2\Phi}{\partial x^2}=\frac{q}{2}\left(-\frac{4y^3}{h^3}+\frac{3y}{h}-1\right)$$

$$\tau_{xy}=-\frac{\partial^2\Phi}{\partial x\partial y}=-\frac{6qx}{h^3}\left(\frac{h^2}{4}-y^2\right)$$

建立坐标系如上，主要有四条边界，分别为 $y=\pm h/2$；$x=0$；$x=1$，各有条件如下

考察边界条件：在主要边界 $y=\pm h/2$ 上，应精确满足应力边界条件：

$$(\sigma_y)_{y=-\frac{h}{2}}=\frac{q}{2}\left(-\frac{4y^3}{h^3}+\frac{3y}{h}-1\right)_{y=-\frac{h}{2}}=-q$$

$$(\sigma_y)_{y=\frac{h}{2}} = \frac{q}{2}\left(-\frac{4y^3}{h^3}+\frac{3y}{h}-1\right)_{y=\frac{h}{2}} = 0$$

$$(\tau_{xy})_{y=\pm\frac{h}{2}} = -\frac{6qx}{h^3}\left(\frac{h^2}{4}-y^2\right)_{y=\pm\frac{h}{2}} = 0$$

在次要边界 $x=0$ 上，应用圣维南原理，可列出三个积分的应力边界条件：

$$\int_{-h/2}^{h/2}(\sigma_x)_{x=0}\mathrm{d}y = \int_{-h/2}^{h/2}\left(\frac{4qy^3}{h^3}-\frac{3qy}{5h}\right)\mathrm{d}y = 0(\text{奇函数})$$

$$\int_{-h/2}^{h/2}(\sigma_x)_{x=0}y\mathrm{d}y = \int_{-h/2}^{h/2}\left(\frac{4qy^3}{h^3}-\frac{3qy}{5h}\right)y\mathrm{d}y = 0$$

$$\int_{-h/2}^{h/2}(\tau_{xy})_{x=0}\mathrm{d}y = 0$$

在次要边界 $x=l$ 上，应用圣维南原理，可列出三个积分的应力边界条件：

$$\int_{-h/2}^{h/2}(\sigma_x)_{x=l}\mathrm{d}y = \int_{-h/2}^{h/2}\left(-\frac{6ql^2y}{h^3}+\frac{4qy^3}{h^3}-\frac{3qy}{5h}\right)\mathrm{d}y = 0$$

$$\int_{-h/2}^{h/2}(\sigma_x)_{x=l}y\mathrm{d}y = \int_{-h/2}^{h/2}\left(-\frac{6ql^2y}{h^3}+\frac{4qy^3}{h^3}-\frac{3qy}{5h}\right)y\mathrm{d}y = -\frac{ql^2}{2}$$

$$\int_{-h/2}^{h/2}(\tau_{xy})_{x=l}\mathrm{d}y = -\int_{-h/2}^{h/2}\frac{6ql}{h^3}\left(\frac{h^2}{4}-y^2\right) = -ql$$

应力分布图如图 1-27 所示，符合自重悬臂梁定义，应力函数可以使用。

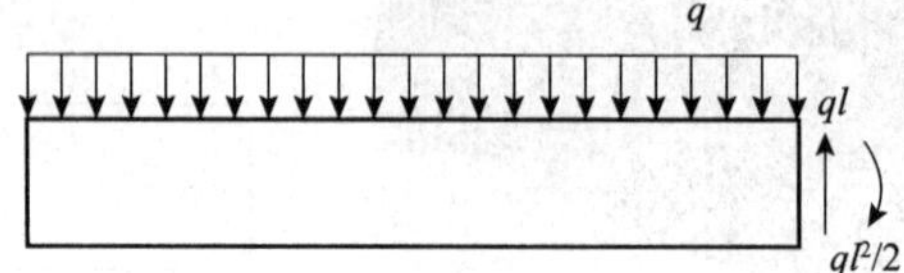

图 1-27　悬臂梁边界条件

【例题 1-6】

化工设备常用的建设机构中经常有吊臂如图 1-28 所示，可以简化为如图 1-29 所示机构，设有矩形截面的悬臂梁，在自由端受有集中荷载 F，体力可以不计。①试根据材料力学公式，尝试写出两向应力 σ_x、σ_y 与剪应力 τ_{xy} 的表达式。②表达式判断否满足平衡微分方程与相容方程。③求解主要边界 $y=\pm h/2$ 及次要边界 $x=0$ 条件上的边界条件并验证正确性。

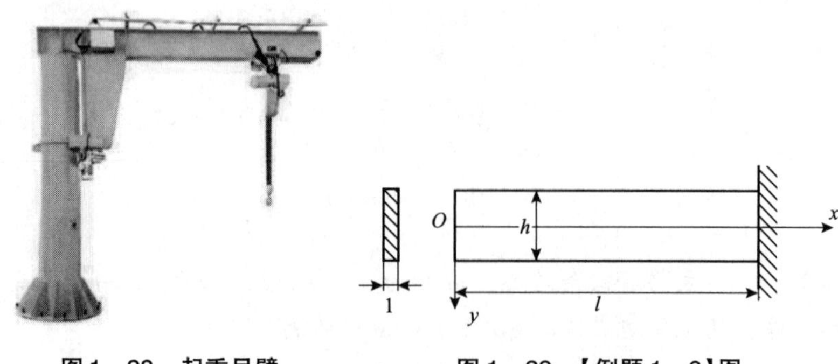

图 1-28　起重吊臂　　图 1-29　【例题 1-6】图

解：①矩形悬臂梁发生弯曲变形，任意横截面上的弯矩方程 $M(x)=-Fx$ 横截面对中

性轴的惯性矩为 $I_z = h^3/12$ 根据材料力学公式，弯应力为：

$$\sigma_x = \frac{M(x)}{I_Z} y = -\frac{12F}{h^3} xy$$

该截面上的剪力为对 $M(x) = -Fx$，剪应力为：

$$\tau_x = \frac{F_s(x)S^*}{bI_Z} = \frac{-F}{(h^3/12)}\left(\frac{h}{2} - y\right) \cdot b\left(\frac{h/2 - y}{2} + y\right) = -\frac{6F}{h^3}\left(\frac{h^2}{4} - y^2\right)$$

挤压应力 $\sigma_y = 0$。

②将应力分量代入平衡微分方程检验，得：

第一式：$-\frac{12F}{h^3} y + \frac{12F}{h^3} y = 0$

第二式：$0 + 0 = 0$

该应力分量满足平衡微分方程。

③将应力分量代入应力表示的相容方程，得：

$$\nabla^2(\sigma_x + \sigma_y) = 0$$

满足相容方程。

④在主要边界上，应精确满足应力边界条件：

$$(\sigma_y)_{y=-\frac{h}{2}} = 0$$

$$(\sigma_y)_{y=\frac{h}{2}} = 0$$

$$(\tau_{xy})_{y=\pm\frac{h}{2}} = 0$$

在次要边界 $x = 0$ 上，应用圣维南原理，可列出三个积分的应力边界条件：

$$\int_{-h/2}^{h/2} (\sigma_x)_{x=0} \mathrm{d}y = 0$$

$$\int_{-h/2}^{h/2} (\sigma_x)_{x=0} y\mathrm{d}y = 0$$

$$\int_{-h/2}^{h/2} (\tau_{xy})_{x=0} \mathrm{d}y = -F$$

在次要边界 $x = 1$ 上，应用圣维南原理，可列出三个积分的应力边界条件：

$$\int_{-h/2}^{h/2} (\sigma_x)_{x=l} \mathrm{d}y = \int_{-h/2}^{h/2} \frac{12F}{h^3} ly\mathrm{d}y = 0 = F_N$$

$$\int_{-h/2}^{h/2} (\sigma_x)_{x=l} y\mathrm{d}y = \int_{-h/2}^{h/2} \frac{12F}{h^3} ly^2\mathrm{d}y = -Fl = M$$

$$\int_{-h/2}^{h/2} (\tau_{xy})_{x=l} \mathrm{d}y = -\int_{-h/2}^{h/2} \frac{6F}{h^3}\left(\frac{h^2}{4} - y^2\right) = -F = F_S$$

【例题 1-7】

管道不仅受内压的作用，还受自重、热应力以及振动等作用，要把这些作用的合成应力控制在许用应力范围内，才能保证管系不被这些作用力破坏。对供热、采暖管道来讲，热应力是主要的，往往由于热应力过大而损坏设备和管系，所以必须控制热应力在许用范围内。图 1-30 中管道结构为最为常用的热应力处理结构。

现有函数 $\Phi = -\frac{3\mathrm{a}}{2\mathrm{h}} xy - \frac{\mathrm{c}}{2\mathrm{h}} y^2 - \frac{\mathrm{d}}{\mathrm{h}^3} y^3 - \frac{2\mathrm{a}}{\mathrm{h}^3} xy^3$，其中 a、h、c、d 均为常数。

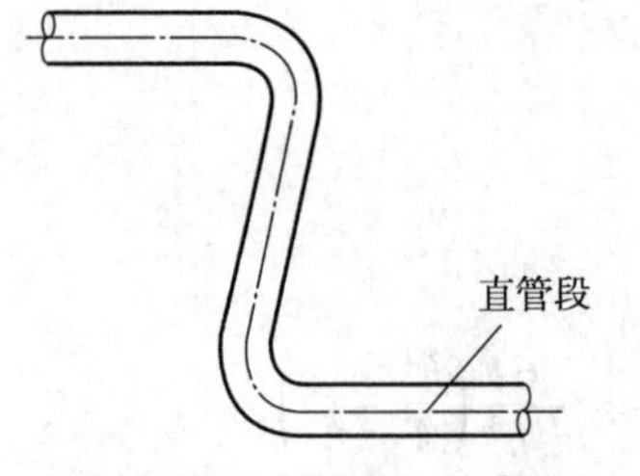

图1-30 【例题1-7】图

①判断该函数可否成为应力函数。

②求该应力分量表达式。

③判断该函数可否适应管道的直管段。

解：

(1)将Φ代入相容方程$\frac{\partial^4\Phi}{\partial x^4}+2\frac{\partial^4\Phi}{\partial x^2\partial y^2}+\frac{\partial^4\Phi}{\partial y^4}=0$，显然满足。因此，该函数可以作为应力函数。

(2)应力分量的表达式为$\sigma_x=\frac{\partial^2\Phi}{\partial x^2}=-\left(\frac{12\mathrm{d}}{\mathrm{h}^3}y+\frac{12\mathrm{a}}{\mathrm{h}^3}xy+\frac{\mathrm{c}}{\mathrm{b}}\right)$

$$\sigma_y=\frac{\partial^2\Phi}{\partial y^2}=0$$

$$\tau_{xy}=\frac{\partial^2\Phi}{\partial x\partial y}=\frac{3a}{2h}+\frac{6a}{h^3}y^2$$

(3)应力函数的应力表达式可以应用于图1-31，现在求解在$x=0$边界上的边界条件，并绘制出来。应力分布图如图1-31，如符合适应管道的直管段边界条件，应力函数可以使用。

$$\int_{-\mathrm{h}/2}^{\mathrm{h}/2}(\sigma_x)_{x=0}\,\mathrm{d}y=-F_n=-\mathrm{c}$$

$$\int_{-\mathrm{h}/2}^{\mathrm{h}/2}(\sigma_x)_{x=0}\,y\mathrm{d}y=-M=-\mathrm{d}$$

$$\int_{-\mathrm{h}/2}^{\mathrm{h}/2}(\tau_{xy})_{x=0}\,\mathrm{d}y=-F_s=-\mathrm{a}$$

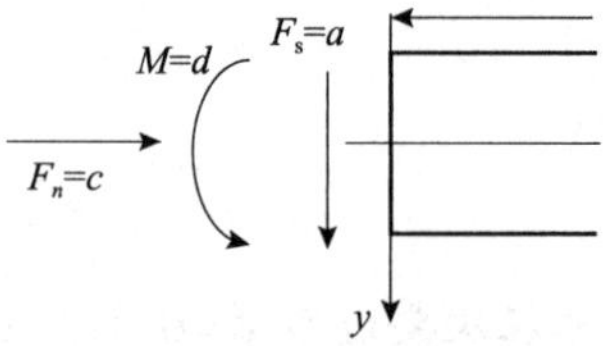

图1-31 边界条件

【例题1-8】

活塞式压缩机是一种依靠活塞往复运动使气体增压和输送气体的压缩机如图1-32所示。属容积型压缩机，又称“往复活塞式压缩机”或“往复式压缩机”，主要由工作腔、传动部件、机身及辅助部件组成。工作腔直接用来压缩气体，由气缸、气缸套、气阀、填料、活塞及活塞杆组成。活塞由活塞杆带动在气缸内作往复运动，活塞两侧的工作腔容积大小轮流做相反变化，容积减小一侧气体因压力增高通过气阀排出，容积增大一侧因气压减小通过气阀吸进气体，传动部件用以实现往复运动，有曲轴连杆、偏心滑块、斜盘等，其中以曲轴连杆机构使用最普遍，它由十字头、连杆和曲轴等组成。

压缩机连杆可简化为半截面积的方杆如图1-33所示，两端受压，压力为F_x，截面积$A(x)$随x方向变化，$A(x)=1.1\times A$，A_1为小头截面积，用弹性力学方法求各点应力与位移。

解：由于面积随x方向变化均匀缓慢，又因为只有x方向受到力F_x，故可以认为在y、z方向没有应力，因此可以认为在y、z方向没有正应力。按照说给出坐标方向划分单元体，可以分析出，$\tau_{xy}=\tau_{yx}=\tau_{yz}=\tau_{zy}=\tau_{zx}=\tau_{xz}=0$。

通过已知条件可以得出正应力：

$$\sigma_x=\frac{F_x}{A(x)}=\frac{\sigma_1}{1.1x}$$

图1-32 活塞式压缩机

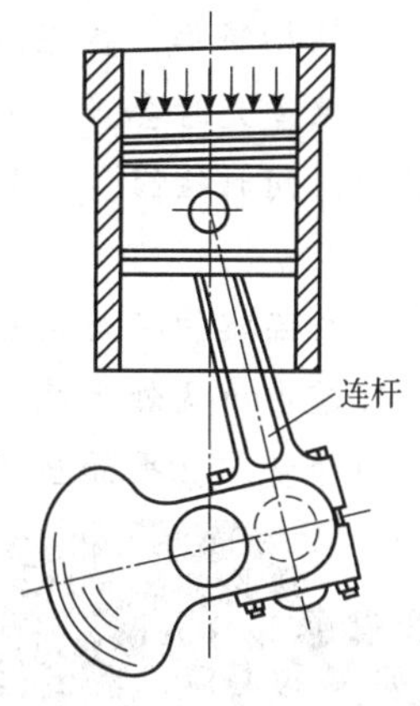

图1-33 压缩机连杆图

上式中σ_1为端面1上的正应力。

由已知条件带入平衡方程(1-10)，可得：

$$\frac{\partial \sigma_x}{\partial x}=0$$

两端积分可得：

$$\sigma_x=1.1\sigma_1 \ln x$$

将已知带入物理方程，可得：

$$\begin{cases}\varepsilon_x=\dfrac{\sigma_x}{E}\\ \varepsilon_z=\varepsilon_y=-\dfrac{\mu\sigma_x}{E}\end{cases}$$

将上式带入几何方程，可得：

$$\begin{cases}\dfrac{\sigma_x}{E}=\dfrac{\partial u}{\partial x}\\ -\dfrac{\mu\sigma_x}{E}=\dfrac{\partial v}{\partial y}\\ -\dfrac{\mu\sigma_x}{E}=\dfrac{\partial w}{\partial z}\end{cases}$$

可得连杆各点位移量：

$$\begin{cases}u=\dfrac{1.1\sigma_{1x}(\ln x-1)}{E}\\ v=-\dfrac{1.1\mu\sigma_{1x}(\ln x-1)}{E}\\ w=-\dfrac{1.1\mu\sigma_{1x}(\ln x-1)}{E}\end{cases}$$

【例题1-9】

固定管板式换热器是指管束两端管板采用焊接或者胀接方法与壳体固定连接的管壳式换热器如图1-34所示。管板与壳体焊接后也可兼作法兰如图1-35所示，与管箱法兰用螺栓连接。优点是结构简单，在保证相等传热面的条件下所需的壳体内径最小。缺点是壳程与管程介质之间温差大时会产生较大的热应力，造成管子与管板结合处拉脱破裂而发生泄漏或管子失稳等，同时检修、壳程清洗也不方便，在一般场合应用广泛，但也受到温差的限制。

在使用胀接方式连接管板与换热管时，可以认为管板为刚体内部具有半径为 R 的圆柱形孔道为管孔，孔道内放置外半径为 R 而内半径为 r 的换热管，换热管受内压力为 q，①试求换热管的应力分量。②平面应变问题的位移分量。③求上式中管热管的应力。

图 1－34　固定管板换热器管板

图 1－35　固定管板换热器筒体图

解：①本题为轴对称问题，故环向位移 $u_\varphi=0$，另外还要考虑位移的单值条件。

应力分量引用轴对称应力解答，取换热管解答中的系数为 A、B、C，刚体解答中的系数为 A′、B′、C′由多连体中的位移单值条件，有：

$$B=0,\ B'=0$$

现在，取换热管的应力表达式为：

$$\sigma_\rho=\frac{A}{\rho^2}+2C,\ \sigma_\varphi=-\frac{A}{\rho^2}+2C$$

管板的应力表达式：

$$\sigma_\rho=\frac{A'}{\rho'^2}+2C',\ \sigma_\varphi=-\frac{A}{\rho'^2}+2C'$$

考虑边界条件和接触条件来求解常数 A、A′、C、C′和相应的位移。首先，在圆筒的内面，有边界条件 $(\sigma_\rho)_{\rho=r}=-q$，由此得：

$$\frac{A}{\rho^2}+2C=-q$$

其次，在远离圆孔处，应当几乎没有应力，于是有：

$$(\sigma'_\rho)_{\rho\to\infty}=0,\ (\sigma'_\varphi)_{\rho\to\infty}=0$$

由此得 $2C'=0$

再次，管板和换热管的接触面上，应当有：

$$(\sigma_\rho)_{\rho=R}=(\sigma'_\rho)_{\rho=R}$$

于是有：

$$\frac{A}{R^2}+2C=-\frac{A'}{R^2}+2C'$$

②管板和换热管的径向位移表达式为：

$$u_\rho=\frac{1+u}{E}\left[2(1-2u)C_\rho-\frac{A}{\rho}\right]+I\cos\varphi+K\sin\varphi$$

$$u'_\rho=0$$

刚体的径向位移为零，在接触面上，管板和换热管的位移相同且都为零，即：

$$(u_\rho)_{\rho=R}=(u'_\rho)_{\rho=R}$$

将上式代入，得：

$$\frac{1+u}{E}\left[2(1-2u)\mathrm{C_R}-\frac{\mathrm{A}}{R}\right]+I\cos\varphi+K\sin\varphi=0$$

方程在接触面上的任意点都成立，φ 取任何值都成立，方程两边的自由项必须相等。于是得：

$$\frac{1+u}{E}\left[2(1-2u)\mathrm{C_R}-\frac{A}{R}\right]=0$$

简化得：

$$2(1-2u)R^2C=A$$

③管热管的应力：

解得：

$$A=-\frac{(1-2u)qr^2R^2}{(1-2u)R^2+r^2},\quad \mathrm{C}=-\frac{qr^2}{(1-2u)R^2+r^2}$$

圆筒的应力为：

$$\sigma_\rho=-\frac{\frac{1-2u}{\rho^2}+\frac{1}{R^2}}{\frac{1-2u}{r^2}+\frac{1}{R^2}}q,\quad \sigma_\varphi=-\frac{\frac{1-2u}{\rho^2}-\frac{1}{R^2}}{\frac{1-2u}{r^2}+\frac{1}{R^2}}q$$

【例题 1-10】

有某反应釜搅拌轴，建立坐标系，简化后如图 1-36 所示。长度为 L，转角位 φ，轴半径为 R。用弹性力学方法求解搅拌轴点表面应力。

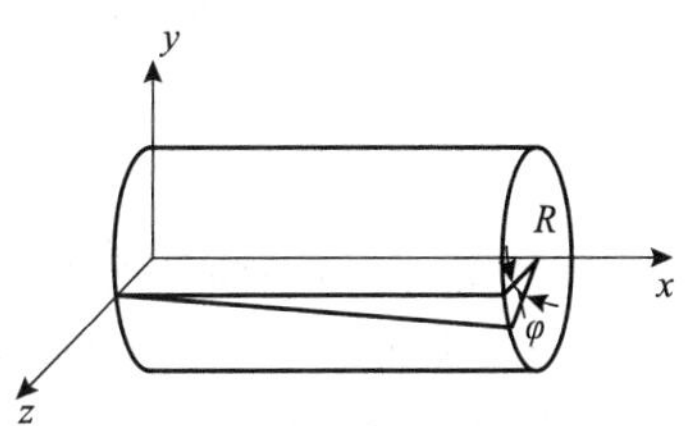

图 1-36 搅拌轴简化图

解：由于搅拌轴只受到扭转，在已经建立的坐标系下，将已知条件代入几何方程得；

$$\gamma_{xy}=\frac{\partial u}{\partial y}$$

在表面任意点的位移为：

$$u=\frac{\varphi R}{L}$$

将上述条件代入物理方程：

$$\gamma_{yz}=\frac{1}{G}\tau_{yz}$$

可得：

$$\tau_{yz}=\frac{\varphi R}{L}G$$

第 2 章

薄壳理论

2.1 基本概念

通常把旋转壳体外径 D_0 和内径 D_i 之比，即$\frac{D_0}{D_i}\leqslant 1.2$，称为薄壳容器。

2.1.1 基本术语

(1)轴对称问题

轴对称就是指壳体的几何形状、约束条件和所受的外力都是对称于旋转轴。

(2)旋转薄壳的几何特性

①中面。旋转壳体的中面是指与壳体内、外表面等距离的曲面，图中表示的一般都是指中面。

②经线。过旋转轴的平面与中面的交线，如图 2 - 1(a)所示，APC 为经线。

③经线截面。经线与回转轴所构成的平面，如图 2 - 1(a)所示，$APCO$ 为经线截面。

④法线。经过经线上的任意点 B 且垂直于中面的直线称为中面在该点的法线，如图 2 - 1(b)所示，PO_2为法线。

⑤纬线。过中面经线上一点作垂直于该点切线的平面与旋转面的交线即为该点的纬线，或以法线作母线绕回转轴回转一周所形成的圆锥法截面与中面的交线。

⑥纬线截面。沿同一个平行圆的各点作法线的延长线，即形成一与壳体中面正交的圆锥面，圆锥的顶点必在旋转轴上，此圆锥面与壳体的截面称为纬线截面亦称旋转法截面。

⑦平行圆。垂直于回转轴的平面与中面的交线，如图 2 - 1(b)所示，r 为平行圆半径。

⑧第一曲率半径(经线的曲率半径)。如图 2 - 1(b)所示，O_1P 为第一曲率半径 r_1。

⑨第二曲率半径(纬线曲率半径)。也可以定义为过中面上一点作一平面与该点经线正交所得的交线在该点的曲率半径，如图 2 - 1(b)所示，O_2P 圆锥线的母线长度为第二曲率半径 r_2。

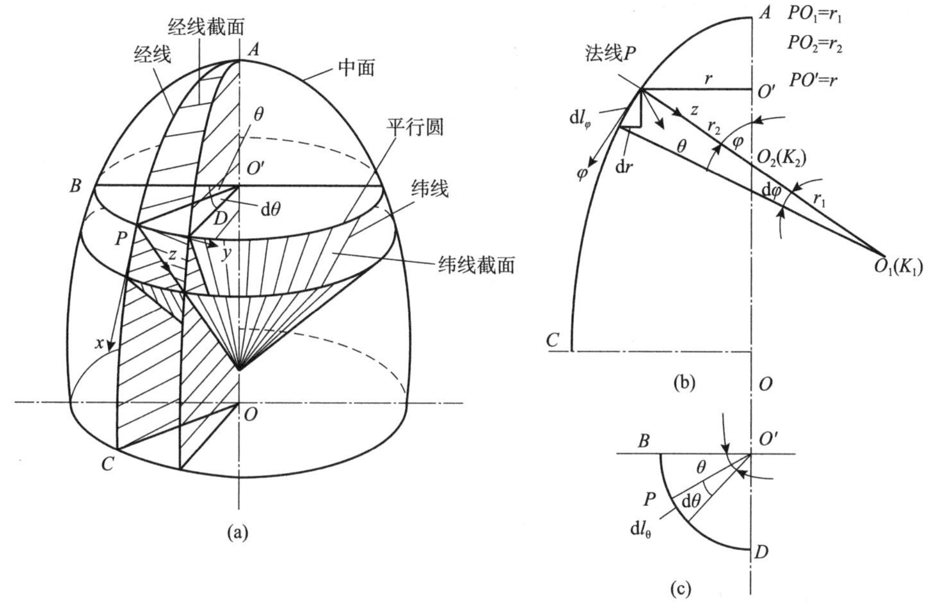

图2－1　一般回转壳体

(3)旋转薄壳的几何特征的表示

①在自然坐标中，中面上任一点的位置可由 φ 和 θ 两个坐标决定，其中 φ 为该点经线切线方向，称为经线坐标，θ 为该点纬线切线方向，称为周向坐标，z 为法向坐标。经线的位置由从母线平面量起的角度 θ 决定，平行圆的位置由角 φ 决定，法线方向的位置由 z 决定，如图2－2所示。

②曲率半径间的关系。第一曲率半径可由经线方程得出，即：

$$r_1=\left|\frac{(x'^2+y'^2)^{\frac{3}{2}}}{x'y''-x''y'}\right|=\left|\frac{(1+y'^2)^{\frac{3}{2}}}{y''}\right| \tag{2-1}$$

第二曲率半径可用几何关系法和数学方法求出，如图2－1(b)所示：

$$r_2=\frac{r}{\sin\varphi} \tag{2-2}$$

(4)几种常用壳体的几何特征

1)圆柱壳

设中面半径为 R，由于经线为直线，故 $r_1=\infty$，而由于垂直于经线的平面与平行圆重合，故 $r_2=r=R$。

2)球壳

在球壳中面上任一点的所有法向截面的曲率半径均相等，即等于球体的半径 $r_1=r_2=R$。

3)椭球壳

如图2－2所示，椭圆长半轴为a，短半轴为b，在椭圆上任取一点(x,y)，其经线方程为：

$$\frac{x^2}{a^2}+\frac{y^2}{b^2}=1 \tag{A}$$

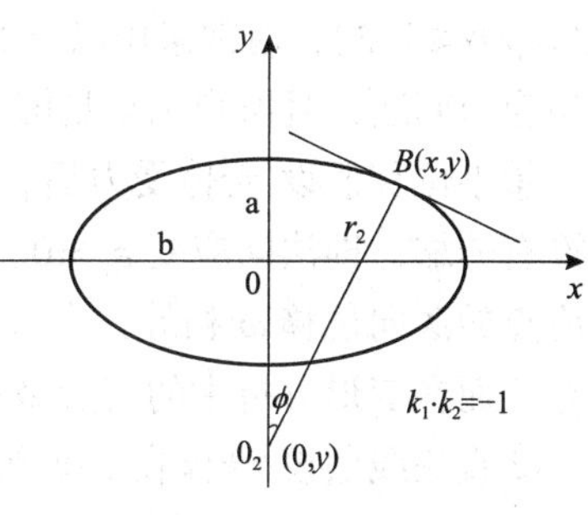

图2－2　椭球壳

从微分学可知其曲率半径为：

$$r_1 = \left| \frac{\left[1 + \left(\frac{\mathrm{d}y}{\mathrm{d}x}\right)^2\right]^{\frac{3}{2}}}{\frac{\mathrm{d}^2 y}{\mathrm{d}x^2}} \right| \tag{B}$$

$$\frac{\mathrm{d}y}{\mathrm{d}x} = -\frac{13^2 x}{a^2 y} \tag{C}$$

$$\frac{\mathrm{d}^2 y}{\mathrm{d}x^2} = -\frac{\mathrm{b}^2(\mathrm{b}^2 x^2 + \mathrm{a}^2 y^2)}{\mathrm{a}^4 y^3} = -\frac{\mathrm{b}^4}{\mathrm{a}^2 y^3} \tag{D}$$

得：

$$r_1 = \frac{1}{\mathrm{a}^4 \mathrm{b}^4}(\mathrm{a}^4 y^2 + \mathrm{b}^4 x^2)^{\frac{3}{2}} = \frac{[\mathrm{a}^4 - x^2(\mathrm{a}^2 - \mathrm{b}^2)]^{\frac{3}{2}}}{\mathrm{a}^4 \mathrm{b}} \tag{E}$$

$$r_2 = \frac{1}{\mathrm{b}^2}(\mathrm{a}^4 y^2 + \mathrm{b}^4 x^2)^{\frac{1}{2}} = \frac{[\mathrm{a}^4 - x^2(\mathrm{a}^2 - \mathrm{b}^2)]^{\frac{1}{2}}}{\mathrm{b}} \tag{F}$$

令 $m = \frac{\mathrm{a}}{\mathrm{b}}$，且图中可知 $x = r_2 \sin\varphi$，将其代入上两式，可得：

以 φ 坐标表示的关系式：

$$r_1 = \frac{\mathrm{a}^2 \mathrm{b}^2}{(-\mathrm{a}^2 \sin^2\varphi + \mathrm{b}^2 \cos^2\varphi)^{\frac{3}{2}}} = m\mathrm{a}\psi^3 \tag{2-3}$$

$$r_2 = \frac{\mathrm{a}^2}{(\mathrm{a}^2 \sin^2\varphi + \mathrm{b}^2 \cos^2\varphi)\frac{1}{2}} = m\mathrm{a}\psi \tag{2-4}$$

式中，

$$\psi = \frac{1}{\sqrt{(m^2 - 1)\sin^2\varphi + 1}} \tag{2-5}$$

特例：在椭球的顶点 $\varphi = 0$ 时，则 $\psi = 1$，故得 $r_1 = r_2 = m\mathrm{a} = \frac{\mathrm{a}^2}{\mathrm{b}}$。

在椭球赤道上 $\varphi = \frac{\pi}{2}$，$\psi = \frac{1}{m}$，故得 $k = \frac{\mathrm{a}}{m^2} = \frac{\mathrm{b}^2}{\mathrm{a}}$，$r_2 = \mathrm{a}$。

2.1.2 旋转薄壳变形的基本假设

假设的目的是使数学模型简化，同时具有足够的精度。假定壳体是完全弹性体，作为弹性壳体应符合弹性理论的一些基本假设，即材料的连续性、均匀性和各向同性。对于薄壳($D_0/D \leqslant 1.2$)，通常采用以下假设使问题进一步简化，使空间壳体的三向应力问题变为两向应力问题，且所得结果足够精确。壳体坐标的选择如图 2-3 所示。

①小位移假设 壳体受力后，各点的位移都远小于壁厚，在这种情况下变形时薄壳厚度没有伸缩，即法向应变 $\varepsilon_z = 0$，亦即认为截面上各点的法向位移可近似地看成与中面上对应点的法向位移 ω 相等，在考虑变形后的平衡状态时可用变形前的尺寸来代替变形后的尺寸，而在变形分析中的高阶微量也可以忽略不计，使微分方程式呈线性。

②直法线假设 壳体在形变前垂直于中面的直线段在形变后仍保持为直线，并垂直于变形后的中面。在这种假设下，沿厚度各点的法向位移均相同，变形前后的法向线段长度

不变(厚度不变)。亦即认为剪应力 $\tau_{\varphi z}$ 引起的变形可忽略不计，即 $\varepsilon_{\varphi z}=0$。由此可得出对壳体的力学分析只是坐标 φ、θ 的函数，而对于轴对称问题，由于力和变形均与 θ 无关，故只是 φ 的函数。

③互不挤压假设 壳体各层纤维在变形前后均互不挤压。在这种假设情况下认为与周向应力和经向应力相比，法向应力可忽略不计，即 $\sigma_z=0$。因此使问题简化成平面应力问题，这一假设只适用于薄壳。

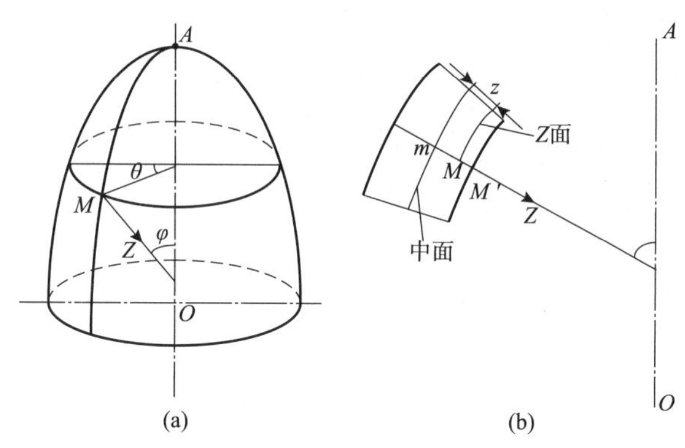

图2-3 壳体坐标的选择

2.2 回转薄壳的应力分析

2.2.1 平衡方程

(1)力的分析

1)外力分析

作用于壳体上的力主要是体力和表面力。对于薄壳而言，其外力主要是指沿壳体表面连续分布的表面力，即单位面积上的力，如气体压力、流体压力等；而体力可化为分布外力来处理，如重力、惯性力等。如图2-4所示，取一微元体，若在壳体的中面上取流动坐标(x、y、z)，即为自然坐标系，对应(φ、θ、z)坐标，符合左手定则。其中 x 取经线的切向，y 取纬线的切向，z 取外法线的反方向(因为通常情况下壳体都受内压作用)。表面力分量 p_φ(沿 x 方向)、p_θ(沿 y 方向)、p_z(沿 z 方向)，在(图2-4)中，p_φ 沿 x 方向为正，p_θ 沿 y 方向为正，为方便记 p_z 的方向通常取 z 的反方向为正。对于轴对称载荷，外力不随坐标 θ 变化，故 $p_\theta=0$；对于体力，由于是薄壳，故忽略壳体的自重，体力忽略不计。

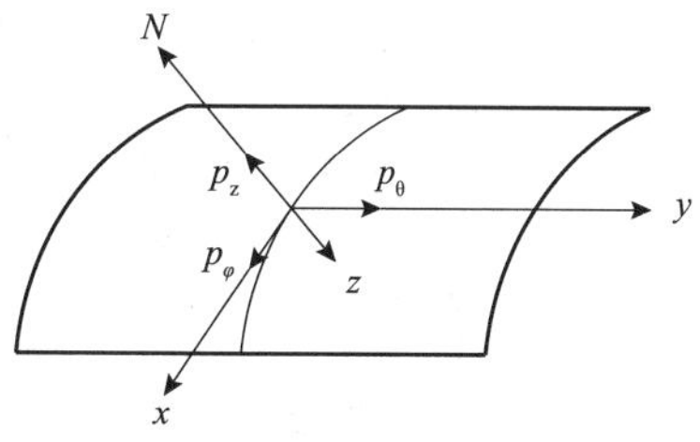

图2-4 外力分析

2)内力分析

由外力引起的壳壁截面的抗力统称为内力素，其包括内力与内力矩，单位为 N/m、N·m/m，如图2-5所示。

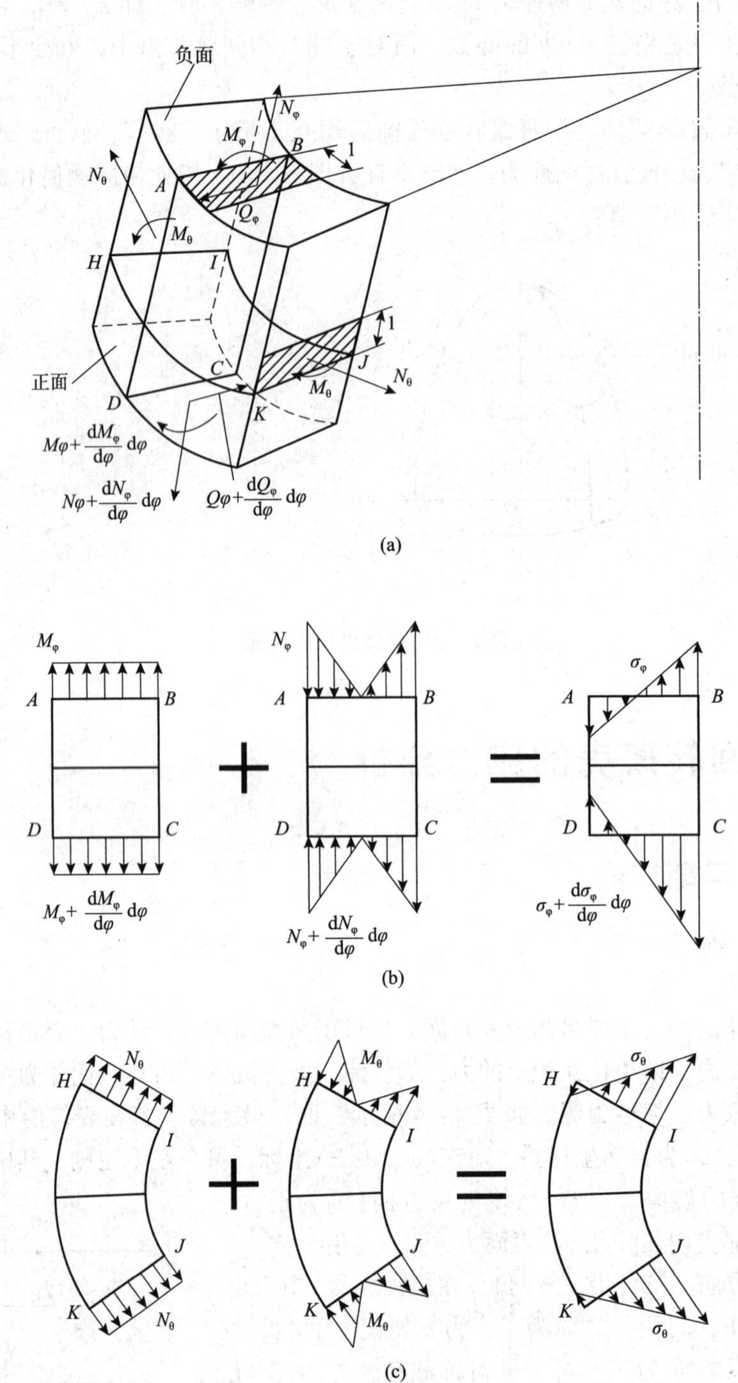

图 2-5　单元体内力因素

取一微元，如图 2-6 所示，在轴对称外力(p_φ，p_z)作用下，由于变形的轴对称性，除纬线截面上有横剪力外，其余各截面上不可能产生剪力和扭矩。其作用在单位长度经线、纬线上的内力素为：

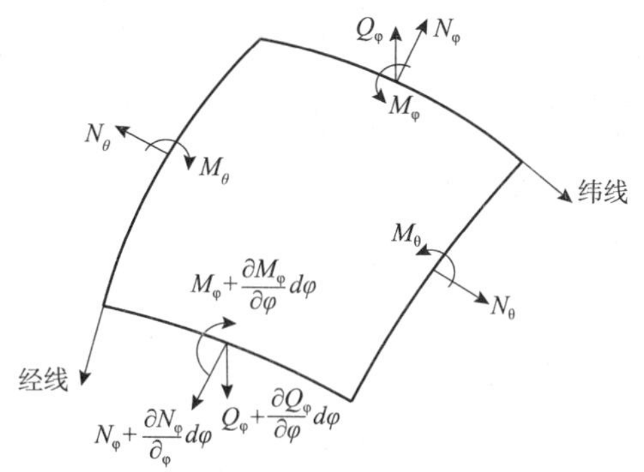

图 2-6 内力分析

N_φ—垂直于纬向截面的经向力，拉为正，压为负；N_θ—垂直于经向截面的周向力，拉为正，压为负；Q_φ—在纬向截面上的横剪力，正面上 Q_φ 与坐标 z 同向为正；（截面外法线与坐标 φ 同向称正面，反之为负面），负面上 Q_φ 与坐标 z 反向为正，反之则 Q_φ 为负。M_φ—在纬向截面上的经向弯矩，使壳体向外侧弯曲的为正，反之为负；M_θ—在经向截面上的周向弯矩，正负号规定与 M_φ 相同。

3)应力分析

应力是单位面积上所受的力。内力是应力的合成，应力是内力的分量，内力与应力所产生的内效应是相同的，所以应力沿壁厚积分与内力素是等效的。经向正应力、周向正应力、法向正应力、法向剪应力分别为 σ_θ、σ_φ、σ_z、$\tau_{\theta\varphi}$。其下标意义：正应力如 σ_φ 的下标 x 是指垂直于 x 轴的面上、沿 x 轴方向；剪应力如 $\tau_{\theta\varphi}$ 的下标 $\varphi\theta$ 是指垂直于 θ 轴的面上、沿 φ 轴方向。

在轴对称外载作用下，根据互不挤压假设，壳体中的法向应力 $\sigma_z=0$。由于轴对称，在经线截面上不存在剪应力，在各截面上也无扭剪力。因此，在经线截面上只存在周向正应力 σ_θ，在旋转法截面上则有经向正应力 σ_φ 和法向剪应力 $\tau_{\theta\varphi}$。

同时，在薄壳受力变形时，其曲率也会发生变化，故在经线截面和旋转法截面上必分别存在周向弯矩 M_θ 和经向弯矩 M_φ，这是由于 σ_θ 和 σ_φ 沿壳壁厚度上非均匀分布，根据直法线假设，可以认为 σ_θ 和 σ_φ 沿壁厚成线性分布，$\tau_{\theta\varphi}$ 为抛物线分布。

(2)应力与内力素关系

在空间轴对称问题中，空间任一微元体都可用 (φ,θ,z) 确定空间位置，如果直接求解涉及到三个坐标 φ，θ，z；通常在求解轴对称问题时，采取先中面后 z 面的方法，因为空间点先由 (φ,θ) 确定中面位置，再由 z 坐标确定具体点的位置，如图 2-7 所示。

对于中面：如图 2-7 所示，由于壳体的曲率存在，微元体的四个截面与梯形相似，其中面线元：

$$dl_\varphi=r_1d\varphi,\ dL_\theta=rd\theta=r_2\sin\varphi d\theta$$

对于 Z 面：离中面距离为 z 的线元为：

$$d\bar{l}_\varphi=(r_1-z)d\varphi=\frac{r_1-z}{r_1}dl_\varphi \quad (2-6)$$

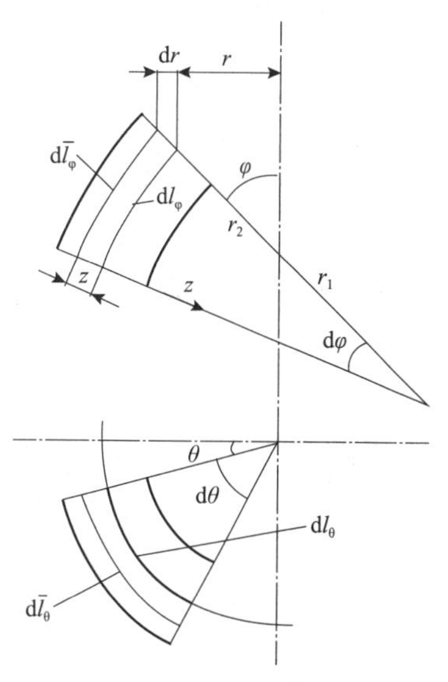

图 2-7 中面与 Z 面的关系

$$d\bar{l}_\theta = (r_2 - z)\sin\varphi d\theta = \frac{r_2 - z}{r_2} dl_\theta \tag{2-7}$$

上划线“－”表示距中面距离为 z 处的物理量，例如 dl_φ、σ_φ 为中面的线元长和经向应力，$d\bar{l}_\varphi$、$\bar{\sigma}_\varphi$ 为距中面距离为 z 处的线元长和经向应力，其他按此标记。应力与内力素的关系如图 2－8 所示。

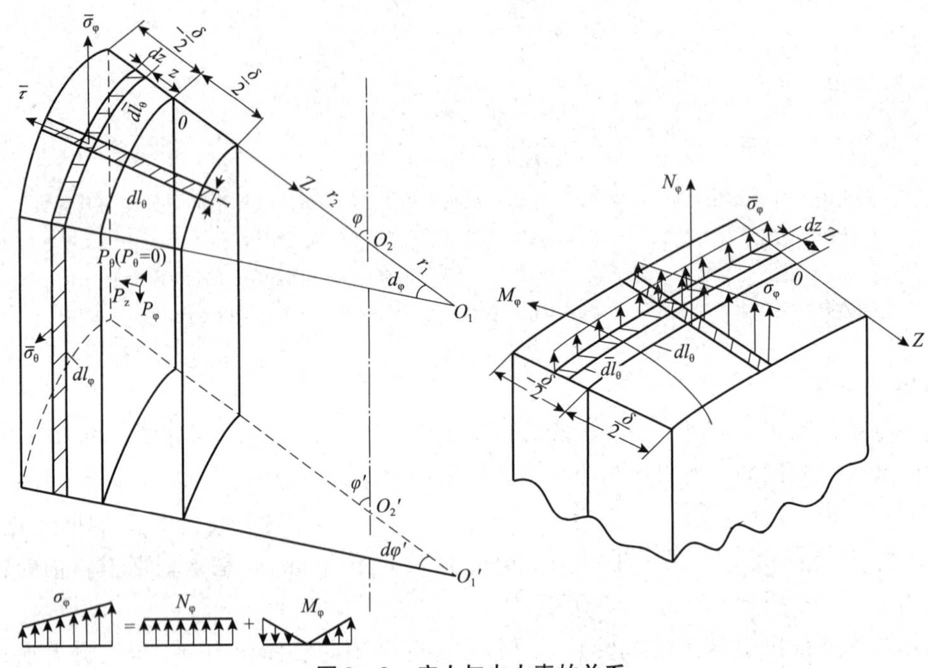

图 2－8　应力与内力素的关系

如图 2－8 所示，把内力素表示为截面上应力的积分，内力素则等于在 $z = -\delta/2 \sim \delta/2$ 区间内应力之总和。

$$N_\varphi dl_\theta = \int_{-\frac{\delta}{2}}^{\frac{\delta}{2}} \bar{\sigma}_\varphi d\bar{l}_\theta dz = \int_{-\frac{\delta}{2}}^{\frac{\delta}{2}} \bar{\sigma}_\varphi \left(\frac{r_2 - z}{r_2}\right) dz dl_\theta \quad (dl_\theta \text{与} Z \text{无关}) \tag{A}$$

$$M_\varphi dl_\theta = \int_{-\frac{\delta}{2}}^{\frac{\delta}{2}} \bar{\sigma}_\varphi d\bar{l}_\theta z dz = \int_{-\frac{\delta}{2}}^{\frac{\delta}{2}} \bar{\sigma}_\varphi \left(\frac{r_2 - z}{r_2}\right) z dz dl_\theta \quad (dl_\theta \text{与} Z \text{无关}) \tag{B}$$

$$N_\varphi = \int_{-\frac{\delta}{2}}^{\frac{\delta}{2}} \bar{\sigma}_\varphi \left(\frac{r_2 - z}{r_2}\right) dz \tag{C}$$

由于 $r_2 \gg z$，所以：

$$N_\varphi = \int_{-\frac{\delta}{2}}^{\frac{\delta}{2}} \bar{\sigma}_\varphi dz \tag{2-8a}$$

同理：

$$N_\theta = \int_{-\frac{\delta}{2}}^{\frac{\delta}{2}} \bar{\sigma}_\theta dz \tag{2-8b}$$

$$Q_\varphi = \int_{-\frac{\delta}{2}}^{\frac{\delta}{2}} \bar{\tau} dz \tag{2-8c}$$

$$M_\varphi = \int_{-\frac{\delta}{2}}^{\frac{\delta}{2}} \bar{\sigma}_\varphi z dz \tag{2-8d}$$

$$M_\theta = \int_{-\frac{\delta}{2}}^{\frac{\delta}{2}} \overline{\sigma}_\theta z\mathrm{d}z \tag{2-8e}$$

对于均质材料的薄壳，应力的分布通常接近于线性，因此可用矩形截面梁的简单关系求出应力。按纯弯曲计算，如图 2－9 所示，$\sigma = \dfrac{M_y}{I_z}$，则 $\sigma = \dfrac{12M}{\delta^3}z$。各向应力示意及壳体微元体的受力如图 2－10、图 2－11 所示。

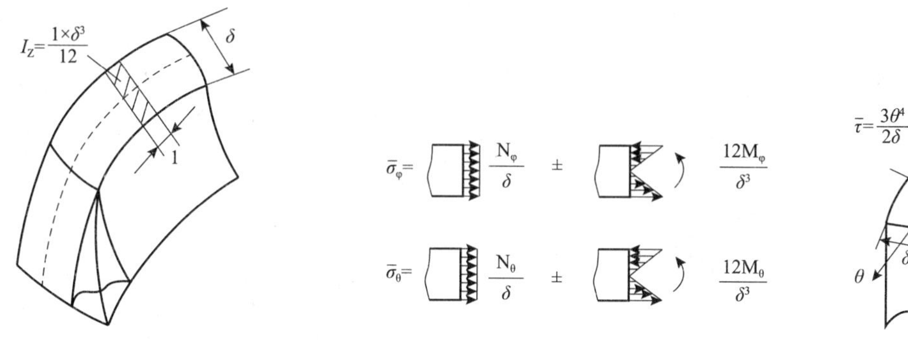

图 2－9　单位长度随壁厚惯性矩

图 2－10　各向应力示意图

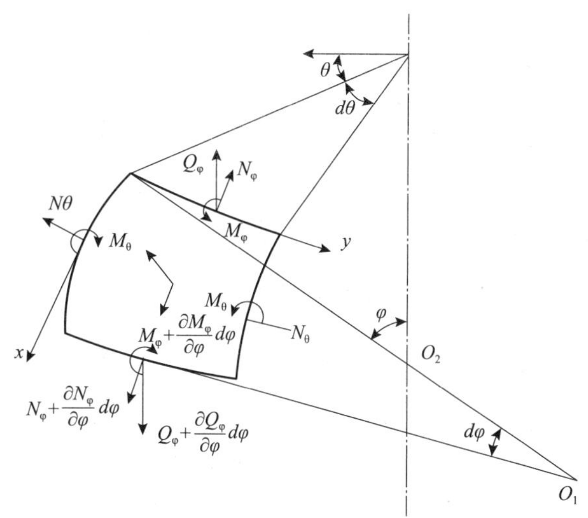

图 2－11　壳体微元体的受力

径向应力：
$$\overline{\sigma}_\varphi = \frac{N_\varphi}{\delta} \pm \frac{12M_\varphi}{\delta^3}\mathrm{d}z \tag{2-9a}$$

周向应力：
$$\overline{\sigma}_\theta = \frac{N_\theta}{\delta} \pm \frac{12M_\theta}{\delta^3}\mathrm{d}z \tag{2-9b}$$

法向剪应力：
$$\bar{\tau} = \frac{3Q_\varphi}{2\delta}\left(1 - \frac{4z^2}{\delta^2}\right) \tag{2-9c}$$

(3) 平衡方程

在轴对称外力（P_φ、P_z）作用下，壳体中的内力素只是坐标 φ 的函数，如图 2－10 所示，表明存在于壳体微元上的内力。取中面微元（$r\mathrm{d}\theta \times r_1\mathrm{d}\varphi$）代表壳体微元，略去高阶小量，同时在平衡方程中不考虑由于载荷引起的壳体形状的变化。

沿 x 方向的力平衡，如图 2－12 所示。

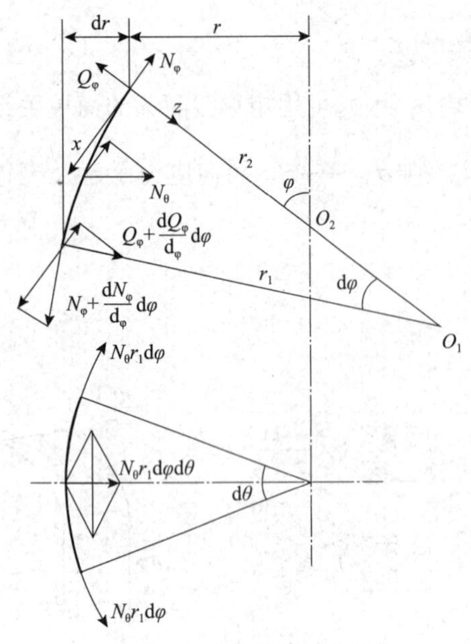

图 2-12 微元体受力图

①经向力在 x 方向的分量：

$$\left(N_\varphi+\frac{dN_\varphi}{d\varphi}d\varphi\right)\left(r+\frac{dr}{d\varphi}d\varphi\right)d\theta\cos d\varphi-N_\varphi\cdot rd\theta$$

$$=N_\varphi\frac{dr}{d\varphi}\cdot d\varphi\cdot d\theta+\frac{dN_\varphi}{d\varphi}\cdot r\cdot d\varphi\cdot d\theta$$

$$=\frac{d(r\cdot N_\varphi)}{d\varphi}d\varphi\cdot d\theta d(\text{当 } d\varphi\to 0,\ \cos d\varphi\to 1) \tag{A}$$

②周向力在 x 方向的分量。作用在经线截面上的力为 $N_\theta\cdot r_1\cdot d\varphi$，其合力在平行圆半径方向上的力为：

$$2N_\theta\cdot r_1\cdot d\varphi\cdot\sin\frac{d\theta}{2}\approx N_\theta\cdot r_1\cdot d\varphi\cdot d\theta$$

（当 $\frac{d\theta}{2}\to 0$，$\sin\frac{d\theta}{2}\to\frac{d\theta}{2}$），

x 方向分量为：

$$-N_\theta\cdot r_1\cdot d\varphi\cdot d\theta\cdot\cos\varphi \tag{B}$$

③剪力在 x 方向的分量：

$$-\left(Q_\varphi+\frac{dQ_\varphi}{d\varphi}d\varphi\right)\left(r+\frac{dr}{d\varphi}d\varphi\right)\cdot d\theta\cdot\sin d\varphi=-r\cdot Q_\varphi\cdot d\theta\cdot d\varphi \tag{C}$$

④外力在 x 方向的分量：

$$P_\varphi\cdot r\cdot r_1\cdot d\varphi\cdot d\theta \tag{D}$$

由平衡条件 $\sum F_x=0$，略去高阶小量，消去 $d\varphi\cdot d\theta$，得 x 方向的平衡方程为：

$$\frac{d(r\cdot N_\varphi)}{d\varphi}-r_1N_\theta\cos\varphi-r\cdot Q_\varphi+r\cdot r_1P_\varphi=0 \tag{2-10a}$$

沿 z 方向的力平衡，如图 2-12 所示。

①横剪力在 z 方向的分量：

$$\left(Q_\varphi+\frac{dQ_\varphi}{d\varphi}d\varphi\right)\left(r+\frac{dr}{d\varphi}d\varphi\right)d\theta\cdot\cos d\varphi-Q_\varphi\cdot rd\theta=\frac{d(r\cdot Q_\varphi)}{d\varphi}d\varphi\cdot d\theta \tag{A}$$

②经向力在 z 方向的分量：

$$\left(N_\varphi+\frac{dN_\varphi}{d\varphi}d\varphi\right)\left(r+\frac{dr}{d\varphi}d\varphi\right)d\theta\cdot\sin d\varphi=r\cdot d\varphi\cdot d\theta \tag{B}$$

③周向力在 z 方向分量：

$$r_1\cdot N_\theta\cdot d\varphi\cdot d\theta\cdot\sin\varphi \tag{C}$$

④外力在名方向的分量：

$$-P_zr\cdot r_1\cdot d\varphi\cdot d\theta \tag{D}$$

由 $\sum F_z=0$，消去 $d\varphi\cdot d\theta$，z 方向平衡为：

$$\frac{d(r\cdot Q_\varphi)}{d\varphi}+r_1N_\theta\sin\varphi+r\cdot N_\varphi-r\cdot r_1P_z=0 \tag{2-10b}$$

沿 y 向的力矩平衡，如图 2-13 所示：

①经向合力力矩在 y 轴的分量：

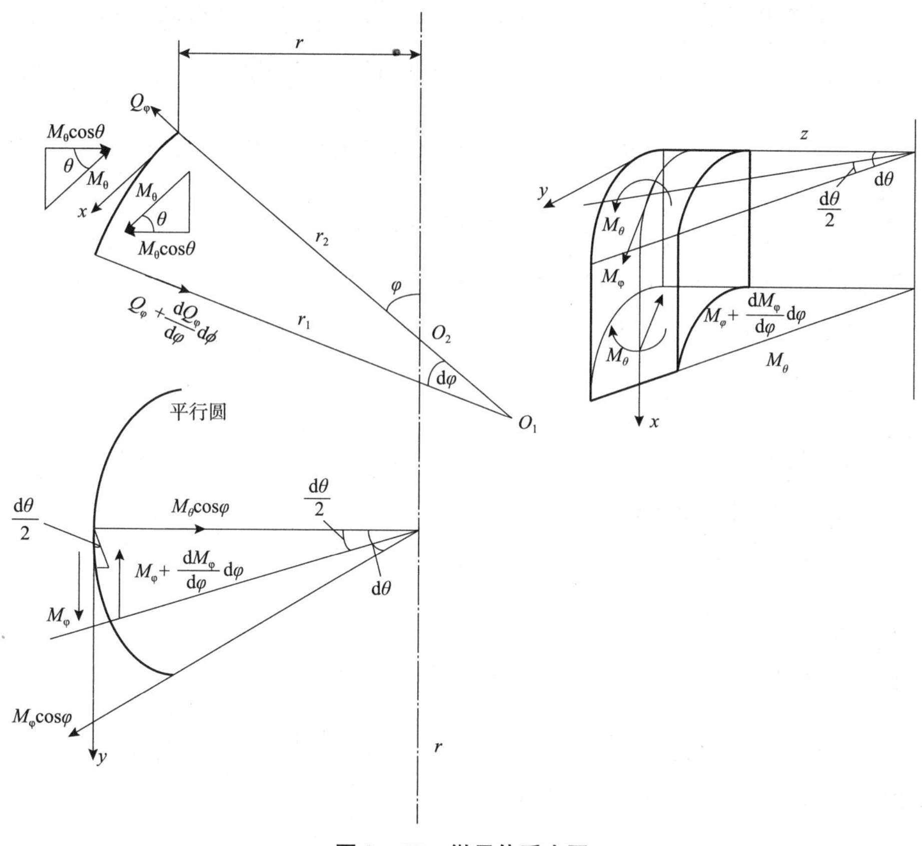

图 2－13　微元体受力图

作用在两个旋转截面上的经向弯矩符合右手定则，矢量方向相反，它们与 y 轴均有一交角为$\frac{d\theta}{2}$。

$$M_\varphi\cdot r\cdot d\theta\cos\frac{d\theta}{2}-\left(M_\varphi+\frac{dM_\varphi}{d\varphi}d\varphi\right)\left(r+\frac{dr}{d\varphi}d\varphi\right)d\theta\cdot\cos\frac{d\theta}{2}=-\frac{d(r\cdot M_\varphi)}{d\varphi}\cdot d\varphi\cdot d\theta \quad (A)$$

②周向弯矩在 y 轴上的分量。作用在左侧经线截面上的周向弯矩矢量在平行圆半径方向分量为 $M_\varphi\cdot r_1\cdot d\varphi\cdot\cos\varphi$。

y 方向的分量是：

$$M_\theta\cdot r_1\cdot d\varphi\cdot\cos\varphi\cdot\sin d\theta=M_\theta\cdot r_1\cdot d\varphi\cdot\cos\varphi\cdot d\theta \quad (B)$$

③横剪力对 y 轴产生的力矩：

$$\left(Q_\varphi+\frac{dQ_\varphi}{d\varphi}d\varphi\right)\left(r+\frac{dr}{d\varphi}d\varphi\right)d\theta\cdot r_1 d\varphi=r\cdot r_1\cdot Q_\varphi d\varphi\cdot d\theta \quad (C)$$

④外力对 y 轴的合力矩：

其合力矩为高阶小量，可略去不计。

因此，由 $\sum M_y=0$，并消去 $d\varphi\cdot d\theta$，得出沿 y 方向的力矩平衡方程为：

$$\frac{d(rM_\varphi)}{d\varphi}-r\cdot M_\theta\cdot\cos\varphi-r\cdot r_1\cdot Q_\varphi=0 \quad (2-10c)$$

综上，对于壳体微元上的内力和外力，根据静力平衡条件 $\Sigma F_x=0$，$\Sigma F_z=0$，$\Sigma M_y=0$，写出力和力矩平衡方程式，略去高阶小量，并整理得到三个平衡方程式：

$$\frac{\mathrm{d}}{\mathrm{d}\varphi}(rN_\varphi)-r_1N_\theta\cos\varphi-rQ_\varphi+r\cdot r_1P_\varphi=0 \quad (2-10a)$$

$$\frac{\mathrm{d}}{\mathrm{d}\varphi}(rQ_\varphi)+rN_\varphi+r_1N_\theta\sin\varphi-r\cdot r_1P_z=0 \quad (2-10b)$$

$$\frac{\mathrm{d}}{\mathrm{d}\varphi}(rM_\varphi)-r_1M_\theta\cos\varphi-r\cdot r_1Q_\varphi=0 \quad (2-10c)$$

由式(2-10a)和式(2-10b)消去 N_θ，并整理后：

$$r\cdot N_\varphi\cdot\sin\varphi+rQ_\varphi\cos\varphi=\int rr_1(p_z\cos\varphi-p_\varphi\sin\varphi)d\varphi+C \quad (A)$$

若令：

$$V=r_2Q_\varphi \quad (B)$$

构造一个 $J(\varphi)$，使 $J(\varphi)=\int rr_1(p_z\cos\varphi-p_\varphi\sin\varphi)d\varphi+C$ (2-11)

因为 $r=r_2\sin\varphi$，则由式(A)直接得：

$$N_\varphi=\frac{1}{r_2}\left[\frac{J(\varphi)}{\sin^2\varphi}-V\cot\varphi\right] \quad (2-12)$$

将 N_φ、V 代入式(2-10b)得：

$$N_\theta=-\frac{1}{r_1}\frac{\mathrm{d}V}{\mathrm{d}\varphi}-\frac{J(\varphi)}{r_1\sin^2\varphi}+r_2p_z \quad (2-13)$$

式中，V 等于横剪力 Q_φ 与第二曲率半径 r_2 的乘积；$J(\varphi)$是轴向外载荷的函数，是一个积分式，其中 C 为积分常数，其可由边界条件确定。

2.2.2 几何方程

在轴对称条件下，旋转壳的变形对称于旋转轴。用 u、v、w 分别表示 x、y、z 方向的位移分量，位移沿坐标轴正向取正，反之取负。由于轴对称 $v=0$。

由于 u、w 正交，从物理定义上讲，引起的变形相对独立，互不影响；从数学定义上讲，u、w 引起的变形满足拉普拉斯方程，是调和函数，其解可以线性叠加。同时，由于空间微元体定位坐标为(φ，θ，z)，其中(φ，θ)决定中面位置，z 决定 z 面位置，也是正交关系，互不影响。因此，在分析几何关系时采取先中面后 z 面的原则。

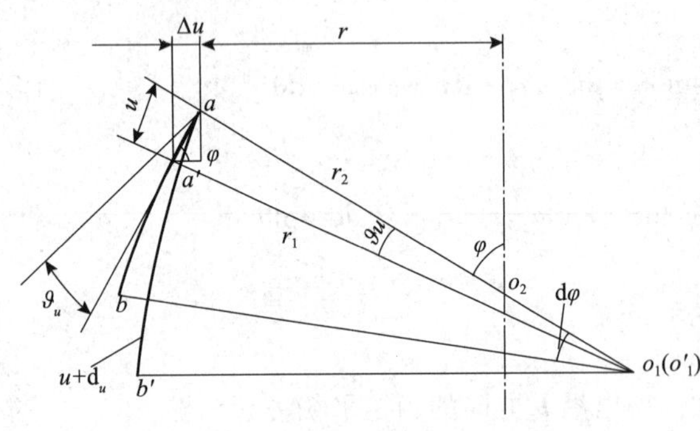

图 2-14 中面的形变及位移

(1) 中面的变形及位移

中面的总变形可以看成由经向位移 u 和法向位移 w 所引起的变形的叠加。

经向位移 u 引起的各种变形如图 2-14所示，a 点由于经向位移移为到 a' 点，由于 u 很小，o_1 和 o'_1 接近重合。

平行圆半径增量 Δu：

$$\Delta u = u \cdot \cos\varphi$$

线元转角 ϑ_u($a-b$ 到 $a'-b'$转过的角，即切线夹角)：

$$\vartheta_u = \frac{\mathrm{aa}'}{r_1} = \frac{u}{r_1}$$

经向位移 u 引起的经向变形 ε_φ^u：

$$\varepsilon_\varphi^u = \frac{\mathrm{a'b'} - \mathrm{ab}}{\mathrm{ab}} = \frac{(u+\mathrm{d}u)-u}{r_1 \cdot \mathrm{d}\varphi} = \frac{\mathrm{d}u}{r_1 \mathrm{d}\varphi}$$

周向变形 ε_φ^u：

$$\varepsilon_\theta^u = \frac{2\pi(r+\Delta u) - 2\pi \cdot r}{2\pi \cdot r} = \frac{\Delta u}{r}$$

法向位移 w 引起的各种变形如图 2－15 所示，根据直法线假设，a 点由于法向位移移动到 a″点。

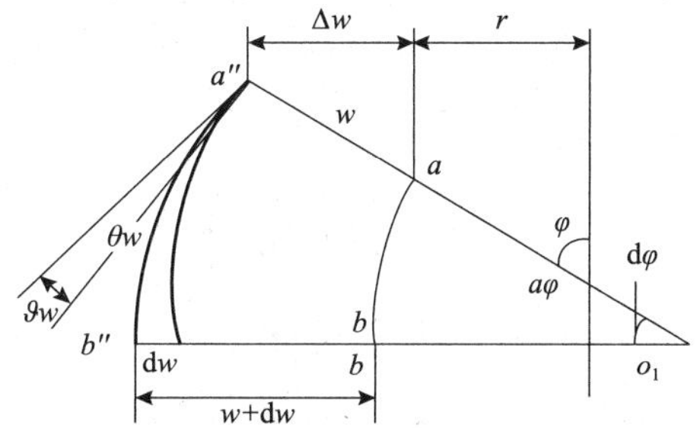

图 2－15　法向位移引起的各种变形

平行圆半径增量 Δ_w：

$$\Delta_\mathrm{w} = -\mathrm{w} \cdot \sin\varphi\ (w \text{ 与 } z \text{ 反向})$$

线元的转角 ϑ_w(顺时针为负)：

$$\vartheta_w \approx \tan\vartheta_w = \frac{\mathrm{d}w}{\mathrm{ab}} = \frac{\mathrm{d}w}{r_1 \mathrm{d}\varphi}$$

经向变形 ε_φ^w：

$$\varepsilon_\varphi^w = \frac{\mathrm{a''b''} - \mathrm{ab}}{\mathrm{ab}} = \frac{(r_1 - w)\mathrm{d}\varphi - r_1 \mathrm{d}\varphi}{r_1 \mathrm{d}\varphi} = -\frac{w}{r_1}$$

周向变形 ε_θ^w：

$$\varepsilon_\theta^w = \frac{2\pi(r+\Delta w) - 2\pi r}{2\pi r} = \frac{\Delta w}{r}$$

中面的总的各种变形由于位移 u、w 正交，其总位移是 u、w 分别产生的位移之和，如图 2－16 所示，u、w 产生的总应变，也是 u、w 独立产生的各应变之和。

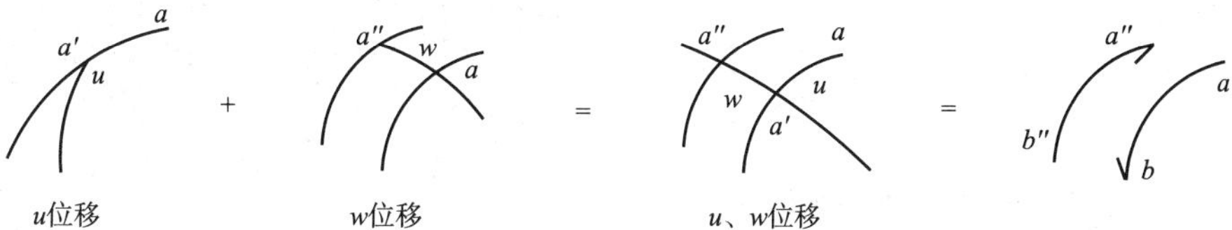

图 2－16　位移合成

平行圆半径增量：

$$\Delta = \Delta u + \Delta w = u \cdot \cos\varphi - w \cdot \sin\varphi \tag{2-14a}$$

线元总的转角 ϑ：

$$\vartheta = \vartheta_u + \vartheta_w = \frac{u}{r_1} + \frac{\mathrm{d}w}{r_1 \mathrm{d}\varphi} = \frac{1}{r_1}\left(u + \frac{\mathrm{d}w}{\mathrm{d}\varphi}\right) \tag{2-14b}$$

中面的经向总变形 ε_φ：

$$\varepsilon_\varphi = \varepsilon_\varphi^u + \varepsilon_\varphi^w = \frac{\mathrm{d}u}{r_1 \mathrm{d}\varphi} - \frac{w}{r_1} = \frac{1}{r_1}\left(\frac{\mathrm{d}u}{\mathrm{d}\varphi} - w\right)$$

即：

$$\varepsilon_\varphi = \frac{1}{r_1}\left(\frac{\mathrm{d}u}{\mathrm{d}\varphi} - w\right) \tag{2-14c}$$

中面的周向变形 ε_θ：

$$\varepsilon_\theta = \varepsilon_\theta^u + \varepsilon_\theta^w = \frac{\Delta_u}{r} + \frac{\Delta_w}{r} = \frac{1}{r}(\Delta_u + \Delta_w) = \frac{1}{r}(u \cdot \cos\varphi - u \cdot \sin\varphi) = \frac{1}{r_2}(u \cdot \cot\varphi - w)$$

即：

$$\varepsilon_\theta = \frac{1}{r_2}(u \cdot \cot\varphi - w) \tag{2-14d}$$

变形谐调方用 ε_φ、ε_θ 表示 u、w，由 ε_φ、ε_θ 表达式有：

$$\frac{\mathrm{d}u}{\mathrm{d}\varphi} - w = r_1 \varepsilon_\varphi \tag{A}$$

$$u \cdot \cot\varphi - w = r_2 \varepsilon_\theta \tag{B}$$

式(A) - 式(B)

$$\frac{\mathrm{d}u}{\mathrm{d}\varphi} - u \cdot \cot\varphi = r_1 \varepsilon_\varphi - r_2 \varepsilon_\theta \tag{C}$$

两边除 $\sin\varphi$ 得：

$$\frac{\mathrm{d}u}{\mathrm{d}\varphi \sin\varphi} - u \cdot \frac{\cos\varphi}{\sin^2\varphi} = \frac{r_1 \varepsilon_\varphi - r_2 \varepsilon_\theta}{\sin\varphi}$$

整理得：

$$\frac{\frac{\mathrm{d}u}{\mathrm{d}\varphi}\sin\varphi - u \cdot \frac{\mathrm{d}(\sin\varphi)}{\mathrm{d}\varphi}}{\sin^2\varphi} = \frac{r_1 \varepsilon_\varphi - r_2 \varepsilon_\theta}{\sin\varphi} \tag{D}$$

化简得：

$$\mathrm{d}\left(\frac{u}{\sin\varphi}\right) = \frac{r_1 \varepsilon_\varphi - r_2 \varepsilon_\theta}{\sin\varphi} \tag{E}$$

积分得：

$$u = \sin\varphi \int \frac{r_1 \varepsilon_\varphi - r_2 \varepsilon_\theta}{\sin\varphi} \mathrm{d}\varphi + \mathrm{c}_1 \cdot \sin\varphi \tag{F}$$

由式(F)求$\frac{\mathrm{d}u}{\mathrm{d}\varphi}$，再代入式(A)得 w：

$$w = \cos\varphi \int \frac{r_1 \varepsilon_\varphi - r_2 \varepsilon_\theta}{\sin\varphi} \mathrm{d}\varphi - r_2 \varepsilon_\theta + \mathrm{c}_1 \cos\varphi \tag{G}$$

C_1 积分常数，$C_1\cos\varphi$ 代表轴向刚性位移，与变形(ε_φ，ε_θ)无关，当研究弹性变形范围时，无刚性位移，由 $|\cos\varphi|\leqslant 1$，任意 φ 不能使 $\cos\varphi$ 为零，因此只有 $C_1=0$。

$$u = \sin\varphi\int\frac{r_1\varepsilon_\varphi - r_2\varepsilon_\theta}{\sin\varphi}\mathrm{d}\varphi \tag{2-15a}$$

$$w = \cos\varphi\int\frac{r_1\varepsilon_\varphi - r_2\varepsilon_\theta}{\sin\varphi}\mathrm{d}\varphi - r_2\varepsilon_\theta \tag{2-15b}$$

$$\vartheta = \cot\varphi\left(\varepsilon_\varphi - \frac{r_2}{r_1}\varepsilon_\theta\right) - \frac{1}{r_1}\left[\frac{\mathrm{d}}{\mathrm{d}\varphi}(r_2\varepsilon_\theta)\right] \tag{2-15c}$$

其中，式(2－15c)称为轴对称旋转薄壳中面的变形协调方程或相容条件。其物理意义，如果一个连续壳体的变形 ε_φ、ε_θ 及 ϑ 满足此方程，那么壳体在变形后仍是连续的。

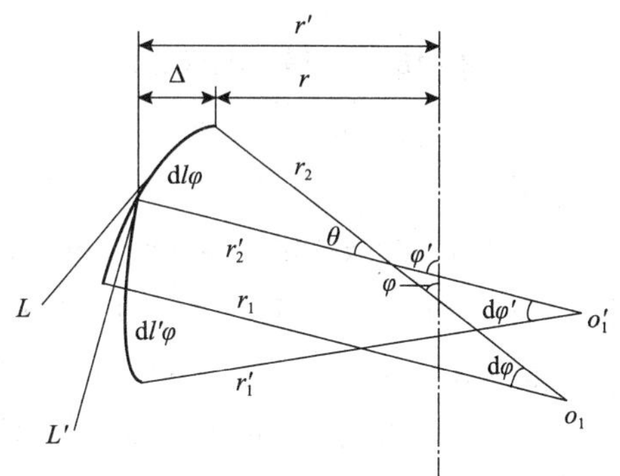

图 2－17 中面曲率变化

中面曲率变化如图 2－17 所示，设x_1、x_2为第一、二曲率的变化：

$$x_1 = \frac{1}{r_1{}'} - \frac{1}{r_1} \tag{A}$$

$$x_2 = \frac{1}{r_2{}'} - \frac{1}{r_2} \tag{B}$$

根据小位移假设，并忽略高阶小量，得：

$$r_1 = \frac{\mathrm{d}l_\varphi}{\mathrm{d}\varphi} \tag{C}$$

$$\mathrm{r}'_1 = \frac{\mathrm{d}l'_\varphi}{\mathrm{d}\varphi'}$$

$$\because \varepsilon_\varphi = \frac{\mathrm{d}l'_\varphi - \mathrm{d}l_\varphi}{\mathrm{d}l_\varphi} \therefore \mathrm{d}l'_\varphi(1+\varepsilon_\varphi)\mathrm{d}l_\varphi$$

$$又\because \varphi' = \varphi + \theta,\ \varepsilon_\varphi \ll 1$$

$$\therefore r'_1 = \frac{\mathrm{d}l_\varphi(1+\varepsilon_\varphi)}{\mathrm{d}(\varphi+\vartheta)} \approx \frac{\mathrm{d}l_\varphi}{\mathrm{d}\varphi+\mathrm{d}\vartheta} \tag{D}$$

$$r_2 = \frac{r}{\sin\varphi} \tag{E}$$

$$r'_2 = \frac{r'}{\sin\varphi'}$$

$$\because r' = r + \Delta,\ \varphi' = \varphi + \theta$$

$$\therefore r'_2 = \frac{r+\Delta}{\sin(\varphi+\vartheta)} \tag{F}$$

因为 $\sin(\varphi+\theta) = \sin\varphi\cos\vartheta + \cos\varphi\sin\vartheta = \sin\varphi + \vartheta\cos\varphi$ 且 $\Delta \ll r$，得：

$$x_1 = \frac{\mathrm{d}\varphi + \mathrm{d}\vartheta}{\mathrm{d}l_\varphi} - \frac{\mathrm{d}\varphi}{\mathrm{d}l_\varphi} = \frac{\mathrm{d}\vartheta}{r_1\mathrm{d}\varphi} \tag{2-16a}$$

$$x_2 = \frac{\sin\varphi + \vartheta\cos\varphi}{r+\Delta} - \frac{\sin\varphi}{r} = \frac{\vartheta}{r}\cos\varphi \tag{2-16b}$$

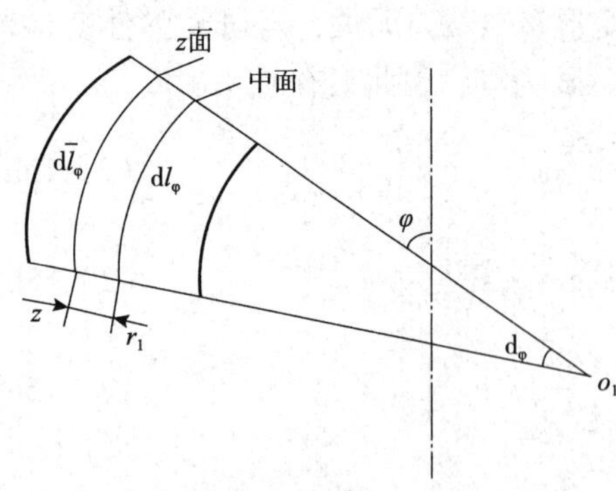

图 2-18　变形前的线元微元

(2) z 面的变形及位移

在无力矩理论应用时，应力沿壁厚均匀分布，应变也是均匀分布的，因此中面上的变形能代表整个壳体的变形。但有力矩理论时，即需要考虑距中面为 z 的曲面变形，同时也要考虑曲率的变化。

①变形前距中面为 z 的经线线元长 $d\overline{l_\varphi}$

如图 2-18 所示，根据相似性：$\dfrac{d\overline{l_\varphi}}{dl_\varphi}=\dfrac{r_1-z}{r_1}$，所以：

$$d\overline{l_\varphi}=dl_\varphi\left(1-\frac{z}{r_1}\right) \tag{2-17a}$$

②变形后距中面为 z 的经线线元长 $d\overline{l'_\varphi}$，如图 2-18 所示，变形后中面：$dl_\varphi\to dl'_\varphi$，$r_1\to r'_1$，$z$ 面：$d\overline{l_\varphi}\to d\overline{l'_\varphi}$，$(r_1-z)\to(r'_1-z)$，z 方向：$z\to z'=z$（由于小位移假设，厚度方向不变），对于中面：因为 $\varepsilon_\varphi=\dfrac{dl'_\varphi-dl_\varphi}{dl_\varphi}$，所以 $dl'_\varphi=dl_\varphi(1+\varepsilon_\varphi)$。对于 z 面：如图 2-19 所示，由相似性可知：

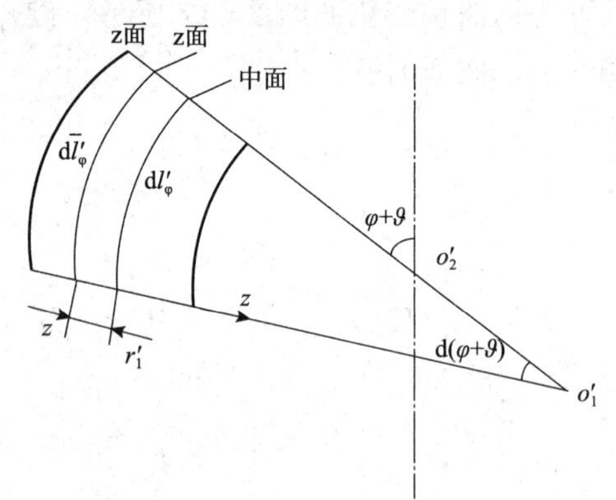

图 2-19　变形后的线元微元

$$\begin{cases}\dfrac{d\overline{l'_\varphi}}{dl'_\varphi}=\dfrac{r'_1-z}{r'_1}\\ d\overline{l'_\varphi}=dl'_\varphi\left(1-\dfrac{z}{r'_1}\right)\\ d\overline{l'_\varphi}=dl_\varphi(1+\varepsilon_\varphi)\left(1-\dfrac{z}{r'_1}\right)\end{cases} \tag{2-17b}$$

式中，$d\overline{l_\varphi}$为变形前距中面为 z 的经线线元长，$d\overline{l'_\varphi}$为变形后距中面为 z 的经线线元长，其他按此标记。

③距中面为 z 的线元变形($\bar{\varepsilon}_\theta$，$\bar{\varepsilon}_\varphi$)，得：

$$\overline{\varepsilon_\varphi}=\frac{d\overline{l'_\varphi}-d\overline{l_\varphi}}{d\overline{l_\varphi}}=\frac{dl_\varphi(1+\varepsilon_\varphi)\left(1-\dfrac{z}{r'_1}\right)-dl_\varphi\left(1-\dfrac{z}{r_1}\right)}{dl_\varphi\left(1-\dfrac{z}{r_1}\right)} \tag{A}$$

$$=\frac{r_1}{r_1-z}\left[\varepsilon_\varphi\left(1-\frac{z}{r'_1}\right)-z\left(\frac{1}{r'_1}-\frac{1}{r_1}\right)\right]$$

对于薄壳$\dfrac{z}{r'_1}\ll1$，以略去$\dfrac{z}{r'_1}$；又$\dfrac{1}{r'_1}-\dfrac{1}{r_1}=x_1$，所以：

$$\bar{\varepsilon}_\varphi=\frac{r_1}{r_1-z}(\varepsilon_\varphi-zx_1) \tag{B}$$

将函数$\frac{r_1}{r_1 - z}$展开为幂级数：

$$\frac{r_1}{r_1 - z} = \frac{1}{1 - \frac{z}{r_1}} = 1 + \frac{z}{r_1} + \frac{z^2}{r_1^2} + \cdots \tag{C}$$

如果认为$\frac{z}{r_1} \ll 1$，结合式(2－16a)、(2－16b)则有：

$$\overline{\varepsilon_\varphi} = \varepsilon_\varphi - zx_1 = \varepsilon_\varphi - \frac{z\mathrm{d}\vartheta}{r_1 \mathrm{d}\varphi} \tag{2－18a}$$

$$\overline{\varepsilon_\theta} = \varepsilon_\theta - zx_2 = \varepsilon_\theta - \frac{z}{r_2}\vartheta \cdot \cot\varphi \tag{2－18b}$$

2.2.3 物理方程

(1)中面虎克定律

对于完全弹性体的各向同体，根据虎克定律有：

$$\varepsilon_\varphi = \frac{1}{E}[\sigma_\varphi - \mu(\sigma_\theta + \sigma_z)] \tag{2－19a}$$

$$\varepsilon_\theta = \frac{1}{E}[\sigma_\theta - \mu(\sigma_\varphi + \sigma_z)] \tag{2－19b}$$

$$\varepsilon_z = \frac{1}{E}[\sigma_z - \mu(\sigma_\varphi + \sigma_\theta)] \tag{2－19c}$$

$$\gamma_{\varphi z} = \frac{1}{G}\tau_{\varphi z} \tag{2－19d}$$

$$\gamma_{\theta z} = \frac{1}{G}\tau_{\theta z} \tag{2－19e}$$

$$\gamma_{\varphi\theta} = \frac{1}{G}\tau_{\varphi\theta} \tag{2－19f}$$

式中，$G = \frac{E}{2(1+\mu)}$为剪切弹性模数，E为弹性模量，μ为泊松系数。

根据互不挤压假设，即法向应力$\sigma_z = 0$，则壳体截面上任一点的应力应变关系是

中面虎克定律：

$$\varepsilon_\varphi = \frac{1}{E}(\sigma_\varphi - \mu\sigma_\theta) \tag{2－20a}$$

$$\varepsilon_\theta = \frac{1}{E}(\sigma_\theta - \mu\sigma_\varphi) \tag{2－20b}$$

由符合完全弹性体假设的材料制成的回转薄壳，可由虎克定律导出内力和应变及曲率变化之间的关系。

(2)距离中面z处虎克定律

距离中面z处的线应变为$\bar{\varepsilon}_\varphi$、$\bar{\varepsilon}_\theta$，由下式给出：

$$\bar{\varepsilon}_\varphi \approx \varepsilon_\varphi - zx_1 \approx \varepsilon_\varphi - \frac{z}{r_1}\frac{\mathrm{d}\vartheta}{\mathrm{d}\varphi} \tag{A}$$

$$\bar{\varepsilon}_\theta \approx \varepsilon_\theta - zx_2 \approx \varepsilon_\theta - \frac{z}{r_2}\vartheta\cot\varphi \tag{B}$$

可由虎克定律得：

Z 面虎克定律：

$$\begin{cases}\bar{\varepsilon}_\varphi = \dfrac{1}{E}(\bar{\sigma}_\varphi - \mu\bar{\sigma}_\theta) & (2-21a)\\ \bar{\varepsilon}_\theta = \dfrac{1}{E}(\bar{\sigma}_\theta - \mu\bar{\sigma}_\varphi) & (2-21b)\end{cases}$$

因此应力为：

$$\bar{\sigma}_\varphi = \frac{E}{1-\mu^2}(\bar{\varepsilon}_\varphi + \mu\bar{\varepsilon}_\theta) \tag{2-22a}$$

$$\bar{\sigma}_\theta = \frac{E}{1-\mu^2}(\bar{\varepsilon}_\theta + \mu\bar{\varepsilon}_\varphi) \tag{2-22b}$$

将式(2－18a)、式(2－18b)代入式(2－22a)、式(2－22b)，得到用中面应变表示 Z 面应力的表达式：

$$\bar{\sigma}_\varphi = \frac{E}{1-\mu^2}(\bar{\varepsilon}_\varphi + \mu\bar{\varepsilon}_\theta) - z(x_1 + \mu x_2) \tag{2-23a}$$

$$\bar{\sigma}_\theta = \frac{E}{1-\mu^2}(\bar{\varepsilon}_\theta + \mu\bar{\varepsilon}_\varphi) - z(x_2 + \mu x_1) \tag{2-23b}$$

将式(2－23a)、式(2－23b)代入式(2－8)，得内力素为：

$$N_\varphi = \int_{-\frac{\delta}{2}}^{\frac{\delta}{2}} \bar{\sigma}_\varphi dz = \frac{E\delta}{1-\mu^2}(\varepsilon_\varphi + \mu\varepsilon_\theta) \tag{2-24a}$$

$$N_\theta = \int_{-\frac{\delta}{2}}^{\frac{\delta}{2}} \bar{\sigma}_\theta \mathrm{d}z = \frac{E\delta}{1-\mu^2}(\varepsilon_\theta + \mu\varepsilon_\varphi) \tag{2-24b}$$

$$M_\varphi = \int_{-\frac{\delta}{2}}^{\frac{\delta}{2}} \bar{\sigma}_\varphi z\mathrm{d}z = -\frac{E\delta^3}{12(1-\mu^2)}(x_1 + \mu x_2) \tag{2-24c}$$

$$M_\theta = \int_{-\frac{\delta}{2}}^{\frac{\delta}{2}} \bar{\sigma}_\theta z\mathrm{d}z = -\frac{E\delta^3}{12(1-\mu^2)}(x_2 + \mu x_1) \tag{2-24d}$$

式(2－24)即为轴对称条件下旋转薄壳的物理方程，共四个物理方程，表示应力与应变之间的关系。

2.2.4 求解轴对称旋转薄壳问题方程组

对于轴对称薄壳问题共有平衡方程 3 个，即：

$$\begin{cases}\dfrac{\mathrm{d}}{\mathrm{d}\varphi}(rN_\varphi) - r_1 N_\theta\cos\varphi - rQ_\varphi + rr_1 p_\varphi = 0 & (2-25a)\\ \dfrac{\mathrm{d}}{\mathrm{d}\varphi}(rQ_\varphi) + rN_\varphi + r_1 N_\theta\sin\varphi - rr_1 p_z = 0 & (2-25b)\\ \dfrac{\mathrm{d}}{\mathrm{d}\varphi}(rM_\varphi) - \mathrm{r}_1 M_\theta\cos\varphi - rr_1 Q_\varphi = 0 & (2-25c)\end{cases}$$

有物理方程 4 个，即：

$$
\begin{cases}
N_\varphi = \dfrac{E\delta}{1-\mu^2}(\varepsilon_\varphi + \mu\varepsilon_\theta) & (2-25\text{d}) \\
N_\theta = \dfrac{E\delta}{1-\mu^2}(\varepsilon_\theta + \mu\varepsilon_\varphi) & (2-25\text{e}) \\
M_\varphi = -\dfrac{E\delta^3}{12(1-\mu^2)}(x_1 + \mu x_2) & (2-25\text{f}) \\
M_\theta = -\dfrac{E\delta^3}{12(1-\mu^2)}(x_2 + \mu x_1) & (2-25\text{g})
\end{cases}
$$

此式为轴对称旋转薄壳方程组共计 7 个方程，方程组中共有 7 个未知量，分别是 N_φ、N_θ、M_φ、M_θ、Q_φ、u，故轴对称旋转薄壳一般问题原则上可解。求解路线先根据上述方程组先求出内力素，再由式 $\begin{cases}\bar{\sigma}_\varphi = \dfrac{N_\varphi}{\delta} \pm \dfrac{12M_\varphi}{\delta^3}\mathrm{d}z \\ \bar{\sigma}_\theta = \dfrac{N_\theta}{\delta} \pm \dfrac{12M_\theta}{\delta^3}\mathrm{d}z\end{cases}$ 求出内力。

2.3 无力矩理论

旋转薄壳中弯矩很小，忽略以后可以使壳体的应力分析大为简化。忽略弯矩的壳体理论称为无力矩理论，或者称作薄膜理论，其数学表达为：$M_\varphi=0$，$M_\theta=0$，$Q_\varphi=0$。壳体问题按无力矩理论所得到的解答称为薄膜解，薄膜解是设计压力容器的基础，具有足够的精度。同时，将薄膜解与局部边缘弯曲解结合起来是全面分析容器中应力的一种重要方法。

2.3.1 无力矩理论的一般方程

在轴对称条件下，按照无力矩理论所建立的平衡方程可以由轴对称旋转薄壳方程得出，即无力矩平衡方程：

$$
\begin{cases}
\dfrac{\mathrm{d}}{\mathrm{d}\varphi}(\mathrm{r}N_\varphi) - r_1 N_\theta \cos\varphi + rr_1 \mathrm{p}_\varphi = 0 & (2-26\text{a}) \\
rN_\varphi + r_1 N_\theta \sin\varphi - rr_1 \mathrm{p}_\varphi = 0 & (2-26\text{b})
\end{cases}
$$

(1) 拉普拉斯方程

利用几何关系，将(2－26b)式两边除以 rr_1 得：

$$\frac{N_\varphi}{r_1} + \frac{N_\theta}{r_2} = p_z \qquad (2-27\text{a})$$

$$\text{或} \frac{\sigma_\varphi}{r_1} + \frac{\sigma_\theta}{r_2} = \frac{p_z}{\delta} \qquad (2-27\text{b})$$

此式为拉普拉斯方程。

(2) 区域平衡方程

由式(2－12)、式(2－13)，并令 $Q_\varphi=0$，得：

$$N_\varphi = \frac{J(\varphi)}{r_2 \sin^2\varphi} = \frac{J(\varphi)}{r\sin\varphi} \qquad (2-28\text{a})$$

$$N_\theta = r_2 p_z - \frac{J(\varphi)}{r_1 \sin^2\varphi} \tag{2-28b}$$

此式为区域平衡方程，其物理意义如下，沿平行圆取微元环为研究对象，其微面积为 $dA = 2\pi r r_1 d\varphi$，作用在微面积上的轴向总的外载荷为：$(p_z\cos\varphi - p_\varphi\sin\varphi)dA$。

用平行圆 r 截取旋转体，形成 $0 \sim \varphi$ 区域，此区域的平衡方程为：$\sum F_{轴向} = 0$。

即：
$$2\pi \cdot rN_\varphi \sin\varphi = \int_0^\varphi (p_z\cos\varphi - p_\varphi\sin\varphi)dA$$
$$= 2\pi \int_0^\varphi (p_z\cos\varphi - p_\varphi\sin\varphi) r r_1 d\varphi \tag{A}$$

令 $J(\varphi) = \int_0^\varphi (p_z\cos\varphi - p_\varphi\sin\varphi) r r_1 d\varphi$，则：

$$2\pi \cdot rN_\varphi \sin\varphi = 2\pi J(\varphi) \tag{B}$$

此式与(2-28a)比较恰是区域平衡方程。因此，此区域平衡方程的物理意义是：轴对称旋转体任一平行圆截取一区域，其轴向外载荷与内力素达成平衡。

J(φ)物理意义　旋转薄壳的区域平衡如图2-20所示。

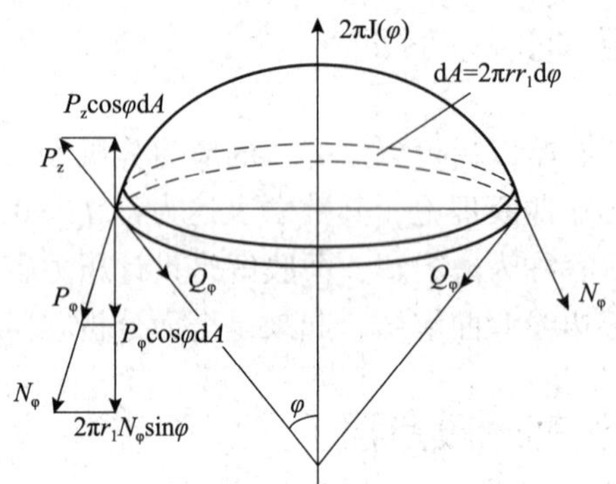

图2-20　旋转薄壳的区域平衡

$$轴向外载荷 = \int_0^\varphi (p_z\cos\varphi - p_\varphi\sin\varphi)dA$$
$$= 2\pi \int_0^\varphi (p_z\cos\varphi - p_\varphi\sin\varphi) r r_1 d\varphi$$
$$= 2\pi J(\varphi)$$

式中：
$$J(\varphi) = \int_0^\varphi (p_z\cos\varphi - p_\varphi\sin\varphi) r r_1 d\varphi \tag{2-29}$$
$$J(\varphi) = \frac{轴向外载荷}{2\pi}$$

可以看出，$J(\varphi)$其物理意义为：壳体平行圆单位弧度上所承受的轴向外载荷，单位为kg。

薄膜应力　拉普拉斯方程和区域平衡方程式旋转薄壳无力矩理论的基本公式，不计弯矩就相当于假设应力沿壁厚均匀分布。因此，薄膜应力为：

经向应力：
$$\sigma_\varphi = \frac{N_\varphi}{\delta}$$

周向应力：$\sigma_\theta = \frac{N_\theta}{\delta}$

正因为薄膜应力沿壁厚均匀分布，所以壳体中面的变形即代表壳体薄膜应力作用下的变形，是用式(2－14a)～式(2－14g)来计算薄膜应力作用下的壳体的变形和位移。

薄膜应力的求解

Step1：求 $J(\varphi)$

方法 1 公式法：$J(\varphi) = \int_0^\varphi (p_z\cos\varphi - p_\varphi\sin\varphi)\, rr_1 \mathrm{d}\varphi$

方法 2 物理意义法：$J(\varphi) = \frac{\text{轴向外载荷}}{2\pi}$

Step2：求内力 N_φ

根据区域平衡方程：$N_\varphi = \frac{J(\varphi)}{r\sin\varphi}$

Step3：求内力 N_θ

根据拉普拉斯方程：$\frac{N_\varphi}{r_1} + \frac{N_\theta}{r_2} = p_z$

Step4：求应力

$$\sigma_\varphi = \frac{N_\varphi}{\delta}$$

$$\sigma_\theta = \frac{N_\theta}{\delta}$$

2.3.2 应用无力矩理论的条件

①几何连续(即壳体应具有连续曲面)。在壳体形状有突变的地方(例如曲率发生突变、壳体壁厚突变、材料发生突变等)，按无力矩理论分析时，将出现明显的变形不协调，而变形不协调将直接导致局部弯曲，不能应用无力矩理论。

②外载连续(即壳体上的外载荷应当是连续的)。当有垂直于壳壁的集中力、显著温差、力矩作用、加强圈等不连续时，壳体将为有力矩状态。

③约束连续。壳体边界固定形式应该是自由支承的。当边界上法向位移和转角受到约束，在载荷作用下势必引起壳体弯曲，不能保持无力矩状态。

④壳体的边界力应当在壳体曲面的切平面内。要求在边界上无横剪力和弯矩，如无折边球形封头与筒体连接处的边界内力。

综上所述，薄壳无力矩状态的存在必须满足壳体几何形状、材料和载荷的连续性，同时须保证壳体具有自由边界。当这些条件中有一个不能满足，就不能应用无力矩理论去分析。但是对于远离壳体的连接边缘、载荷的分界面、容器的支座等无局部弯曲的地方，无力矩理论的解答仍有效。

2.3.3 无力矩理论的应用

(1)在气体压力作用下

气体压力的特点：一是轴对称载荷，二是各处相等且垂直于壳体表面。当受气体恒定的内压时，$p_z = p$ = 常数，$p_\varphi = 0$，如图 2－21 所示，其几何关系为：$r = r_2\sin\varphi$，$r_1\mathrm{d}\varphi\cos\varphi = \mathrm{d}r = \mathrm{d}(r_2\sin\varphi)$。对于密封的壳体，由式(2－29)得：

$$\begin{aligned} J(\varphi) &= \int_0^\varphi r r_1(p_z\cos\varphi - p_\varphi\sin\varphi)\mathrm{d}\varphi \\ &= \int_0^\varphi p r_1 r_2\cos\varphi\sin\varphi\mathrm{d}\varphi = p\int_0^\varphi r_2\sin\varphi\mathrm{d}(r_2\sin\varphi) = \frac{p}{2}(r_2\sin\varphi)^2 \end{aligned} \tag{A}$$

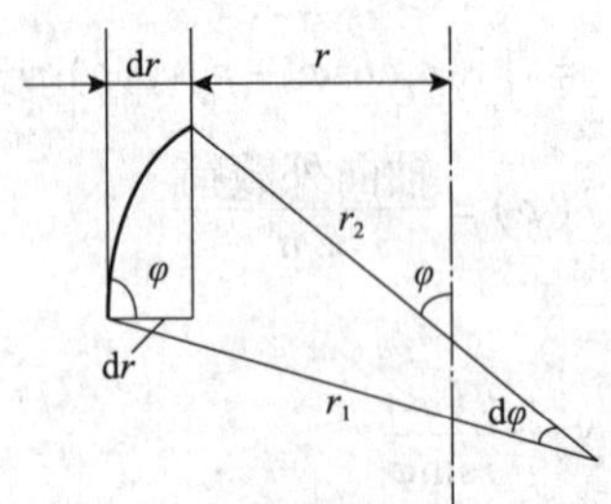

图 2－21　气体压力作用下的微元

内力：
$$N_\varphi = \frac{J(\varphi)}{r_2\sin^2\varphi} = \frac{pr_2}{2} \tag{B}$$

$$N_\theta = r_2\left(p - \frac{N_\varphi}{r_1}\right) = N_\varphi\left(2 - \frac{r_2}{r_1}\right) \tag{C}$$

应力：
$$\sigma_\varphi = \frac{pr_2}{2\delta} \tag{2－30a}$$

$$\sigma_\theta = \sigma_\varphi\left(2 - \frac{r_2}{r_1}\right) \tag{2－30b}$$

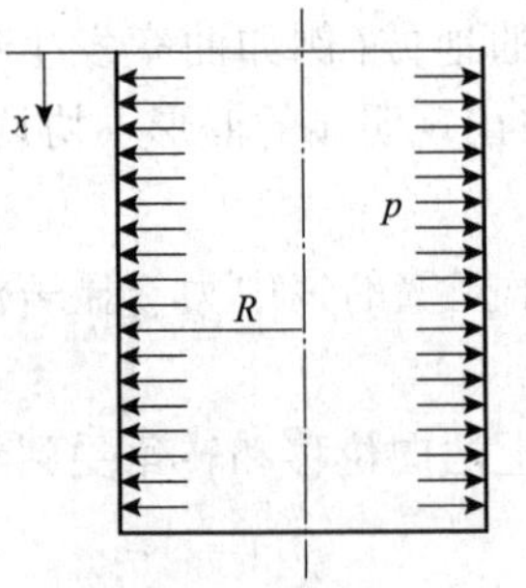

由此可见，受气体内压力 I 作用的旋转壳，只要已知壳体的形成，即已知 r_1 和 r_2，就可算出薄膜应力与应变。下面讨论几种常用壳体的薄膜解。

1）圆柱壳

如图 2－22 所示，$r_1 = \infty$，$r_2 = R$ = 常数，R 为圆柱壳半径，根据式(2－30)得：

图 2－22　圆柱壳

$$\sigma_\varphi = \frac{p\mathrm{R}}{2\delta} \tag{2－31a}$$

$$\sigma_\theta = \sigma_\varphi\left(2 - \frac{r_2}{r_1}\right) = 2\sigma_\varphi = \frac{pR}{\delta} \tag{2－31b}$$

特点：周向应力大于经向应力，$\sigma_\theta = 2\sigma_\varphi$。

2）圆锥壳

如图 2－23 所示，$r_1 = \infty$，$r_2 = x\tan\alpha$，代入式(2－30)得：

$$\sigma_\varphi = \frac{px\tan\alpha}{2\delta} \tag{2－32a}$$

$$\sigma_\theta = \frac{px\tan\alpha}{\delta} \tag{2－32b}$$

特点：应力随 x 的增大而增大，小端应力小

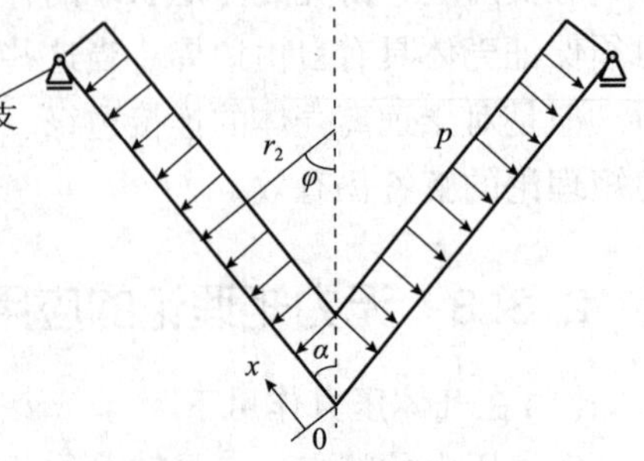

图 2－23　圆锥壳

于大端应力，周向应力大于经向应力，$\sigma_\theta=2\sigma_\varphi$。

部分球壳

如图 2－24 所示，球壳的几何形状对称于球心，$r_1=r_2=R=$常数，根据式(2－30)得：

$$\sigma_\varphi=\frac{PR}{2\delta} \qquad (2-33a)$$

$$\sigma_\theta=\frac{PR}{2\sigma} \qquad (2-33b)$$

特点：由于球壳几何尺寸 $r_1=r_2=R$，故经向应力和周向应力相等，$\sigma_\varphi=\sigma_\theta$，受力水平最低，承载最好。

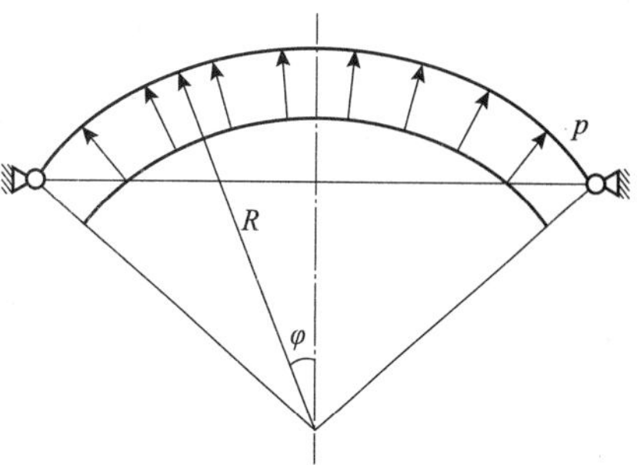

图 2－24 部分球壳

椭球壳

如图 2－25 所示，椭球壳的经线为一椭圆，其几何尺寸为 $r_1=ma\psi^3$，$r_2=ma\psi$，在实际应用中，常用的标准椭圆形封头 $m=2$。

特点：

①在椭圆球壳顶点处 $\varphi=0$，$m=2$，$\psi=1$。

顶点处应力：$\sigma_\varphi=\sigma_\theta=\dfrac{pa}{\delta}$

②在椭圆球壳赤道上，$\varphi=\dfrac{\pi}{2}$，则 $\psi=\dfrac{1}{2}$。

赤道上应力： $\sigma_\varphi=\dfrac{pa}{2\delta}$

$$\sigma_\theta=\sigma_\varphi\left(2-\frac{1}{\psi^2}\right)=-\frac{pa}{\delta}$$

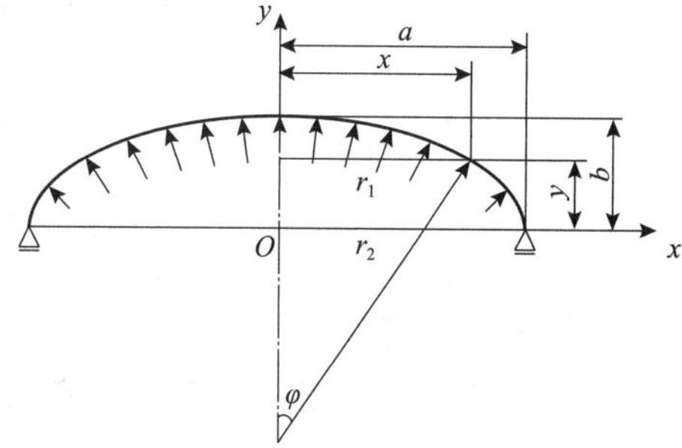

图 2－25 椭球壳

③周向应力为零时，即 $\sigma_\theta=0$，则 $2-\dfrac{1}{\psi^2}=0$。

$\psi=\dfrac{1}{\sqrt{2}}$，即 $\psi=\dfrac{1}{\sqrt{(m^2-1)\sin^2\varphi+1}}=\dfrac{1}{\sqrt{2}}$，得出 $\sin\varphi=\dfrac{1}{\sqrt{3}}$，$\psi=\pm35°22'$。

应力为：$\sigma_\varphi=\dfrac{pa}{\sqrt{2}\delta}$

$\sigma_\theta=0$

承受全体压力作用的标准椭球壳应力分布如图 2－26 所示，纵坐标单位为$\dfrac{Pa}{\delta}$。

其应力为：

$$\sigma_\varphi=\frac{pma\psi}{2\delta} \qquad (2-34a)$$

$$\sigma_\theta=\sigma_\varphi\left(2-\frac{1}{\psi^2}\right) \qquad (2-34b)$$

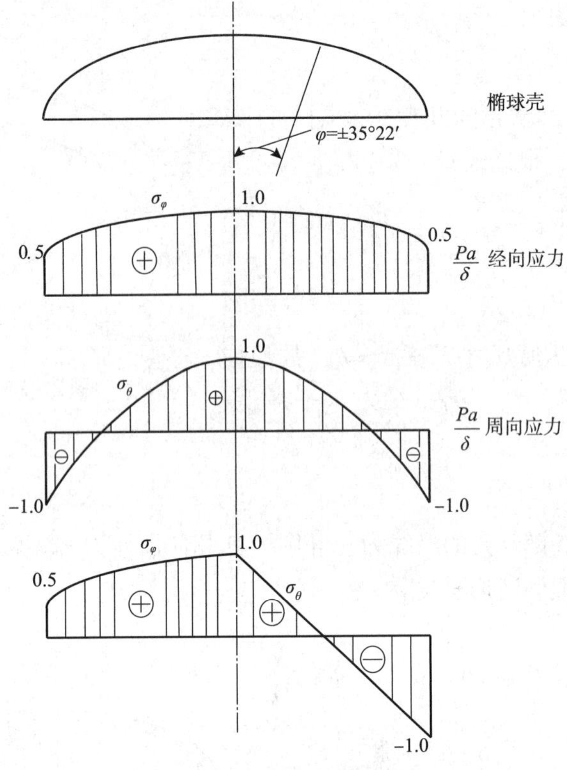

图 2－26　椭球壳压力分布

(2) 在液体压力作用下

液体压力的特点：液柱压力是一种静压力，一是各点压力随液体深度而改变，是液位的函数，即 $P = P_0 + \rho gh$。当液面上压力为零时(即 $P_0 = 0$)，在离液面深度为 h 的点处，其液柱压力为 ρgh；二是液体压力垂直于壳壁。

设备的方位特点：如图 2－27(a)所示，悬挂式支撑的立式储存罐中，只有当壳体处于直立位置时，其轴垂直于地面，液体压力才是一种轴对称载荷，其余方位液压都是轴对称载荷；如图 2－27(b)所示，球形储罐也是轴对称问题。

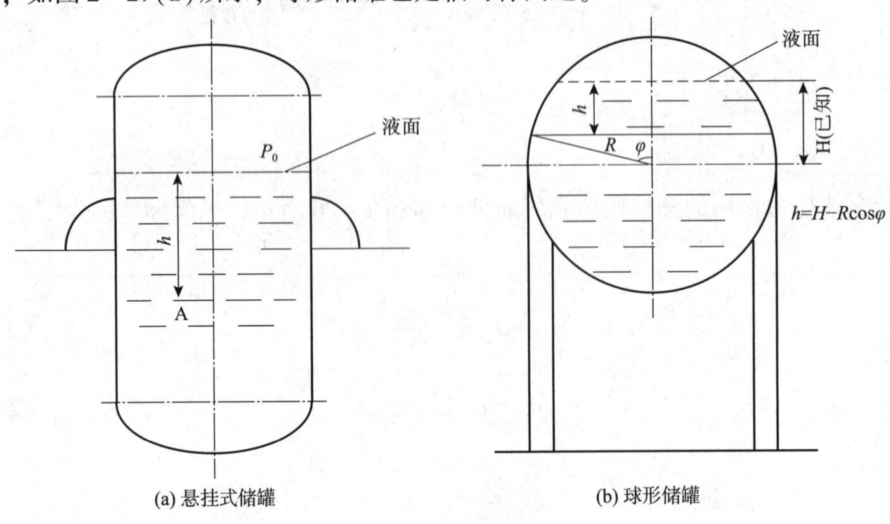

(a) 悬挂式储罐　　(b) 球形储罐

图 2－27　轴对称容器

液体压力作用的表面力特点：液体压力垂直于壳体表面，其 $P_\varphi=0$，$P_\theta=0$（轴对称），$P_z=\rho gh$。在轴对称条件下，如果已知壳体母线方程，可以找出 h 与 φ 的关系，再根据边界条件确定常数 C，即可求出 $J(\varphi)$。

$$J(\varphi)=\int rr_1(P_z\cos\varphi-P_\varphi\sin\varphi)\mathrm{d}\varphi+C$$

$$=\rho g\int hr_2r_1\cos\varphi\sin\varphi\mathrm{d}\varphi+C \tag{2-35}$$

流体压力作用下的内力公式：

$$N_\varphi=\frac{J(\varphi)}{r_2\sin^2\varphi} \tag{2-36a}$$

$$N_\theta=r_2\left(P_z-\frac{N_\varphi}{r_1}\right)=\rho ghr_2-\frac{r_2}{r_1}N_\varphi \tag{2-36b}$$

在液体压力作用下，液体压力只是高度 h 的函数。因此，在同一高度压力相同，内力也可近似看作均布，故液体压力作用的应力公式：

$$\sigma_\varphi=\frac{N_\varphi}{\delta} \tag{2-37a}$$

$$\sigma_\theta=\frac{N_\theta}{\delta} \tag{2-37b}$$

如图2－28所示，为一存储液体的圆筒，建立坐标系。

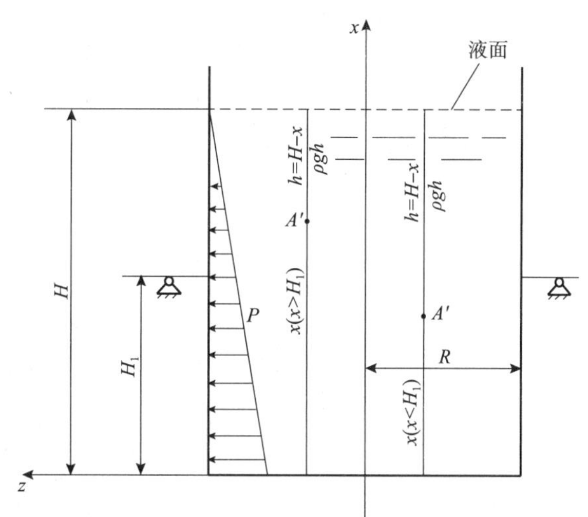

图2－28 存储液体的圆筒

液柱总高 H，距底面 H_1 处有支撑。几何关系为：

$r_1=\infty$，$r_2=R=\text{const}$，$\varphi=\dfrac{\pi}{2}$，$h=H-x$。

考查点在支座点以上（$x>H_1$），其筒体上无轴向力，故 $J(\varphi)=0$，应力为：

$$\sigma_\varphi=0,\ \sigma_\theta=\frac{\rho gR}{\delta}(H-x) \tag{2-38a}$$

考查点在支座以下（$x<H_1$），这时筒体上作用着由于液体重量作用在圆筒底部的力，轴向总载荷等于液体总重（忽略壳体自重），轴向总载荷为 $\pi R^2H\cdot\rho g$。故有：

$$J(\varphi) = \frac{\pi R^2 H\rho g}{2\pi} = \frac{R^2}{2}H\rho g \tag{A}$$

由于 $\sin\varphi = 1$，$r_1 = \infty$，$r_2 = R$，则：

$$N_\varphi = \frac{J(\varphi)}{r_2 \sin^2\varphi} = \frac{J(\varphi)}{R} \tag{B}$$

$$N_\theta = \rho g h r_2 - \frac{r_2}{r_1}N_\varphi = \rho g R h \tag{C}$$

应力为：

$$\sigma_\varphi = \frac{N_\varphi}{\delta} = \frac{\rho g R}{2\delta}H \tag{2-39a}$$

$$\sigma_\theta = \frac{\rho g R}{\delta}(H - x) \tag{2-39b}$$

2.4 有力矩理论

2.4.1 圆筒壳体的有力矩理论

如图2-29所示，在两个相邻的纵截面 θ 和 $(\theta + \mathrm{d}\theta)$ 及两个相邻的横截面 x 和 $(x + \mathrm{d}x)$ 切出一单元体。有力矩理论下壳体作用着两类力：(1)薄膜内力 N_x 和 N_θ，即在压力 p 作用下，作用着薄膜内力 N_x 和 N_θ；(2)剪力和弯矩 M_x、M_θ、Q_x，即由于压力 p 作用下产生的变形不协调，而在横截面上产生剪力 Q_x 和弯矩 M_x，由于横截面产生的变形受到约束，在纵截面上将产生周向弯矩 M_θ，所以圆筒壳体轴对称弯曲变形时壳体单元产生以下内力系：M_x、M_θ、Q_x、N_x、N_θ。

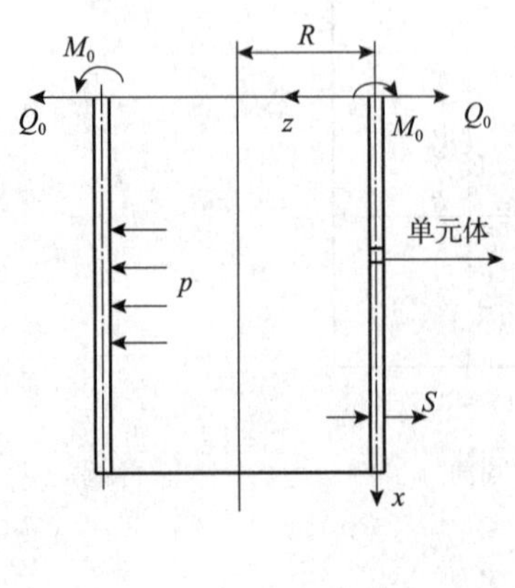

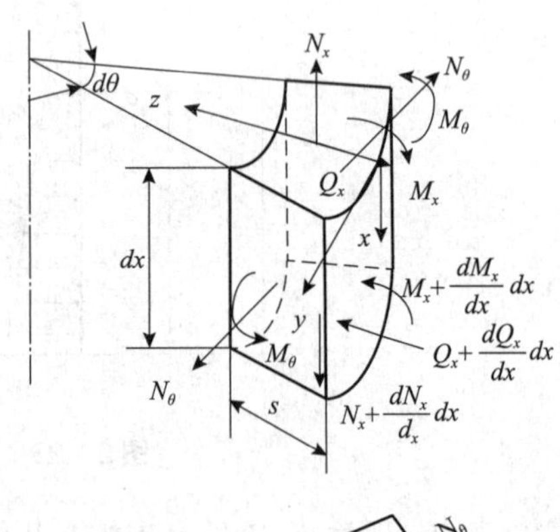

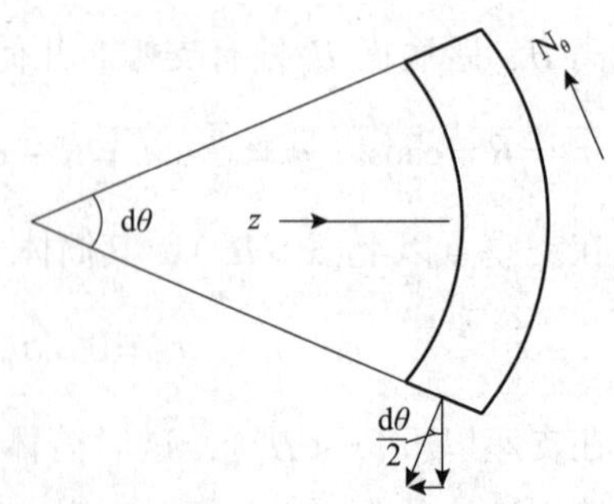

图2-29　圆柱壳的边缘弯曲

对于轴对称问题，周向位移 $v=0$，即把问题简单化到一个通过对称轴的平面内进行研究。取坐标为 x、z，其方向如图 2-29 所示，沿 x 方向有经向位移 u，沿 z 方向有法向位移 w。对于圆柱壳以角标 x 代替 φ，并有：$r_1=\infty$，$r_2=r=R$，$\varphi=\dfrac{\pi}{2}$，$r_1\mathrm{d}\varphi=\mathrm{d}x$，经向外载荷分量 $p_\varphi=0$。

(1) 平衡方程

圆柱壳的边缘弯曲的受力分析如图 2-29 所示。

$\sum F_x=0$，则：

$$\left(N_x+\frac{\mathrm{d}N_x}{\mathrm{d}x}\mathrm{d}x\right)\cdot\mathrm{d}\theta\cdot R-N_x\mathrm{d}\theta\cdot R=0$$

$$\frac{\mathrm{d}N_x}{\mathrm{d}x}=0 \tag{2-40a}$$

$\sum F_z=0$，则：

$$2N_\theta\cdot\mathrm{d}x\cdot\sin\frac{\mathrm{d}\theta}{2}-Q_x\cdot\mathrm{d}\theta\cdot R+\left(Q_x+\frac{\mathrm{d}Q_x}{\mathrm{d}x}\mathrm{d}x\right)\cdot\mathrm{d}\theta\cdot R-p\cdot\mathrm{d}\theta R\cdot\mathrm{d}x=0$$

当 $\mathrm{d}\theta\to0$ 时，$\sin\dfrac{\mathrm{d}\theta}{2}\approx\dfrac{\mathrm{d}\theta}{2}$，则：

$$N_\theta\mathrm{d}x\cdot\mathrm{d}\theta-\mathrm{d}\theta R+\mathrm{d}\theta R+\frac{\mathrm{d}Q_x}{dx}\mathrm{d}x\mathrm{d}\theta R-p\mathrm{d}\theta R\mathrm{d}x=0$$

$$N_\theta+\frac{\mathrm{d}Q_x}{\mathrm{d}x}R-pR=0$$

$$\frac{\mathrm{d}Q_x}{\mathrm{d}x}+\frac{N_\theta}{R}=p \tag{2-40b}$$

$\sum M_y=0$，则：

$$M_xR\mathrm{d}\theta-\left(M_x+\frac{\mathrm{d}M_x}{\mathrm{d}x}\mathrm{d}x\right)R\mathrm{d}\theta+\left(Q_x+\frac{\mathrm{d}Q_x}{\mathrm{d}x}\mathrm{d}x\right)R\mathrm{d}Q\mathrm{d}x-2N_\theta\mathrm{d}x\sin\left(\frac{\mathrm{d}\theta}{2}\right)\cdot\frac{\mathrm{d}x}{2}=0$$

略去高阶小量，得：

$$\frac{\mathrm{d}M_x}{\mathrm{d}x}=Q_x \tag{2-40c}$$

(2) 几何方程

由式(2-9)可得，并知 $\cot\dfrac{\pi}{2}=0$，则得：

$$\bar{\varepsilon}_x=\varepsilon_\varphi-\frac{z\mathrm{d}\vartheta}{r_1\mathrm{d}\varphi}=\varepsilon_\varphi-z\frac{\mathrm{d}\vartheta}{\mathrm{d}x}$$

$$\bar{\varepsilon}_\theta=\varepsilon_\theta-\frac{z}{r_2}\vartheta\cot\varphi=\varepsilon_\theta \tag{2-41}$$

由式(2-8a)~式(2-8d)得：

$$\varepsilon_\varphi=\frac{1}{r_1}\left(\frac{\mathrm{d}u}{\mathrm{d}\varphi}-\omega\right)=\frac{\mathrm{d}u}{\mathrm{d}x} \tag{2-42a}$$

$$\varepsilon_\theta=\frac{1}{r_2}(u\cot\varphi-\omega)=-\frac{\omega}{R} \tag{2-42b}$$

$$\vartheta = \frac{1}{r_1}\left(u + \frac{d\omega}{d\varphi}\right) = \frac{d\omega}{dx} \tag{2-42c}$$

$$\Delta = -\omega \tag{2-42d}$$

将式(2－42)代入式(2－41)中，即得圆柱壳上任一点(距中面为 z)的几何方程分别为：

$$\bar{\varepsilon}_x = \frac{du}{dx} - z\frac{d^2\omega}{dx^2}$$

$$\bar{\varepsilon}_\theta = -\frac{\omega}{R} \tag{2-43}$$

(3) **物理方程**

由式(2－8h)得：

$$x_1 = \frac{d\vartheta}{r_1 d\varphi} = \frac{d\vartheta}{dx} = \frac{d^2\omega}{dx^2}$$

$$x_2 = \frac{\vartheta}{r_2}\cot\varphi = 0 \tag{2-44}$$

将式(2－44)和式(2－42a)、式(2－42b)代入方程式(2－42)，得：

$$N_x = \frac{E\delta}{1-\mu^2}(\varepsilon_\varphi + \mu\varepsilon_\theta) = \frac{E\delta}{1-\mu^2}\left(\frac{du}{dx} - \mu\frac{\omega}{R}\right) \tag{2-45a}$$

$$N_\theta = \frac{E\delta}{1-\mu^2}(\varepsilon_\theta + \mu\varepsilon_\varphi) = \frac{E\delta}{1-\mu^2}\left(\mu\frac{du}{dx} - \frac{\omega}{R}\right) \tag{2-45b}$$

$$M_x = -D(x_1 + \mu x_2) = -D\frac{d^2\omega}{dx^2} \tag{2-45c}$$

$$M_\theta = -D(x_2 + \mu x_1) = \mu M_x \tag{2-45d}$$

$$Q_x = \frac{dM_x}{dx} = -D\frac{d^3\omega}{dx^3} \tag{2-45e}$$

(4) **圆柱壳轴对称弯曲问题的微分方程式**

以位移为未知数的微分方程式　采用位移解法建立以位移为未知数的微分方程式，由式(2－40c)可知：

$$Q_x = \frac{dM_x}{dx} = -D\frac{d^3\omega}{dx^3} \tag{2-46}$$

由式(2－45a)可知：

$$\frac{du}{dx} = \frac{1-\mu^2}{E\delta}N_x + \mu\frac{\omega}{R} \tag{2-47}$$

将式(2－46)和式(2－47)代入式(2－40b)中，得：

$$\frac{d^4\omega}{dx^4} + \frac{E\delta}{DR^2}\omega = \frac{\mu}{DR}N_x - \frac{p_z}{D}$$

令 $\frac{E\delta}{DR^2} = 4\beta^4$，且知壳体的抗弯刚度 $D = \frac{E\delta^3}{12(1-\mu^2)}$，故：

$$\beta = \frac{\sqrt{3(1-\mu^2)}}{\sqrt{R\delta}}$$

对于一般钢材，$\mu = 0.3$，则：

$$\beta=\frac{1.285}{\sqrt{R\delta}}$$

因此，微分方程可写为：

$$\frac{d^4\omega}{dx^4}+4\beta^4\omega=\frac{\mu}{DR}N_x-\frac{p_z}{D}$$

式(2-40a)中可以说明 N_x 为常数，它就是壳体承受分布载荷 p_z 时的薄膜力，当 $p_z=p$ 时，$N_x=\frac{pR}{2}$，代入上式得：

$$\frac{d^4\omega}{dx^4}+4\beta^4\omega=-\frac{p}{2D}(2-\mu) \tag{2-48}$$

式(2-48)就是圆柱壳轴对称弯曲问题的微分方程式。它是一个四阶常系数(β 为常数)线性非齐次微分方程。它的解应当是方程的一个特解加上对应的齐次方程的通解。

对于无力矩薄壳理论，$N_\varphi=\frac{pR}{2}$，$N_\theta=pR$，代入式(2-40)方程组中，三个方程都满足，即为方程组得一个解。而由(2-40)方程组推得的弯曲问题的微分方程式(2-48)，由薄膜应力状态下得到的位移 ω^* 一定满足式(2-48)，即是一特解。

实际上，齐次解 ω 满足给定的边界条件，对应于平衡方程中 $p=0$ 的情况。即位移分量 ω 给出的不是由于外载荷的作用引起的位移，而仅是边缘效应影响所引起的壳体内的位移。而 ω^* 则是满足边界条件的由于外载荷作用而不计边缘效应时所引起的位移，ω^* 可根据 p 沿母线的变化规律而求得。

特解　微分方程的特解就是圆柱壳的薄膜解(对应两端封闭的内压圆筒时 $N_x=\frac{\pi R^2}{2\pi R}=\frac{pR}{2}$)。

对于承受均匀内压 p 的圆柱形容器，由式(2-42b)可知：$\omega^*=-r_2\varepsilon_\theta$，又由平面问题的胡克定律 $\varepsilon_\theta=\frac{1}{E}(\sigma_\theta-\mu\sigma_\varphi)$知：

$$\omega^*=-r_2\varepsilon_\theta=-r_2\frac{1}{E}\left(\frac{pR}{\delta}-\mu\frac{pR}{2\delta}\right)=-\frac{pR^2}{2E\delta}(2-\mu)$$

即特解为：

$$\omega=-(2-\mu)\frac{pR^2}{2E\delta} \tag{2-49}$$

齐次解　对应的齐次方程的通解就是表面载荷 $p=0$ 时圆柱壳的弯曲解(对应敞口圆筒且周边没有其他纵向载荷时，即：$p=0$，$N_x=0$)。

$$\frac{d^4\omega}{dx^4}+4\beta^4\omega=0 \tag{2-50}$$

其通解为：

$$\omega=e^{\beta x}(C_1\cos\beta x+C_2\sin\beta x)+e^{-\beta x}(C_3\cos\beta_x+C_4\sin\beta x) \tag{2-51}$$

式中 C_1、C_2、C_3、C_4 为积分常数，由壳体的边界条件(边缘力系 Q_0 和 M_0)确定。

通解　通解即为齐次方程解加特解，即：

$$\omega'=\omega+\omega^*$$

2.4.2 有力矩理论应用

(1)圆筒壳体的弯曲解

当圆筒有足够长时，则靠近其一端的弯曲与另一端边缘力系关系极小，即两端的边界效应是互不耦合的，亦即互相独立的，因此求解时可以认为另一端是在无穷远处，称这种圆筒为长圆筒。设在 $x=0$ 处的圆筒边缘，沿周长均匀分布着横剪力 Q_0 和弯矩 M_0，但无表面载荷 p 存在。Q_0 和 M_0 使壳体产生一局部弯曲，当 x 增大时，此弯曲即迅速衰减并趋于消失，即挠度 ω 应趋于零。由于边缘力系是一自平衡力系，要使式(2-51)中 ω 为零，必使此式中右端的第一项等于零，于是有 $C_1=C_2=0$，即：

$$\omega = e^{-\beta x}(C_3\sin\beta x + C_4\cos\beta x) \tag{2-52}$$

圆筒边缘载荷的边界条件为：

$$(M_x)_{x=0} = \left(-D\frac{d^2 w}{dx^2}\right)_{x=0} = M_0$$

$$(Q_x)_{x=0} = \left(D\frac{d^3\omega}{dx^2}\right)_{x=0} = Q_0$$

将式(2-52)代入上式，求得积分常数 C_3 和 C_4 为：

$$C_3 = \frac{M_0}{2\beta^2 D}$$

$$C_4 = \frac{1}{2\beta^3 D}(Q_0 - \beta M_0)$$

将 C_3 和 C_4 代入式(2-52)，得：

$$\omega = -\frac{e^{-\beta x}}{2\beta^3 D}[\beta M_0(\cos\beta x - \sin\beta x) - Q_0\cos\beta x] \tag{2-53}$$

此方程表示筒体母线在连接边缘附近的挠度曲线，可以看出它是一条衰减很快的波形曲线。

求挠度的各阶导数得：

$$\begin{aligned}
\frac{d\omega}{dx} &= \frac{1}{2\beta^2 D}e^{-\beta x}[2\beta M_0\cos\beta x + p_0(\cos\beta x + \sin\beta x)]\\
\frac{d^2\omega}{dx^2} &= -\frac{1}{\beta D}e^{-\beta x}[\beta M_0(\cos\beta x + \sin\beta x) + p_0\sin\beta x]\\
\frac{d^3\omega}{dx^3} &= -\frac{1}{D}e^{-\beta x}[2\beta M_0\sin\beta x - p_0(\cos\beta x - \sin\beta x)]
\end{aligned} \tag{2-54}$$

将式(2-55a)变化得：

$$\frac{du}{dx} = \frac{1-\mu^2}{E\delta}N_x + \mu\frac{\omega}{R}$$

将其代入式(2-55b)中，得：

$$N_\theta = \mu N_x - E\delta\frac{\omega}{R}$$

对于求通解，即 $p=0$，$N_x=0$，则 $N_\theta = -E\delta\frac{\omega}{R}$。将式(2-53)、式(2-54)代入式

(2 -45)、式(2 -42c)、式(2 -42d)，得到圆筒中各内力的计算公式：

$$\begin{cases} N_x = 0 \\ N_\theta = -\dfrac{E\delta}{R}\omega = -\dfrac{E\delta\, e^{-\beta x}}{R\, 2\beta^3 D}[\beta M_0(\sin\beta x - \cos\beta x) + Q_0\cos\beta x] \\ M_x = -D\dfrac{\mathrm{d}^2\omega}{\mathrm{d}x^2} = \dfrac{e^{-\beta x}}{\beta}[\beta M_0(\cos\beta x + \sin\beta x) - Q_0\sin\beta x] \\ M_\theta = \mu M_x \\ Q_x = -D\dfrac{\mathrm{d}^3\omega}{\mathrm{d}x^3} = e^{-\beta x}[2\beta M_0\sin\beta x + Q_0(\cos\beta x - \sin\beta x)] \\ \Delta = -\omega = \dfrac{2\beta R^2}{E\delta}e^{-\beta x}[\beta M_0(\cos\beta x - \sin\beta x) + p_0\cos\beta x] \\ \vartheta = \dfrac{\mathrm{d}\omega}{\mathrm{d}x} = \dfrac{2\beta^2 R^2}{E\delta}e^{-\beta x}[2\beta M_0\cos\beta x + p_0(\cos\beta x + \sin\beta x)] \end{cases} \tag{2-55}$$

此解由式(2 -55)求出，即由 Q_0，M_0 作用下的弯曲解。

弯曲解对应内力在圆筒壳体内产生的应力，即由 Q_0，M_0 引起的应力为：

$$\sigma_x^{M_0Q_0} = \frac{12M_x}{\delta^3}z$$

$$\sigma_\theta^{M_0Q_0} = \frac{N_\theta}{\delta} + \frac{12M_\theta}{\delta^3}z$$

式中，应力符号右上角标 M 表示由边缘弯曲引起的应力。

(2)球壳的弯曲解

对于球壳，如图 2 -30 所示，根据旋转薄壳的平衡方程、几何方程和物理方程，令 $r_1 = r_2 = R$，即可得球壳轴对称弯曲问题的微分方程。设壳体表面载荷为零时的齐次方程可近似写为：

$$\begin{cases} \dfrac{\mathrm{d}^4\vartheta}{\mathrm{d}\varphi^4} + \dfrac{E\delta R_1^2}{D}\vartheta = 0 \\ \dfrac{\mathrm{d}^4 Q_\varphi}{\mathrm{d}\varphi^4} + \dfrac{E\delta R_1^2}{D}Q_\varphi = 0 \end{cases} \tag{A}$$

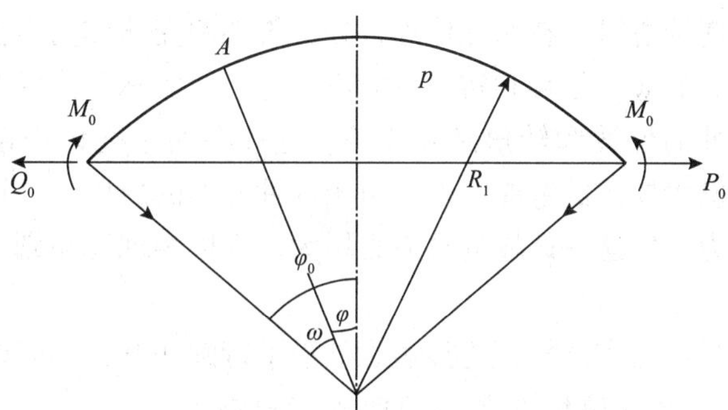

图 2 -30　球壳的边缘弯曲

令 $\omega=\varphi_0-\varphi$，则 $(\mathrm{d}\omega)^4=(\mathrm{d}\varphi)^4$，代入式($A$)，并从其中任一式求得通解，再根据边界条件，即可推得在边缘力系作用下球壳 A 点处的内力和变形的表达式为：

$$\begin{cases}Q_0=e^{-\beta_1\omega}\left[\dfrac{2\beta_1}{R_1}M_0\sin\beta_1\omega-Q_0\sin\varphi_0(\cos\beta_1\omega-\sin\beta_1\omega)\right]\\ N_\omega=-Q_\omega\cot(\varphi_0-\omega)\\ N_\theta=2\beta_1e^{-\beta_1\omega}\dfrac{\beta_1}{R_1}M_0(\cos\beta_1\omega-\sin\beta_1\omega)+Q_0\sin\varphi_0\cos\beta_1\omega]\\ M_\omega=e^{-\beta_1\omega}\left[M_0(\cos\beta_1\omega+\sin\beta_1\omega)+\dfrac{R_1}{\beta_1}Q_0\sin\varphi_0\sin\beta_1\omega\right]\\ M=\mu M_\omega\\ \nabla=\dfrac{2\beta_1}{E\delta}\sin(\varphi_0-\omega)e^{-\beta_1\omega}[\beta_1M_0(\cos\beta_1\omega-\sin\beta_1\omega)+R_1Q_0\sin\varphi_0\cos\varphi_1\omega]\\ \vartheta=-\dfrac{2\beta_1^2}{E\delta}e^{-\beta_1\omega}\left[\dfrac{2\beta_1}{R_1}M_0\cos\beta_1\omega+Q_0\sin\varphi_0(\cos\beta_1\omega+\sin\beta_1\omega)\right]\end{cases}\tag{2-56}$$

式中，Q_0 为横剪力，而 $4\beta_1^4=\dfrac{E\delta R_1^2}{D}$，即 $\beta_1=\sqrt[4]{3(1-\mu^2)}\sqrt{\dfrac{R_1}{\delta}}$，当 $\mu=0.3$ 时，$\beta_1=1.285\sqrt{\dfrac{R_1}{\delta}}$。在工程上其边界效应的作用范围为：

$$\bar{\omega}=\frac{\pi}{\beta_1}=2.5\sqrt{\frac{\delta}{R_1}}\text{(弧度)}$$

2.5 边缘应力

2.5.1 边缘应力产生的原因

工程实际中的壳体结构，绝大部分都是由几种简单的壳体组合连接而成的，两个元件连接处的平行圆称为连接边缘。在两壳体连接处，若把两壳体作为自由体，即在内压作用下自由变形，在连接处的薄膜位移和转角一般不相等，而实际上这两个壳体是连接在一起的，即两壳体在连接处的位移和转角必须相等。这样在两个壳体连接处附近形成一种约束，迫使连接处壳体发生局部的弯曲变形，由于这种变形的原因，在连接边缘就产生了抵抗这种变形的局部应力，使这一区域的总应力增大。现以半球壳与圆柱壳连接的组合壳为例说明。

在内压作用下的半球壳和圆柱壳连接边缘处沿平行圆切开，两壳体各自的薄膜变形如图 2－31 所示。Q_0 使 Δ 径向位移协调，M_0 使 ϑ 转角协调。

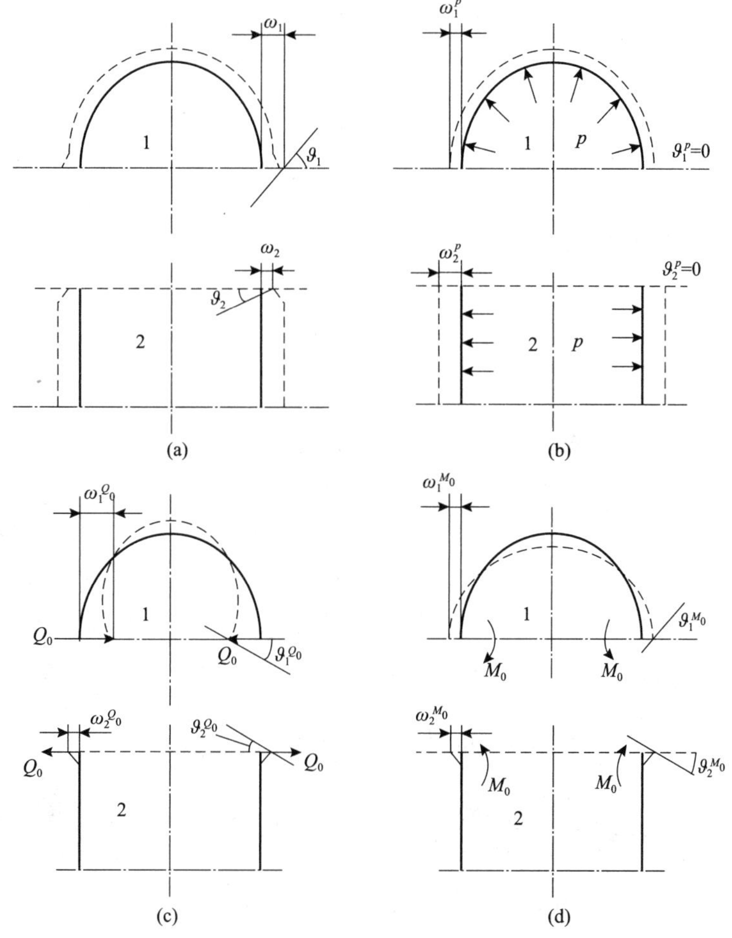

图2－31　连接边缘的变形

(1)圆柱壳

对于受气体压力作用下的圆柱壳，其薄膜压力为：

$$\sigma_\varphi = \frac{pR}{2\delta}$$

$$\sigma_\theta = \frac{pR}{\delta}$$

应变为：

$$\varepsilon_\varphi = \frac{1}{E}(\sigma_\varphi - \mu\sigma_\theta) = (1-2\mu)\frac{pR}{2E\delta}$$

$$\varepsilon_\theta = \frac{1}{E}(\sigma_\theta - \mu\sigma_\varphi) = (2-\mu)\frac{pR}{2E\delta}$$

对于圆柱壳，$r_1=\infty$，$r_2=R$，$\varphi=\frac{\pi}{2}$，$r_1\mathrm{d}\varphi=\mathrm{d}x$，则求得壳体的径向和径向位移分别为：

$$\begin{aligned} u &= \sin\varphi\int\frac{r_1\varepsilon_\varphi - r_2\varepsilon_\theta}{\sin\varphi}\mathrm{d}\varphi \\ &= \int(r_1\varepsilon_\varphi - r_2\varepsilon_\theta)\frac{\mathrm{d}x}{r_1} \end{aligned}$$

$$= \int \varepsilon_\varphi \mathrm{d}x = (1-2\mu)\frac{pR^2}{2E\delta}x$$

$$\omega = \cos\varphi \int \frac{r_1\varepsilon_\varphi - r_2\varepsilon_\theta}{\sin\varphi}\mathrm{d}\varphi - r_2\varepsilon_\theta$$

$$= -r_2\varepsilon_\theta = -(2-\mu)\frac{pR^2}{2E\delta}$$

平行圆半径增量和径向转角分别为：

$$\Delta = -\omega$$

$$\vartheta = \frac{\mathrm{d}\omega}{\mathrm{d}x} = 0$$

(2)球壳

对于受气体压力作用下的球壳，其薄膜压力为：

$$\sigma_\varphi = \sigma_\theta = \frac{pR}{2\delta}$$

应变为：

$$\varepsilon_\varphi = \varepsilon_\theta = (1-2\mu)\frac{pR}{2E\delta}$$

对于球壳，$r_1 = r_2 = R$，且 $\varepsilon_\varphi = \varepsilon_\theta$，可得：

$$u = \sin\varphi \int \frac{r_1\varepsilon_\varphi - r_2\varepsilon_\theta}{\sin\varphi}\mathrm{d}\varphi = 0$$

$$\omega = \cos\varphi \int \frac{r_1\varepsilon_\varphi - r_2\varepsilon_\varphi}{\sin\varphi}\mathrm{d}\varphi - r_2\varepsilon_\theta = -r_2\varepsilon_\theta = -(1-\mu)\frac{pR^2}{2E\delta}$$

$$\Delta = r\varepsilon_\theta = R\varepsilon_\theta\sin\varphi = (1-\mu)\frac{pR^2}{2E\delta}\sin\varphi$$

$$\vartheta = \frac{1}{r_1}\left(u + \frac{\mathrm{d}\omega}{\mathrm{d}x}\right) = 0$$

对于球形封头，在 $\varphi = \frac{\pi}{2}$ 处平行圆半径增量为：

$$\Delta_1 = (1-\mu)\frac{pR^2}{2E\delta}\sin\varphi = (1-\mu)\frac{pR^2}{2E\delta}$$

对于圆柱壳，平行圆半径增量为：

$$\Delta_2 = (2-\mu)\frac{pR^2}{2E\delta}$$

显然，如果让其自由变形，$|\Delta_1| < |\Delta_2|$，就会出现连接边缘的分离现象。实际上，连接边缘处壳体的各部分之间既是相互连接的，亦是相互约束的，为了约束上述自由变形，以保证连接边缘变形的连续性，在连接边缘处、在连接边缘的平行圆内产生相互作用的附加内力系：Q_0 为作用在边缘单位长度上的横剪力；M_0 为作用在边缘单位长度上的边缘弯矩；边缘力系是自平衡力系。

2.5.2 变形协调方程

边缘变形的连续性就是要保持连接边缘不分离，即连接边缘两侧的变形总量应该相等。通过分析可知：连接边缘两侧壳体的薄膜变形是不相等的，由于薄膜变形不相等，所以产生边缘应力。边缘应力产生的变形和薄膜变形取得协调，保持边缘两侧的变形总量相等，则可以达到连接边缘不分离，由此建立起边缘变形的连续性方程。如图 2－26 所示，变形连续性条件：

$$\omega_1=\omega_2,\ \vartheta_1=\vartheta_2$$

即弯曲变形与薄膜变形叠加后，两部分壳体在连接处的总变形量一定相等，可写出边缘变形的变形协调方程(又称连续性方程)为：

$$\omega_1^p+\omega_1^{Q_0}+\omega_1^{M_0}=\omega_2^p+\omega_2^{Q_0}+\omega_2^{M_0}$$
$$\vartheta_1^p+\vartheta_1^{Q_0}+\vartheta_1^{M_0}=\vartheta_2^p+\vartheta_2^{Q_0}+\vartheta_2^{M_0}$$

式中，ω^p、ω^{Q_0}、ω^{M_0}及ϑ^p、ϑ^{Q_0}、ϑ^{M_0}分别表示p、Q_0、M_0在壳体连接处产生的平行圆径向位移和经线转角。

2.5.3 应力计算

(1) 应力的组成

圆筒壳体弯曲问题中的应力由两部分组成：一部分是薄膜内力引起的薄膜应力，应力沿厚度呈均匀分布，即壳体的无力矩理论的解。它是由于外载荷所产生而必须满足内部和外部的力和力矩的平衡关系的应力，随外载荷的增大而增大。因此，当它超过材料屈服点时就会导致材料的破坏或大面积变形。另一部分是弯曲应力，即沿厚度呈线性分布的正应力和抛物线分布的横向剪应力，即在两壳体连接边缘处切开后，自由边界上由于薄膜应力所产生的径向位移ω不协调。为了使两壳体变形协调，而在两壳体边界上附加应力，即受到的边缘力和边缘力矩作用时的有力矩理论的弯曲解，它是由于相邻部分材料的约束或结构自身约束所产生的应力。因此，它超过材料屈服点时就产生局部屈服或较小的变形，连接边缘处壳体不同的变形就可协调，从而得到一个较有利的应力分布结果。

将上述两种解叠加后就可以得到保持组合壳总体结构连续的最终解。

(2)应力的计算

应力计算步骤：

①根据变形协调方程求出Q_0、M_0。

②将Q_0、M_0代入式(2－51)求出ω通解。

③利用式(2－49)特解和式(2－51)的通解求出式(2－48)解，即圆柱壳轴对称弯曲问题的微分方程式解。

④将ω解代入式(2－45)求出N_x、N_θ、M_x、M_θ、Q_x各内力分量。

⑤求圆筒壳体轴对称弯曲的应力，按式(2－57)计算，即：

$$\begin{cases}\sigma_x^M=\dfrac{N_x}{\delta}\pm\dfrac{12M_x}{\delta^3}z\\[2mm]\sigma_\theta^M=\dfrac{N_\theta}{\delta}\pm\dfrac{12M_\theta}{\delta^3}z\\[2mm]\sigma_z^M=0\\[2mm]\tau_x^M=\dfrac{6Q_x}{\delta^3}\left(\dfrac{S^2}{4}-z^2\right)\end{cases}\tag{2－57}$$

⑥最大弯曲应力：正应力的最大值在壳体的表面上($z= \pm S/2$)，横向剪应力的最大值发生在壳体的中面上($z=0$)，即：

$$\begin{cases}(\sigma_x)_{\max}^M = \dfrac{N_x}{\delta} \pm \dfrac{6M_x}{\delta^2} \\ (\sigma_\theta)_{\max}^M = \dfrac{N_\theta}{\delta} \pm \dfrac{6M_\theta}{\delta^2} \\ (\tau_x)_{\max}^M = \dfrac{3Q_x}{2\delta}\end{cases} \tag{2-58}$$

⑦总应力：薄膜解与弯曲解叠加可以计算容器连接边缘附近的总应力，薄膜应力按无力矩理论进行计算；边缘弯曲的各项应力计算，即先求 Q_0、M_0，进而求内力和内力矩，再计算弯曲应力。即：

$$\begin{cases}\sum \sigma_x = \sigma_x^p + \sigma_x^M \\ \sum \sigma_\theta = \sigma_\theta^p + \sigma_\theta^M\end{cases} \tag{2-59}$$

式中，σ_x^p 和 σ_θ^p 表示内压 p 产生的薄膜应力，σ_x^M、σ_θ^M 为边缘力 Q_0、M_0 产生的弯曲应力。

在壳体的表面上($z= \pm\delta/2$)产生最大正应力：

$$\sum \sigma_x = \sigma_x^p + \sigma_x^M = \frac{pR}{2} \pm \frac{6M_x}{\delta^2}$$

$$\sum \sigma_\theta = \sigma_\theta^p + \sigma_\theta^M = \frac{pR}{\delta} + \frac{N_\theta}{\delta} \pm \frac{6M_\theta}{\delta^2}$$

2.5.4 边缘应力的应用

(1)半球形封头与圆筒体连接的边缘应力

1)求解边缘载荷 Q_0、M_0

半球形封头与筒体的连接如图 2-32 所示，设内压为 p，筒体与封头的半径为 R，二者壁厚均为 δ。

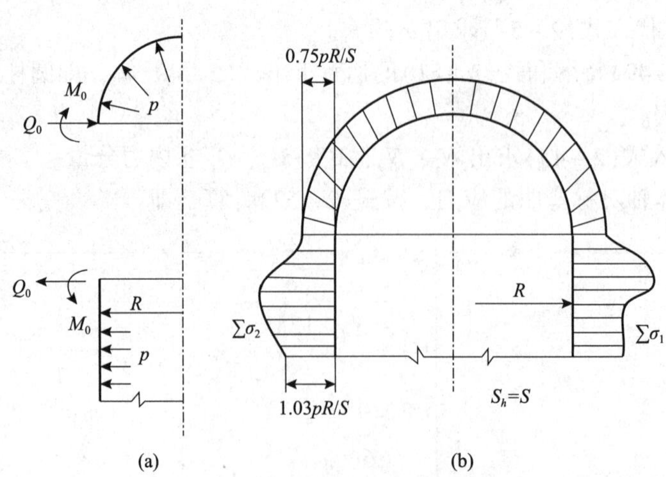

图 2-32 半球形封头与筒体的连接

薄膜变形

在 P 作用下，圆筒和半球的平行圆径向位移和转角如下：

圆筒： $\Delta_1^p = -\frac{pR^2}{2E\delta}(2-\mu) \quad \vartheta_1^p = 0$

球壳： $\Delta_2^p = -\frac{pR^2}{2E\delta}(1-\mu) \quad \vartheta_2^p = 0$

如取 $\mu=0.3$，则 $\Delta_1^p/\Delta_2^p=2.43$，说明同样厚度的圆筒是球壳膨胀的 2.43 倍。显然，两者平行圆径向位移是不连续的，因而产生边缘 Q_0 和边缘壳力矩 M_0 已达到变形的协调。

弯曲变形

对于圆柱壳：由式(2-53)、式(2-55)，最大的挠度发生在 $x=0$ 的边缘上，此处的 ω 和 ϑ 有如下关系：

$$\begin{cases} (\omega)_{x=0} = -\frac{1}{2\beta^2 D}M_0 + \frac{1}{2\beta^3 D}Q_0 \\ \vartheta = \left(\frac{\mathrm{d}\omega}{\mathrm{d}x}\right)_{x=0} = \frac{1}{\beta D}M_0 - \frac{1}{2\beta^2 D}Q_0 \end{cases} \tag{2-60}$$

上述两式中的 Δ 和 ϑ 即为 M_0 和 Q_0 在连接处引起的平行圆径向位移和经线转角，因此可改写为：

$$\begin{cases} \Delta^{M_0} = -\frac{1}{2\beta^2 D}M_0 \\ \Delta^{Q_0} = -\frac{1}{2\beta^3 D}Q_0 \\ \vartheta^{M_0} = \frac{1}{\beta D}M_0 \\ \vartheta^{Q_0} = -\frac{1}{2\beta^2 D}Q_0 \end{cases} \tag{2-61}$$

对于半球壳：由式(2-56)，在半球处，即 $\varphi_0=\frac{\pi}{2}$，$\varphi=\frac{\pi}{2}$，$\omega=0$，$R_1=R_2=R$，得：

$$\Delta_2 = \frac{2\beta_1^2}{E\delta}M_0 + \frac{2\beta_1}{E\delta}R_1 Q_0$$

$$\vartheta_2 = -\frac{2\beta_1^2}{E\delta}\left[\frac{2\beta_1}{R_1}M_0 + Q_0\right]$$

由此，根据变形协调方程可得到：

$$-\frac{PR^2}{QE\delta}(2-\mu) - \frac{M_0}{2\beta^3 D} = -\frac{PR^2}{2E\delta}(1-\mu) + \frac{2\beta_1^2}{E\delta}M_0 + Q_0$$

$$\frac{1}{\beta D}M_0 - \frac{1}{2\beta^2 D}Q_0 = -\frac{4\beta_1^3}{E\delta R}M_0 - \frac{2\beta_1^2}{E\delta}Q_0$$

解上列二元一次方程组，得：

$$\begin{cases} M_0 = 0 \\ Q_0 = \frac{p}{8\beta} \end{cases} \tag{2-62}$$

2)计算内力与应力

将上述求得得 Q_0、M_0 代入式(2-55)即可算出内力。取 $\mu=0.3$，于是 $\beta=\frac{1.285}{R}\sqrt{\frac{R}{\delta}}$，圆筒中的边缘应力为：

$$\begin{cases} N_\theta = -2\beta R Q_0 e^{-\beta x}\cos\beta x = -\frac{pR}{4}e^{-\beta x}\cos\beta x \\ M_x = -\frac{p}{8\beta^2}e^{-\beta x}\sin\beta x = -0.0757pRte^{-\beta x}\sin\beta x \\ M_\theta = \mu M_x \end{cases} \tag{2-63}$$

因此圆筒中的应力为：

$$\begin{cases} \sum\sigma_{1x} = \sigma_{1x}^p + \sigma_{1x}^M = \frac{pR}{2\delta} \pm 0.454\frac{pR}{\delta}e^{-\beta x} \\ \sum\sigma_{1\theta} = \sigma_{1\theta}^p + \sigma_{1\theta}^N + \sigma_\theta^M \\ = \frac{pR}{2\delta} - 0.25\frac{pR}{\delta}e^{-\beta x}\cos\beta x \pm 0.136\frac{pR}{\delta}e^{-\beta x}\sin\beta x \end{cases}$$

取 $\frac{\mathrm{d}}{\mathrm{d}x}(\sum\sigma_{1x})=0$ 和 $\frac{\mathrm{d}}{\mathrm{d}x}(\sum\sigma_{1\theta})=0$，得出：

$$(\sum\sigma_{1x})_{\max} = 0.646\frac{pR}{\delta}\text{（在 }\beta x=\frac{\pi}{4}\text{ 处，外表面）}$$

$$(\sum\sigma_{1\theta})_{\max} = 1.031\frac{pR}{\delta}\text{（在 }\beta x=1.85\text{ 处，外表面）}$$

对于半球壳在边缘载荷作用下的弯曲解和应力，略。

(2)球面形封头与圆筒连接的边缘应力

壳体连接边缘的横推力如图 2-33 所示，一球面形封头与圆筒相连接。对于连接边缘无公切线的壳体，沿边缘平行圆截取分离体时，在分离体边缘上将出现附加的横推力。

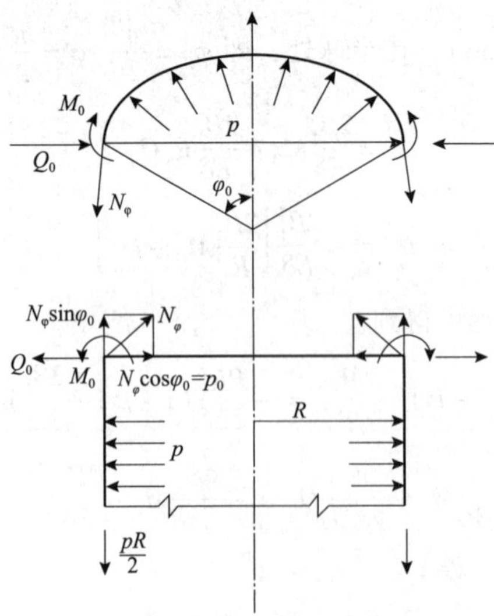

图 2-33　壳体连接边缘的横推力

对于球面形封头来说，除了在边缘上作用有边缘力力系 Q_0 和 M_0 外，还作用有径向内力 N_φ，使之球壳所受的表面载荷 p 相平衡。

对圆柱壳来说，除了在边缘上作用有与封头相对应的 Q_0 和 M_0 外，根据作用和反作用原理，在边缘上还作用有反力 N_φ。将 N_φ 分解为垂直分量 $N_\varphi \sin\varphi_0$ 及水平分量 $N_\varphi \cos\varphi_0 = p_0$，$p_0$ 为作用在边缘单位长度上得横推力。由区域平衡可知，$N_\varphi \sin\varphi_0$ 与圆柱壳的轴向内力$\frac{pR}{2}$相平衡，而 $N_\varphi \cos\varphi_0 = p_0$ 则形成一附加于圆柱壳边缘上的径向自平衡力，称为横推力 p_0。

显然，它是一个已知的边缘力，即球面形封头径向力反力的水平分量，方向和大小均为已知，它所产生的变形已包括在薄膜变形之内，故在建立连续性方程时，予以扣除。

这样，我们在求球面形封头的弯曲解时，仍用 Q_0 和 M_0，而对于与之相连接的圆柱壳，在求解变形协调方程以及随后求解圆柱壳的边缘应力时，除 M_0 外，应以 Q_0 与 p_0 的合力进行计算，如 p_0 与 Q_0 所设的方向相同，则应用 $Q_0 + p_0$，反之用 $Q_0 - p_0$。

横推力的存在将使壳体的边缘应力显著增大，故对于重要的压力容器，应尽可能采用有公切线过渡的壳体结构，如用半球形封头，或有折边的封头与筒体连接，则不会存在横推力。

2.5.5 不连续应力的特性及处理方法

(1)不连续应力的特性

1)局部性

不同结构的组合壳，在连接边缘处有不同的边缘应力，有的边缘效应显著，其应力可达到很大的数值，但它们都有一个共同特性，即影响范围很小，这些应力只存在于连接处附近的局部区域。这种性质称为不连续应力的局部性。例如，受边缘力和力矩作用的圆柱壳，衰减函数 $e^{-\beta x}$ 与不同的三角函数的乘积为其随 βx 的变化曲线，由曲线可见，边界效应具有明显的衰减特性。当经过一个周期(2π)以后，即距离边缘超过$\frac{2\pi}{\beta}$处，边界效应已趋近于零；在距离$\frac{\pi}{\beta}$处，实际上已衰减大部分。因此，对于钢制圆柱壳，在工程上其边界效应的作用范围一般限于：$x = \frac{\pi}{\beta} = 2.5\sqrt{R_S}$。因此，随着离边缘距离 x 的增加，各内力呈指数函数迅速衰减以致消失。

2)自限性

不连续应力的另一个特性是自限性。边缘应力是由于相邻壳体在连接处的薄膜变形不相等，两壳体连接边缘的变形受到弹性约束所致，因此对于用塑性材料制造的壳体，当连接边缘的局部区产生塑性变形，这种弹性约束就开始缓解，变形不会连续发展，边缘应力也自动限制，这种性质称为不连续应力的自限性。

(2)不连续应力在工程问题中的处理方法

由于不连续应力具有局部性和自限性，对于受静载荷作用的塑性材料壳体，在设计中一般不作具体计算，仅采取结构上作局部处理的办法来限制其应力水平。但对于脆性材料壳体、经受疲劳载荷或低温的壳体等，过高的不连续应力可能导致壳体的疲劳失效或脆性破坏，因而在设计中应按有关规定计算并限制不连续应力。

工程实践例题与简解

【例题 2－1】

压缩机气体缓冲罐如图 2－34 所示，结构图如图 2－35 所示。压缩机气体缓冲罐是往复式压缩机的重要附属设备，用于减小管路中流量的不均匀度，分为吸入缓冲罐和排出缓冲罐两种。

吸入缓冲罐的作用是减小吸入管路流量不均匀度，减小惯性损失，提高泵的吸入性能。排出缓冲罐的作用是减小排出管路流量不均匀度，避免过流量的产生，以适应工艺流程的需要。

现有缓冲罐内压 0.8MPa，内径 1000mm，壁厚 $\delta=10$mm，试用无力矩理论求解筒体轴向及径向应力。

图 2－34 缓冲罐

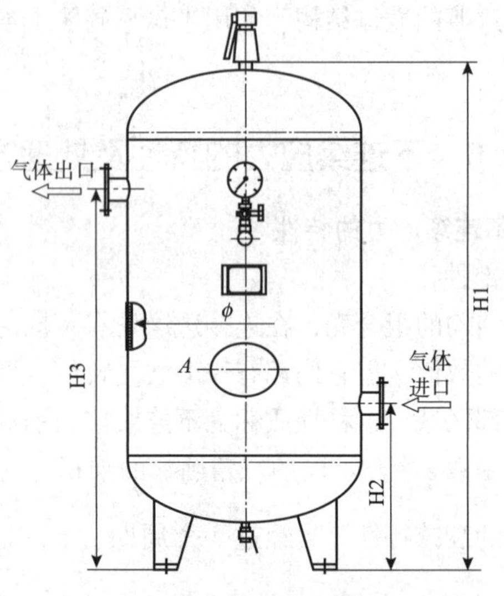

图 2－35 缓冲罐结构

解：气体内压罐由无力矩理论可知：

$$\sigma_{\varphi}=\frac{PR}{2\delta}=\frac{0.8\times 500}{2\times 10}=20\text{MPa}$$

$$\sigma_{\theta}=\frac{PR}{\delta}=\frac{0.8\times 500}{10}=40\text{MPa}$$

【例题 2－2】

图 2－36 半球形封头

半球形封头是指由半个球壳及直边(圆筒短节)构成的封头如图 2－36 所示。球壳的曲率半径处处相等，受力均匀。与其他封头相比，半球形封头在承受相同内压时，所需要的壁厚最小。在球壳与相同厚度圆筒的连接处，因曲率半径变化引起的边缘应力仅为圆筒总体薄膜应力的3.1%，可忽略不计。所以半球形封头力学性能最佳，所用材料最节省。

例题2-1中罐体封头如采用半球形封头，试用无力矩理论给出最大应力及位置。

解：半球形封头理论上为球壳的一部分，所以每一部分的应力大小是均匀的，其值大小为：

$$\sigma_{\varphi}=\sigma_{\theta}=\frac{PR}{2\delta}=\frac{0.8\times 500}{2\times 10}=20\text{MPa}$$

【例题2-3】

椭圆封头又名为椭圆形封头、椭圆封头即为由旋转椭圆球面和圆筒形直段两部分组成的封头如图2-37所示。旋转椭圆球面母线的长、短轴之比为2.0的椭圆形封头，习惯上称为标准椭圆形封头。椭圆封头的力学性能仅次于半球封头，但优于碟形封头。由于椭圆封头的深度介于半球形和碟形封头之间，对冲压设备及模具的要求、制造难度亦介于两者之间，即比半球封头容易，比碟形封头困难。

图2-37 椭圆形封头

例题2-1中罐体封头如采用标准椭球封头，试用无力矩理论，给出最大应力及位置。

解：标准椭圆形封头 $m=2$

$$\sigma_{\varphi}=\frac{pma\psi}{2\delta},\ \sigma_{\theta}=\sigma_{\varphi}(2-\frac{1}{\psi^2})$$

$$\psi=\frac{1}{\sqrt{(m^2-1)\sin^2\varphi+1}}$$

由于极值位置可能在顶点与赤道位置，故分开求解：

极值点位置：$m=2$，$\varphi=0$。故 $\psi=1$，a=500mm，b=250mm

$$\sigma_{\varphi}=\sigma_{\theta}=\frac{500\times 0.8}{10}=\frac{pa}{\delta}=40\text{MPa}$$

赤道位置：$m=2$，$\varphi=\frac{\pi}{2}$ 故 $\psi=\frac{1}{2}$，

$$\frac{pa}{2\delta}=\sigma_{\varphi}=\frac{0.8\times 500}{2\times 10}=20\text{MPa},\ \sigma_{\theta}=-\frac{pa}{\delta}=-\frac{500\times 0.8}{10}=-40\text{MPa}$$

故轴向应力最大值位于定点位置其值为20MPa，环向应力再定点和赤道位置应力大小相等，但是在顶点为拉应力，而赤道位置为压应力。

【例题2-4】

【例题2-1】中罐体封头如采用母线方程为 $y=x^2/a$ 的封头，设其壁厚与筒体一致，求顶点与赤道位置的应力。(无力矩理论)

解：$y'=\frac{2}{a}x$，$y''=\frac{2}{a}$

$$R_1=\frac{[1+(y')^2]^{3/2}}{|y''|}=(\frac{1}{2}+\frac{2}{a^2}x^2)\sqrt{a^2+4x^2}$$

$$R_2=\sqrt{\frac{a^2}{4}+x^2}=\frac{\sqrt{a^2+4x^2}}{2}$$

由薄膜应力计算公式：

$$\sigma_\varphi=\frac{PR_2}{2\delta}=\frac{P\sqrt{a^2+4x^2}}{2\delta}=\frac{0.8\sqrt{500^2+4x^2}}{2\times10}$$

$$\sigma_\theta=\sigma_\varphi[2-\frac{R_2}{R_1}]=\frac{P\sqrt{a^2+4x^2}}{4\delta}[2-\frac{a^2}{a^2+4x^2}]$$

$$=\frac{0.8\sqrt{500^2+4x^2}}{20}[2-\frac{500^2}{500^2+4x^2}]$$

顶点应力 $x=0$

$$\sigma_\varphi=\sigma_\theta=\frac{0.8\times500}{20}=20\text{MPa}$$

赤道应力 $x=a=500$

$$\sigma_\varphi=\frac{0.8\times500\times\sqrt{5}}{20}=44.7\text{MPa}$$

$$\sigma_\theta=44.7\times[2-\frac{500^2}{5\times500^2}]=\frac{9}{5}\times44.7=80.5\text{MPa}$$

【例题 2-5】

旋风分离器，是用于气固体系或者液固体系的分离的一种设备如图 2-38 所示。工作原理为靠气流切向引入造成的旋转运动，使具有较大惯性离心力的固体颗粒或液滴甩向外壁面分开。旋风分离器的主要特点是结构简单、操作弹性大、效率较高、管理维修方便，价格低廉，用于捕集直径 5~10μm 以上的粉尘，广泛应用于制药工业中，特别适合粉尘颗粒较粗，含尘浓度较大，高温、高压条件下，也常作为流化床反应器的内分离装置，或作为预分离器使用，是工业上应用很广的一种分离设备如图 2-39 所示。

图 2-38　旋风分离器

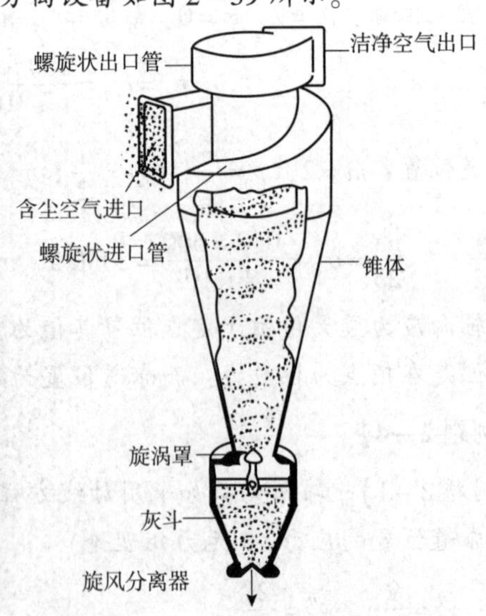

图 2-39　椭旋风分离器结构图

现有旋风分离器，内径 $D_i=1000\text{mm}$，壁厚 $\delta=10\text{mm}$，工作内压 $p=0.5\text{MPa}$，中心角

为 60°，求顶点与筒体交点外的应力。

解：α 为顶角半角，$\alpha=60°/2=30°$

赤道顶点 $x=0$

$$\sigma_{\varphi}=\frac{PD}{4\delta\cos\alpha}=\frac{0.5\times1000}{4\times10\times0.866}=14.7\text{MPa}$$

$$\sigma_{\theta}=\frac{PD}{2\delta\cos\alpha}=2\times14.7=29.4\text{MPa}$$

顶点 $\sigma_{\varphi}=\sigma_{\theta}=0$

【例题 2-6】

采用圆锥型封头的储罐内径 $D_i=1200\text{mm}$，内压 $p=0.7\text{MPa}$，壁厚 $\delta=12\text{mm}$，如图2-40 所示。试用无力矩理论求 A 点位置应力。

解：

1）建立坐标系

半锥顶角 $\alpha=90°-60°=30°$

A 点的 x 方向坐标为 $x=\dfrac{0.6}{\sin30°}-0.9=0.3\text{m}$

2）A 点位置应力

$$\sigma_{\theta}=\frac{0.7\times10^{6}\times0.3\times\tan30°}{0.012}=10.1\text{MPa}$$

$$\sigma_{\varphi}=\frac{px\tan\alpha}{2\delta}=5.05\text{MPa}$$

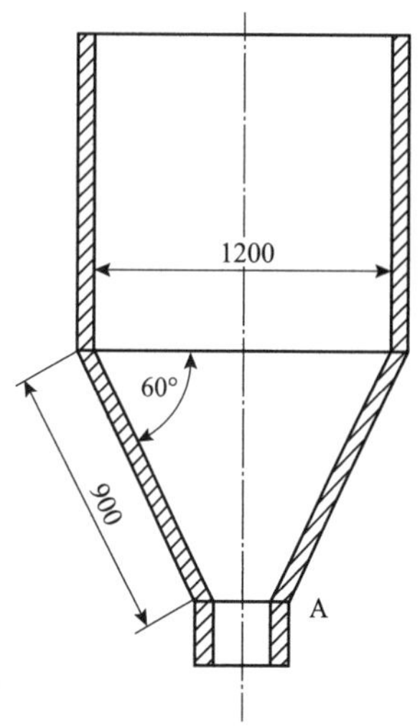

图2-40 【例题2-6】图

【例题 2-7】

常压储罐为内压不超过 17.2kPa 的储罐如图 2-41 所示，结构图如图 2-42 所示。国内的标准（例如 SH3046）定义的压力范围会略有不同。钢制通常是指构造储罐的主体材料为碳素结构钢，低合金结构钢或不锈钢，也有用铝、钛合金材料制造特殊用途的储罐；常压储罐在计算过程中可以近似认为液面顶端压力与大气相同。

图2-41 常压储罐

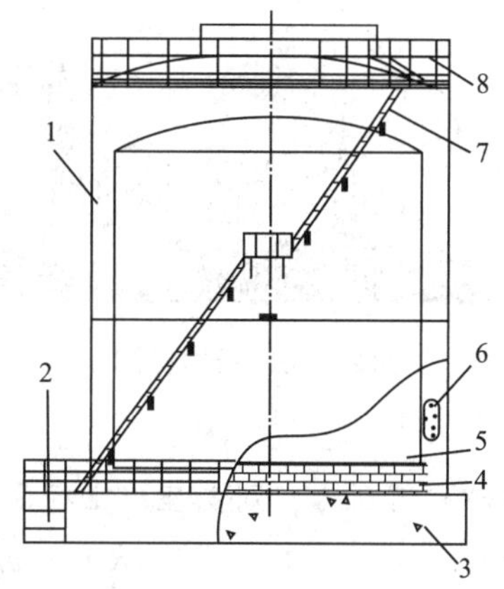

图2-42 常压储罐结构图

1—外罐体；2—底部踏步；3—水泥基础平台；4—底部绝热器；5—内罐体；6—珠光沙；7—旋梯；8—顶部平台

现有一立式常压圆柱储罐，已知内径 $D_i = 2000\text{mm}$。点高 $H = 5500\text{mm}$，厚度为 $\delta = 10\text{mm}$，储罐容积率为0.9，支座位置位于距罐底3000mm位置上试求距罐底4000mm与罐底外的固向与径向应力。

解：

距罐底4000mm外由液体产生的压力高度为液体点深 $H = 5500 \times 0.9 \approx 5000\text{mm}$ 减去4000mm为1000mm. 产生的压力。

$$p = \rho g(H - H_1) = 1.0 \times 10^{-6} \times 10 \times 1000 = 1.0 \times 10^{-2}\text{MPa}$$

由于开口故无其他压力。

在支座位置点上4000 > 3000。故有：

轴力为0

$$\sigma_\varphi = 0$$

$$\sigma_\theta = \frac{\rho g R(H - H_1)}{\delta} = \frac{1.0 \times 10^{-2} \times 1000}{10} = 1\text{MPa}$$

由于在罐底故在支座之下

$$\sigma_\varphi = \frac{R\rho g}{2\delta} H = \frac{5000 \times 10^{-6} \times 10 \times 5000}{20} = 2.5\text{MPa}$$

$$\sigma_\psi = \frac{R\rho g}{2\delta}(H - X) = 2 \times 2.5\text{MPa} = 5\text{MPa}$$

【例题2-8】

设计压力大于或等于0.1MPa(罐顶表压)的储罐称之为压力储罐如图2-43、图2-44所示；压力储罐用以存放酸碱、醇、气体、液态等提炼的化学物质。根据材质不同大体上有：聚乙烯储罐、聚丙烯储罐、玻璃钢储罐、陶瓷储罐、橡胶储罐、不锈钢储罐等。就储罐的性价比来讲，现在以钢衬聚乙烯储罐最为优越，其具有优异的耐腐蚀性能、强度高、寿命长等，外观可以制造成立式、卧式、运输、搅拌等多个品种 。

如上例中储罐为闭口，并且有内压 $p_0 = 0.2\text{MPa}$，试求相同位置上的二向应力。

图2-43　压力储罐

图2-44　大型储罐内部图

解：

(1)如罐内有压力，则支座以上径向应力为衡力：

$$\sigma_\varphi = \frac{\pi R^2 p_0}{2\pi R\delta} = \frac{p_0 R}{2\delta} = \frac{0.2 \times 1000}{2 \times 10} = 10\text{MPa}$$

$$\sigma_\theta = [\rho g(H - H_1) + p_0]R/\delta = \frac{0.21 \times 1000}{10} = 21\text{MPa}$$

(2)在底部压力应力为：

$$\sigma_{\varphi}=\frac{R(\rho gH+p_0)}{2\delta}=\frac{1000\times(5000\times10\times10^{-6}+0.2)}{2\times10}=12.5\mathrm{MPa}$$

$$\sigma_{\theta}=\frac{[\rho g(H-X)+p_0]}{\delta}=2\sigma_{\varphi}=25\mathrm{MPa}$$

【例题2-9】

以储罐的支撑形式，不仅有上面两个例子中的使用的裙式支座(支撑在底部)，还有很大部采用耳式支座(如图2-45、图2-46所示)和腿式支座，这两种支座的特点是在储罐底部还有大量的空间可以用于接管或者操作空间。

计算【例题2-8】中储罐罐改为使用耳式支座如的罐的二向应力，耳式支座位于在罐中4000mm位置。

图2-45 耳式支座的储罐

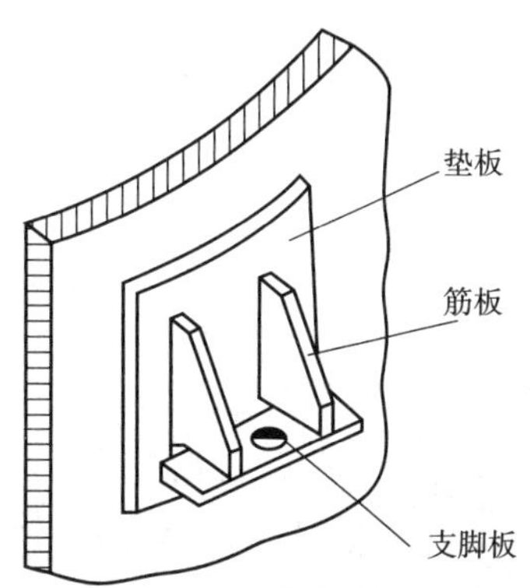

图2-46 耳式支座结构图

解：$\sigma_{\varphi}=\frac{(p_0+\rho gh)R}{2\delta}=12.5\mathrm{MPa}$

则 $\sigma_{\theta}=[\rho g(H-H_1)+p_0]R/\delta=21\mathrm{MPa}$

罐底部分与【例题2-8】相同。

以上可以看出罐体内液体造成压力对比于内压很小，操作压力是罐体压力的主要部分，另支座部分位置会影响径向应力对于同向应力点影响。

【例题2-10】

现有一立式常压圆柱储罐，已知内径 $D_i=2000\mathrm{mm}$。点高 $H=5500\mathrm{mm}$，厚度为 $\delta=10\mathrm{mm}$，储罐容积率为0.9，支座位置位于距罐底3000mm位置上试求距罐底4000mm周向向与径向应力

解：

距罐底4000mm外由液体产生的压力高度为液体点深 $H=5500\times0.9\approx5000\mathrm{mm}$ 减去4000mm为1000mm，产生的压力：

$$p=\rho g(H-H_1)=1.0\times10^{-6}\times10\times1000=1.0\times10^{-2}\mathrm{MPa}$$

由于开口故无其他压力。在支座位置点上4000>3000。故轴力为0，则有：

$$\sigma_{\varphi}=0$$

$$\sigma_{\theta}=\frac{\rho gR(H-H_1)}{\delta}=\frac{1.0\times10^{-2}\times1000}{10}=1\mathrm{MPa}$$

【例题 2-11】

反应器是一种实现反应过程的设备，广泛应用于化工、炼油、冶金等领域。反应器用于实现液相单相反应过程和液液、气液、液固、气液固等多相反应过程。

反应器的应用始于古代，制造陶器的窑炉就是一种原始的反应器。近代工业中的反应器形式多样，例如：冶金工业中的高炉和转炉；生物工程中的发酵罐以及各种燃烧器，都是不同形式的反应器。

在不同的反应器中流化床反应器(如图 2-47、图 2-48 所示)因为有明显的异径段区别于其他类型。

图 2-47　流化床反应器

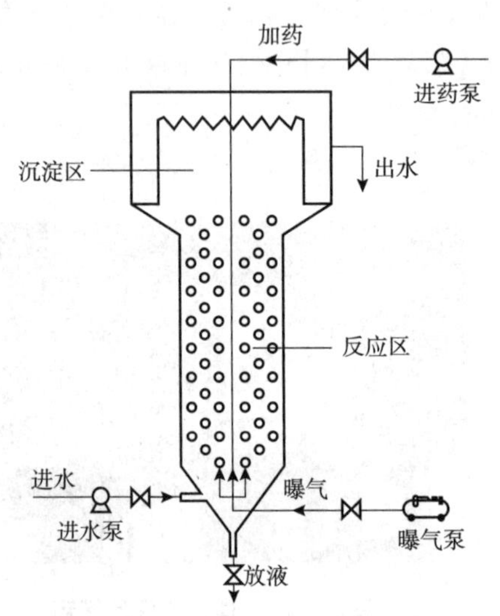

图 2-48　流化床反应器原理

现有一反应器筒体上段直径为 $D_1=3500\text{mm}$，下段内直径 $D_2=2000\text{mm}$，中间用无折边锥形壳体(半锥角为 30°)过渡连接。壳体材料为 20R。反应器操作压力为 0.55MPa，操作温度为 200℃。取腐蚀余量为 $C_2=2\text{mm}$，焊接接头系数 $\varphi=0.85$。试确定该锥形过渡段的壁厚。

(许用应力和钢板上偏差为 $[\sigma]^t=116\text{MPa}$，$C_1=0.8\text{mm}$)

解：

$$t=\frac{p_c D_i}{2[\sigma]^t\varphi-p_c}\frac{1}{\cos\alpha}=11.31\text{mm}$$

$$t_d=t+C_2=11.31+2=13.31\text{mm}$$

$$t_n\geqslant t_d+C_1=13.31+0.8=14.11\text{mm}$$

$$\frac{p_c}{[\sigma]^t\varphi}=\frac{0.55}{116\times0.85}=0.00557,\ \alpha=30°$$

由 GB150 可知 $Q=1.39$，大端与筒体之间设置加强厚度为 t_r：

$$t_r=\frac{Qp_c D_i}{2[\sigma]^t\varphi-p_c}=13.61\text{mm}$$

$$t_d=t+C_2=13.61+2=15.61\text{mm}$$

$$t_n\geqslant t_d+C_1=13.31+0.8=16.41\text{mm}$$

椎体小端壁厚为 t：

$$t=\frac{p_c D_i}{2[\sigma]^t\varphi-p_c}\frac{1}{\cos\alpha}=6.46\text{mm}$$

$$t_d=t+C_2=6.46+2=8.46\text{mm}$$

$$t_n\geqslant t_d+C_1=8.46+0.8=9.62\text{mm}$$

【例题 2-12】

气压试验是采用气体对压力容器进行的耐压试验。由于结构或支承件(包括地基)负载能力的限制或不能向容器内充水或其他液体或不允许残留试验液体的压力容器，可采用气压试验。所用的气体应为干燥洁净的空气、氮气或其他惰性气体。气体温度对碳钢及低合金钢容器不应低于15℃。试验压力应为设计压力(新制造的)或最高工作压力(在用的容器)的1.15倍。升压过程应比液压试验更为谨慎。按规程逐级升E到规定值后保压10～30min。然后降至设计压力或工作压力时用肥皂液或其他检漏液检查无泄漏无异常变形为合格。

现有压力试验，测试圆筒的在爆破是裂口形态，测试壳体内径 D_{i} 为300mm，壳体厚度为0.2mm。(1)试应用无力矩理论，求解圆柱壳爆破时气体内压(壳体材料20R，其性能为 $\sigma_b=400\text{MPa}$，$\sigma_s=245\text{MPa}$)。(2)若封头与筒体厚度相同，分析球形封头、标准椭圆封头、是否都可以使用。

解：(1)由圆柱壳中的应力公式可知，在破坏时有：

$$\sigma_\theta=\frac{pD}{2\delta}\geqslant\sigma_{\mathrm{b}}$$

可得，破坏也是压力为：

中径：$D=\delta+D_i$

故有：$p\geqslant\dfrac{\sigma_{\mathrm{b}}2\delta}{D_{\mathrm{i}}+\delta}=0.533\text{MPa}$

(2)对于筒体的爆破试验，只要满足封头产生的最大应力小于筒体即可。

对于球形封头，任何位置的向应力都相等其值为：

$$\sigma_\varphi=\sigma_\theta=\frac{pD}{2\delta}$$

皆小于等于筒体的最大应力，可用。

对于标准椭圆封头，产生最大应应力的位置位于顶点处，其数值为：

$$\sigma_\varphi=\sigma_\theta=\frac{pD}{2\delta}$$

皆小于等于筒体的最大应力，可用。

要注意在标准椭圆封头的赤道位置，应力为压可能造成失稳。

第 3 章 厚壁圆筒的力学分析

3.1 厚壁问题

厚壁圆筒，即圆筒的外直径与内直径之比大于 1.2（$D_0/D_i>1.2$）。在工程实际中，承受高温高压，某些设备器壁厚度较大的容器都属于此类，例如，合成尿素、油类加氢及压水反应堆等工程中使用的容器。

与薄壁圆筒相比，承受压力和温度载荷作用时，厚壁圆筒所产生的应力具有如下特点：

①不仅有经向应力和周向应力，还应考虑经向应力，是三向应力状态。

②周向心力径向应力沿壁厚不是均匀分布，出现应力梯度。

③内外壁间的温差加大，产生的热应力相应增大，应考虑器壁中的热应力。

因此，厚壁圆筒与薄壁圆筒的应力分析方法不同。厚壁圆筒有单层式和组合式两大类。

3.2 厚壁圆筒的弹性应力分析

3.2.1 厚壁圆筒的空间轴对称问题

承受内压为 p_i、外压为 p_o 的厚壁圆柱形筒体，如图 3－1 所示的内半径为 R_i，外半径为 R_o。筒体的几何形状、载荷、支撑情况均对称于中心轴，这类问题称为空间轴对称问题。对于空间轴对称问题的分析，采用圆柱坐标系（r，θ，z），以厚壁圆筒的对称轴为 z 轴，所有的应力分量、应变分量和位移分量都将只是 r 和 z 的函数，不随 θ 而变。

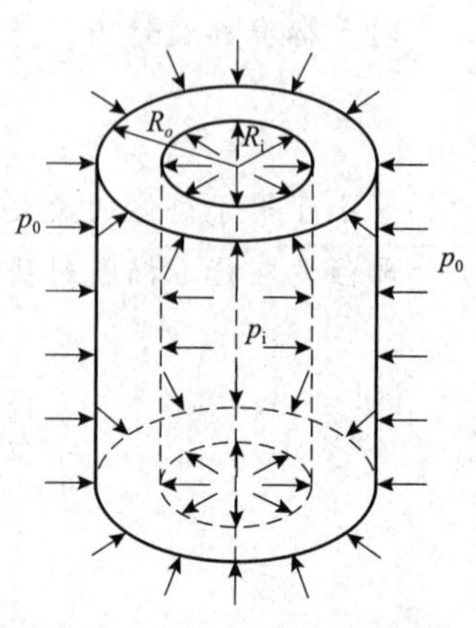

图 3－1 厚壁圆柱形容器

在圆柱坐标系中，厚壁圆筒内任意一点 P 的坐标位置，用该点坐标到坐标原点 O 的距离 r、z 及 r 方向与 x 轴之间的夹角来表示。在 P 点处用两个相距 dr 的两个同心圆柱面、互成 dθ 角的两个相邻纵截面及相距 dz 的两个水平面截取一个微小扇形六面体，如图 3－2 所示。

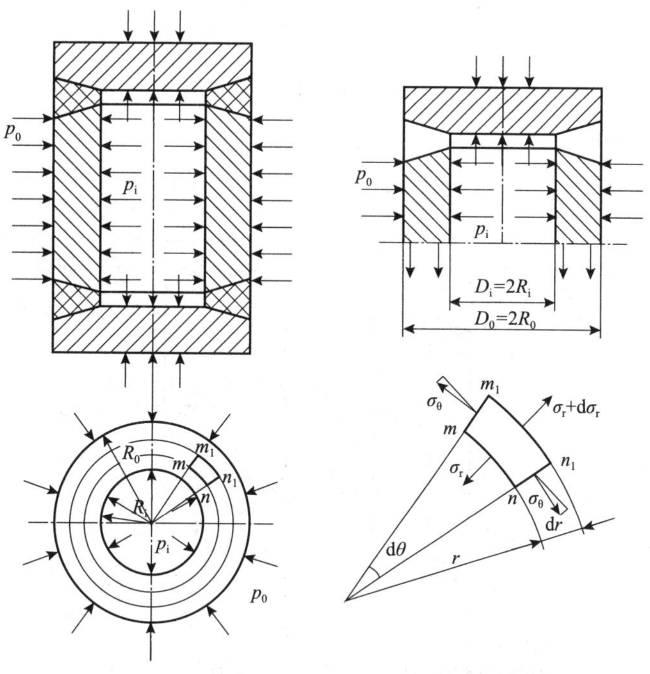

图 3－2 厚壁圆筒中的应力

(1) 平衡方程

微原体上受力情况如图 3－3 所示，微原体上沿 r、θ 和 z 方向作用的体力分量分别称为径向体力分环向体力分量和轴向体力分量，以 f_r、f_θ、f_z 表示。各个面上的应力沿 r 方向的正应力称为径向应力，以 σ_r 表示；沿 θ 方向的正应力称为环向应力或周向应力，以 σ_θ 表示；沿 z 方向的正应力称为轴向应力，以 σ_z 表示；切应力以 $\tau_{r\theta}$、$\tau_{z\theta}$、τ_{rz} 表示（根据切应力互等定理 $\tau_{\theta r}=\tau_{r\theta}$，$\tau_{\theta z}=\tau_{z\theta}$）。由于轴对称，$f_\theta=0$、$\tau_{r\theta}=0$、$\tau_{z\theta}=0$，于是 P 点处独立的应力分量只有 4 个，即 σ_r、σ_θ、σ_z、τ_{rz}。由这 4 个应力分量可完全可确定该点处的应力状态。各应力分量的正负号规定和在直角坐标系中的一样，即在正面上的应力分量以沿坐标轴正向为正，沿坐标轴负向为负；在负面上的应力分量以沿坐标轴负向为正，沿坐标轴正向为负。根据平衡条件，由于轴对称，沿 θ 方向微元体上力的平衡得到自动满足，只研究沿 r 和 z 方向上投影的平衡方程。

$\sum F_r=0$，则：

$$\left(\sigma_r+\frac{\partial\sigma_r}{\partial r}\mathrm{d}r\right)(r+\mathrm{d}r)\mathrm{d}\theta\mathrm{d}z-\sigma_r\mathrm{d}\theta\mathrm{d}z-2\sigma_\theta\mathrm{d}r\mathrm{d}z\sin\frac{\mathrm{d}\theta}{2}+\left(\tau_{zr}+\frac{\partial\tau_{zr}}{\partial z}\mathrm{d}z\right)r\mathrm{d}r\mathrm{d}\theta-\tau_{zr}r\mathrm{d}r\mathrm{d}\theta+f_r r\mathrm{d}r\mathrm{d}\theta\mathrm{d}z=0$$

$\sum F_z=0$，则：

$$\left(\sigma_z+\frac{\partial\sigma_z}{\partial z}\mathrm{d}z\right)r\mathrm{d}\theta\mathrm{d}r-\sigma_z r\mathrm{d}\theta\mathrm{d}r+\left(\tau_{rz}+\frac{\partial\tau_{rz}}{\partial r}\mathrm{d}r\right)(r+\mathrm{d}r)\mathrm{d}\theta\mathrm{d}z-\tau_{rz}r\mathrm{d}\theta\mathrm{d}z+f_z r\mathrm{d}r\mathrm{d}\theta\mathrm{d}z=0$$

因为 dθ 值很小，可取 $\sin(\mathrm{d}\theta/2)\approx\mathrm{d}\theta/2$，化简并略去高阶微量，得：

$$\begin{cases}\dfrac{\partial\sigma_r}{\partial r}+\dfrac{\partial\tau_{zr}}{\partial z}+\dfrac{\sigma_r-\sigma_\theta}{r}+f_r=0\\ \dfrac{\partial\sigma_z}{\partial z}+\dfrac{\partial\tau_{rz}}{\partial r}+\dfrac{\tau_{rz}}{r}+f_z=0\end{cases}\tag{3-1}$$

式(3－1)为空间轴对称问题的平衡微分方程，两个方程含有四个未知数 σ_r、σ_θ、σ_z、τ_{rz}，需要寻找补充方程。

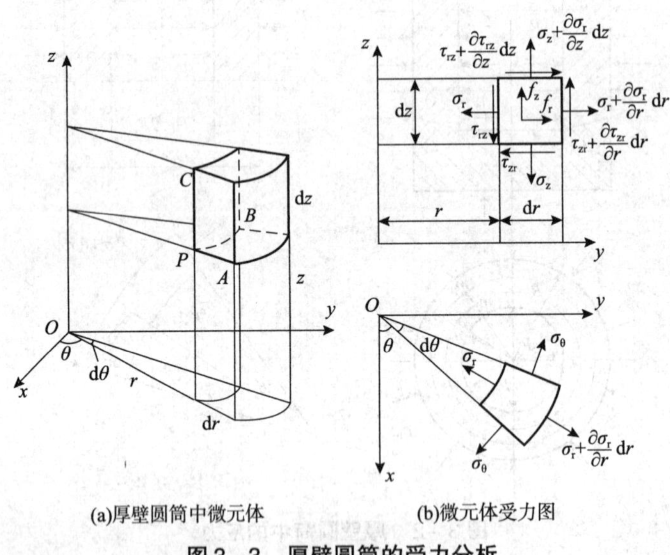

图 3－3　厚壁圆筒的受力分析

(2) 几何方程

由于轴对称，在 r—z 平面内既有线应变，又有切应变，而在其他两个平面内没有切应变，只有线应变。

在 r—z 平面内，沿 r 和 z 方向取微小长度 $PA=\mathrm{d}r$，$PC=\mathrm{d}z$ 假设变形后，P、A、C 分别移动到 $P'A'C'$。P 点移动到 P'点的位移分量为 u、ω，其中 u 为沿 r 方向的位移分量，ω 为沿 z 方向的位移分量；v 为沿 θ 方向的位移分量。A 点移动到 A'点的位移分量为 $u+\dfrac{\partial u}{\partial r}\mathrm{d}r$，$\omega+\dfrac{\partial\omega}{\partial r}\mathrm{d}r$；$C$ 点移动到 C'点的位移分量为 $u+\dfrac{\partial u}{\partial z}\mathrm{d}z$，$\omega+\dfrac{\partial\omega}{\partial z}\mathrm{d}z$；微元线段 PA 移动到 $P'A'$ 的转角为 β_1，PC 移动到 $P'A'$的转角为 β_2。如图 3－4(a)所示。

由几何变形关系，可求得线段 PA 的线变形 ε_r 为：

$$\varepsilon_r=\frac{P'A'-PA}{PA}=\frac{\left(\mathrm{d}r+u+\dfrac{\partial u}{\partial r}\mathrm{d}r-u\right)-\mathrm{d}r}{\mathrm{d}r}=\frac{\partial u}{\partial r}$$

线段 PC 的线变形 ε_z为：

$$\varepsilon_z=\frac{P'C'-PC}{PC}=\frac{\left(\mathrm{d}z+w+\dfrac{\partial w}{\partial z}\mathrm{d}z-w\right)-\mathrm{d}r}{\mathrm{d}z}=\frac{\partial w}{\partial z}$$

PA 和 PC 间的直角变化，即切应变 γ_{rz} 为：

$$\gamma_{rz}=\beta_1+\beta_2=\frac{\partial w}{\partial r}+\frac{\partial u}{\partial z}$$

在 r—θ 的平面内，沿 r 和 θ 方向取微元线段 $PA=\mathrm{d}r$，$PB=r\mathrm{d}\theta$，变形后，P、A、B 分别移动到 $P'A'$、B'。由于对称性 P 点和 B 点移动到点 P' 和点 B' 的位移分量均为 u，A 点移动到 A' 点的位移分量为 $u+\frac{\partial u}{\partial r}\mathrm{d}r$，如图 3－4b 所示，得：

$$\varepsilon_z=\frac{P'B'-PB}{PB'}=\frac{(r+u)\mathrm{d}\theta-r\mathrm{d}\theta}{r\mathrm{d}\theta}=\frac{u}{r}$$

由此，空间轴对称的几何方程为：

$$\begin{cases}\varepsilon_{\mathrm{r}}=\dfrac{\partial u}{\partial r}\\ \varepsilon_\theta=\dfrac{u}{r}\\ \varepsilon_z=\dfrac{\partial w}{\partial r}\\ \gamma_{zr}=\dfrac{\partial w}{\partial r}+\dfrac{\partial u}{\partial r}\end{cases}\tag{3-2}$$

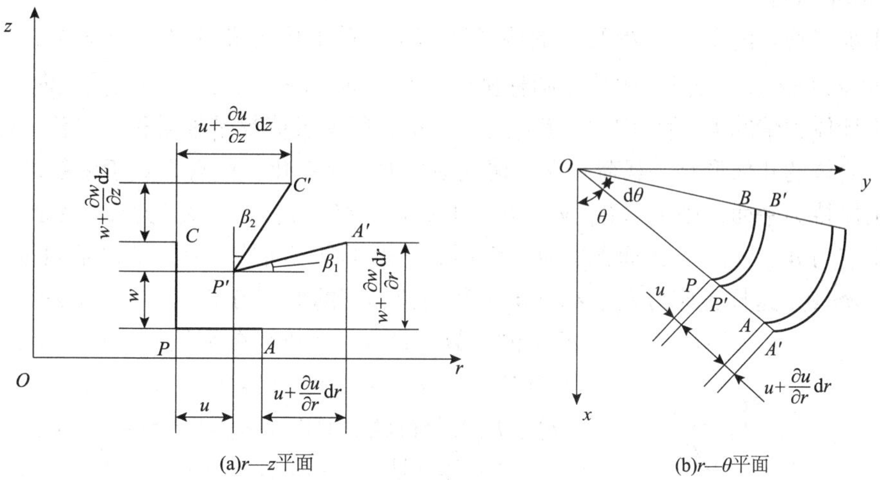

(a)r—z平面　　(b)r—θ平面

图 3－4　在圆柱坐标中的位移

(3)物理方程

根据广义胡克定律，微原体的应力应变必须满足下列关系：

$$\begin{cases}\varepsilon_r=\dfrac{1}{E}[\sigma_r-\mu(\sigma_\theta+\sigma_z)]\\ \varepsilon_\theta=\dfrac{1}{E}[\sigma_\theta-\mu(\sigma_r+\sigma_z)]\\ \varepsilon_z=\dfrac{1}{E}[\sigma_z-\mu(\sigma_r+\sigma_\theta)]\\ \gamma_{zr}=\dfrac{2(1+\mu)}{E}\tau_{zr}\end{cases}\tag{3-3}$$

或写成：

$$
\begin{cases}
\sigma_{r}=\dfrac{E}{1+\mu}(\varepsilon_{r}+\dfrac{\mu}{1-2\mu}e) \\
\sigma_{\theta}=\dfrac{E}{1+\mu}(\varepsilon_{\theta}+\dfrac{\mu}{1-2\mu}e) \\
\sigma_{z}=\dfrac{E}{1+\mu}(\varepsilon_{z}+\dfrac{\mu}{1-2\mu}e) \\
\tau_{zr}=\dfrac{E}{2(1+\mu)}\gamma_{zr}
\end{cases}
\tag{3-4}
$$

式中，$e=\varepsilon_{r}+\varepsilon_{\theta}+\varepsilon_{z}$为体变形。

综上所述，空间轴对称问题共10个基本方程，2个平衡方程，4个几何方程和4个物理方程，求解10个未知数，即4个应力分量σ_r、σ_θ、σ_z、τ_{rz}，4个应变分量ε_r、ε_θ、ε_z、γ_{zr}和2个位移分量u、ω。

3.2.2 承受均匀内、外压厚壁圆筒轴对称问题

(1)基本方程

对于承受均匀内压P_{i}、外压P_{o}的厚壁圆筒，圆筒的内径和外半径分别为R_i、R_o，任意点的半径为r。以轴线为z轴建立圆柱坐标，其坐标为(r, θ, z)，圆筒受三向应力作用。

在不计体力情况下，由于厚壁筒的几何形状和所受载荷都是轴对称，且沿z轴方向保持不变，筒体的几何形状、载荷、支承情况沿z轴没有变化，所有垂直于轴线的横截面在变形后仍保持为平面，则$\tau_{zr}=0$，$\gamma_{zr}=0$，即u只决定于r，ω只决定于z。因此在单元体上只有正应力σ_r、σ_θ、σ_z，而无剪应力作用。又由于厚壁筒的约束通常也是轴对称的，故周向位移$v=0$。这样正应力σ_r、σ_θ、σ_z和径向位移u的值均与坐标θ和z无关，而只是坐标r的函数，且$\sigma_{z=}$常数。在圆柱坐标中，周向应σ_r和径向应力只是径向坐标r的函数，即$\sigma=\sigma(r, \theta, z)=\sigma(r)$。应力分析就是要确定$\sigma_\theta$和$\sigma_r$与之间的关系。

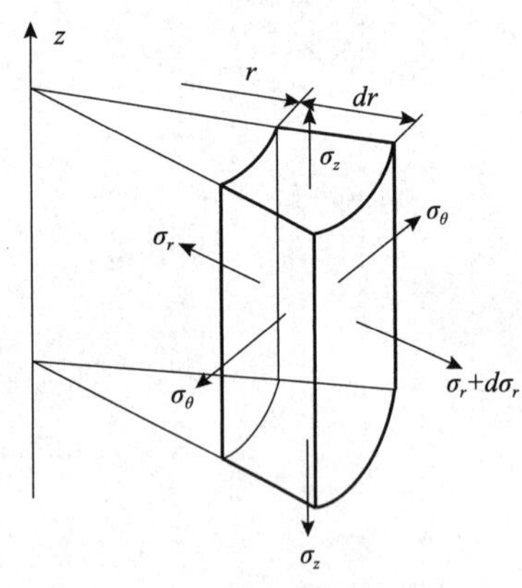

图3-5　微元体受力

微元体如图3-5所示，由r、$r+dr$，θ，$\theta+d\theta$、z、$z+dz$组成微元体。微元体各个面上的应力如下：在mm_1和nn_1面上的环向应力均为σ_θ；在半径为r的mn的面上，径向应力为σ_r；在半径为$r+\mathrm{d}r$的m_1n_1面上径向应力为$\sigma_r+d\sigma_r$。

平衡方程由微元体在半径r方向上的力平衡关系，即$\sum F_r=0$，得：

$$(\sigma_{r}+\mathrm{d}\sigma_{r})(r+\mathrm{d}r)\mathrm{d}\theta\mathrm{d}z-\sigma_{r}r\mathrm{d}\theta\mathrm{d}z-2\sigma_{\theta}\mathrm{d}r\sin\frac{\theta}{2}\mathrm{d}z=0$$

因$\mathrm{d}\theta$极小，故$\sin\dfrac{\mathrm{d}\theta}{2}\approx\dfrac{\mathrm{d}\theta}{2}$，再略去高阶分量$\mathrm{d}\sigma_r\mathrm{d}r$，上式可化简为

$$\sigma_{\theta}-\sigma_{r}=r\frac{\mathrm{d}\sigma_{r}}{\mathrm{d}r}$$

即：

$$\begin{cases}\dfrac{\mathrm{d}\sigma_r}{\mathrm{d}r}+\dfrac{\sigma_r-\sigma_\theta}{r}\\ \dfrac{\mathrm{d}\sigma_z}{\mathrm{d}z}=0\end{cases} \tag{3-5}$$

这就是微元体的平衡方程。式中有两个未知数，是无法求解的，所以还必须建立补充方程，这就得借助于几何方程和物理方程。

几何方程　几何方程就是微元体的位移与其应变之间的关系。由于结构和受力的对称性，横截面上各点只是在原来所在的半径上发生径向位移，即 $u\neq 0$，$v=\omega=0$。于是，微元体各面位移如图 3-6 所示。

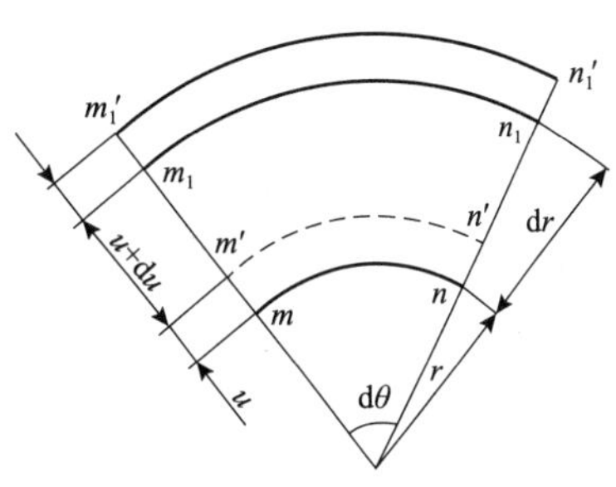

图 3-6　厚壁圆筒中微元体的位移

图中 mm_1n_1n 为变形前的位置，$m'm'_1n'_1n'$ 为变形后的位置。若半径为 r 的 mn 面之径向位移为 u，则半径为 $r+\mathrm{d}r$ 的 m_1n_1 面之径向位移为 $u+\mathrm{d}u$。根据应变的定义，可导出应变的表达式

径向应变：

$$\varepsilon_{\mathrm{r}}=\frac{(u+\mathrm{d}u)-u}{\mathrm{d}r}=\frac{\mathrm{d}u}{\mathrm{d}r} \tag{3-6}$$

周向应变：

$$\varepsilon_\theta=\frac{(r+u)\mathrm{d}-u}{\mathrm{d}r}=\frac{u}{r} \tag{3-7}$$

轴向应变：

$$\varepsilon_z=\frac{\mathrm{d}w}{\mathrm{d}z} \tag{3-8}$$

即为微元体的几何方程。它表明 ε_{r}、ε_θ 都是径向位移 u 的函数，因而二者是相互联系的。对式(3-7)求导并变换可得：

$$\frac{\mathrm{d}\varepsilon_\theta}{\mathrm{d}r}=\frac{1}{r}(\varepsilon_r-\varepsilon_\theta) \tag{3-9}$$

此方程称为应变表示的变形协调方程。它表明微元体的应变不能是任意的，而是相互联系的，也即必须满足上述变形协调方程。

物理方程按广义胡克定律，在弹性范围内，微原体的应力与应变关系必须满足下列关系：

$$\begin{cases}\varepsilon_r=\dfrac{1}{E}[\sigma_r-\mu(\sigma_\theta+\sigma_z)]\\ \varepsilon_\theta=\dfrac{1}{E}[\sigma_\theta-\mu(\sigma_r+\sigma_z)]\end{cases} \tag{3-10}$$

这就是物理方程。

由式(3-10)得：

$$\varepsilon_r-\varepsilon_\theta=\frac{1+\mu}{E}(\sigma_r-\sigma_\theta) \tag{3-11}$$

$$\frac{\mathrm{d}\varepsilon_\theta}{\mathrm{d}r}=\frac{1}{E}\left(\frac{\mathrm{d}\sigma_\theta}{\mathrm{d}r}-\mu\frac{\mathrm{d}\sigma_r}{\mathrm{d}r}\right) \tag{3-12}$$

将式(3-11)、式(3-12)带入式(3-9)，得：

$$\frac{d\sigma_\theta}{dr}-\mu\frac{d\sigma_r}{dr}=\frac{1+\mu}{r}(\sigma_r-\sigma_\theta) \tag{3-13}$$

此方程称为以应力表示的变形协调方程。

(2)厚壁圆筒基本方程解

厚壁圆筒的应力、应变和位移分量求解一般有两种：位移法和应力法。

1)应力法　应力法是以量作为基本未知量，必须满足以应力分量表示的平衡微分方程、变形协调方程及边界条件，才能保证物体是连续的，且解是唯一的。由此，变形协调方程是应力法求解的一组补充方程，仅在应力作为基本未知量求解时才需要用到它。求出应力分量后，可根据物理方程求出应变分量，再根据几何力程求得位移分量。

由以应力表示的变形协调方程得：

$$\frac{d\sigma_\theta}{dr}-\mu\frac{d\sigma_r}{dr}=\frac{1+\mu}{r}(\sigma_r-\sigma_\theta)$$

从式(3-5)中的第一式中求出 σ_θ 后，再代入式(3-13)，整理得：

$$r\frac{d^2\sigma_r}{dr^2}+3\frac{d\sigma_r}{dr}=0$$

设：
$$\frac{d\sigma_r}{dr}=y$$

所以：
$$\frac{dy}{dr}+\frac{3}{r}y=0$$

即是一个常系数非齐次线性方程。因为：

$$\frac{dy}{dr}+\frac{3}{r}y=0,\frac{dy}{3y}=-\frac{dy}{r},\int\frac{dy}{3y}=-\int\frac{dr}{r}$$

所以：
$$\ln y=-3\ln r+c$$

且：
$$\ln yr^3=c,\ yr^3=e^c$$

所以：
$$y=r^{-3}\cdot e^c$$

又因为：
$$\frac{d\sigma_r}{dr}=v$$

所以：
$$\int d\sigma_r=e^c\int r^{-3}\cdot dr+c'$$

所以 $\sigma_r=\frac{e^c r^{-2}}{-2}+c'$，即为 σ_r 的通解。

将代入式(3-5)的第一式，得 σ_θ。

解的基本型为：

$$\sigma_r=A-\frac{B}{r^2},\ \sigma_\theta=A+\frac{B}{r^2} \tag{3-14}$$

边界条件：当 $r=R_i$ 时，$\sigma_r=-P_i$；当 $r=R_o$ 时，$\sigma_r=-P_o$。将边界条件代入式(3-14)，解得积分常数A和B为：

$$A=\frac{p_iR_i^2-p_oR_o^2}{R_o^2-R_i^2}\qquad B=\frac{(p_i-p_o)R_i^2R_o^2}{R_o^2-R_i^2}$$

将A与B代入式(3-14)中，便可得到 σ_r 和 σ_θ 的表达式。即：

$$\text{周向应力：}\sigma_\theta = \frac{p_i R_i^2 - p_o R_o^2}{R_o^2 - R_i^2} + \frac{(p_i - p_o) R_i^2 R_o^2}{R_o^2 - R_i^2} \frac{1}{r^2}$$

$$\text{经向应力：}\sigma_r = \frac{p_i R_i^2 - p_o R_o^2}{R_o^2 - R_i^2} + \frac{(p_i - p_o) R_i^2 R_o^2}{R_o^2 - R_i^2} \frac{1}{r^2} \qquad (3-15)$$

$$\text{轴向应力：}\sigma_z = \frac{p_i R_i^2 - p_o R_o^2}{R_o^2 - R_i^2}$$

式(3－15)即 Lame 公式。

2)位移法　移法是以位移分量作为基本未知量，必须满足以位移分量表示的平衡微分方程及边界条件。由于用位移法求解时自然满足变形协调方程，所以此法不必应用变形协调方程式。求出位移分量后，可以根据几何方程求出应变分量，再根据物理方程求得应力分量。

将几何方程式(3－6)、式(3－7)、式(3－8)代入物理方程式中，得：

$$\begin{cases} \sigma_r = \dfrac{E}{1+\mu}\left(\varepsilon_r + \dfrac{\mu}{1-2\mu}e\right) \\ \sigma_\theta = \dfrac{E}{1+\mu}\left(\varepsilon_\theta + \dfrac{\mu}{1-2\mu}e\right) \\ \sigma_z = \dfrac{E}{1+\mu}\left(\varepsilon_z + \dfrac{\mu}{1-2\mu}e\right) \end{cases}$$

中，得出用位移分量表示的物理方程：

$$\begin{cases} \sigma_r = \dfrac{E}{1+\mu}\left(\dfrac{\mathrm{d}u}{\mathrm{d}r} + \dfrac{\mu}{1-2\mu}e\right) \\ \sigma_\theta = \dfrac{E}{1+\mu}\left(\dfrac{u}{r} + \dfrac{\mu}{1-2\mu}e\right) \\ \sigma_z = \dfrac{E}{1+\mu}\left(\dfrac{\mathrm{d}\omega}{\mathrm{d}z} + \dfrac{\mu}{1-2\mu}e\right) \end{cases} \qquad (3-16)$$

将式(3－16)代入平衡方程式(3－5)得：

$$\begin{cases} \dfrac{d^2u}{dr^2} + \dfrac{1}{r}\dfrac{du}{dr} - \dfrac{u}{r^2} = 0 \\ \dfrac{d^2\omega}{dz^2} = 0 \end{cases} \qquad (3-17)$$

式(3－17)为受均匀内、外压的厚壁圆筒的基本微分方程。式中第一式为欧拉型的二阶段线性齐次微分方程，它的通解为：

$$u = C_1 r + \frac{C_2}{r} \qquad (3-18)$$

式中，C_1、C_2为积分常数，将式(3－18)代入式(3－17)得到：

$$\begin{cases} \sigma_r = C_3 - \dfrac{C_4}{r^2} \\ \sigma_\theta = C_3 + \dfrac{C_4}{r^2} \\ \sigma_z = 2\mu C_3 + E\varepsilon_z \end{cases} \qquad (3-19)$$

式中：

$$
\begin{cases}
C_3 = \dfrac{p_i R_i^2 - p_o R_o^2}{R_o^2 - R_i^2} \\
C_4 = \dfrac{(p_i - p_o) R_i^2 R_o^2}{R_o^2 - R_i^2}
\end{cases}
\tag{3-20}
$$

式中，C_1、C_2为待定常数，由力边界条件确定；由式(3－17)中的第二式可知，$\varepsilon_z = \dfrac{d\omega}{dz} =$ 常量，取决于筒体的端部条件。

当厚壁圆筒同时承受均匀内压 P_i和均匀外压 P_0时，其边界条件为：

$$
\begin{cases}
r = R_i \sigma_r = -p_i \\
r = R_{o,} \sigma_r = -p_o
\end{cases}
$$

将边界条件代入式(3－19)，得：

$$
\begin{cases}
C_3 = \dfrac{p_i R_i^2 - p_o R_o^2}{R_o^2 - R_i^2} \\
C_4 = \dfrac{(p_i - p_o) R_i^2 R_o^2}{R_o^2 - R_i^2}
\end{cases}
$$

将值 C_3、C_4代入式(3－19)得：

$$
\sigma_r = \frac{p_i R_i^2 - p_o R_o^2}{R_o^2 - R_i^2} + \frac{(p_i - p_o) R_i^2 R_o^2}{R_o^2 - R_i^2} \frac{1}{r^2}
$$

$$
\sigma_\theta = \frac{p_i R_i^2 - p_o R_o^2}{R_o^2 - R_i^2} + \frac{(p_i - p_o) R_i^2 R_o^2}{R_o^2 - R_i^2} \frac{1}{r^2}
$$

此式亦即为拉美(Lame)方程。

(3)厚壁圆筒径向位移

轴向应力、轴向应变 ε_z 和径向位移分量 u，根据端部支撑条件不同，其方式也不同。

1)两端开口(不封闭)的筒体　轴向变形无约束，轴向应力为零，即：

$$
\sigma_z = 0 \tag{3-21}
$$

由式中(3－19)的第三式及式(3－20)，并代入 C_3、C_4值得

$$
\begin{cases}
\varepsilon_z = -\dfrac{2\mu}{E} C_3 = -\dfrac{2\mu}{E} \dfrac{R_i^2 p_i - R_o^2 p_o}{R_o^2 - R_i^2} \\
C_1 = \dfrac{1-\mu}{E} C_3 = \dfrac{1-\mu}{E} \dfrac{R_i^2 p_i - R_o^2 p_o}{R_o^2 - R_i^2} \\
C_2 = \dfrac{1+\mu}{E} C_4 = \dfrac{1+\mu}{E} \dfrac{(p_i - p_o) R_i^2 R_o^2}{R_o^2 - R_i^2}
\end{cases}
$$

将 C_1、C_2代入式(3－18)，得两端开口的厚壁圆筒的位移表达式：

$$
\mu = \frac{1-\mu}{E} \frac{(R_i^2 p_i - R_o^2 p_o) r}{R_o^2 - R_i^2} + \frac{1+\mu}{E} \frac{R_i^2 R_o^2 (p_i - p_o)}{(R_o^2 - R_i^2) r} \tag{3-22}
$$

此种情况属于平面应力。式(3－22)仅表示平面应力状态下的位移分量表达式。

2)两端封闭的筒体(筒体端部有端盖)　轴向应力由轴向平衡条件 $\sum F_z = 0$ 求得，所以：

$$\pi(R_o^2-R_i^2)\sigma_z=\pi R_i^2p_i-\pi R_o^2p_o$$

即：

$$\sigma_z=\frac{R_i^2p_i-R_o^2p_o}{R_o^2-R_i^2}=C_3 \tag{3-23}$$

由式(3－19)中的第三式和式(3－20)，并代入 C_1、C_2值，得：

$$\begin{cases}\varepsilon_z=\dfrac{1-2\mu}{E}C_3=\dfrac{1-2\mu}{E}\dfrac{R_i^2p_i-R_o^2p_o}{R_o^2-R_i^2}\\[2ex] C_1=\dfrac{1-2\mu}{E}C_3=\dfrac{1-2\mu}{E}\dfrac{R_i^2p_i-R_o^2p_o}{R_o^2-R_i^2}\\[2ex] C_2=\dfrac{1+\mu}{E}C_4=\dfrac{1+\mu}{E}\dfrac{R_i^2R_o^2(p_i-p_o)}{R_o^2-R_i^2}\end{cases}$$

将 C_1、C_2值代入式(3－18)，得两端封闭的厚壁圆筒位移表达式：

$$u=\frac{1-2\mu}{E}\frac{(R_i^2p_i-R_o^2p_o)r}{R_o^2-R_i^2}+\frac{1+\mu}{E}\frac{R_i^2R_o^2(p_i-p_o)}{(R_o^2-R_i^2)r} \tag{3-24}$$

两端封闭同时受轴向刚性约束的筒体(高压管道或厚壁圆筒无限长)轴向变形收到约束，轴向应力不为零，即：

$$\varepsilon_z=0$$

由式(3－19)中第三式及式(3－20)，代入 C_3、C_4值，得：

$$\sigma_z=2\mu C_3=2\mu\frac{R_i^2p_i-R_o^2p_o}{R_o^2-R_i^2}$$

$$\begin{cases}C_1=\dfrac{(1-2\mu)(1+\mu)}{E}C_3=\dfrac{(1-2\mu)(1+\mu)}{E}\dfrac{R_i^2p_i-R_o^2p_o}{R_o^2-R_i^2}\\[2ex] C_2=\dfrac{1+\mu}{E}C_4=\dfrac{1+\mu}{E}\dfrac{R_i^2R_o^2(p_i-p_o)}{(R_o^2-R_i^2)}\end{cases}$$

将 C_1、C_2值代入式(3－18)，得两端封闭且受轴向刚性约束的厚壁的位移表达式：

$$u=\frac{(1-2\mu)(1+\mu)}{E}\frac{(R_i^2p_i-R_o^2p_o)r}{R_o^2-R_i^2}+\frac{1+\mu}{E}\frac{R_i^2R_o^2(p_i-p_o)}{(R_o^2-R_i^2)r}$$

(4)厚壁圆筒弹性状态下的应力及位移计算公式

两端封闭厚壁圆筒受内压和外压作用，在不同的外压组合下其弹性状态下的应力及位移计算。

1)同时受内压和外压作用　厚壁圆筒同时作用内、外压($p_i\neq0$，$p_0=0$)时。

$$\begin{cases}\sigma_r=\dfrac{p_iR_i^2-p_oR_o^2}{R_0^2-R_i^2}+\dfrac{(p_i-p_o)R_i^2R_o^2}{(R_0^2-R_i^2)r^2}\\[2ex] \sigma_\theta=\dfrac{p_iR_i^2-p_oR_o^2}{R_0^2-R_i^2}+\dfrac{(p_i-p_o)R_i^2R_o^2}{(R_o^2-R_i^2)r^2}\\[2ex] \sigma_z=\dfrac{p_iR_i^2-p_oR_o^2}{R_o^2-R_i^2}\end{cases} \tag{3-25}$$

$$u=\frac{1-2\mu}{E}\frac{(R_i^2p_i-R_o^2p)_or}{R_0^2-R_i^2}+\frac{1+\mu}{E}\frac{R_i^2R_o^2(p_i-p_o)}{(R_o^2-R_i^2)r} \tag{3-26}$$

引入径比 K(外径与内径之比)则上式可写为：

$$\begin{cases}\sigma_r=\dfrac{1}{K^2-1}\left[p_i\left(1-\dfrac{R_o^2}{r^2}\right)-p_o\left(K^2-\dfrac{R_o^2}{r^2}\right)\right]\\ \sigma_\theta=\dfrac{1}{K^2-1}\left[p_i\left(1+\dfrac{R_o^2}{r^2}\right)-p_o\left(K^2+\dfrac{R_o^2}{r^2}\right)\right]\\ \sigma_z=\dfrac{1}{K^2-1}[p_i-K^2p_o]\end{cases} \tag{3-27}$$

$$u=\frac{p_i}{Er(K^2-1)}[(1-2\mu)(p_i-K^2p_o)r^2+(1+\mu)(p_i-p_o)R_o^2] \tag{3-28}$$

2)仅受内压作用　厚壁圆筒仅作用内压($p_i\neq0$, $p_0=0$)时。

$$\begin{cases}\sigma_r=\dfrac{p_i}{K^2-1}\left(1-\dfrac{R_o^2}{r^2}\right)\\ \sigma_\theta=\dfrac{p_i}{K^2-1}\left(1+\dfrac{R_o^2}{r^2}\right)\\ \sigma_z=\dfrac{p_i}{K^2-1}\end{cases} \tag{3-29}$$

$$u=\frac{p_i}{Er(K^2-1)}[(1-2\mu)r^2+(1+\mu)R_o^2] \tag{3-30}$$

3)仅受外压作用　厚壁圆筒仅作用外压($p_i\neq0$, $p_o=0$)时。

$$\begin{cases}\sigma_r=-\dfrac{p_o}{K^2-1}\left(K^2-\dfrac{R_o^2}{r^2}\right)\\ \sigma_\theta=-\dfrac{p_o}{K^2-1}\left(K^2+\dfrac{R_o^2}{r^2}\right)\\ \sigma_z=-\dfrac{p_o}{K^2-1}K^2\end{cases} \tag{3-31}$$

$$u=-\frac{p_0}{Er(K^2-1)}[(1-2\mu)K^2r^2+(1+\mu)R_0^2] \tag{3-32}$$

应力分量沿筒壁厚度的分布如图3－7所示。

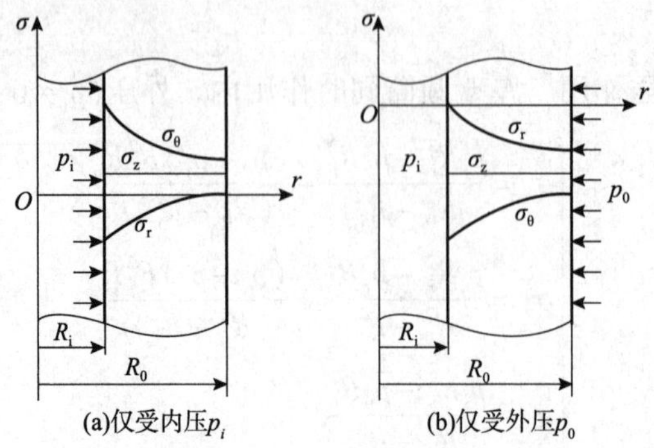

图3－7　承受均匀压力的厚壁圆筒弹性应力分布

(5) 内压厚壁圆筒应力状态讨论

①周向应力 σ_θ 及轴向应力 σ_z 均为拉应力(正值)，径向应力 σ_r 为压应力(负值)。在数值上有如下规律内壁周向应力 σ_θ 有最大值，而在外壁处减至最小，内、外壁 σ_θ 之差为 p_i；径向应力内壁处为 p_i，随着 r 增加，径向应力绝对值逐渐减小，在外壁处 $\sigma_r=0$。

②轴向应力为一常量，沿壁厚均匀分布，且为周向应力和的一半。

③除 σ_z 外，其他应力沿厚度的不均匀程度与径比 K 值有关。以 σ_θ 为例，K 值越大不均匀程度越严重，当内壁材料开始出现屈服时，外壁材料尚未达到屈服，因此筒体材料强度不能得到充分的利用。当 K 值趋近于 1 时，该容器为薄壁容器，其应力沿厚度接近于均匀分布。$K=1.1$ 时，内外壁应力只相差 10%，而当 $K=1.3$ 时，内外壁应力差则达 35%。由此可见，在 $K=1.1$ 时采用薄壁应力公式进行计算，其结果与精确值相差不会很大。当 $K=1.3$ 时，若仍用薄壁应力公式计算，误差就比较大。所以工程上一般规定 $K=1.1\sim1.2$ 作为区别厚壁与薄壁容器的界限。

3.3 厚壁圆筒的弹塑性应力分析

随着压力的增加，厚壁圆筒的应力不断增加，当应力分量的组合达到某一值时，则由弹性变形状态进入塑性变形状态，即在厚壁圆筒的截面上将出现塑性变形，并从内壁开始形成塑性区。而且随着压力的继续增加，塑性区不断扩大，弹性区相应的不断减小，直至整个厚壁圆筒的截面全部进入塑性状态为止。由于材料的硬化现象，在达到筒体内壁屈服后，承载能力仍能继续提高，但同时筒体变形程度逐渐加大，筒壁因而减薄，直至最后发生爆破。由此可知，厚壁圆筒在承受逐渐增加压力的过程中，经历了弹性阶段、筒体部分屈服阶段、材料硬化、筒体过度变形，直至爆破失效阶段。

3.3.1 强度理论

弹性失效设计准则将容器总体部位的初始屈服视为失效，对于韧性材料，在单向拉伸应力伊作用下，屈服失效判据的数学表达式为：

$$\sigma=\sigma_s$$

①最大拉应力理论(第一强度理论)。用最大拉应力 σ_1 来代替 σ，即为最大拉应力准则：

$$\sigma_1\leqslant[\sigma]^t$$

第一强度理论适用于脆性材料。

②第二强度理论为最大应变理论，由于实验结果差别很大，一般不采用。

③最大切应力理论(第三强度理论)。Tresca(特雷斯卡)屈服失效 $\tau_{max}=\dfrac{1}{2}\sigma_s$ 判据又称为最大或第三强度理论。这一判据认为材料屈服的条件是最大切应力达到某个极限值，其数学表达式为：

$$\tau_{max}=\frac{1}{2}(\sigma_1-\sigma_3)\leqslant[\tau]^t$$

相应的设计准则为：

$$\sigma_1 - \sigma_3 \leqslant [\sigma]^t$$

第三强度理论适用于塑性材料。

④最大剪切变形能理论(第四强度理论)。Mises(米赛斯)屈服失效 $\tau_{max} = \frac{\sigma_s}{\sqrt{3}}$ 判据又称为形状改变比能屈服失效判据或第四强度理论。这一判据认为引起材料屈服的是与应力偏量有关的形状改变比能，其数学表达式为：

$$\sqrt{\frac{1}{2}[(\sigma_1 - \sigma_2)^2 + (\sigma_2 - \sigma_3)^2 + (\sigma_1 - \sigma_3)^2]} = \sigma_s$$

相应的设计准则：

$$\sqrt{\frac{1}{2}[(\sigma_1 - \sigma_2)^2 + (\sigma_2 - \sigma_3)^2 + (\sigma_1 - \sigma_3)^2]} \leqslant [\sigma]^t$$

第四强度理论运用于塑性材料。

3.3.2 厚壁圆筒的弹塑分析

假设厚壁圆筒为理想弹塑性体，不考虑材料在塑性变形过程中塑性强化，简体仅受内压 p_i 作用，简体的内半径为 R_i，外半径为 R_o。

(1)弹性极限分析

当简体仅受内压 p_i 作用，且压力 p_i 较小时，简体处于弹性状态，其弹性应力分量表达式由式(3-29)给出：

$$\sigma_r = \frac{p_i R_i^2}{R_o^2 - R_i^2}\left(1 - \frac{R_o^2}{r^2}\right)$$

$$\sigma_\theta = \frac{p_i R_i^2}{R_o^2 - R_i^2}\left(1 + \frac{R_o^2}{r^2}\right)$$

$$\sigma_z = \frac{p_i R_i^2}{R_o^2 - R_i^2}$$

由上式可知，在内压作用下，弹性应力沿壁厚分布 $\sigma_\theta > \sigma_z > \sigma_r$，且 $\sigma_r < 0$，$\sigma_z = \frac{1}{2}(\sigma_\theta + \sigma_r)$ 当内压达到简体的某一极限压力 $p_i = p_e$ 时，简体的内壁首先开始屈服。假设简体材料屈服时应力符合 Tresca 屈服条件：

$$\sigma_\theta|_{r=R_i} - \sigma_r|_{r=R_i} = \sigma_s$$

将应力值代入，得：

$$p_e = \frac{\sigma_s}{2}\left(1 - \frac{R_i^2}{R_o^2}\right) \tag{3-33}$$

式中，p_e 为壁厚圆筒内壁刚进入屈服时所对应的压力，称为弹性极限压力。

(2)弹塑性应力分析

当 $p_i > p_e$ 时，圆筒内壁屈服去向外扩展，简体沿壁厚形成两个不同区域，外侧为弹性区，内侧为塑性区。设简体弹塑性区交界面为一与圆筒同心的圆筒面，界面圆筒的半径为 R_c。

弹塑性应力分析要研究两个问题：一是内压力 p_i 与所对应的弹塑性区交界圆柱面半径

R_c的关系；二是塑性区与弹性区的应力分布。

假想从厚壁圆筒上远离边缘处的区域截取一筒节，沿 R_c处将弹性区与塑性区分开，并代之以相应的力，如图 3－8 所示。设弹塑性区交界面上的压力为 p_c，塑性区为一圆柱形筒，内、外半径分别为 R_i和 R_c，承受内、外压力分别为 p_i 和 p_c；弹性区亦为一圆柱形筒，内、外半径分别为 R_c和 R_o，承受内压力为 p_c。

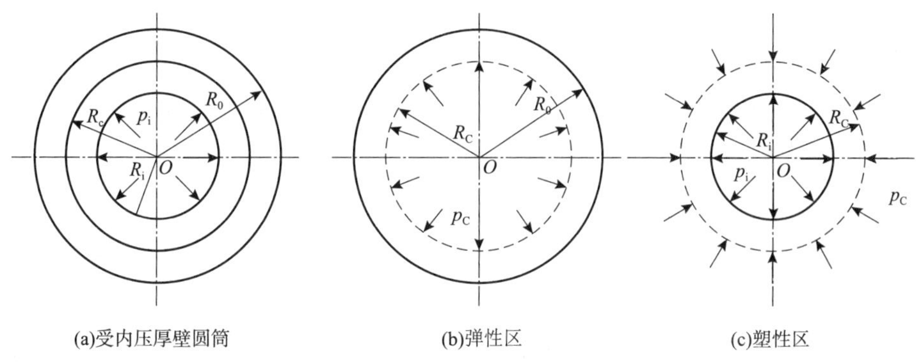

(a)受内压厚壁圆筒　　(b)弹性区　　(c)塑性区

图 3－8　厚壁圆筒弹塑性区域

1）塑性区（$R_i \leqslant r \leqslant R_c$）（$R_i$）

材料处于塑性状态时，筒壁微元体的平衡微分方程仍然成立，由式(3－5)得：

$$\frac{d\sigma_r}{dr} + \frac{\sigma_r - \sigma_\theta}{r} = 0$$

设材料塑性变形时应力符合 Tresca 屈服条件$\sigma_\theta - \sigma_r = \sigma_s$，代入上式，得：

$$\frac{d\sigma_r}{dr} = \frac{\sigma_s}{r}$$

积分上式为：

$$\sigma_r = \sigma_{s\ln r} + A \tag{3-34}$$

式中，A 为积分常数，由边界条件确定。

$$r = R_i \qquad \sigma_r = -p_i$$

$$r = R_c \qquad \sigma_r = -p_c$$

由第一个边界条件代入式(3－34)，求出 A，再代入 Tresea 屈服条件和$\sigma_z = (\sigma_\theta + \sigma_r)/2$，可得到塑性区各应力分量的表达式：

$$\begin{cases} \sigma_r = \sigma_s \ln \dfrac{r}{R_i} - p_i \\ \sigma_\theta = \sigma_s \left(1 + \ln \dfrac{r}{R_i}\right) - p_i \\ \sigma_z = \sigma_s \left(0.5 + \ln \dfrac{r}{R_i}\right) - p_i \end{cases} \tag{3-35a}$$

由第二个边界条件代入式(3－35a)中的第一式，可得到弹塑性区交界面压力为：

$$p_c = -\sigma_s \ln \frac{R_c}{R_i} + p_i \tag{3-36}$$

筒壁材料塑性变形符合 Mises 屈服条件，则式(3－35a)可以写成：

$$\begin{cases}\sigma_r = \dfrac{2\sigma_s}{\sqrt{3}}\ln\dfrac{r}{R_i} - p_i \\ \sigma_\theta = \dfrac{2\sigma_s}{\sqrt{3}}(1+\ln\dfrac{r}{R_i}) - p_i \\ \sigma_z = \dfrac{2\sigma_s}{\sqrt{3}}(1+2\ln\dfrac{r}{R_i}) - p_i\end{cases} \tag{3-35b}$$

2）弹性区（$R_c \leqslant r \leqslant R_o$）

弹性区内壁面为弹塑性区交界面，即弹性区内壁面呈塑性状态。设$K_c = R_o / R_c$，由弹性区内壁画处应力表达式，得：

$$\begin{cases}(\sigma_r)_{r=R_c} = -p_c \\ (\sigma_\theta)_{r=R_c} = p_c\left(\dfrac{K_c^2+1}{K_c^2-1}\right) \\ (\sigma_z)_{r=R_c} = \dfrac{-p_c}{K_c^2-1}\end{cases} \tag{3-37}$$

弹性区内壁面开始屈服时，若应力符合 Tresca 屈服条件：

$$(\sigma_\theta)_{r=R_c} - (\sigma_r)_{r=R_c} = \sigma_s$$

将式（3-37）各代入得：

$$p_c = \frac{\sigma_s}{2}\frac{R_o^2 - R_c^2}{R_o^2} \tag{3-38}$$

在押塑性区交界面σ_r处连续，即由式（3-36）和式（3-38）求得的P_c应为同一数值，由此可求出内压力P_i与所对应的塑性区圆柱面半径R_c间的关系为：

$$p_i = \sigma_s\left(0.5 - \frac{R_c^2}{2R_i^2} + \ln\frac{R_c}{2R_i}\right) \tag{3-39a}$$

由上式可知，给定内压力P_i后可唯一确定R_c；或给定R_c后也可唯一确定P_i。由于上式为一超越方程，在给定P_i后，可用数值方法求出R_c。

将式（3-39a）代入拉美公式，可得弹性区各应力分量表达式：

$$\begin{cases}\sigma_r = \dfrac{\sigma_s K_c^2}{2\ K_0^2}\left(1 - \dfrac{K_0^2}{r^2}\right) \\ \sigma_\theta = \dfrac{\sigma_s K_c^2}{2\ K_0^2}\left(1 + \dfrac{K_0^2}{r^2}\right) \\ \sigma_z = \dfrac{\sigma_s K_c^2}{2\ K_0^2}\end{cases} \tag{3-40a}$$

若按 Mises 屈服条件，内压力P_i与所对应的塑性区圆柱面半径R_c间的关系及弹性区各应力量表达式为：

$$p_i = \frac{\sigma_s}{\sqrt{3}}(1 - \frac{R_c^2}{R_c^2} + 2\ln\frac{R_c}{2R_i}) \tag{3-39b}$$

而：

$$\begin{cases}\sigma_r = \dfrac{\sigma_s R_c^2}{\sqrt{3}R_o^2}\left(1 - \dfrac{R_o^2}{r_o^2}\right) \\ \sigma_\theta = \dfrac{\sigma_s R_c^2}{\sqrt{3}R_o^2}\left(1 + \dfrac{R_o^2}{r_o^2}\right) \\ \sigma_z = \dfrac{\sigma_s R_c^2}{\sqrt{3}R_o^2}\end{cases} \tag{3-40b}$$

弹塑性区应力分布，如图 3 -9 所示。

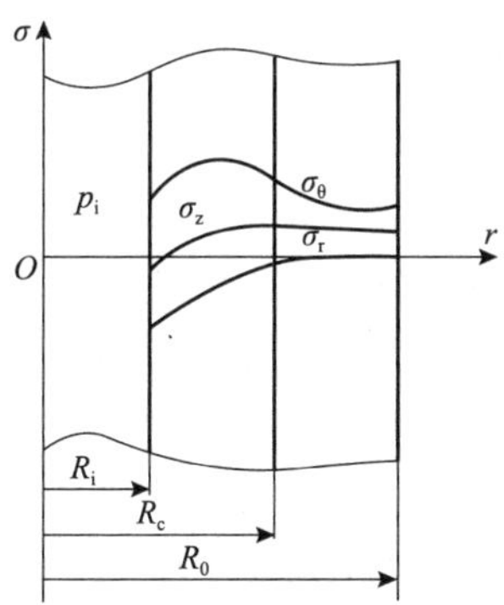

图 3 -9　弹塑性区应力分布

(3)塑性极限分析

由弹塑性分析可知，当压力 p 不断增加时，塑性区不断扩大，弹性区不断缩小。当压力增加到某一值时，塑性区扩展到整个筒体，即$R_c = R_o$时，筒体全部进入塑性状态。对于理想塑性材料，若不计材料的强化，筒体将产生无约束的塑性变形，将不能承受内压的作用。这种状态称为塑性极限压力，以P_s表示。

由式(3 -39)、式(3 -35)，令$R_c = R_o$，$P_i = P_s$可求得全屈服状态下的塑性极限压力的表达式及应力分量表达式。

按 Tresca 屈服条件：

$$p_s = \sigma_s \ln \frac{R_i}{R_o} \tag{3-41a}$$

$$\begin{cases}\sigma_r = \sigma_s \ln \dfrac{r}{R_o} \\ \sigma_\theta = \sigma_s \left(1 + \ln \dfrac{r}{R_o}\right) \\ \sigma_z = \sigma_s \left(0.5 + \ln \dfrac{r}{R_o}\right)\end{cases} \tag{3-42a}$$

按 Mises 屈服条件：

$$p_c = \frac{2}{\sqrt{3}}\sigma_s \ln \frac{R_i}{R_o} \tag{3-41b}$$

$$
\begin{cases}
\sigma_r = \dfrac{2}{\sqrt{3}}\sigma_s \ln \dfrac{r}{R_o} \\
\sigma_\theta = \dfrac{2}{\sqrt{3}}\sigma_s \left(1 + \ln \dfrac{r}{R_o}\right) \\
\sigma_z = \dfrac{2}{\sqrt{3}}\sigma_s \left(0.5 + \ln \dfrac{r}{R_o}\right)
\end{cases}
\tag{3-42b}
$$

(4)厚壁圆筒的自增强

由拉美方程可知，随着压力的提高，无限制地增加厚壁会使筒壁上应力更趋于不均。除了采用组合圆筒能使筒壁压力均匀化外，自增强处理亦是提高厚壁圆筒弹性承载能力的有效方法。

自增强处理是指筒体在使用之前进行加压处理，其压力超过内壁发生屈服的压力(初始屈服压力)使筒体内壁附近沿一定厚度产生塑性变形，形成内层塑性区，而筒体外壁附近仍处于弹性状态，形成外层弹性区。当压力卸除后，筒体内层塑性区将有残余变形存在，而外层弹性区受到内层塑性区残余变形的阻挡而不能完全恢复，结果使内层塑性区受到外层弹性区的压缩而产生残余压力，而外层弹性区由于收缩受到阻挡而产生残余拉应力。即经自增强处理后的厚壁圆筒，产生内层受压，外层受拉的预应。当筒体承受工作压力后，由工作压力产生的拉应力和筒体的应力叠加，结果使内层压力降低，外层压力有所提高，沿壁厚向的压力分布均匀化，弹性操作范围扩大。这种利用筒体自身层材料的弹性收缩力来产生预应力，以提高筒体的弹性承载能的方法称为自增强。

工程实践例题与简解

【例题 3 -1】

间歇式烧结炉是一种用于完成粉末压坯烧结过程的设备如图 3 -10 所示，烧结时需要对烧结温度、保护气氛、压坯传送方式、加热和冷却速度等进行精确的控制。

图 3 -10　间歇式烧结炉

这种炉子是按一定时间间隔，进行开炉、压坯进炉、烧结及烧结零件出炉的工作循环。其优点是可以进行各种各样的特殊烧结、用气量小、可达到连续式烧结炉不可能达到的高温，易应用真空等。因此它适合于摩擦片、高速钢、不锈钢等特殊的粉末冶金零件烧结。常用的间歇式烧结炉有钟罩炉和真空炉等。

现有一高压烧结炉内径 $D_0=600\text{mm}$，壁厚 $\delta=72\text{mm}$，最大工作压力 $P=35\text{MPa}$，求炉内壁面三向应力。

解：桶体内壁三向应力，内壁面 $r=R_\text{i}$，则：

$$\sigma_\text{r}=\frac{p_\text{i}R_\text{i}^2-p_0R_0^2}{R_0^2-R_\text{i}^2}-\frac{(p_\text{i}-p_0)R_\text{i}^2R_0^2}{R_0^2-R_\text{i}^2}\cdot\frac{1}{r^2}$$

$$=100.1-65.1=35\text{MPa}$$

$$\sigma_\theta=\frac{p_\text{i}R_\text{i}^2-p_\text{o}R_\text{o}^2}{R_\text{o}^2-R_\text{i}^2}+\frac{(p_\text{i}-p_\text{o})R_\text{i}^2R_\text{o}^2}{R_\text{o}^2-R_\text{i}^2}\cdot\frac{1}{r^2}$$

$$=100.1+65.1=165.1\text{MPa}$$

$$\sigma_r=\frac{3(3+\mu)PR^2}{8\quad\delta^2}\left(1-\frac{r^2}{R^2}\right)=100\text{MPa}$$

【例题3－2】

求解【例题3－1】烧结炉中外壁面三向应力。

解：对于外面，则有 $r=R$

$$\sigma_r=\frac{p_\text{i}R_\text{i}^2-p_0R_0^2}{R_0^2-R_\text{i}^2}-\frac{(p_\text{i}-p_0)R_\text{i}^2R_0^2}{R_0^2-R_\text{i}^2}\cdot\frac{1}{R_0^2}=0$$

$$\sigma_\theta=\frac{p_\text{i}R_\text{i}^2-p_\text{o}R_\text{o}^2}{R_\text{o}^2-R_\text{i}^2}+\frac{(p_\text{i}-p_\text{o})R_\text{i}^2}{R_\text{o}^2-R_i^2}=2\times100.1=200.2\text{MPa}$$

$$\sigma_z=\frac{p_\text{i}R_\text{i}^2-p_\text{o}R_\text{o}^2}{R_\text{o}^2-R_\text{i}^2}=100.1\text{MPa}$$

以上两例3－1、3－2中，可以看出内壁面的 σ_θ 即为操作压力。而外壁面的压力 σ_r 为0，也就是为常压，内部 σ_θ 要小于外部的 σ_θ，因为局部变形的挤压原因，而 σ_z 不会半径r随变而变化。

【例题3－3】

求解【例题3－1】烧结炉炉壁中 $R/r=1.1$ 处的应力大小。

解：位于筒体的 $R/r=1.1$，即 $r=R/1.1=3.72/1.1=338.2$

故有：

$$\sigma_r=\frac{p_\text{i}R_\text{i}^2-p_0R_0^2}{R_0^2-R_\text{i}^2}-\frac{(p_\text{i}-p_0)R_\text{i}^2R_0^2}{R_0^2-R_\text{i}^2}\cdot\frac{1}{R_0^2}=100.1-78.8=21.3\text{MPa}$$

$$\sigma_\theta=\frac{p_\text{i}R_\text{i}^2-p_\text{o}R_\text{o}^2}{R_\text{o}^2-R_\text{i}^2}+\frac{(p_\text{i}-p_\text{o})R_\text{i}^2R_\text{o}^2}{R_\text{o}^2-R_\text{i}^2}\cdot\frac{1}{r^2}=178.9\text{MPa}$$

$$\sigma_\text{z}=\frac{p_\text{i}R_\text{i}^2-p_\text{o}R_\text{o}^2}{R_\text{o}^2-R_\text{i}^2}=100.1\text{MPa}$$

【例题3－4】

求解在【例题3－1】状态下筒体的绝对与相对变形量(设采材为Q345)。

解：直径比为 $\text{D}_0/\text{D}_1=744/600=1.24$，材料为Q345，则 $E=208\text{GPa}$，$\mu=0.3$；则有，$r=R_0$

$$u=\frac{p_i}{Er(K^2-1)}[(1-2\mu)r^2+(1+\mu)R_0^2]$$

$$u=\frac{35}{2.08\times10^5\times372\times(1.24^2-1)}[(1-0.6)+374^2]$$

$$=0.2\text{mm}$$

其相对变形量为 0.2/744 = 0.27%

【例题 3 - 5】

图 3 - 11　夹套式反应釜

夹套式换热器是间壁式换热器的一种如图 3 - 11 所示，内部结构如图 3 - 12 所示在容器外壁安装夹套制成，结构简单；但其加热面受容器壁面限制，传热系数也不高。为提高传热系数且使釜内液体受热均匀，可在釜内安装搅拌器．当夹套中通入冷却水或无相变的加热剂时，亦可在夹套中设置螺旋隔板或其他增加湍动的措施，以提高夹套一侧的给热系数。为补充传热面的不足，也可在釜内部安装蛇管。夹套式换热器广泛用于反应过程的加热和冷却。

现有反应釜夹套内采用 320℃饱和蒸汽，内径 500mm，壁厚 50mm，采用 Q345R，内压为常压，试求外壁内壁的周向应力与变形量。

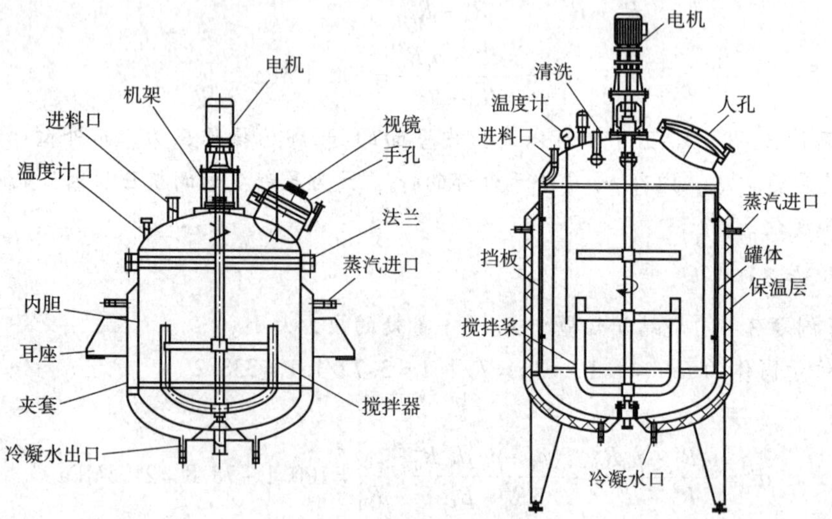

图 3 - 12　夹套式反应釜结构

解：320℃饱和蒸汽压力为 10MPa，Q345，320℃，则 $E=208\text{GPa}$，$\mu=0.3$.

$$k=2\sigma+\frac{D_i}{p_i}=\frac{600}{500}=1.2$$

$$\sigma_{\theta_1}=-\frac{10}{1.2^2-1}\left(1.2^2+\frac{300^2}{250^2}\right)=-65.5\text{MPa}$$

则外壁 $r=R=600/2=300\text{mm}$

$$\sigma_{\theta_2}=-\frac{p_0}{k^2-1}\left(k^2+\frac{R_0^2}{r^2}\right)=-55.5\text{MPa}$$

以上可知对弹性体壁厚容器中内壁的应力要大于外壁，而与$(R/r)^2$成正比关系。

【例题3-6】

求【例题3-5】中的向内的绝对变形量与相对变形量。

解：绝对变形量为：

$$u=\frac{p_i}{ER_i(K^2-1)}[(1-2\mu)r^2+(1+\mu)R_0^2]$$

由于容器受压，故变形向方向向内，故变形最大位置为$r=R_i=250\text{mm}$

$$u=\frac{p_o}{ER_i(K^2-1)}[(1-2\mu)k^2R_i{}^2+(1+\mu)R_o^2]=0.082\text{mm}$$

相对变形量为：0.082/500=0.16%

【例题3-7】

尝试计算【例题3-1】与【例题3-5】中容器的弹性极限压力。

解：

1)【例题3-1】中材料为Q345，温度为常温，故：

$\sigma_s=275\text{MPa}$

$R_0=744$

$R_i=600$

则有：

$$p_e=\frac{\sigma_c}{2}\left[1-\frac{R_i^2}{R_o^2}\right]=26.6\text{MPa}$$

2)【例题3-5】中材料为Q345温度为320℃壁厚为50mm以GB150.2附B可查：

$\sigma_s=185\text{MPa}$

$R_i=250\text{mm}$

$R_0=300\text{mm}$

则有$p_e=28.3\text{MPa}$

【例题3-8】

在现代工业中，高压管道应用很广，高压管道如图3-13、图3-14所示。许多化工生产工艺已采用10~100MPa的高压，目前比较重要的有合成氨生产、尿素生产、甲醇生产以及石油加氢裂化等。连接高压化工生产装置的管道，是高压化工生产工艺系统中的重要组成部分，在整个装置中所占比重也很大。通常所说的高压管道是指压力为10~100MPa的流体介质管道，压力超过100MPa的管道称为超高压管道。高压管道的特点为直径小，壁厚大，压力高。

有一高压管道外径$D_0=80\text{mm}$，内径$D_i=40\text{mm}$，最高压力$P_1=120\text{MPa}$，材料采用Q345，求圆筒的绝对位移。

图3－13　高压长输送管道

图3－14　高压管件

解：可以为长管支持(两端点加强)绝对位移 $R_0 = \mathrm{r}$：

$$u = \frac{1-\mu}{E}\frac{R_i^2 p_i - R_o^2 p_o}{R_i^2 - R_o^2} + \frac{1+\mu}{E}\frac{R_i^2 R_o^2 (p_i - p_o)}{(R_o^2 - R_i^2)R_o}$$

$$= 0.0010712\mathrm{mm}$$

【例题3－9】

图3－15　厚壁球罐胎体

高压厚壁球罐是现代低温储存工业的主要部分如图3－15所示，通常在容器直径较小，焊接操作空间受限，焊工无法从壳体内部进行清根焊接。即使通过制定合理的制造工艺方案和焊接方法，高压厚壁球形容器的焊接制造也极为困难，所以通常采用爆破成形等利用压力形变的方法进行加工。

尝试分析厚壁圆球经历弹性与弹塑性状态．最后进入塑性极限状的态应力分量与位移分量。

厚壁圆球的内半径为 a，外半径为 b，材料为理想弹塑性的，拉伸屈服极限在内压 p_1. 与外压 p_2 的作用下，随着 $(p_1 - p_2)$ 的增加，圆球经历弹性与弹塑性状态，最后进入塑性极限状态。

解：在坐标系中，考虑到球对称性，位移分量中仅有径向位移，并且所有分量仅是 r 的函数。

平衡方程：

$$\frac{\mathrm{d}\sigma_r}{\mathrm{d}r} + \frac{2}{r}(\sigma_r - \sigma_\theta) = 0$$

几何方程：

$$\varepsilon_r = \frac{\mathrm{d}u}{\mathrm{d}r},\quad \varepsilon_\theta = \varepsilon_\varphi = \frac{u}{r}$$

物理方程：

$$\varepsilon_r = \frac{1}{E}(\sigma_r - 2\mu\sigma_\theta)$$

$$\varepsilon_\theta = \frac{1}{E}[(1-\mu)\sigma_\theta - \mu\sigma_r]$$

应力分量：

$$\sigma_r=\frac{p_1a^3-p_2b^3}{b^3-a^3}-\frac{1}{r^3}\frac{(p_1-p_2)a^3b^3}{b^3-a^3}$$

$$\sigma_\theta=\sigma_\varphi=\frac{p_1a^3-p_2b^3}{b^3-a^3}+\frac{1}{2r^3}\frac{(p_1-p_2)a^3b^3}{b^3-a^3}$$

【例题 3－10】

高压反应釜(磁力高压反应釜)如图 3－16 所示，内部结构如图 3－17 所示。高压反应釜是磁力传动装置应用于反应设备的典型创新，它从根本上解决了以前填料密封、机械密封无法克服的轴封泄漏问题，无任何泄漏和污染，是国内目前进行高温、高压下的化学反应最为理想的装置，特别是进行易燃、易爆、有毒介质的化学反应，更加显示出它的优越性。

高压反应釜，内径 $D_1=\phi800$，外径为 D_0。$D_i/D_0=0.8$，任意壁厚为 r，内压 $P_i=40\text{MPa}$，$P_0=20\text{MPa}$ 求问各部分应力，应变及位移。($E=2\times10^{-5}\text{MPa}$，$\mu=0.3$)

图3－16 高压磁力反应釜

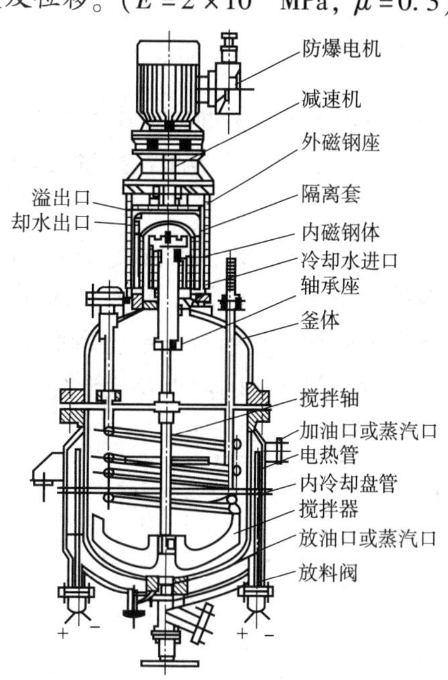

图 3－17 高压磁力反应釜结构

解：因 $D_i/D_0\leqslant0.8$ 故为厚壁容器：

$$K=\frac{R_0}{R_i}=1.25\ 有\ \sigma_r=0$$

此时有：

$$\sigma_\theta=P_i\frac{2}{K^2-1}=40\times\frac{2}{1.25^2-1}=142\text{MPa}$$

$$\sigma_Z=P_0\frac{2}{K^2-1}=71\text{MPa}$$

$$\varepsilon_\theta=\frac{\sigma_\theta-\mu(\sigma_r-\sigma_z)}{E}=\frac{142-0.3\times(-71)}{2.0\times10^5}=81.7\times10^{-5}$$

$$w=\varepsilon_\theta R_0=81.7\times10^{-5}\times500=0.41\text{mm}$$

第 4 章

薄板理论

薄板是指板的厚度 δ 与板面的最小尺寸 b 的比值 $\delta/b \leqslant 1/5$ 的板，对于圆形薄板是指板的厚度 δ 与其直径 D 之比。而当平板挠度 ω 与厚度 δ 之比，即 $\omega/\delta \leqslant 1/5$ 时，认为是小挠度板，且轴对称。

平板理论主要是研究在外力作用下平板中的应力与变形。过程设备中常用的平板构件多属于受轴对称载荷的小挠度圆形薄板。现分析小挠度薄板的轴对称问题。

圆平板承受横向载荷作用时，产生弯曲变形，它的内力为剪力 Q_r 及弯矩(M_r，M_θ)。当载荷均匀分布时，圆平板的内力及变形都对称于 z 轴(见图 4－1)。

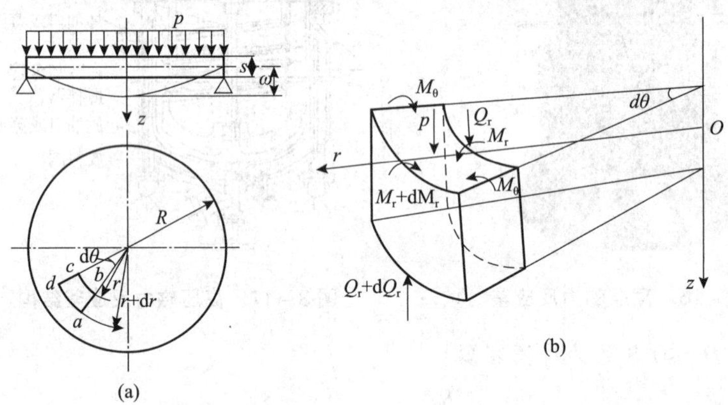

图 4－1　受均布载荷的圆平板

为分析应力和变形，从图 4－1(a)所示的圆平板上沿板的全厚切取图 4－1(b)所示微元 $abcd$。微元 $abcd$ 上的内力也示于图 4－1(b)中。取极坐标(r，θ，z)，对于轴对称圆板 $\tau_{r\theta}=\tau_{\theta r}=0$，$\tau_{\theta z}=\tau_{z\theta}=0$，故在单元体径向截面上只作用周向应力 σ_θ，在周向截面上只作用径向正应力 σ_r 和法向剪应力 τ_{rz}、σ_r、σ_θ 沿板厚直线对称分布，故没有内力，只有 M_r、M_θ。横剪力 τ_{rz}沿板厚为抛物线分布，并合成为 Q_r。

分析圆平板中微元体的受力和变形，建立力的平衡方程、几何方程和物理方程，并将三者加以综合，即可得到求解内力分量的微分方程。因为在微分方程中，是以圆平板中面的垂直位移(挠度)作为未知函数的，故又称为位移微分方程。

4.1 基本假设

①中性面假设。认为挠度比较小，板的中面为中性面(既不伸长也不缩短)。中面内各点沿中面的法线方向产生位移 ω，而没有产生平行于板面的位移，即 $(u)_{z=0}=0$。又由于轴对称，则 $v=0$。

②直法线假设。变形前垂直于中面的法线，在变形后仍为直线，并且垂直于变形后的中面。对于轴对称圆板，$\tau_{\theta z}=\tau_{z\theta}=0$。此假设相当于 τ_{zr} 很小(但不为零)。故它对变形的影响可忽略不计，即 $\tau_{zr}=0$。

③不挤压假设。平行于中面的各层纤维之间互不挤压，即 $\sigma_z=0$。

④厚度不变假设。在轴对称板中面同一法线上各点的挠度 ω 相当，对该点位移相等，即 $\varepsilon_z=0$。

4.2 薄板理论三大方程

4.2.1 平衡方程

单元体上相应作用着单位长度上的径向弯矩 M_r、周向弯矩 M_θ，以及由 τ_{rz} 合成的单位长度上的剪力 Q_r。根据微元体受力及平衡条件，再略去高阶小量可得到平衡方程。

(1)Z 方向的力平衡($\sum F_z = 0$)

如图 4－1(b)所示：

$$(Q_r+\mathrm{d}Q_r)\cdot(r+\mathrm{d}r)\mathrm{d}\theta-Q_r\cdot r\mathrm{d}\theta-P\cdot r\cdot\mathrm{d}\theta\cdot\mathrm{d}r=0$$

$$Q_r\cdot r+Q_r\mathrm{d}r+r\cdot\mathrm{d}Q_r+\mathrm{d}Q_r\mathrm{d}r-Q_r\cdot r-P\cdot r\mathrm{d}r=0$$

略去高阶小量可得：

$$Q_r\mathrm{d}r+r\mathrm{d}Q_r=P\cdot r\mathrm{d}r$$

$$\mathrm{d}(Q_r\cdot r)=P\cdot r\mathrm{d}r$$

$$Q_r=\frac{1}{r}\int_0^r P\cdot r\mathrm{d}r \tag{4-1a}$$

$$\frac{\mathrm{d}(Q_r\cdot r)}{\mathrm{d}r}=P\cdot r$$

(2)沿 z 轴的力矩平衡($\sum M_\tau = 0$)

平板单元体如图 4－2 所示，力矩量矢量符合右手定则。

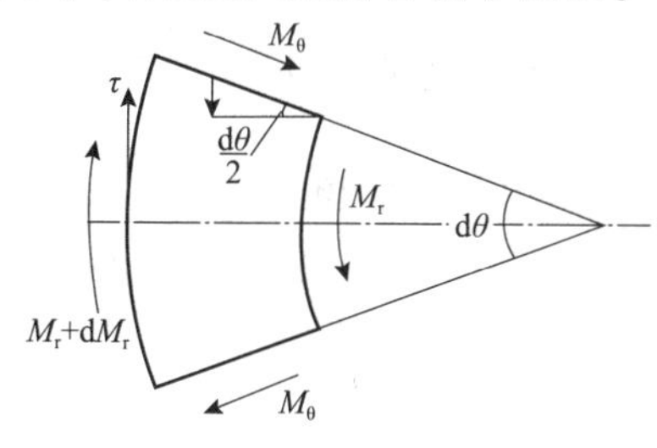

图 4－2 平板单元体

$$(M_r+\mathrm{d}M_r)\cdot(r+\mathrm{d}r)\mathrm{d}\theta-M_r r\mathrm{d}\theta-2M_\theta\mathrm{d}r\cdot\sin\frac{\mathrm{d}\theta}{2}-Q_r\cdot r\cdot\mathrm{d}\theta\mathrm{d}r-P\cdot r\mathrm{d}\theta\cdot\mathrm{d}r\cdot\left(\frac{\mathrm{d}r}{2}\right)=0$$

$$M_r\cdot r+M_r\cdot\mathrm{d}r+r\cdot\mathrm{d}M_r+\mathrm{d}M_r\cdot\mathrm{d}r-M_r\cdot r-M_\theta\cdot\mathrm{d}r-Q_r\cdot r\cdot\mathrm{d}r-P\cdot r\ (\mathrm{d}r)^2=0$$

略去高阶小量可得：

$$M_r\mathrm{d}r+r\cdot\mathrm{d}M_r-M_\theta\mathrm{d}r-Q_r\cdot r\mathrm{d}r=0$$

$$r\frac{\mathrm{d}M_r}{\mathrm{d}r}+(M_r-M_\theta)+Q_r\cdot r=0 \tag{4-1b}$$

4.2.2 几何方程

平板在横向载荷作用下 $u=0$，$v=0$，产生横向位移(挠度)ω。设平板各点的径向应变为 ε_r，环向应变为 ε_θ。当平板较薄时，可以认为平板中性面的法线变形后仍保持直法线且长度不变。并注意到小变形假设($w\ll s$)。

(1) 中面弯曲

取一微小元素，如图4-3所示，根据假设，中面内各点不产生平行于板面的位移，故 A，B 点只沿中面的法线方向分别移至 A' 和 B'，AB 变成了曲线 $A'B'$。

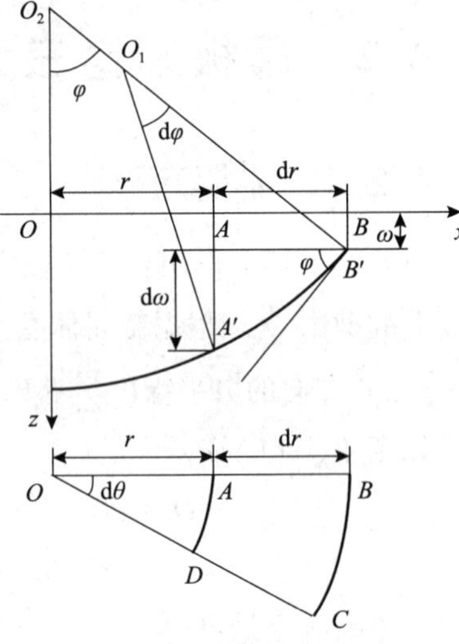

图4-3　平板微元变形

在 A' 点 $\varphi=-\frac{\mathrm{d}\omega}{\mathrm{d}r}$，又因为 $A'B'\approx AB=\mathrm{d}r$，所以 A' 点径向曲率半径($A'O_1$)为：

$$r_1=\frac{\mathrm{d}r}{\mathrm{d}\varphi}=\left(-\frac{\mathrm{d}^2\omega}{\mathrm{d}r^2}\right)^{-1}$$

其曲率为：

$$k_1=\frac{1}{r_1}=\frac{\mathrm{d}\varphi}{\mathrm{d}r}=-\frac{\mathrm{d}^2\omega}{\mathrm{d}r^2}$$

又因为 $\varphi\to 0$，则 $\varphi\approx\sin\varphi=\frac{r}{r_2}$，$r_2=\frac{r}{\varphi}$

周向曲率：

$$k_2=\frac{1}{r_2}=\frac{\varphi}{r}=-\frac{1}{r}\frac{\mathrm{d}\omega}{\mathrm{d}r}$$

(2) 圆板上任一点的应变

圆板上任一点的 z 面应变，如图4-4所示。

①径向变形

$$\varepsilon_r=\frac{A'B'-AB}{AB}=\frac{(\rho+z)\mathrm{d}\varphi-\rho\mathrm{d}\varphi}{r_1\mathrm{d}\varphi}$$

$$=\frac{(\rho+z)\mathrm{d}\varphi-\rho\mathrm{d}\varphi}{\mathrm{d}r}=z\frac{\mathrm{d}\varphi}{\mathrm{d}r}$$

②周向变形(以 B 点为研究对象)研究对象

$$\varepsilon_\theta=\frac{2\pi(r+\Delta r)-2\pi r}{2\pi r}=\frac{\Delta r}{r}$$

又因为：

$$\Delta r=z\cdot\varphi$$

所以：

$$\varepsilon_\theta = z \cdot \frac{\varphi}{r}$$

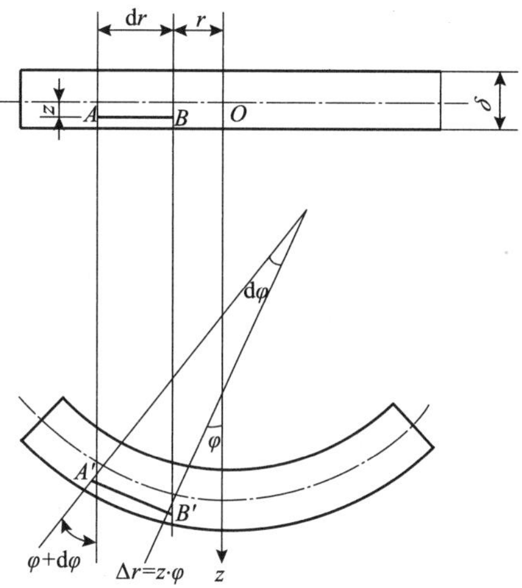

图 4-4 圆平板对称弯曲的变形关系

综上得 ε_r、ε_θ 关系式，即变形协调条件：

$$\begin{cases} \varepsilon_r = -z\dfrac{\mathrm{d}^2 w}{\mathrm{d}r^2} \\ \varepsilon_\theta = -\dfrac{z}{r}\dfrac{\mathrm{d}w}{\mathrm{d}r} \end{cases} \tag{4-2}$$

4.2.3 物理方程

根据广义胡克定律，利用几何方程(4-2)可得应力表达式：

$$\begin{cases} \sigma_r = \dfrac{E}{1-\mu^2}(\varepsilon_r + \mu\varepsilon_\theta) = -\dfrac{E}{1-\mu^2}\left(\dfrac{\mathrm{d}^2 w}{\mathrm{d}r^2} + \dfrac{\mu}{r}\dfrac{\mathrm{d}w}{\mathrm{d}r}\right)z \\ \sigma_\theta = \dfrac{E}{1-\mu^2}(\varepsilon_\theta + \mu\varepsilon_r) = -\dfrac{E}{1-\mu^2}\left(\dfrac{1}{r}\dfrac{\mathrm{d}w}{\mathrm{d}r} + \mu\dfrac{\mathrm{d}^2 w}{\mathrm{d}r^2}\right)z \end{cases} \tag{4-3}$$

根据正应力与弯矩的关系，如图 4-5 所示，可得：

$$\begin{cases} M_r = \displaystyle\int_{-\frac{s}{2}}^{\frac{s}{2}} \sigma_r z \mathrm{d}z = -D\left(\dfrac{\mathrm{d}^2 w}{\mathrm{d}r^2} + \dfrac{\mu}{r}\dfrac{\mathrm{d}w}{\mathrm{d}r}\right) \\ M_\theta = \displaystyle\int_{-\frac{s}{2}}^{\frac{s}{2}} \sigma_\theta z \mathrm{d}z = -D\left(\dfrac{1}{r}\dfrac{\mathrm{d}w}{\mathrm{d}r} + \mu\dfrac{\mathrm{d}^2 w}{\mathrm{d}r^2}\right) \end{cases} \tag{4-4}$$

式中，$D = \dfrac{E\delta^3}{12(1-\mu^2)}$是平板得抗弯刚度。

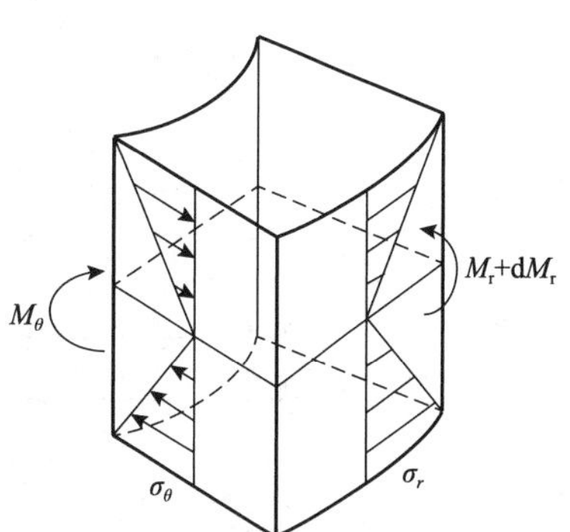

图 4-5 正应力与弯矩关系

4.2.4 挠度微分方程及其解

将式(4－4)代入式(4－1b)，并整理后得：

$$r\frac{\mathrm{d}}{\mathrm{d}r}\left[\frac{1}{r}\frac{\mathrm{d}}{\mathrm{d}r}\left(r\frac{\mathrm{d}w}{\mathrm{d}r}\right)\right]=\frac{Q_r r}{D} \tag{4-5a}$$

将式(4－5a)对 r 微分一次，且将式(4－1a)代入后得：

$$\frac{1}{r}\frac{\mathrm{d}}{\mathrm{d}r}\left\{r\frac{\mathrm{d}}{\mathrm{d}r}\left[\frac{1}{r}\frac{\mathrm{d}}{\mathrm{d}r}\left(r\frac{\mathrm{d}w}{\mathrm{d}r}\right)\right]\right\}=\frac{P}{D} \tag{4-5b}$$

式(4－5b)即为圆平板承受轴对称横向载荷时的挠度微分方程式。对此方程连续对 r 积分两次得到挠曲面在半径方向的斜率：

$$\frac{\mathrm{d}w}{\mathrm{d}r}=\frac{pr^3}{16D}+\frac{\mathrm{A}_1 r}{2}+\frac{\mathrm{A}_2}{r} \tag{4-6}$$

再积分一次，得到中面弯曲后挠度，即为此方程式的解：

$$w=\frac{pR^4}{64D}+\mathrm{A}_1\ln r+\mathrm{A}_2 r^2\ln r+\mathrm{A}_3 r^2+\mathrm{A}_4 \tag{4-7}$$

积分常数 A_1、A_2、A_3、A_4 可由圆平板的边界条件确定。

对于中心无孔的圆板，A_1 与 A_2 必须为0，否则中心处的挠度将成为无限值。故方程式(4－6)可写为：

$$w=\frac{pR^4}{64D}+\mathrm{A}_3 r^2-\mathrm{A}_4 \tag{4-8}$$

式中，A_3 与 A_4 可由实心圆板的支撑条件确定。下面结合两种常见的典型支撑情况，即周边简支圆板和周边固支圆板，说明确定积分常数的方法，并确定计算弯矩和应力公式。

(1)周边简支圆板

周边简支圆板的特点是只限制挠度面而不限制转角，故不存在径向弯矩，如图4－6所示。

$$(W)_{r=R}=0，(M_r)_{r=R}=0$$

$$\mathrm{A}_3=-\frac{3+\mu}{32(1+\mu)}\frac{pr^2}{D}$$

$$\mathrm{A}_4=\frac{5+\mu}{64(1+\mu)}\frac{pr^2}{D}$$

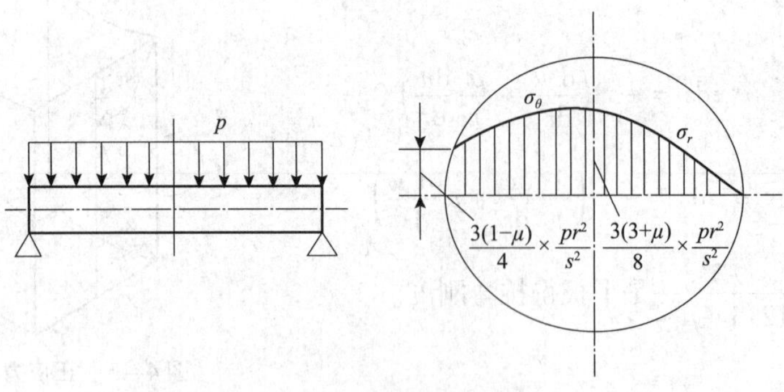

图4－6 周边简支圆板

将 A_3、A_4 代入式(4-6)，得周边简支圆板的挠度方程式：

$$w=\frac{p}{64D}(R^2-r^2)\left(\frac{5+\mu}{1+\mu}R^2-r^2\right)_y \tag{4-9}$$

最大挠度发生在圆板中心($r=0$)处，得：

$$w_{\max}=\frac{5+\mu}{64(1+\mu)}\frac{pR^4}{D}$$

将式(4-8)代入式(4-4)，得弯矩方程为

$$M_r=\frac{(3+\mu)pR^2}{16}\left(1-\frac{r^2}{R^2}\right)$$

$$M_\theta=\frac{pR^2}{16}\left[(3+\mu)-(1+3\mu)\frac{r^2}{R^2}\right] \tag{4-10}$$

又因为：$\sigma_r=\dfrac{12M_r}{\delta^3}Z$，$\sigma_\theta=\dfrac{12M_\theta}{\delta^3}Z$

故圆板上、下表面的径向应力及环向应力为：

$$\sigma'_r=\mp\frac{3(3+\mu)pR^2}{8\quad\delta^2}\left(1-\frac{r^2}{R^2}\right)$$

$$\sigma'_\theta=\mp\frac{3}{8}\frac{pR}{\delta^2}\left[(3+\mu)-(1+3\mu)\frac{r^2}{R^2}\right] \tag{4-11}$$

应力沿圆板半径的变化规律如图 4-6 所示。最大应力发生在圆板中心($r=0$)处。

$$\sigma'_{\max}=(\sigma'_r)_{r=0}=(\sigma'_\theta)_{r=0}=\mp\frac{3(3+\mu)pR^2}{8\quad\delta^2} \tag{4-12}$$

在周边处($r=R$)的应力为：

$$\sigma_r=0$$

$$\sigma_\theta=\mp\frac{3(2-2\mu)}{8}\cdot\frac{pR^2}{\delta^2}=\mp\frac{3(1-\mu)}{4}\cdot\frac{pR^2}{\delta^2}$$

(2)周边固支圆板

支承特点是：在支承处不允许有挠度和转角。

边界条件为：当 $r=R$，$\omega=0$，$\varphi=\dfrac{\mathrm{d}\omega}{\mathrm{d}r}=0$，即：

$$(\omega)_{r=R}=0,\ \left(\frac{\mathrm{d}\omega}{\mathrm{d}r}\right)_{r=R}=0$$

将式(4-7)代入边界条件，解得：

$$A_3=-\frac{pR^2}{32D},\ A_4=\frac{pR^4}{64D}$$

将 A_3，A_4 代入式(4-7)，经整理后得到周边固支的圆平板的挠度方程：

$$\omega=\frac{p}{64D}(R^2-r^2)^2 \tag{4-13}$$

最大挠度发生在中心($r=0$)处，其值为：

$$\omega_{\max}=\frac{pR^4}{64D}$$

将式(4-13)代入式(4-4)，得弯矩方程式：

$$M_r=\frac{pR^2}{16}\left[(1+\mu)-(3+\mu)\frac{r^2}{R^2}\right]$$
$$M_\theta=\frac{pR^2}{16}\left[(1+\mu)-(1+3\mu)\frac{r^2}{R^2}\right] \tag{4-14}$$

当 $r=0$ 时，

$$\frac{\mathrm{d}M_r}{\mathrm{d}r}=0$$
$$\frac{\mathrm{d}M_\theta}{\mathrm{d}r}=0$$

此时：

$$M_r=M_\theta=\frac{pR^2}{16}(1+\mu)$$

但边界上，$r=R$ 时，

$$(M_r)_{r=R}=-\frac{pR^2}{8}$$
$$(M_\theta)_{r=R}=-\mu\frac{pR^2}{8}$$

又因为 $\mu<1$，所以 $(M_r)_{r=R_{\max}}=-\frac{pR^2}{8}$。

因此，圆板上下表面的径向应力及环向应力分别为：

$$\sigma_r'=\pm\frac{6M_r}{\delta^2}=\frac{3}{8}\frac{pR^2}{\delta^2}\left[(1+\mu)-(3+\mu)\frac{r^2}{R^2}\right]$$
$$\sigma_\theta'=\pm\delta\frac{6M_\theta}{\delta^2}=\frac{3}{8}\frac{pR^2}{\delta^2}\left[(1+\mu)-(1+3\mu)\frac{r^2}{R^2}\right] \tag{4-15}$$

应力沿圆板半径的变化规律如图4－7所示。最大应力发生在圆板周边（$r=R$）处，其值为：

$$(\sigma_r)_{\max}=\mu\frac{3pR^2}{4\delta^2} \tag{4-16}$$

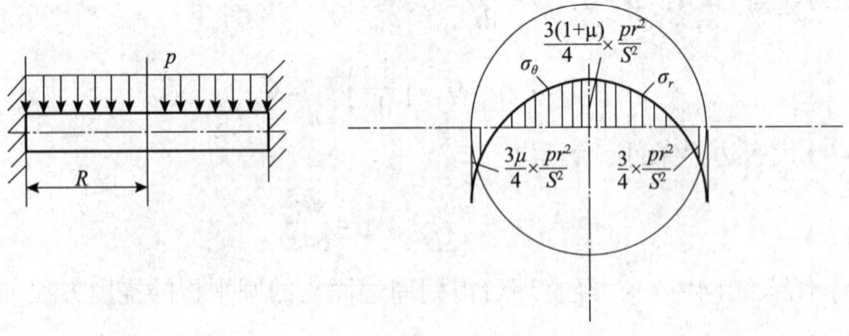

图4－7 周边固支圆板

在中心（$r=0$）处，径向应力 σ_r' 与环向应力 σ_θ' 相等为：

$$(\sigma'_r)_{r=0}=(\sigma'_\theta)_{r=0}=\pm\frac{3(1+\mu)}{8}\frac{pR^2}{\delta^2} \tag{4-17}$$

工程实践例题与简解

【例题 4 – 1】

盲板的正规名称叫法兰盖如图 4 – 8 所示，有的也叫做盲法兰或者管堵。它是中间不带孔的法兰，用于封堵管道口。所起到的功能和封头及管帽是一样的，只不过盲板密封是一种可拆卸的密封装置，而封头的密封是不准备再打开的。密封面的形式种类较多，有平面、凸面、凹凸面、榫槽面和环连接面。材质有碳钢、不锈钢、合金钢、铜、铝、PVC 及 PPR 等。

有一反应器人孔盲板简化如图 4 – 9，采用法兰型式半径 $R = 500\text{mm}$，板厚 $\sigma = 38\text{mm}$，反应器内压 $p = 3.0\text{MPa}$，材料采用 304L。试求最大应力。

图 4 – 8　人孔盲板

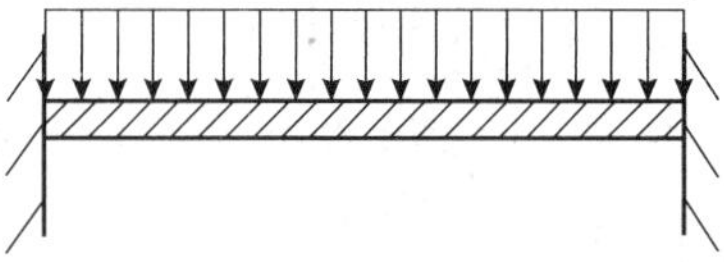

图 4 – 9　人孔盲板力学模型简化

解：304L 材料的弹性模量 $E = 2 \times 10^5 \text{MPa}$，$\mu = 0.3$

(1) 材料的 $\delta/b = 38/500 < \dfrac{1}{5}$，故以为薄板可以作用薄板理论进行分析，

(2) 盲板采用法兰型式固定可以认为是四周固定型式，故最大应力发生在圈板周边 $(r = R)$ 外，其值为：

$$(\sigma_r)_{\max} = \mu \cdot \frac{3PR^2}{4\delta^2} = 0.3 \times \frac{3 \times 3 \times 500^2}{4 \times 38^2} = 389.5\text{MPa}$$

【例题 4 – 2】

求解【例题 4 – 1】中盲板所能达到的最大挠度。

解：周边固支圈平板最大挠度发生在中心位置

其值为：$w_{\max} = \dfrac{PR^4}{64D} = \dfrac{3 \times 500^4}{64D}$（$D$ 为平板的抗弯刚度）

$$D = \frac{E\delta^3}{12(1 - u^2)} = \frac{2 \times 10^5 \times 38^3}{12(1 - 0.3^2)} = 1.005 \times 10^9$$

则 $w_{\max} = 2.915\text{mm}$

【例题 4 – 3】

盲板主要是用于将生产介质完全隔离，防止由于切断阀关闭不严，影响生产，甚至造成事故。盲板应设置在要求隔离的部位，如设备接管口处、切断阀前后或两个法兰之间，常推荐使用加持式盲板；为打压、吹扫等一次性使用的部位亦可使用。

现将【例题4－1】中盲板变为夹持式如图4－10所示，模型简化如图4－11，求解最大挠度与应力并进行对比。

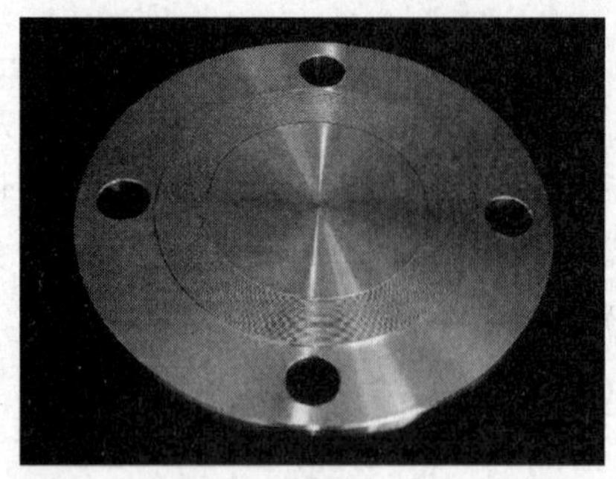

图4－10　夹持式盲板

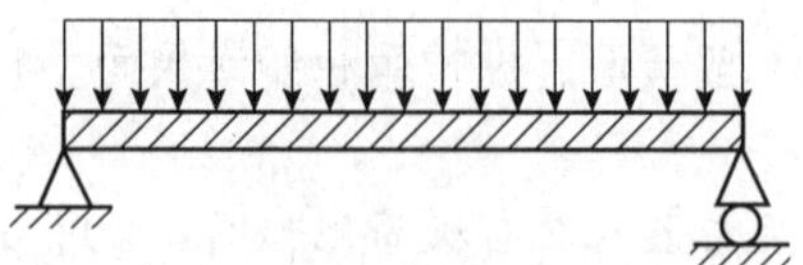

图4－11　夹持盲板力学模型简化

解：夹持式盲板其支持形式为四周简支，则最大应力发生处为圆板中心($r=0$)外：

$$\sigma_{\max}=\frac{3(3+\mu)PR^2}{8\quad\delta^2}=642.7\text{MPa}$$

最大挠度为：

$$w_{\max}=\frac{PR^4(5+\mu)}{64D(1+\mu)}=11.88\text{mm}$$

通过比较固支的挠度更小，简支时的挠度是固支时的4.07倍。

【例题4－4】

8字盲如图4－12所示，板起隔离、切断作用。由于其密封性能好，对于需要完全隔离的系统，一般都作为可靠的隔离手段。8字盲板形状像8字，一端是盲板，另一端是节流环，但直径与管道的管径相同，并不起节流作用。8字盲板使用方便，需要隔离时，使用盲板端，需要正常操作时，使用节流环端，同时也可用于填补管路上盲板的安装间隙。另一个特点就是标识明显，易于辨认安装状态。

现有管道8字盲板，管道外径$D_1=400$mm，拱段内部表压为690kPa，现要求板中压力不超过82MPa，试求封头厚度(材料为304)。

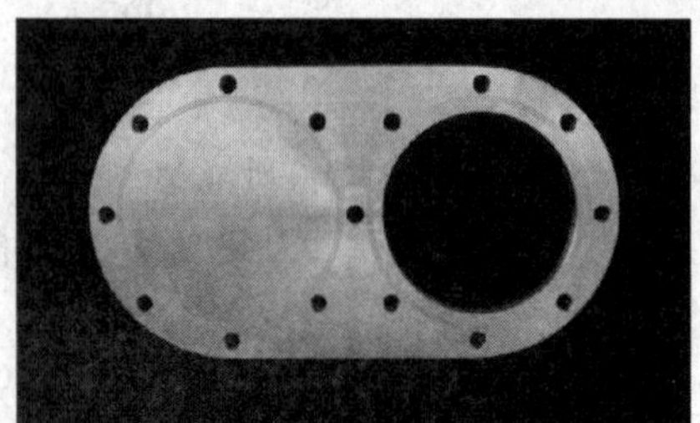

图4－12　8字盲板

解：304常温$E=200$GPa，$\mu=0.3$

8字盲板支持形式为固支的有：

$$\sigma_{\max}=\frac{3(3+\mu)}{8}\cdot\frac{PR^2}{\delta^2}，可得：$$

$$\delta = \sqrt{\frac{(3+\mu)\times 3\times PR^2}{8\sigma_{\max}}},\ \sigma_{\max}=82\text{MPa}$$

$$= \sqrt{\frac{3\times(3+0.3)\times 3\times 0.69\times 400^2}{8\times 82}} = 40.8\text{mm}$$

【例题4－5】

手孔是指用于人的手或工具伸入设备以便安装、检修或检查的开孔结构如图4－13、图4－14所示。手孔主要由短管、法兰和带把手的手孔盖组成。常用手孔的公称直径为60～250mm，手孔材料有碳钢和不锈钢。手孔按受压情况分为常压和受压手孔；按开启速度分为普通和快开式手孔。快开手孔用于经常开启场合并分常压、旋柄和回转盖手孔。

现有要求压力容器手孔中心挠度不得大于1mm，该手孔半径为30mm，周边固定，操作压力极值为3MPa，试求手孔孔平差封头厚度(材料为Q345R)。

图4－13 普通手孔

图4－14 快开手孔

解：Q345 常温$\mu=0.5$，$E=2.08\times10^5\text{MPa}$

固定支持有：

$$w_{\max}=\frac{5+\mu}{1+\mu}\cdot\frac{PR^4}{64D}$$

$$D=\frac{(5+\mu)\cdot PR^4}{(1+\mu)64w_{\max}}=\frac{(5+0.3)\times 3\times 30^4}{(1+0.3)\times 64\times 1}=154795.7\text{N/mm}$$

由$D=\dfrac{E\delta^3}{12(1-\mu^2)}$，得$\delta=\sqrt[3]{\dfrac{12(1-0.3^2)\cdot 154795.7}{2.08\times10^5}}=2.01\text{mm}$

故封头的最小厚度为2.01mm。

【例题4－6】

活塞式压缩机的机体如图4－15所示：包括汽缸体和曲轴箱两部分，一般采用高强度灰铸铁铸成一个整体。它是支承汽缸套、曲轴连杆机构及其他所有零部件重量并保证各零部件之间具有正确的相对位置的本体。汽缸采用汽缸套结构，安装在汽缸体上的缸套座孔中，便于当汽缸套磨损时维修或更换。因而结构简单，检修方便。

活塞式压缩机的汽缸的顶面平板可视为半径为R周边固定，其内压分布为$P=P_0\left(\dfrac{r}{R}\right)^2$。其中$P_0$为排气压力可认为常数，现求产生挠度。

图4－15 压缩机汽缸

解：由力的平衡条件可得：

$$Q_r = \frac{P}{2\pi r} = \frac{P_0 r^2}{R^2 2\pi r} = \frac{P_0 r}{2\pi R^2}$$

于是有：

$$\frac{\mathrm{d}}{\mathrm{d}r}\left[\frac{1}{r}\frac{\mathrm{d}}{\mathrm{d}r}\left(r\frac{\mathrm{d}w}{\mathrm{d}r}\right)\right] = \frac{P_0 r}{2\pi R^2 D}$$

两次积分得：

$$\frac{\mathrm{d}w}{\mathrm{d}r} = \frac{P_0}{2\pi R^2 D}\left(\frac{1}{6}r^3 + C_1 r + C_2\right)$$

在积分一次可得，并将边界线条 $w_{r=R}=0$，$(M_r)_{r=R}=0$

带入可得：

$$w = \frac{P_o R^4}{576D}\left[\left(\frac{r}{R}\right)^4 - 3\left(\frac{r}{R}\right)^2 + 2\right]$$

【例题4－7】

储槽(见图4－16)与储罐在功能上几乎一样，但是通常将常压或者敞口的储罐称之为储槽，包括钢衬塑立式储槽钢、塑复合立式储槽、龟甲衬里储槽。规格为1～180m^3。其中聚乙烯全塑储槽有立式(平底，锥底)、卧式；运输槽有汽车运输槽车、车厢运输槽；各类罐槽还可根据所需自行定制。一般全塑罐槽适用大小为1～100m^3。

现有敞口储槽内径 $D=1000$mm，高度 $H=3000$mm，内部存水，工作温度为常温，容积率为0.85，平槽为Q345，$\mu=0.5$，$E=2.08\times10^5$MPa，$\delta=10$mm。求储槽底部中心挠度及支座力。

解：储槽底部简化模型如图4－17所示，水是相当于受均匀载荷：

$$p=\rho gh=0.022\text{MPa}$$

$$D=\frac{E\delta^2}{12(1-\mu^2)}=9.38\times10^4\text{N}\cdot\text{mm}$$

$$w_1=\frac{P}{64D}(R^2-r^2)^2$$

在中心处，$r=0$，$W_1/_{r=0}=W_{max}=\dfrac{PR^4}{64D}=2.29$mm

$$\sigma_r = \frac{3(3+\mu)PR^2}{8\delta^2}\left(1-\frac{r^2}{R^2}\right)$$

$$\sigma_\theta = \frac{3}{\theta}\frac{PR^2}{\delta}\left[(3+\mu)-(1-3\mu)\frac{r^2}{R^2}\right]$$

$$(\sigma_r)_{r=0}, \ (\sigma_\theta)_{r=0} = \pm 41.29\text{MPa}$$

图 4－16　敞口储槽

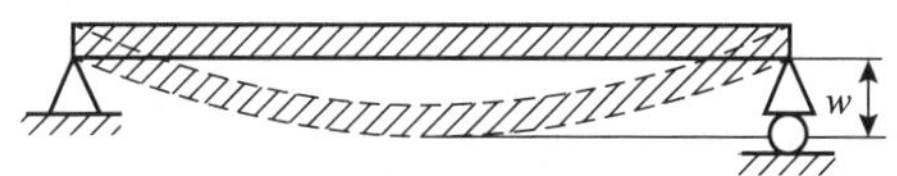

图 4－17　储槽底部简化模型

【例题 4－8】

固定管板换热器是一种换热器，主要由外壳、管板、管束、顶盖(又称封头)等部件构成结构如图 4－18 所示。固定管板式换热器的两端管板采用焊接方法与壳体连接固定。换热管可为光管或低翅管。其结构简单，制造成本低，能得到较小的壳体内径，管程可分成多样，壳程也可用纵向隔板分成多程，规格范围广，故在工程中广泛应用。

现有固定管板式换热器管板，试求换热器管板 σ_r，σ_θ 为 0 的位置。

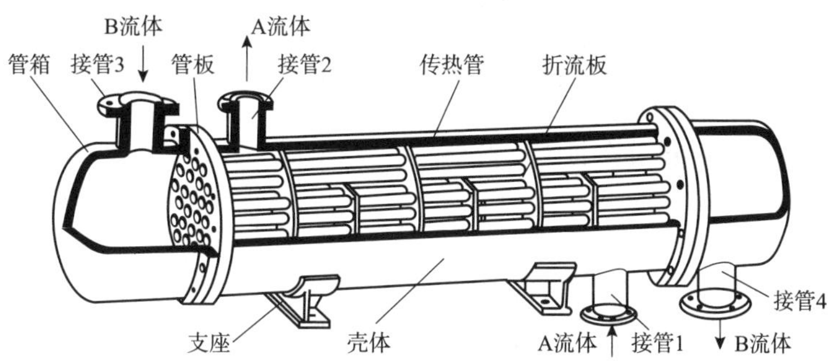

图 4－18　固定管板式换热器

解：管板为固定式，故为固支。

$$\sigma_r = \frac{3}{8}\frac{PR^2}{\delta^2}\left[(1+\mu)-(3+\mu)\frac{r^2}{R^2}\right]$$

$$\sigma_\theta = m\frac{3}{\theta}\frac{PR^2}{\delta}\left[(1+\mu)-(1+3\mu)\frac{r^2}{R^2}\right]$$

令 σ_r，$\sigma_\theta = 0$ 时，

$$\sigma_r = 0, \ r = 0.628R, \ \sigma_\theta = 0, \ r = 0.827R$$

【例题 4-9】

浮头式换热器，两端管板中只有一端与壳体固定，另一端可相对壳体自由移动，称为浮头，结构如图 4-19 所示。浮头由浮动管板、钩圈和浮头端盖组成，是可拆连接，管束可从壳体内抽出。管束与壳体的热变形互不约束，因而不会产生热应力。其优点是管间与管内清洗方便，不会产生热应力；但其结构复杂，造价比固定管板式换热器高，设备笨重，材料消耗量大，且浮头端小盖在操作中无法检查，制造时对密封要求较高。适用于壳体和管束之间壁温差较大或壳程介质易结垢的场合。

【例题 4-8】如为浮头式换热器，求 σ_r，σ_θ 为 0 的位置。

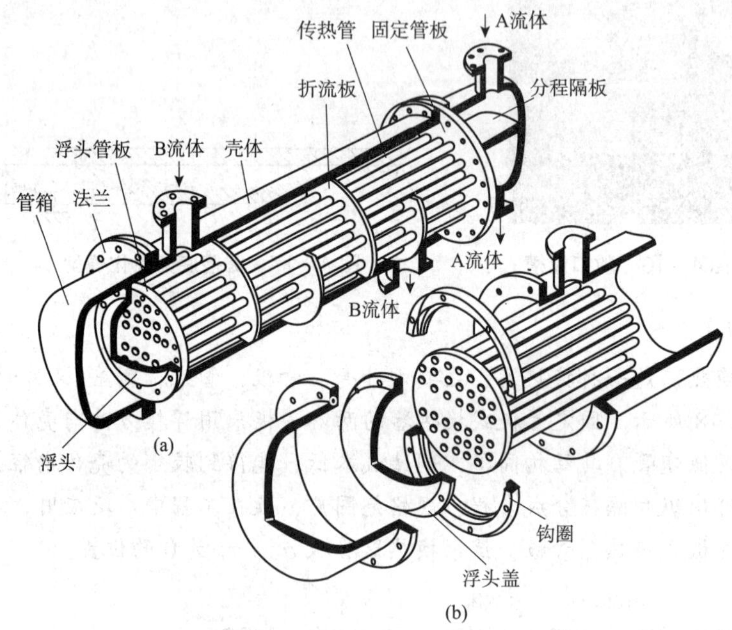

图 4-19　浮头式换热器

解：浮头式换热器管板为夹持式，故为简支。

$$\sigma_r = \frac{3(3+\mu)PR^2}{8\delta^2}\left(1-\frac{r^2}{R^2}\right)$$

$$\delta_\theta = \mp\frac{3}{8}\frac{\mathrm{PR}^2}{\delta^2}\left[(3+\mu)-(1+3\mu)\frac{r^2}{R^2}\right]$$

令 σ_r，$\sigma_\theta=0$ 时，有：

$\sigma_r=0$，$r=R\sigma_\theta=0$，$r=2.39R$，故都不在板内。

【例题 4-10】

活塞式压缩机原理如图 4-20 所示。曲轴带动连杆，连杆带动活塞，活塞做上下运动。活塞运动使汽缸内的容积发生变化，当活塞向下运动的时候，汽缸容积增大，进气阀打开，排气阀关闭，空气被吸进来，完成进气过程；当活塞向上运动的时候，汽缸容积减小，出气阀打开，进气阀关闭，完成压缩过程。通常活塞上有活塞环来密封汽缸和活塞之间的间隙，汽缸内有润滑油润滑活塞环。靠一个或几个作往复运动的活塞来改变压缩腔内部容积的容积式压缩机。活塞式压缩机活塞的变形量为 $r=0.5R$ 的挠度，气罐直径

200mm，排气压力为0.8MPa。

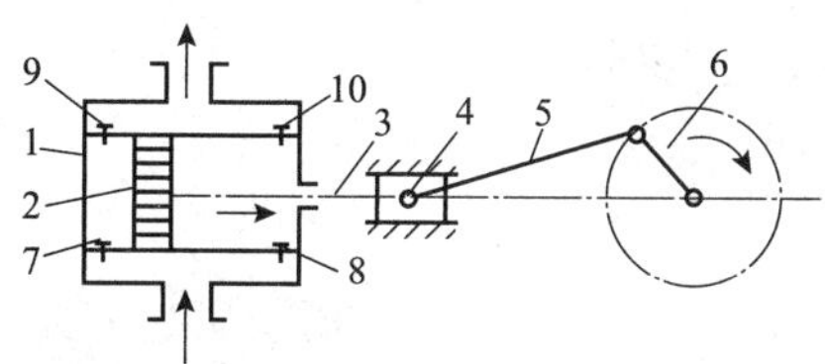

图4-20 活塞式压缩机原理图

1—汽缸；2—活塞；3—活塞杆；4—十字头；5—连杆；
6—曲轴；7、8—进气阀；9、10—出气阀

解：可以引用【例题4-6】的结论，已知其相当于中间有一点支持的平板情况 $(w_2)_{r=0}=\dfrac{PR^2}{16\pi D}$，且在中心无位移，即：

$$(w)_{t=0}=(w_1)_{t=0}+(w_2)_{t=0}=0$$

$$\frac{2P_0R^4}{576D}-\frac{PR^2}{16\pi D}=0，P=814P_0$$

$$w=w_1+w_2=\frac{P_0R^4}{576D}\left[\left(\frac{r}{R}\right)^4+3\left(\frac{r}{R}\right)^2+2\right]+\frac{PR^2}{16\pi D}$$

$W_{r=0.5}=0.24\text{mm}$

第 5 章 开孔应力分析

壳体上开孔使容器在开孔部位强度受到削弱，在开孔附近产生应力集中。由于壳体结构连续性受到破坏，壳体与接管变形不一致，在开孔附近产生较大的附加内力系，其影响最大的附加弯曲应力，局部应力可达壳体薄膜应力的 3 倍以上。这样高的局部应力加上接管上有时出现的外载荷，再加上开孔结构在制造过程中产生的缺陷和残余应力，于是开孔附近就成了容器的破坏源。

壳体开孔后截面上原来均匀分布的应力变成了不均匀，在开孔边缘处出现应力集中，一般用应力集中系数来表示。所谓应力集中系数是指在开孔边缘的最大应力值与壳体上最大薄膜应力的比值，即：

$$K=\frac{\sigma_{\max}}{\sigma}$$

对于球壳 $\sigma=\frac{pR}{2\delta}$；对于圆柱壳，$\sigma=\sigma_\theta=\frac{pR}{\delta}$。

5.1 平板开小孔的应力集中问题

开孔产生应力集中，应力集中的程度越高，集中现象就越是局部性的。孔边应力增大的倍数与孔的形状有关，在各种情况的开孔中，圆孔孔边的应力集中程度最低。下面分析几种不同承载情况下圆孔孔边的应力集中问题。

5.1.1 矩形薄板各周边受均匀拉力作用

矩形薄板，在离开边缘较远处，有半径为 a 的小圆孔，薄板四边受均匀拉力，强度为 q。如图 5－1 所示。

建立坐标系：以圆孔的中心为坐标原点，坐标轴平行于边界建立直角坐标系；以圆孔的中心为坐标原点，建立极坐标系。

解题思路：建一个以小圆孔同心的大孔，把大、小圆孔切割下来作为研究对象，将这个研究对象看做是厚壁圆筒中的一部分，因此薄板可按厚壁圆筒处理，但首先把矩形薄板

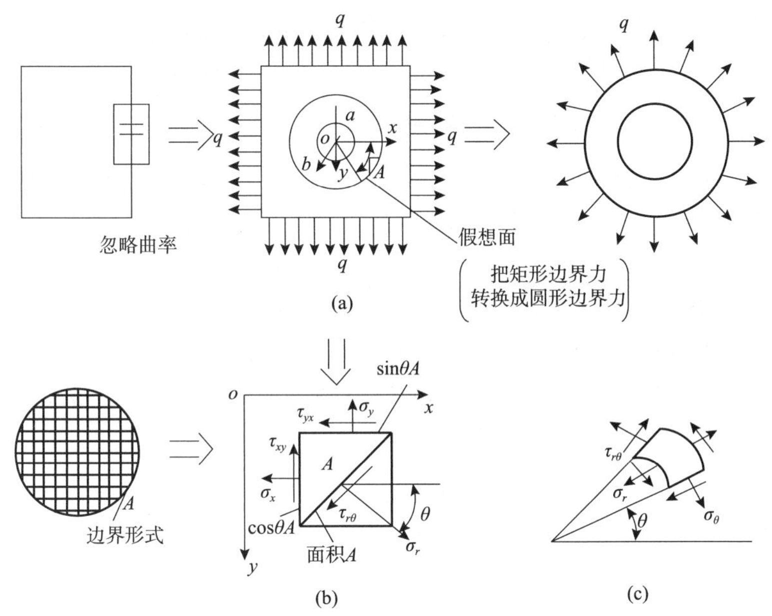

图 5 -1　矩形薄板各周边受均匀拉力孔边应力集中

注：1. $\sigma_r(\tau_{r\theta})$ 和 σ_x、σ_y、τ_{xy}、τ_{yx} 是相同问题，不是平衡问题；

2. 边界应力具有局部性，所以小孔 a 不影响 b，b 只与 q 有关。

的应力状态变成圆形薄环板的应力状态，如图 5 -2 所示。又因为厚壁圆筒的 σ_r、σ_θ 与 z 无关，这样就把矩形薄板开孔问题转化为薄圆环板问题。

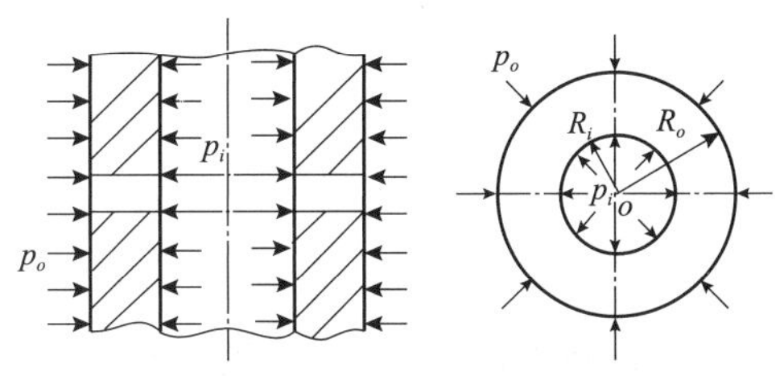

图 5 -2　薄圆环板问题

首先将直边变换为圆边。为此，以远大于 a 的某一长度 b 为半径，以坐标原点为圆心，做一个大圆，如图 5 -1 中虚线所示。由于应力集中的局部性，在大圆周处取一点 A，则 A 点应力情况与无孔时近似相同，也就是在 A 点沿 x 轴、y 轴和大圆周切线方向取微小单元体，在微小单元体两个垂直面上的应力分别为 σ_x，τ_{xy} 和 σ_y，τ_{yx}；与圆周相切的斜截面上的应力为 σ_r，$\tau_{r\theta}$。列出微小单元体沿斜截面法线和切线方向的静力平衡方程，整理后得：

注：分解合成是力的分解合成，不是应力分解合成。

$\Sigma F_r=0$，则：

$$\sigma_r \mathrm{d}A=\sigma_x\cos\theta\mathrm{d}A\cos\theta+\sigma_y\sin\theta\mathrm{d}A\sin\theta+\tau_{xy}\cos\theta\mathrm{d}A\sin\theta+\tau_{yx}\sin\theta\mathrm{d}A\cos\theta$$

$\Sigma F_z=0$，则：

$$\begin{cases}\sigma_r=\dfrac{\sigma_x+\sigma_y}{2}+\dfrac{\sigma_x-\sigma_y}{2}\cos 2\theta+\tau_{xy}\sin 2\theta \\ \tau_{r\theta}=\dfrac{\sigma_y-\sigma_x}{2}\sin 2\theta+\tau_{xy}\cos 2\theta\end{cases} \tag{5-1}$$

对于矩形薄板受均匀外拉力时有，$\sigma_x=q$，$\tau_{xy}=0$，$\sigma_y=q$，$\tau_{yx}=0$，代入式(5－1)。可得：

$$(\sigma_r)_{r=b}=q,\ (\tau_{r\theta})_{r=b}=0$$

在大圆周上的任一点都能得到。$\sigma_r=q$，$\tau_{r\theta}=0$ 的结果。因此把此问题变为求内半径为 a、外半径为 b 的薄圆环板在外边界上只受均布拉力 q 的应力分布问题。

平板开孔，孔内无外力，而容器开孔的应力是叠加在由内外压引起的应力上的，令 $p_i=0$，$p_o=-q$，$R_i=a$，$R_o=b$ 按厚壁圆筒式式(3－31)，得：

$$\sigma_r=q\frac{b^2r^2-a^2b^2}{(b^2-a^2)r^2}=q\frac{1-\dfrac{a^2}{r^2}}{1-\dfrac{a^2}{b^2}}$$

$$\sigma_\theta=q\frac{b^2r^2+a^2b^2}{(b^2-a^2)r^2}=q\frac{1+\dfrac{a^2}{r^2}}{1-\dfrac{a^2}{b^2}}$$

因为 b 远大于 a，可以近似取 $a/b\approx 0$，从而得：

$$\begin{cases}\sigma_r=q(1-\dfrac{a^2}{r^2}) \\ \sigma_\theta=q(1+\dfrac{a^2}{r^2}) \\ \tau_{r\theta}=\tau_{\theta r}=0\end{cases} \tag{5-2}$$

5.1.2 矩形薄板各周边受均匀拉、压力作用

矩形薄板，在离开边缘较远处有一半径为 a 的小孔。薄板左右两端受均布拉力，上下受均布压力，强度都为 q，如图 5－3 所示。

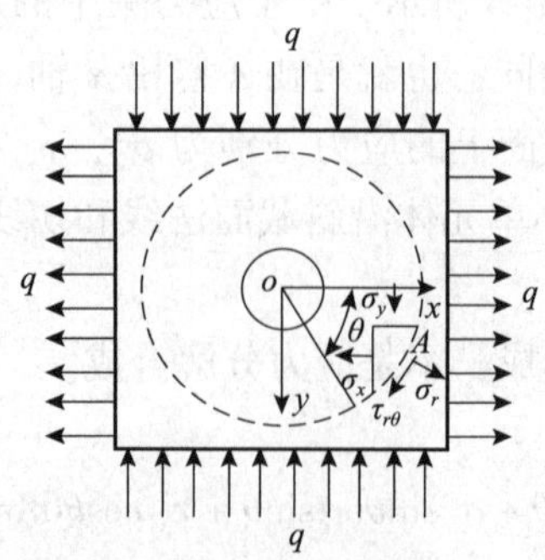

图 5－3 矩形薄板各周边受均匀拉、压力孔边应力集中

在大圆周上任取一点 A 的应力情况与无孔时相同，令 $\sigma_x=q$，$\sigma_y=-q$，$\tau_{xy}=0$。代入

式(5－1)，得到与大圆周相切的斜截面上的应力。对平板转换成厚壁圆筒，其内外边界条件是：

薄环板的外边界条件：

$$\begin{cases}(\sigma_{\mathrm{r}})_{r=b}=q\cos^2\theta-q\sin^2\theta \\ \qquad\qquad =q\cos2\theta \\ (\tau_{r\theta})_{r=b}=-2q\sin\theta\cos\theta \\ \qquad\qquad =-q\sin2\theta\end{cases} \tag{A}$$

环板的内边界即孔边的边界条件：

$$\begin{cases}(\sigma_r)_{r=b}=0 \\ (\tau_{r\theta})_{r=b}=0\end{cases} \tag{B}$$

由环板的内、外边界条件可知，当采用半逆解法时，可以假设 σ_r 为 r 的某一函数乘以 $\cos2\theta$，$\tau_{r\theta}$ 为 r 的另一函数乘以 $\sin2\theta$，令 ϕ 为应力函数，应力与应力函数关系是：

$$\sigma_r=\frac{1}{r}\frac{\partial\phi}{\partial r}+\frac{1}{r^2}\frac{\partial^2\phi}{\partial\theta^2},\quad \tau_{r\theta}=-\frac{\partial}{\partial r}\left(\frac{1}{r}\frac{\partial\phi}{\partial\theta}\right)+\frac{1}{r^2}\frac{\partial\phi}{\partial\theta}$$

不能用厚壁筒体计算，因为有 $\tau_{r\theta}$。

应力函数 ϕ 是 r、θ，对于 θ 一定时，ϕ 只是 r 的函数，即随 r 的不同，ϕ 变化，因此可知不同 r 处的 ϕ 函数中的 θ 函数，即边界处 $\sigma_r=q\cos2\theta$，其他 r 处 σ_r 仍是 $\cos2\theta$ 的函数，因此构造函数 $\phi=f(r)\cos2\theta$。

可见，应力函数 ϕ 对 θ 两次微分得 σ_r；表达式中和 θ 有关的一项，ϕ 对 θ 一次微分得 $\tau_{r\theta}$。因此，可以假设应力函数 ϕ 为：

$$\phi=f(r)\cos2\theta \tag{C}$$

将式(C)代入应力函数相容方程式式(1－32)，得：

$$\cos2\theta\left[\frac{\mathrm{d}^4f(r)}{\mathrm{d}r^4}+\frac{2}{r}\frac{\mathrm{d}^3f(r)}{\mathrm{d}r^3}-\frac{q}{r^2}\frac{\mathrm{d}^2f(r)}{\mathrm{d}r^2}+\frac{q}{r^3}\frac{\mathrm{d}f(r)}{\mathrm{d}r}\right]=0$$

由此，得：

$$\left[\frac{\mathrm{d}^4f(r)}{\mathrm{d}r^4}+\frac{2}{r}\frac{\mathrm{d}^3f(r)}{\mathrm{d}r^3}-\frac{q}{r^2}\frac{\mathrm{d}^2f(r)}{\mathrm{d}r^2}+\frac{q}{r^3}\frac{\mathrm{d}f(r)}{\mathrm{d}r}\right]=0$$

这是一个四阶的常微分方程，它的解为：

$$f(r)=\mathrm{A}r^4+\mathrm{B}r^2+\mathrm{C}+\frac{\mathrm{D}}{r^2} \tag{D}$$

式中，A，B，C，D 是积分常数，由边界条件决定。

将式(D)代入式(C)，应力函数为：

$$\phi=\cos2\theta\left(\mathrm{A}r^4+\mathrm{B}r^2+\mathrm{C}+\frac{\mathrm{D}}{r^2}\right)$$

代入式(D)应力函数表示的应力表达式，得到应力分量：

$$\begin{cases}\sigma_r=-\cos2\theta\left(2\mathrm{B}+\dfrac{4\mathrm{C}}{r^2}+\dfrac{6\mathrm{D}}{r^4}\right) \\ \sigma_\theta=\cos2\theta\left(12\mathrm{A}r^2+2\mathrm{B}+\dfrac{6\mathrm{D}}{r^4}\right) \\ \tau_{r\theta}=\sin2\theta\left(6\mathrm{A}r^2+2\mathrm{B}-\dfrac{2\mathrm{C}}{r^2}-\dfrac{6\mathrm{D}}{r^4}\right)\end{cases} \tag{E}$$

将式(E)代入边界条件式(A)和式(B)得:

$$2B+\frac{4C}{b^2}+\frac{6D}{b^4}=-q$$

$$6Ab^2+2B-\frac{2C}{b^2}-\frac{6D}{b^4}=-q$$

$$2B+\frac{4C}{a^2}+\frac{6D}{a^4}=0$$

$$6Aa^2+2B-\frac{2C}{a^2}-\frac{6D}{a^4}=0$$

求解 A、B、C、D,然后令 $a/b\to 0$,得:

$$A=0,\ B=-\frac{q}{2},\ C=qa^2,\ D=-\frac{qa^4}{2}$$

将各已知值代入式(E),得应力分量的最后表达式:

$$\begin{cases}\sigma_r=q\cos2\theta(1-\frac{a^2}{r^2})(1-\frac{3a^2}{r^2})\\ \sigma_\theta=-q\cos2\theta(1+\frac{3a^2}{r^2})\\ \tau_{r\theta}=-q\sin2\theta(1-\frac{a^2}{r^2})(1-\frac{3a^2}{r^2})\end{cases}\tag{5-3}$$

5.1.3 矩形薄板各单边受均匀拉力作用

中心有小孔的矩形薄板,只有左右两边受有均布拉力 q,如图 5-4 所示。根据力的可叠加性,外力可叠加,内力也可叠加。

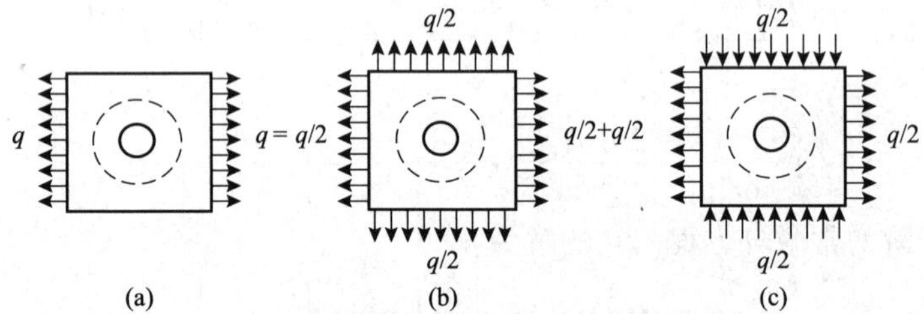

图 5-4 矩形薄板各单边受均匀拉力作用孔边应力

将图 5-4(a)分解为图 5-4b+图 5-4c。将式(5-2)和式(5-3)中的 q,用 $q/2$ 替代并加和,即得矩形薄板各单边受均匀拉力作用下的应力。

$$\begin{cases}\sigma_r=\frac{q}{2}(1-\frac{a^2}{r^2})+\frac{q}{2}\cos2\theta(1-4\frac{a^2}{r^2}+3\frac{a^4}{r^4})\\ \sigma_\theta=\frac{q}{2}(1+\frac{a^2}{r^2})-\frac{q}{2}\cos2\theta(1+3\frac{a^4}{r^4})\\ \tau_{r\theta}=-\frac{q}{2}\sin2\theta(1+2\frac{a^2}{r^2}-3\frac{a^4}{r^4})\end{cases}\tag{5-4}$$

沿着孔边,$r=a$,周向应力为:

$$\sigma_\theta = q(1-2\cos2\theta) \tag{5-5}$$

沿 y 轴，$B=90°$，周向应力为：

$$\sigma_\theta = q\left(1+\frac{1}{2}\frac{a^2}{r^2}+\frac{3}{2}\frac{a^4}{r^4}\right) \tag{5-6}$$

由此可见，在孔边最大拉应力为所施加载荷的3倍，周向应力随着远离孔边而急剧下降并趋近于 q。

沿 x 轴，$\theta=0°$，周向应力为：

$$\sigma_\theta = \frac{q}{2}\frac{a^2}{r^2}\left(1-3\frac{a^2}{r^2}\right) \tag{5-7}$$

5.1.4 矩形薄板各两边受不同均匀拉力作用

中心有小孔的矩形薄板，两对边受有不同数值的均布拉力，q_1 沿坐标轴 x 方向，q_1 沿 Y 轴方向，如图5－5所示。

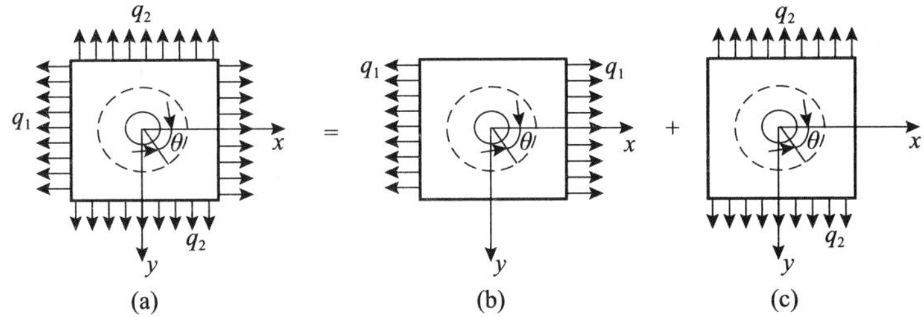

图5－5 矩形薄板各两边受不同均匀拉力作用孔边应力集中

将图5－5a分解为图5－5b＋图5－5a，用 θ 代入式(5－4)加用 $\theta+90°$代入式(5－4)，则矩形薄板各两边受不同均匀拉力作用应力分量为：

$$\begin{cases}\sigma_r = \left[\frac{q_1}{2}\left(1-\frac{a^2}{r^2}\right)+\frac{q_1}{2}\cos2\theta\left(1-4\frac{a^2}{r^2}+3\frac{a^4}{r^4}\right)\right]+\\ \left[\frac{q_2}{2}\left(1-\frac{a^2}{r^2}\right)+\frac{q_2}{2}\cos2(\theta+90°)\left(1-4\frac{a^2}{r^2}+3\frac{a^4}{r^4}\right)\right]\\ \sigma_\theta = \left[\frac{q_1}{2}\left(1+\frac{a^2}{r^2}\right)-\frac{q_1}{2}\cos2\theta\left(1+3\frac{a^4}{r^4}\right)\right]+\\ \left[\frac{q_2}{2}\left(1+\frac{a^2}{r^2}\right)-\frac{q_2}{2}\cos2(\theta+90°)\left(1+3\frac{a^4}{r^4}\right)\right]\\ \sigma_\theta = \left[\frac{q_1}{2}\left(1+\frac{a^2}{r^2}\right)-\frac{q_1}{2}\cos2\theta\left(1+3\frac{a^4}{r^4}\right)\right]+\\ \left[\frac{q_2}{2}\left(1+\frac{a^2}{r^2}\right)-\frac{q_2}{2}\cos2(\theta+90°)\left(1+3\frac{a^4}{r^4}\right)\right]\end{cases} \tag{5-8}$$

沿孔边，$r=a$ 处，周向应力为：

$$\sigma_r = (q_1-2q_2\cos2\theta)+[q_2-2q_2\cos2(\theta+90°)]$$

最大周向应力将发生在 $\theta=0$ 或 $\theta=\pi/2$ 处。

当 $\theta=0$ 时，

$$\sigma_\theta = -q+3q_2 \tag{5-9}$$

当 $\theta=\pi/2$ 时，

$$\sigma_\theta=3q_1-q_2 \tag{5-10}$$

若 $q_1>q_2$，最大周向应力发生在 $\theta=\pi/2$ 处。

若 $q_2>q_1$，最大周向应力发生在 $\theta=0$ 处。

5.2 壳体应力集中问题

在壳体开孔附近的应力分析中，因为壳体开孔较小时（$d/D<0.1\sqrt{D/2\delta}$），可以忽略壳体曲率的影响，尤其是在大直径壳体上，开孔直径与壳体的半径相比是很小的，所以用平板上开小孔来近似壳体开孔具有足够的精确。壳体开大孔时，虽然不能使用平板开小孔的应力分析，但可借用开小孔的结果来作定性分析。

5.2.1 球壳开小圆孔

球壳由操作内压产生的薄膜应力为：

$$\sigma=\frac{pR}{2\delta}$$

取 $q_1=q_2=\sigma$ 的小孔边缘应力为[可用式(5-2)也可用式(5-9)]：

$$(\sigma_\theta)_{0,\pi}=3q_2-q_1=2\sigma$$

$$(\sigma_\theta)_{\pm\frac{\pi}{2}}=3q_1-q_2=2\sigma$$

故在孔边的最大应力为：

$$\sigma_{max}=2\sigma$$

应力集中系数为：

$$K=\frac{\sigma_{max}}{\sigma}=2$$

5.2.2 圆柱壳开小孔

圆筒孔边应力集中如图 5-6 所示。

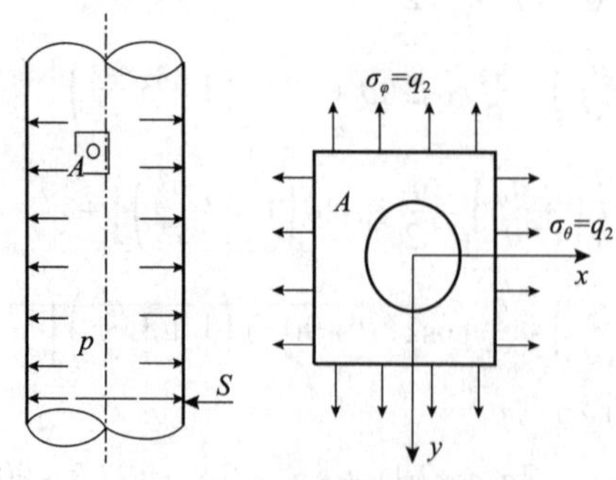

图 5-6 圆筒孔边应力集中

壳体由操作内压引起的基本应力为：

$$\sigma_\varphi = \frac{pR}{2\delta}, \ \sigma_\theta = \frac{pR}{2\delta}$$

取 $q_2 = \sigma_\varphi = (1/2)\sigma_\theta$，$q_2 = \sigma_\theta$，得：

$$(\sigma_\theta)_{0,\pi} = 3q_2 - q_1 = 0.5\sigma_\theta$$

$$(\sigma_\theta)_{\pm\frac{\pi}{2}} = 3q_1 - q_2 = 2.5\sigma_\theta$$

故在孔边的最大应力发生在筒体轴向截面上：

$$\sigma_{\max} = 2.5\sigma_\theta$$

应力集中系数为：

$$K = \frac{\sigma_{\max}}{\sigma} = \frac{2.5\sigma_\theta}{\sigma_\theta} = 2.5$$

工程实践例题与简解

【例题 5－1】

补强圈是指在压力容器壳体开孔周围附加的金域环板补强元件如图 5－7 所示，用于补强圈补强(即贴板补强)，并属受压元件。一般用与壳体相同的材料。根据需要，有贴于壳体内侧、外侧和双面贴 3 种形式，并项先加工成形后以全熔透或非全熔透焊缝与壳体、接管相焊。

压力容器的开孔的应力分析可知此种应力属于局部应力，此种应力最大的特性为局部性，补强圈的应力范围就由此决定，现要求分析补强范围。

图 5－7 补强圈

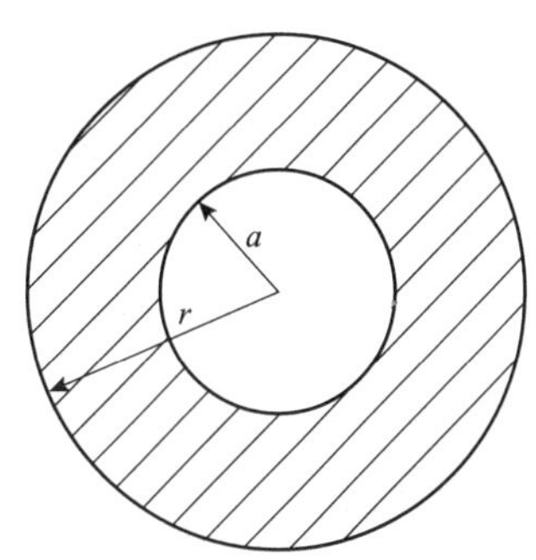

图 5－8 补强圈简化图

解：补强圈可以看作薄圆环板简化如图 5－8 所示，且整个补强圈的内部轴向应力 σ_θ 与径向应力 σ_r，为；

$$\sigma_r = q\left(1 - \frac{a^2}{r^2}\right)$$

$$\sigma_\theta = q\left(1 + \frac{a^2}{r^2}\right)$$

由于$\frac{a^2}{r^2}$必定大于 0，则最大应力必定为周向应力 σ_θ。补强圈有效范围为最大应力 σ_θ

(随 r 变化)等于平均应力 q，此时 r 就是有效范围，则有：

$\sigma_\theta = q = q\left(1+\frac{a^2}{r^2}\right)$，$\sigma_\theta = q = q\left(1+\frac{a^2}{r^2}\right)$，但此式为衡等，$\sigma_r$ 趋近于 q 时，则有 σ_θ 亦趋近于 q，则有 $\sigma_r = q = q\left(1-\frac{a^2}{r^2}\right)$。

此时可以认为当集中应力削减为平均应力的110%，则可以认为有效，此时 r 值可以由$\sigma = q\left(1+\frac{a^2}{r^2}\right) = \frac{11}{10}q$ 求得，则有 $r = 3.16a$。

故有效范围为3.16倍的开孔直径。当然，仅是对于平面的分析，在现实中补强圈还要受到厚度等因素的影响。

【例题5-2】

球形储罐是指壳体为球形的储罐，如图5-9所示。球形储罐主要由球壳、支座及附属构件组成。球壳结构有单层、双层和多层3种。球壳由多块预压成一定形状的球片板拼焊而成，球罐排板主要有环带式(瓜瓣式)及足球式。支座有支柱式、半埋式和裙式等。附属构件有操作平台、外部扶梯、人孔及阀门等。用以储存液化气的球罐，外部还装有降温喷淋、喷雾及火灾隔热喷淋装置。对受压或受真空的球罐，装有安全阀或真空阀。

图5-9 球形储罐

球罐是最为用的压力容器，在球罐上是不可避免的有开孔接管等薄弱部分，计算这部分应力就常尤为重要，在球罐直径较大时，可以认为在开孔部分周围罐体为平板，并且壁厚远远小于壁厚，

现有大型ZNC球型罐直径10m，现需要开一个表孔，直径50mm，球罐内压0.5MPa(表压)现要求在此孔位置300mm处焊接，求此处应力，壁厚 $\delta = 72$mm。

解：此孔属于小孔，需要计算平均应力，则有平均应力由内压操作引起

$$\sigma = \frac{PR}{2\delta} = \frac{0.5\times5000}{2\times72} = 17.4\text{MPa}$$

则距中心300mm处的 σ_θ 为：

$$\sigma_\theta = q\left(1+\frac{a^2}{r^2}\right) = 17.4\times\left(1+\frac{50^2}{300^2}\right) = 17.88\text{MPa}$$

则有在中心300mm处其应力大小只比平均应力增大2.8%，几乎可以不计。

【例题5-3】

湿式氧化反应塔是指苯醌二磺酸法中用湿式氧化法处理焦炉煤气脱硫脱氰废液，生成硫酸铵的主要设备结构如图5-10、图5-11所示。塔体为多层板结构，内层采用复合钢板，外层采用压力容器用钢板，与介质接触一侧和内件用能在较大压力下耐较高温度和耐稀硫酸腐蚀的铁合金制成。塔内设有泡罩塔盘。气液混合相通过泡罩缩口时充分混合氧化，至塔顶气液分离器时以切线方向喷出，在离心力作用下氧化液与废气分离。

氧化液从塔的上部离开，气体由塔顶排出。

湿式氧化反应塔，塔高3m，塔度 $r=0.1$，容器内压0.1MPa，直径为500mm，现在一反应筒体上开了一个放料孔，直径为50mm，现需要在此孔中心距100mm开一个孔，试问开在什么方位比较合适（壁厚 $\delta=10\text{mm}$）？

图5-10 湿式氧化反应塔

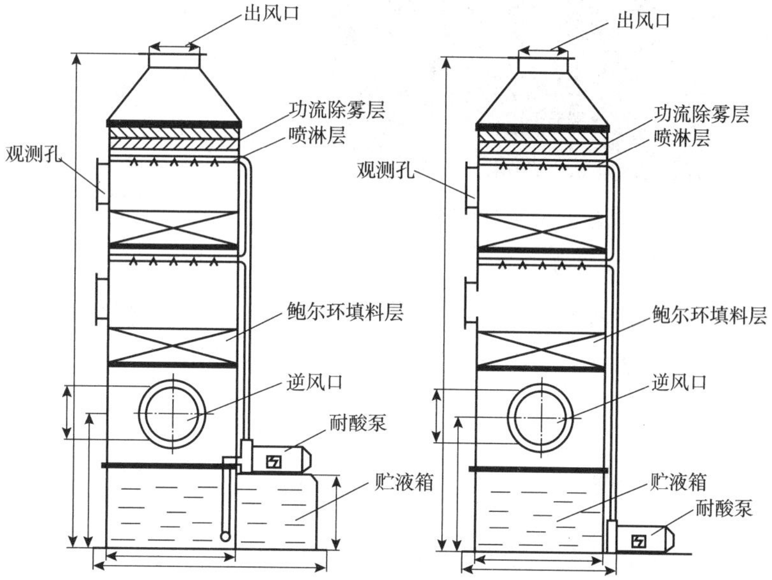

图5-11 湿式氧化反应塔原理

解：计算反应筒体内部应力

周向应力开孔位置有：

$$\sigma_\theta=\frac{PR}{\delta}=\frac{0.1\times500}{10}=5\text{MPa}$$

$$\sigma_\varphi=\frac{PR}{2\delta}=\frac{0.1\times500}{2\times10}=2.5\text{MPa}$$

由于塔的重力影响：

$$\sigma_1=\frac{\pi R^2Lr}{2\pi R\delta}=\frac{RLr}{2\delta}=\frac{500\times3\times0.1}{2\times10}=7.5\text{MPa}$$

则 $\sigma_r=\sigma_1-\sigma_r=5\text{MPa}$

可以引用式(5-3)进行计算：

$\sigma_\theta=-q\cos2\theta(1+\frac{3a^4}{r^4})$，此时极值式0位置，则比较可得：

$$\sigma_\theta|_{\theta=0}=-q(1+\frac{3a^4}{r^4})=-5(1+\frac{3\times50^4}{100^4})=5.934\text{MPa}$$

【例题5-4】

裙式支座简称裙座，主要由基础环、螺栓座和裙座圈组成。裙座圈上开有入孔、工艺管线引出孔和排气孔。裙式支座有圆筒形和圆锥形两种结构类型，其中圆筒形裙座较常用，裙座圈为圆筒形的裙座结构类型，如图5-12所示。

圆锥形裙座只用在水泥基础所承受的压应力过大时。

图5-12 设备裙座

立式设备支座采用裙式开观察孔，支座直径 $D=500\text{mm}$，壁厚 $\delta=6\text{mm}$。孔径为35mm 求该轴线平行方向周向应力120mm处周向应力大小，塔弯力为58875N。

解：平均周向应力 q 为

$$q=\sigma=\frac{Q}{2\pi R\delta}=\frac{58875}{2\times\pi\times6\times250}=6.25\text{MPa}$$

由于 $\theta=0°$，则周向应力为：

$$\sigma_0=\frac{q}{2}\frac{a^2}{r^2}\left(1-3\frac{a^2}{r^2}\right)=\frac{6.25}{2}\cdot\frac{35^2}{120^2}\left(1-3\frac{35^2}{120^2}\right)=0.2\text{MPa}$$

【例题5-5】

试计算例5-4中为周线垂直方向120mm处位置周向应力的大小，试用矩形薄板各两边受不同均匀拉力作用，求解例【例题5-2】中最大应力。

解：由于 $\theta=90°=\frac{\pi}{2}$，则周向应力为：

$$\sigma_0=q\left(1+\frac{1}{2}\frac{a^2}{r^2}+\frac{3}{2}\frac{a^4}{r^4}\right)=6.25\left(1+\frac{1}{2}\times\frac{35^2}{120^2}+\frac{3}{2}\times\frac{35^4}{120^4}\right)=6.58\text{MPa}$$

由式(5-4)和式(5-5)可知，在周向应力的大小关系上，随 θ 变化量式相当大的，如果有需要同时开两个孔以上而又必须很近，则作轴向排列。

由于是球罐体系，故：

$$\sigma_1=\sigma_2=\frac{PR}{2\delta}=17.4\text{MPa}$$

$$\sigma_\theta=-\sigma_1+3\sigma_2=2\sigma_2=34.8\text{MPa}$$

【例题5-6】

球形罐(如图5-13所示)与立式圆筒形储罐相比，在相同容积和相同压力下，球罐的表面积最小，故所需钢材面积少；在相同直径情况下，球罐壁内应力最小，而且均匀，其承载能力比圆筒形容器大1倍，故球罐的板厚只需相应圆筒形容器壁板厚度的一半。由上述特点可知，采用球罐，可大幅度减少钢材的消耗，一般可节省钢材30%~45%；此外，球罐占地面积较小，基础工程量小，可节省土地面积。

图5-13 球罐

现用此实例解决一大型球罐应力集中问题。直径5m，内压0.5MPa，开孔直径500mm，壁厚30mm，求解最大应力与应力集中系数。

解：由于 $d/D=500/5000=0.1<0.1\times\sqrt{\frac{D}{2\delta}}=1.3$

故属于小孔，可以使用小圆孔公式：

$$\sigma=\frac{PR}{2\delta}=\frac{0.5\times2500}{2\times30}=20.8\text{MPa}$$

取 $q_1=q_2=\sigma$ 得边缘应力为：

$$(\delta_\theta)_{0,\pi}=3q_1-q_2=2\sigma$$
$$(\delta_\theta)_{\pm\frac{\pi}{2}}=3q_2-q_1=2\sigma$$
$$2\sigma=2\times20.8=41.6\text{MPa}$$

故在边缘最大应力为：

$$\sigma_{\max}=2\sigma=41.6\text{MPa}$$

应力集中系数为：

$$k=\frac{\sigma_{\max}}{\sigma}=2$$

【例题5-7】

钢衬塑立式储罐(图5-14、图5-15)亦称龟甲衬里储罐(龟甲衬里——钢、网、塑三合一)是钢塑复合系列产品的精华。它采用特殊滚塑成型工艺。它是将钢网(龟甲)焊接于钢体表面，以纯聚乙烯(线性低密度聚乙烯LLDPE、高密度聚乙烯HDPE)为原料，采用滚塑工艺将钢板、钢网(龟甲)与聚乙烯有机结合成一体。聚乙烯牢固沾钢体表面。产品具有无焊接缝、不渗漏、无毒性、抗老化、抗冲击、耐腐蚀、寿命长、符合卫生标准等优点。它弥补了全塑滚塑储罐刚性强度差，不耐压，耐温差的缺点。

钢衬塑立式储罐，直径5m，内压为0.5MPa，开孔直径500mm，壁厚30mm，求最大应力集中系数与极限应力。

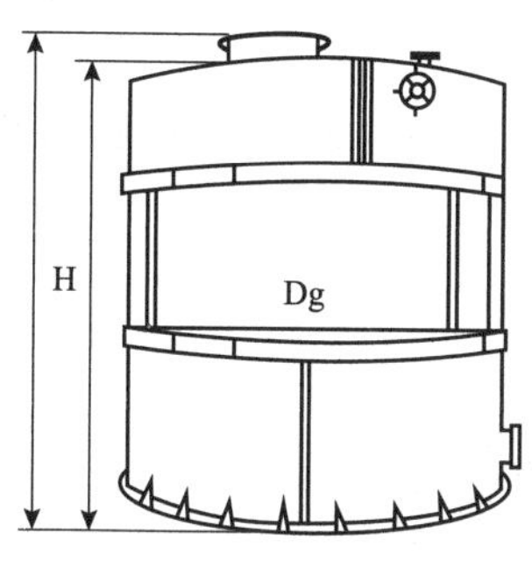

图5-14 立式储罐结构

图5-15 立式储罐

解：由于 $d/D=500/5000=0.1<0.1\times\sqrt{\frac{D}{2\delta}}=1.3$

基本应力：

$$\sigma_\varphi=\frac{PR}{2\delta}=\frac{0.5\times2500}{2\times30}=20.8\text{MPa}$$
$$\sigma_\theta=\frac{PR}{\delta}=\frac{0.5\times2500}{30}=41.6\text{MPa}$$

最大集中应力：

$$(\delta_\theta)_{0,\pi}=3q_2-q_1=2.5\sigma_\theta=104\text{MPa}$$

$$(\delta_\theta)_{\pm\frac{\pi}{2}} = 0.5\sigma_\theta = 20.8\text{MPa}$$

故最大集中应力：$\sigma_{\max} = 2.5\sigma_\theta = 104\text{MPa}$

应力集中系数为：$\dfrac{\sigma_{\max}}{\sigma_\theta} = 2.5$

通过以上两例可以得到在直径相等的立罐与球罐最大应力之比高达 104/41.6 = 2.5 倍，可是球罐的应力更好。

【例题 5-8】

人孔是安装在储罐顶上的安全应急通气装置，如图 5-16 所示，通常与防火器、机械呼吸阀配套使用，既能避免因意外原因造成罐内急剧超压或真空时，损坏储罐而发生事故，又有起到安全阻火作用，是保护储罐的安全装置，特别适用于贮存物料以氮气封顶的拱顶常压罐。具有定压排放、定压吸入、开闭灵活、安全阻火、结构紧凑、密封性能好、安全可靠等优点。

在化工的实际开孔中，孔在很多情况中会做成椭圆开孔(图 5-17)，现推导椭圆孔的应力公式(受均匀拉力)。

图 5-16　立式储罐结构

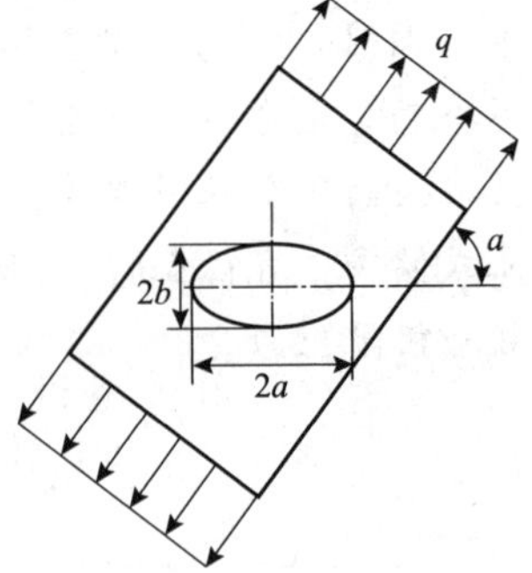

图 5-17　立式储罐椭圆人孔结构

解：当 $\alpha = 0$ 时(拉力 q 平行于 x 轴)

则孔边应力：

$$\sigma_\theta = q\,\frac{1 - m^2 + 2m - 2\cos\theta}{1 + m^2 - 2m\cos 2\theta}$$

最大正应力：

$$\sigma_{\max} = (\sigma_\theta)_{\theta=\pm\frac{\pi}{2}} = q\,\frac{3 + 2m - m^2}{1 + 2m + m^2} = q\,\frac{3 - m}{1 + m} = q\,\frac{3 - \dfrac{a-b}{a+b}}{1 - \dfrac{a-b}{a+b}} = q\left(1 + \frac{2b}{a}\right)$$

最小正应力：

$$\sigma_{\min} = (\sigma_\theta)_{\theta=0,\pi} = q\,\frac{2m - m^2 - 1}{1 - 2m + m^2} = -q$$

【例题 5-9】

如【例题 5-8】将圆孔设为长轴为 50mm，偏心距 m = 1，求最大最小应力。

解：最大正应力为：

$$\sigma_{max}=6.25\times(1+\frac{2+2}{2\times2})=6.25\times2=12.5\text{MPa}$$

应力集中系数为2，与球罐一致，合理！

【例题5-10】

球罐是最为用的压力容器，在球罐上是不可避免的有开孔接管等薄弱部分，计算这部分应力就常尤为重要，在球罐直径较大时，我们可以认为在开孔部分周围罐体为平板，并且壁厚远远小于壁厚，可以简化为薄板如图5-18所示。已知在离边缘较远的部分，有边境为 a 的小孔，罐壁收拉应力，大小为 q。

此类问题是圆孔的孔边应力集中问题，若受力的弹性体具有小孔，则孔边的应力远大于无孔时的应力，也远大于距孔稍远处的应力，这种现象称作孔边。

孔边应力增大的倍数与孔的形状有关，在各种形状的开孔中，圆孔孔边的应力集中程度最低。因此，如果必须在构件中开孔，应当尽可能开圆孔。如果不可能开圆孔也应当采用近似于圆形的孔。

孔边应力集中是局部现象，在几倍孔径以外，应力几乎不受孔的影响，应力的分布情况以及数值大小都几乎与无孔时相同，一般讲，应力集中的程度越高，集中现象越是局部性的。

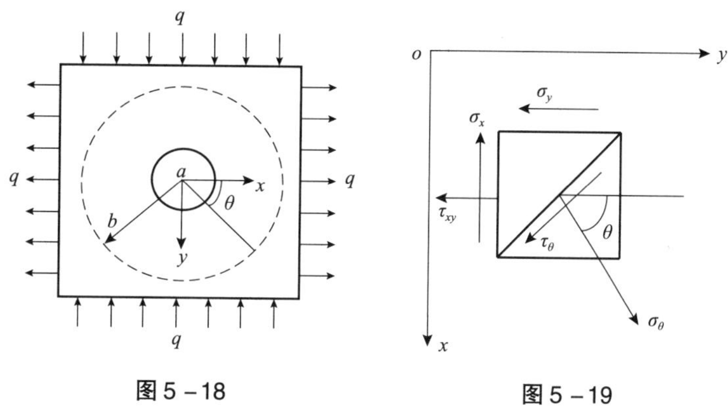

图5-18　　　　图5-19

解：对于球形储罐的局部开孔问题可以近似认为为矩形薄板，在离开边缘较远外，有半径为 a 的小圆孔，薄板四边收均布拉力，强度为 q，见图5-19。

坐标原点取在圆孔的中心，坐标轴平行于边界。就直边的边界条件而论，宜用直角坐标，求解。首先将直边变换为圆边。为此，以远大于 a 的某一长度 b 为半径，以坐标原点为圆心，作一个大圆，如图5-18中虚线所示。由于应力集中的局部性，在大圆周外，例如 A 点，应力情况与无孔时相同，也就是在 A 点沿 x 轴、y 轴和大圆周切线方向取小单元体，在小单元体两个垂直面上的应力分别为 $\sigma_x(=q)$，$\tau_{xy}(=0)$ 和 $\sigma_y(=q)$，$\tau_{yx}(=0)$；与圆周相切的斜截面上的应力为 σ_r，$\tau_{r\theta}$，见图5-19。列出小单元体沿斜截面法线和切线方向的静力平衡方程，整理后，得：

$$\begin{cases}\sigma_r=\dfrac{\sigma_x+\sigma_y}{2}+\dfrac{\sigma_x-\sigma_y}{2}\cos2\theta+\tau_{xy}\sin2\theta\\ \tau_{r\theta}=\dfrac{\sigma_y-\sigma_x}{2}\sin2\theta+\tau_{xy}\cos2\theta\end{cases}$$

将$\sigma_x=q$，$\sigma_y=q$，$\tau_{xy}=0$，代入，可求出

$(\sigma_r)_{r=b}=q$，$(\tau_{r\theta})_{r=b}=0$

在大圆周上的任一点都能得到$\sigma_x=q$，$\tau_{r\theta}=0$的结果。因此，问题变为求内半径为a，外半径为b的环板在外界上受均匀布拉力q的应力分布。

为了得到这个新问题的解答，只需在环板受内、外压力时的应力表达式，另$p_i=0$，$p_0=-q$，$R_i=a$，$R_0=b$，于是得：

$$\sigma_r=q\frac{b^2r^2-a^2b^2}{(b^2-a^2)r^2}=q\frac{1-\dfrac{a^2}{r^2}}{1-\dfrac{a^2}{b^2}}$$

$$\sigma_\theta=q\frac{b^2r^2+a^2b^2}{(b^2-a^2)r^2}=q\frac{1+\dfrac{a^2}{r^2}}{1-\dfrac{a^2}{b^2}}$$

因为b远大于a，可以近似取$a/b=0$，从而得到解答：

$$\begin{cases}\sigma_r=q\left(1-\dfrac{a^2}{r^2}\right)\\ \sigma_\theta=q\left(1+\dfrac{a^2}{r^2}\right)\end{cases}$$

第 6 章 外压容器力学分析

6.1 外压容器的稳定性问题

6.1.1 外压容器的特点

壳体外部压力大于壳体内部压力的容器称为外压容器。受均布外压的圆筒，其薄膜应力分布规律与内压圆筒一样，不同的只是内压圆筒是拉应力，而外压圆筒为压应力。其值为：

$$\sigma_{\varphi} = -\frac{pR}{2\delta},\ \sigma_{\theta} = -\frac{pR}{\delta}$$

当薄壁容器受外压作用时，在外压达到某一临界值之前，筒壁上的任一微元体均在压应力作用下处于一种稳定的平衡状态。这种压应力如果大到材料的屈服点或抗压强度，将和内 压圆筒一样，引起筒体强度破坏。但实践证明经常是外压圆筒筒壁内压缩应力的数值还远远低于材料的屈服点时，筒壁就已经被突然压瘪或发生褶皱，载荷卸去后，壳体不能恢复原状，即在一瞬间失去自身原来的形状，以致使容器破坏，这种现象称为失稳。在失稳时，伴随着突然的变形，在筒壁内产生了以弯曲应力为主的复杂的附加应力。外压容器在没有强度破坏时，就失去了原来的形状，从一种平流状态变到另一种平流状态，所以外压容器重要的不是考虑容器的应力问题，而是考虑在多大外压下容器发生失稳。外压容器发生失稳时的最低外压力称为临界压力，以 p_{cr}表示。此时壳壁中的压应力称为临界应力 σ_{cr}。外压容器失稳的实质是容器由一种平衡状态跃变到另一种新的平衡状态，即器壁内的应力由单纯的压应力状态跃变到主要是弯曲应力状态。

6.1.2 失稳后的几何特征

圆筒失稳后，横断面的形状与压杆失稳变形情况相似，呈正弦波形曲线，其变形波数 n 可能等于 2、3、4、5、…其取决于圆筒的结构尺寸和约束情况。具体形状见图 6－1。

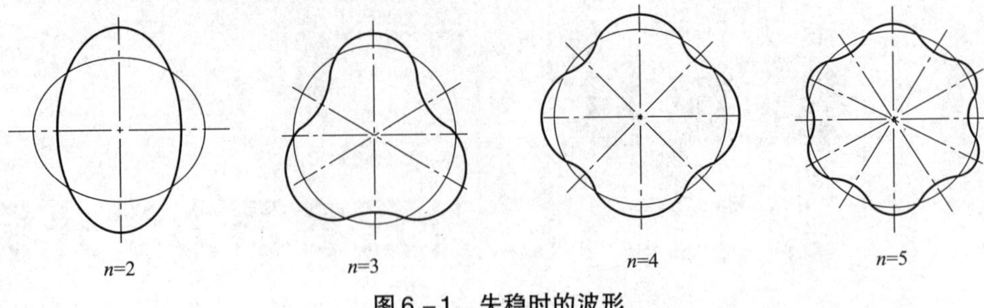

图 6－1　失稳时的波形

6.2　外压圆筒失稳力学研究

6.2.1　外压圆筒的基本模型

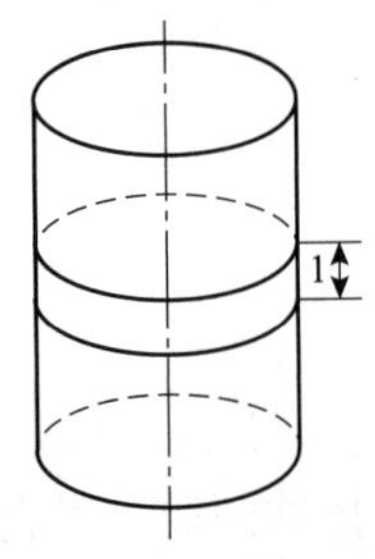

图 6－2　基本模型

外压圆筒既受有均匀径向外压作用，又受轴向压力的作用，但轴向压力对圆筒的稳定性影响很小，一般可忽略不计。对于长圆筒其特点是 L/D 较大，容易压扁，变形破坏时 $n=2$。因而其中间部分将不受两端端盖或加强圈的支持作用的影响。因此可用离边界较远处切出圆环来代替圆筒。在长圆筒中沿轴向切出宽度为 1 个单位的圆环，如图 6－2 所示。建立圆环绕曲线微分方程，进而求出长圆筒临界压力公式。

6.2.2　外压圆环的临界压力

(1) 圆环截面上的弯矩 M

圆环的受力变形情况如图 6－3 所示，其中虚线表示在外压 p 作用下此部分圆环变形后的情况。这是在不同力作用下的两个不同平衡状态。

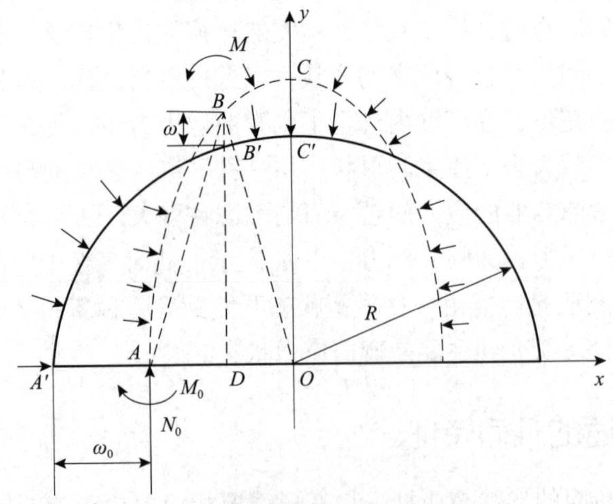

图 6－3　圆环的受力变形情况

ω_0—圆环截面中的最大径向位移；M_0—具有最大位移 ω_0 处的弯矩

在外压 p 及 R 一定时，ω_0，M_0 可视为常数。以 AC 为研究对象在 A 点还作用一压缩力内力 N_0，考虑到沿轴向宽度为 1 单位的圆环静力平衡 $\sum F_y = 0$，可得：

$$N_0 = p \times (1 \times \overline{AO}) = p(R - \omega_0)$$

在圆环变形后任意截面 B 处的弯矩以 AB 为研究对象，以 B 点为矩心，由静力平衡得：

$$M = M_0 + N_0\,\overline{AD} - p(\overline{AB} \times 1) \cdot \frac{1}{2}\overline{AB} = M_0 + P\left(\overline{AO} \cdot \overline{AD} - \frac{1}{2}\overline{AB^2}\right)$$

在△AOB 中，有 $\overline{OB^2} = \overline{AB^2} + \overline{AO^2} - 2\,\overline{AO} \cdot \overline{AD}$，或 $\frac{1}{2}\overline{AB^2} - \overline{AO} \cdot \overline{AD} = \frac{1}{2}(\overline{OB^2} + \overline{AO^2}) =$

$\frac{1}{2}[(R - \omega)^2 - (R - \omega_0)^2]$

由于 ω 和 ω_0 比 R 小很多，因此微量 ω^2 及 ${\omega_0}^2$ 可忽略不计，于是得：

$$\frac{1}{2}\overline{AB^2} - \overline{AO} \cdot \overline{AD} = R(\omega_0 - \omega)$$

所以 $M = M_0 - pR(\omega_0 - \omega)$

当波数为 $n = 3$、4、5、…时，上式亦适用。

(2) 圆环变形的几何关系

取圆环中面上一微小线段 AB，长度为 ds，以 $n = 2$ 为例(不管其变形后的波数是多少，都可用此圆近似)，如图 6－4 所示。

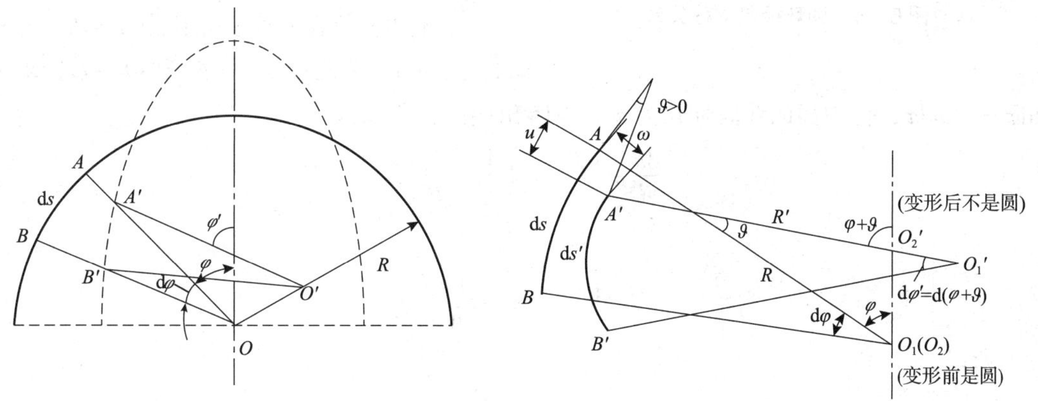

图 6－4 圆环径向位移几何关系

由几何关系　变形前，线段 AB 是圆的一部分，d$s = AB$，曲率半径为 R，所对应的圆心角为：

$$\mathrm{d}\varphi = \frac{\mathrm{d}s}{R}$$

变形后，线段 $A'B'$ 近似成圆的一部分，曲率半径为 R，所对应的圆心角为：

$$\mathrm{d}\varphi' = \frac{\mathrm{d}s'}{R'}$$

考虑到圆环的失稳是由于圆环中出现弯曲应力所致，故可认为圆环中面在变形后不会伸缩，即：

$$A'B' = \mathrm{d}s' = \mathrm{d}s$$

再由于圆弧 AB 转过角度 ϑ，因此：

$$\mathrm{d}\varphi' = \mathrm{d}\varphi + \mathrm{d}\vartheta \tag{a}$$

故：

$$\mathrm{d}\vartheta = \mathrm{d}\varphi' - \mathrm{d}\varphi = \left(\frac{1}{R'} - \frac{1}{R}\right)\mathrm{d}s \tag{6-1}$$

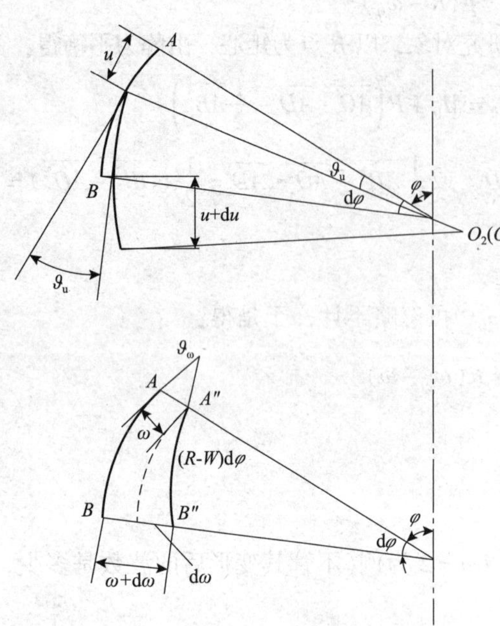

图6-5 圆环径向位移关系

由位移关系 如图6-5所示，设A点在变形后切向位移为u，径向位移为ω，则由于切向位移使线段产生转角(等于法线的转角)为：

$$\vartheta_u = \frac{u}{R}$$

由于径向位移使线段产生转角为：

$$\vartheta_\omega = \frac{\omega + \mathrm{d}\omega - \omega}{(R-\omega)\mathrm{d}\varphi} \approx \frac{\mathrm{d}\omega}{R\mathrm{d}\varphi} = \frac{\mathrm{d}\omega}{\mathrm{d}s}$$

因此总的转角为：

$$\vartheta = \vartheta_u + \vartheta_\omega = \frac{u}{R} + \frac{\mathrm{d}\omega}{\mathrm{d}s}$$

$$\mathrm{d}\vartheta = \frac{\mathrm{d}u}{R} + \frac{\mathrm{d}^2\omega}{\mathrm{d}s^2}\cdot \mathrm{d}s$$

$$\frac{\mathrm{d}\vartheta}{\mathrm{d}s} = \frac{\mathrm{d}u}{\mathrm{d}sR} + \frac{\mathrm{d}^2\omega}{\mathrm{d}s^2}$$

由于切向位移使线段伸长为$u + du - u = du$，径向位移使线段伸长为$(R-\omega)\mathrm{d}\varphi - R\mathrm{d}\varphi = -\omega\mathrm{d}\varphi$，但中面的线段伸长为零，故转角相同，所以：

$$\frac{\mathrm{d}u}{R} + \frac{\mathrm{d}\delta}{\mathrm{d}s^2}\mathrm{d}s = \left(\frac{1}{R'} - \frac{1}{R}\right)\mathrm{d}s$$

$$\mathrm{d}u - \omega\mathrm{d}\varphi = 0$$

$$\mathrm{d}u = \omega\mathrm{d}\varphi = \frac{\omega\mathrm{d}s}{R}$$

所以：

$$\mathrm{d}\vartheta = \left(\frac{\omega}{R^2} + \frac{\mathrm{d}^2\omega}{\mathrm{d}s^2}\right)\mathrm{d}s \tag{b}$$

$$\frac{1}{R'} - \frac{1}{R} = \frac{\omega}{R^2} + \frac{\mathrm{d}^2\omega}{\mathrm{d}s^2} = \frac{1}{R^2}\left(\omega + \frac{\mathrm{d}^2\omega}{\mathrm{d}\varphi^2}\right) \tag{6-2}$$

(3)物理关系

根据材料力学可知，纯弯曲时$\frac{1}{R'} - \frac{1}{R} = \frac{M}{EI}$，因此将式(6-1)和式(6-2)代入得圆环的挠曲线微分方程，得：

$$\frac{d^2\omega}{\mathrm{d}\varphi^2} + \omega = -\frac{R^2}{EI}[M_0 - pR(\omega_0 - \omega)] \tag{c}$$

式中 R——圆环变形前的曲率半径；

R_1——圆环变形后的曲率半径；

EI——圆环的抗弯刚度；

M——圆环变形后任一点弯矩，由平衡方程求出；

$\frac{1}{R'}-\frac{1}{R}$——圆环变形前后的曲率变化，由圆环变形几何关系可导出。

(4)圆环的临界压力

由圆环的挠曲线微分方程得：

$$\frac{\mathrm{d}^2\omega}{\mathrm{d}\varphi^2}+(1+\frac{pR^3}{EI})\omega=\frac{-M_0R^2+pR^3\omega_0}{EI} \tag{d}$$

令 $K^2=1+\frac{pR^3}{EI}$得：

$$\frac{\mathrm{d}^2\omega}{\mathrm{d}\varphi^2}+k^2\omega=\frac{-M_0R^2+pR^3\omega_0}{EI} \tag{e}$$

此二阶非齐次常系数微分方程的全解为：

$$\omega=C_1\sin K\varphi+C_2\cos K\varphi+\frac{-M_0R^2+pR^3\omega_0}{EI+pR^3} \tag{f}$$

由于圆环是封闭的，当 φ 增加到 2π 时，ω 应为原来值，所以可以断定在 2π 的周期中，ω 仍是 φ 的周期性函数，而 K 表示波数，故应为整数，即 $K=1, 2, 3, \cdots, n, \cdots$才能满足：

$$\sin K(2\pi+\varphi)=\sin K\varphi$$
$$\mathrm{con}K(2\pi+\varphi)=\cos K\varphi$$

则 $1+\frac{pR^3}{EI}=1, 2, 3, \cdots, n^2, \cdots$

由此得临界压力的一般式为：

$$(p_{cr})_{k=n}=\frac{(n^2-1)EI}{R^3} \tag{6-3}$$

讨论：当 $n=1$ 时，$p_{cr}=0$，即不变形的圆环。

当 $n=2$ 时，得最小的(第一)临界压力为：

$$p_{cr}=\frac{3EI}{R^3}$$

此即圆环失稳的临界压力公式。

(5)圆环的挠曲线微分方程

实验和精确的理论分析证明，即使是曲率比较大的曲杆，当求其在外力作用下发生的变形时，多数情况下都可以只考虑弯矩，而略去轴力和剪力对变形的影响。

讨论薄圆环(即环的径向尺寸 h 比环半径 R 小得多)弯曲时的挠曲线微分方程，积分这个方程，可以求出圆环弯曲时的挠曲线。

设中心线半径为 R 的薄圆环(图 6-6a 中虚线所示)，在弯曲后变成扁圆。环上距 AO 为 φ 角的任意点 m，由于半径位移 u 而移动到 m_1，即 $u=mm_1$。同理，相邻的 n 点也将移动到 n_1 点。mm_1 与 nn_1 的夹角为 $\mathrm{d}\varphi$。这里我们假设 u 以中心移动为正。

现将这微段变形放大画出[图 6-6(b)]，由图可知，变形前微段圆弧 nm 的弧长为：

$$\mathrm{d}s=R\mathrm{d}\varphi \tag{A}$$

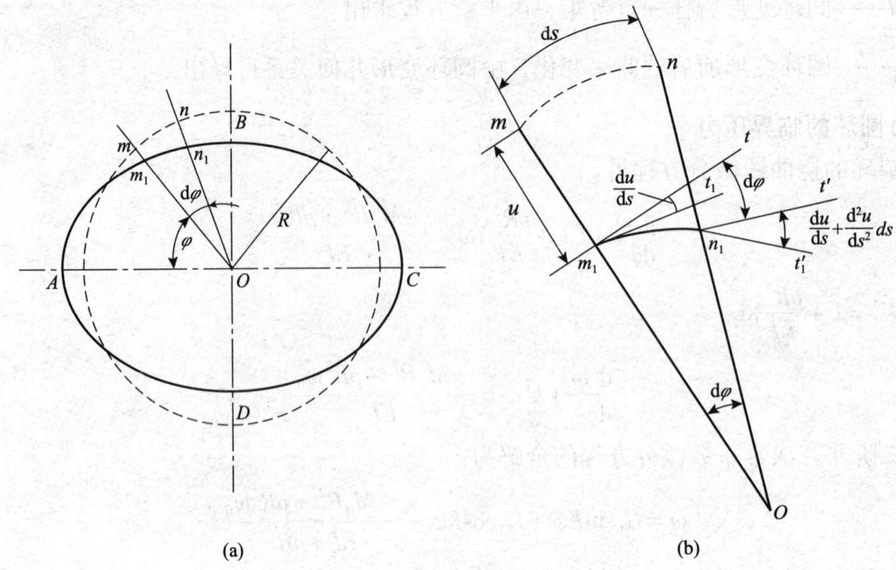

图6-6　薄圆环变形前后特征

其曲率：

$$\frac{d\varphi}{ds}=\frac{1}{R} \tag{B}$$

在变形后，微段 nm 变到 n_1m_1 位置，圆弧 ds 将有一增量 $\delta(ds)$，即 $n_1m_1=ds+\delta(ds)$。在 m_1 和 n_1 点分别作出 n_1m_1 的切线 m_1t_1 和 $n_1t'_1$。再在 m_1 点作 $m_1t\perp m_1m$，在 n_1 点作 $n_1t\perp n_1n$，这样 m_1t 和 n_1t' 分别与 mn 在 m 和 n 点的切线平行。变形前 mn 在 m 和 n 点的切线的夹角为 $d\varphi$，即是 m_1t 和 n_1t' 的夹角。如图6-7(b)中所示。变形后 n_1m_1 在 m_1 和 n_1 点切线的夹角，即是 m_1t_1 和 $n_1t'_1$ 的夹角，此夹角可设为 $d\varphi+\delta(d\varphi)$。这样变形后的曲率为：

$$\frac{1}{R}=\frac{d\varphi+\delta(d\varphi)}{ds+\delta(ds)} \tag{C}$$

在小变形情况下：

$$\delta(ds)=m_1n_1-mn$$

又 m_1t_1 与 m_1t 的夹角，即 m 处横截面在变形过程中的转角，故此角是 du/ds。同理 $n_1t'_1$ 与 n_1t' 的夹角即是 n 处横截面的转角，此转角等于 $\frac{du}{ds}+\frac{d}{ds}\left(\frac{du}{ds}\right)ds$。于是由 m 截面到 n 截面，转角改变量为：

$$\delta(d\varphi)=\left(\frac{du}{ds}+\frac{d^2u}{ds^2}ds\right)-\frac{du}{ds} \tag{D}$$

即：

$$\delta(d\varphi)=\frac{d^2u}{ds^2}ds \tag{E}$$

将式(D)、式(E)代入式(C)，得：

$$\frac{1}{R'}=\frac{d\varphi+\frac{d^2u}{ds^2}ds}{ds-u\frac{ds}{R}}=\frac{d\varphi+\frac{d^2u}{ds^2}ds}{ds\left(1-\frac{u}{R}\right)}=\frac{\frac{d\varphi}{ds}+\frac{d^2u}{ds^2}}{1-\frac{u}{R}}$$

注意到：

$$\frac{1}{1-\dfrac{u}{R}}=1+\frac{u}{R}+\frac{u^2}{R^2}+\cdots$$

略去此展开式中 u^2/R^2 以后的高阶微量，则：

$$\frac{1}{R'}=\left(\frac{\mathrm{d}\varphi}{\mathrm{d}s}+\frac{\mathrm{d}^2u}{\mathrm{d}s^2}\right)\left(1+\frac{u}{R}\right)$$

将式(B)代入上式，得：

$$\frac{1}{R'}=\left(\frac{1}{R}+\frac{\mathrm{d}^2u}{\mathrm{d}s^2}\right)\left(1+\frac{u}{R}\right)=\frac{1}{R}+\frac{u}{R^2}+\frac{\mathrm{d}^2u}{\mathrm{d}s^2}+\frac{\mathrm{d}^2u}{\mathrm{d}s^2}\cdot\frac{u}{R}$$

上式右方第四项和其他项比为高阶小量，可略去，最后得：

$$\frac{1}{R'}-\frac{1}{R}=\frac{u}{R^2}+\frac{\mathrm{d}^2u}{\mathrm{d}s^2} \tag{F}$$

将式(6－2)的两边乘以 $1/R$，得：

$$\frac{\delta(\mathrm{d}\varphi)}{\mathrm{d}s}=\frac{M}{E\delta_zR} \tag{G}$$

对于薄圆环，$R\gg h$，所以，中性层曲率半径 $r\approx R$。

$$RS_z=R\int_A\frac{y^2\mathrm{d}A}{\rho}=R\int_A\frac{y^2\mathrm{d}A}{r+y}\approx R\int_A\frac{y^2\mathrm{d}A}{R+y}$$

由于薄环 $h\ll R$，故 $y\ll R$，上式写成：

$$RS_z\approx\int_A y^2\mathrm{d}A=I$$

式(G)变为：

$$\frac{\delta(\mathrm{d}\varphi)}{\mathrm{d}s}=\frac{M}{EI} \tag{6-4}$$

而按定义$\dfrac{\delta(\mathrm{d}\varphi)}{\mathrm{d}s}$即为曲率改变量$\left(\dfrac{1}{R'}-\dfrac{1}{R}\right)$。我们曾规定，使曲率增加的 M 为正弯矩，故得：

$$\frac{1}{R'}-\frac{1}{R}=\frac{M}{EI} \tag{H}$$

将式(H)代入式(F)，得：

$$\frac{u}{R^2}+\frac{\mathrm{d}^2u}{\mathrm{d}s^2}=\frac{M}{EI} \tag{6-5a}$$

注意到 $R\mathrm{d}\varphi=\mathrm{d}s$，上式可改写为：

$$u+\frac{\mathrm{d}^2u}{\mathrm{d}\varphi^2}=\frac{MR^2}{EI} \tag{6-5b}$$

这就是薄环的挠曲线微分方程，式中 u 为薄环中心线的径向位移，R 为薄环形心轴半径，M 为弯矩，E 为材料弹性模量，I 是圆环径向截面对其中性轴 z(即形心轴，因薄环的 $r\approx R$)的惯矩。

6.2.3 圆筒的临界压力与应力

临界压力 p_{cr}反映外压容器元件抵抗失稳的能力。

(1)长圆筒的临界压力

长圆筒可以忽略两端边界对稳定性的影响，压扁时的波数 $n=2$，临界压力 p_{cr} 与 δ/D 有关，与 L/D 无关。如果把圆环看作离边界较远处切出的长圆筒的一部分，在变形时其相邻两侧的金属将抑制圆环的纵向变形，圆筒的抗弯刚度大于圆环的，应采用圆筒的抗弯刚度 D 来代替圆环的抗弯刚度 EI，这样，长圆筒的临界压力为：

$$p_{cr}=\frac{3D}{R^3}$$

抗弯刚度：

$$D=\frac{E\delta_e{}^3}{12(1-\mu^2)}$$

所以：

$$p_{cr}=\frac{E}{4(1-\mu^2)}\left(\frac{\delta_e}{R}\right)^3$$

或：

$$p_{cr}=\frac{2E}{1-\mu^2}\left(\frac{\delta_e}{D}\right)^3 \tag{6-6}$$

式中 P_{cr}——长圆筒临界压力，MPa；

δ_e——长圆筒的有效厚度 $\delta_e=\delta_n-c$，mm；

δ_n——长圆筒的名义厚度，mm；

D——长圆筒的中面直径，可近似地取圆筒外径，$D\approx D_0$，mm；

E——圆筒材料的弹性模量，MPa；

μ——圆筒材料的泊松比，对于钢制圆筒，可近似取 $\mu=0.3$。

此式即通常所称的勃莱斯(Bresse)公式，由 Bresse 在 1866 年导出。

取 $D\approx D_0$，$\mu=0.3$，则式(6-4)可写为：

$$p_{cr}=2.2E\left(\frac{\delta_e}{D_0}\right)^3 \tag{6-7}$$

由于仅受周向均布外压作用，壳体处于单向应力状态，所以临界压力在圆筒壁中仅引起周向压缩应力，称为临界应力，其计算式为

$$\sigma_{cr}=\frac{p_{cr}D_0}{2\delta_e}=1.1E\left(\frac{\delta_e}{D_0}\right) \tag{6-8}$$

(2)短圆筒的临界压力

短圆筒必须考虑两端边界对稳定性的影响，失稳时的波数为 $n>2$ 正整数，临界压力 p_{cr} 与 δ/D、L/D 有关。

计算外压短圆筒的临界压力工程上通常用拉默公式，该式是根据简化的米塞斯公式推导而来的近似式。

$$p_{cr}=\frac{2.59E\left(\dfrac{\delta_e}{D_0}\right)^{2.5}}{\dfrac{L}{D_0}} \tag{6-9}$$

式中 L——圆筒的计算长度，mm。

(3)刚性圆筒

刚性圆筒的 L/D 值比较小，而 S/D 值比较大，刚性较好，其破坏不是丧失稳定而引起的，是因强度不足而产生破坏，计算时，只要满足强度条件即可。

对于刚性圆筒一般不存在稳定性问题，其破坏是由于强度不足而引起的，故只需进行强度校核。在大多数情况下，这一校核可省略，则：

$$\sigma = \frac{pD}{2(s-c)\varphi} \leqslant [\sigma_{压}] \quad (6-10)$$

式中 φ——焊缝张力，在计算压应力时取 $\varphi = 1$；

$[\sigma_{压}]$——材料许用压应力，取 $\sigma_{压} = \frac{\sigma_s^t}{4}$。

工程实践例题与简解

【例题 6－1】

外压容器是指外壁压力高于内壁压力的容器。如真空容器、带夹套容器以及局部受外茁(如带中间封头)的容器等。外匝容器有强度破坏及失稳破坏两种失效形式，薄壁外压容器以刚性不足而失稳为主要失效形式。失稳破坏时的压力称为临界压力或临界失稳压力，如图 6－7 所示。试推导勃莱斯公式(长圆筒外压失稳临界压力计算公式)的使用范围。

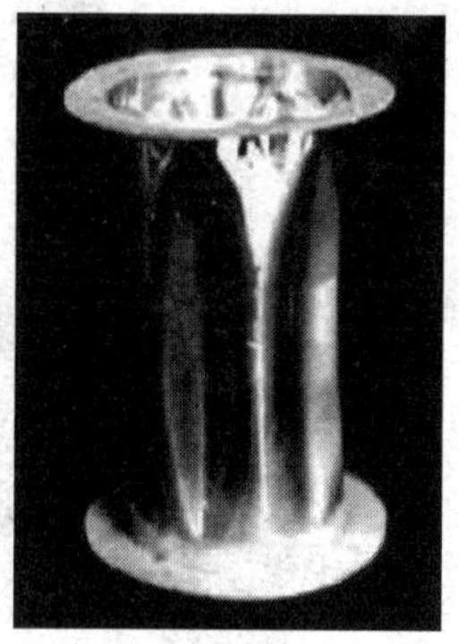

图 6－7 外压失稳

解：长圆筒的失稳条件可以得出 2 个影响因素，一为弹性模量 E，二为(δ/D)，也就是厚径比，δ/D 越大证明在截面内材料越多、刚度越大，反之亦然。圆筒越长雨过的影响越小，所以这里只要区分长与短圆筒的分界便可，短圆筒有二个影响因素，即 E、δ/D、L/D，而直定长短正界圆筒的值只有 L，把长短圆筒临界压力相等时 L 作为两者临界定义，命为 L_{cr}。

$$P_{cr} = 2.2E\ (\delta_e/D_0)^3 = \frac{2.59E\ (\delta_e/D_0)^3}{L/D}$$

$$L_{cr} = 1.17D_0\ \sqrt{D_0/\delta_e}$$

【例题 6－2】

接续【例题 6－1】试推导出短圆筒与刚性圆筒之间临界长度 Lcr。

解：分析过程与 6－1 相同，则有：

$$P_{cr}=\frac{2.59E\ (\delta_e/D_0)^3}{L/D}=\frac{D}{2(\delta_e-L)}$$

$$L_{cr}=\frac{1.295E\left(\frac{\delta_e}{D_0}\right)2.5(D_i+\delta_e)D}{\delta_e\varphi[\sigma]}$$

通过【例题 6－1】、【例题 6－2】可以得出使用三个公式的界定值，在进行外压容器计算时，优先计算该容器对应的 δ/D 的 Lcr，与 Lcr，对应容器长度 L 进行比较。断定在什么范围内再进行计算。

【例题 6－3】

反应釜的广义理解即有物理或化学反应的容器，通过对容器的结构设计与参数配置，实现工艺要求的加热、蒸发、冷却及低高速的混配功能，如图 6－8 所示。

反应釜广泛应用于石油、化工、橡胶、农药、染料、医药、食品，用来完成硫化、硝化、氢化、烃化、聚合、缩合等工艺过程的压力容器，例如反应器、反应锅、分解锅、聚合釜等；材质一般有碳锰钢、不锈钢、锆、镍基(哈氏、蒙乃尔、因康镍)合金及其他复合材料。

钢制反应釜有夹套设计，套内外压计算长度 $L=5000\text{mm}$、内径 $D_i=900\text{mm}$、厚度 $\delta=6\text{mm}$、腐蚀余量 $C_2=1\text{mm}$。采用 Q195，比例极限 $\sigma_p=180\text{MPa}$，$E=2.08\times10^5\text{MPa}$；求解该圆属于什么圆筒(长、短)，判断失稳时可能出现的波数。

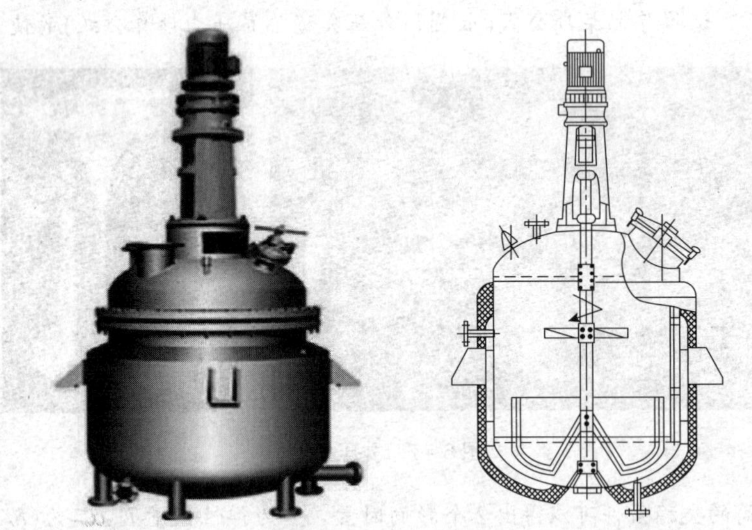

图 6－8　夹套式反应釜

解：

(1)有效直径为：

$$D_0=D_i-(\delta+l)=900-7=893\text{mm}$$

$$L_{cr}=1.17\times893\times\sqrt{893/6}=12746\text{mm}$$

$L<L_{cr}$ 故属于短圆筒。

(2)失稳皱褶波数可用如下计算：

$$N=\sqrt{7.06/\left(\frac{\delta_e}{D_0}\right)\left(\frac{L}{D_0}\right)^2}=\sqrt{7.06/\left(\frac{6}{893}\right)\left(\frac{5000}{893}\right)^2}=5.8$$

由于反应釜有外夹套切强，故接近于双数波型，故取 $n=6$。由于此公式计算会出现小数在没有外界边界条件时很难判断向上或向下取值，故有(±1)的误差。

【例题 6-4】

反应釜由釜体、釜盖、夹套、搅拌器、传动装置、轴封装置、支承等组成。搅拌装置在高径比较大时，可用多层搅拌桨叶，也可根据用户的要求任意选配。釜壁外设置夹套，或在器内设置换热面，也可通过外循环进行换热。支承座有支承式或耳式支座等。转速超过160转以上宜使用齿轮减速机．开孔数量、规格或其他要求可根据用户要求设计、制作。

(1)通常在常压或低压条件下采用填料密封，一般使用压力小于2千克。

(2)在一般中等压力或抽真空情况会采用机械密封，一般压力为负压或4千克。

(3)在高压或介质挥发性高的情况下会采用磁力密封，一般压力超过14千克以上。除了磁力密封均采用水降温外，其他密封形式在超过120度以上会增加冷却水套，如图6-9所示。

有一高压不锈钢反应釜，外径 $D_0=1500\text{mm}$，高度 $L_0=6000\text{mm}$(当量长度)，有效厚度 $\delta_e=11\text{mm}$，材料为奥氏体不锈钢。确定夹套内冰气最大压力。(设计温度180℃)安全系数 $n=3$。

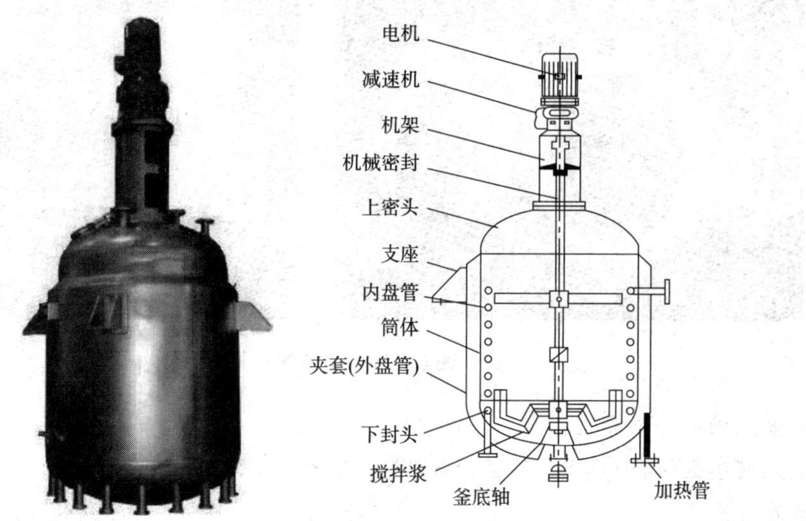

图6-9　高压不锈钢反应釜

解：

不锈钢于180℃时 $E=2.0\times10^5\text{MPa}$。

(1)求临界长度

几何参数：

$$\frac{D_0}{\delta_e}=1500/11=136$$

$$L/D_0=6000/1500=4$$

$$L_{cr}=1.17D_0\sqrt{D_0/\delta_e}=22150\text{mm}$$

$$L<L_{cr}$$

$$L_{cr'}=\frac{1.259E\left(\dfrac{\delta_e}{D_0}\right)^{2.5}(D_i+\delta_e)D_0}{\delta_e\varphi[\sigma]}$$

$L > L_{cr'}$，故多为短圆筒。

(2)临界压力

$$P_{cr} = 2.59E^2 \frac{\left(\frac{\delta_e}{D_0}\right)^{2.5}}{\frac{L}{D}} = 0.59\text{MPa}$$

(3)许用外压

$$[p] = P_{cr}/n = 0.59/3 = 0.19\text{MPa}$$

【例题 6－5】

烧结炉(图 6－10)是指使粉末压坯通过烧结获得所需的物理、力学性能以及微观结构的专用设备。烧结炉用于烘干硅片上的浆料、去除浆料中的有机成分、完成铝背场及栅线烧结。

现有一烧结炉，夹套加热，外径 $D_0 = 300$mm，除去法兰的夹套部，当量长度为 300mm、壁厚 $\delta_e = 24$mm、材料 Q345、温度为 340℃，安全系数为 $n = 3$，求夹套压力。

图 6－10　烧结炉

解：优先确定外压类型：

确定几何参数材料 Q345、温度为 340℃，则有 $E = 1.75 \times 10^5$MPa。

核临界长度 $L_{cr'}$

$$\frac{\delta_e}{D_0} = 0.08$$

$$[\sigma]^2 = 340\text{MPa} \quad \varphi = 1$$

$$L_{cr'} = \frac{1.259E\left(\frac{\delta_e}{D_0}\right)^{2.5}(D_i + \delta_e)D_0}{\delta_e\varphi} = 4.76 \times 10^3\text{mm}$$

$L_{cr'} \geqslant L = 300$mm 故属于刚性圆筒只需校核强度。

由 $PD/2(\delta - C_r)\varphi = [\sigma]$ 得：

$$P = \frac{[\sigma] \times 2(\delta - 2cr)\varphi}{D} = 54.4\text{MPa}$$

许用压力 $[\text{P}] = P/n = 18.1$MPa

【例题 6－6】

套管式换热器如图 6－11 所示，结构如图 6－12 所示，是目前石油化工生产上应用较广的一种换热器。它主要由壳体(包括内壳和外壳)、U形肘管、填料函等组成。所需管材，可分别采用普通碳钢、铸铁、铜、钛、陶瓷玻璃等制作。管子一般被固定在支架上。两种不同介质可在管内逆向流动(或同向)以达到换热的目的。

现有一套管换热器内管 规格 $\varphi 200\times 6$，管长 $L=5000$mm，腐蚀余量为 1mm，材料为 $12C_rM_o$。求内管可受最大外压。

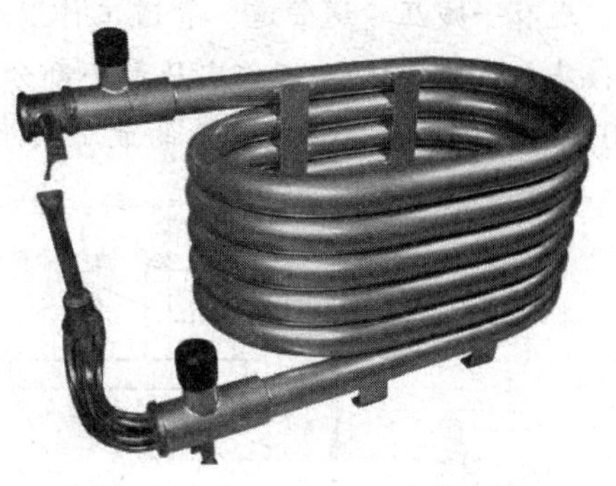

图6－11 套管式换热器

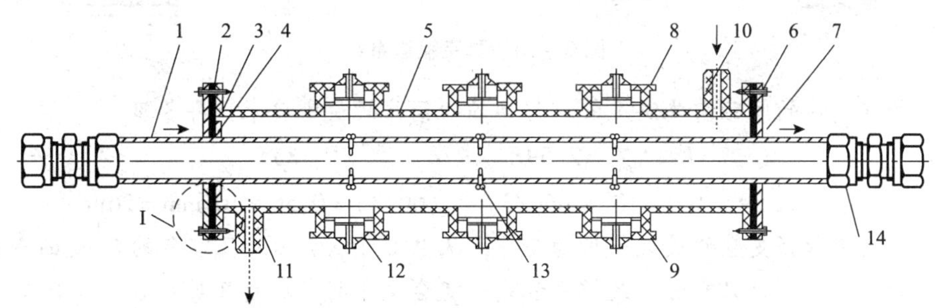

图6－12 一种新型套管式换热器结构简图

1—内管；2—入口端法兰；3—入口端密封垫；4—入口端密封环；5—外管；6—出口端密封垫；7、8、9—出口端法兰；10、11、12—硬水入口；13—取样螺丝

解：求内管的临界长度：

$$L_{cr}=1.17D_0\sqrt{D_0/\delta_e}=1.17\times 200\times\sqrt{200/(6-1)}=234$$

所以 $L=5000\geqslant 234=L_{cr}$ 故为长圆筒可用勃莱斯公式进行计算：

$12C_rM_0$ 弹性模量 $E=2.0\times 10^5$MPa

$$P_{cr}=2.2E(\delta_e/D_0)^3=2.2\times 2.0\times 10^5\times(5/200)^3=6.9\text{MPa}$$

【例题6－7】

尝试计算【例题6－3】中反应器夹套内部需要最大压力值。

解：此反应器的型式采用半封夹套，这种夹套在工作过程中内部壳体同时收到轴向与径向，(伪三向受压)圆筒此时轴向外压对圆筒稳定影响不大，失稳变型与临界压力 P_{cr} 与【例题6－3】、【例题6－4】、【例题6－5】差别不大，可直接套用计算。

因为是短圆筒所以使用其临界压力进行计算：

$$P_{cr}=\frac{2.59E\ (\delta_e/D_0)^{2.5}}{L/D}=\frac{2.59\times 2.08\times 10^5\times\left(6-\dfrac{1}{912}\right)^{2.5}}{5000/912}=2.19\text{MPa}$$

【例题6－8】

负压系统指利用压风机(真空泵)产生系统负压，如图6－13所示，将在受料器处与空气均匀混合的粉粒状物料通过管道抽送至贮料装置的输送系统，主要用于燃煤电厂的灰处理系统，又称负压气力除灰系统，为国外引进技术，其系统设计技术已为国内除灰系统设计人员完全掌握。

现有一减压输送管道，管道工作温度为常温，采用 $\varphi=60\times3$ 规格无缝钢管焊接而成，焊接头系数 $\varphi=0.9$。工作内压最小部分可以视为真空，采用材料为不锈钢，弹性模量 $E=2.0\times10^5$ MPa。试求加强支座的最小间距。

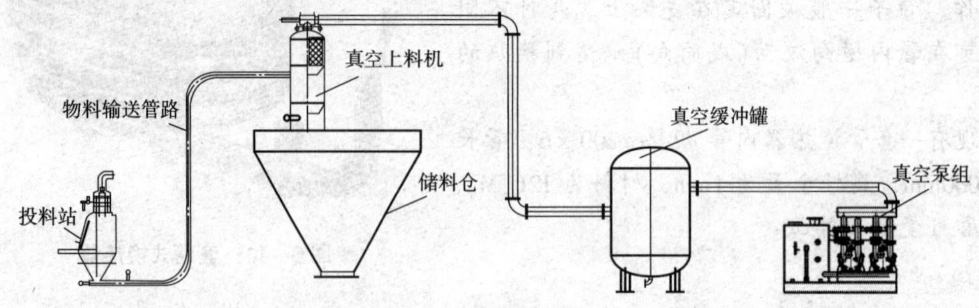

图 6-13 真空输送系统

解：加强支座的间距需要满足管道作为简短筒体的最小要求，即长度

$$L \leqslant L_{max}=2.59E\,(D_0/\delta_e)^{-2.5}(D_0/3p)$$

$$L_{max}=2.59\times2.0\times10^5\times(60/3)^{-2.5}(60/3)=0.56\times10^5\text{mm}=56\text{m}$$

此管道安装加强支座的最大长度为56m，从以上可以看出外压容器的 P_{cr} 是随着 L 的增长而减少的，也就是说只要管道足够失稳是一定会发生的，故负压反应釜过长时需补强。

【例题 6-9】

【例题 6-3】采用的封头与半球型封头，计算其许用外压。

解：可由弹性小挠度临界压力公式：

$$P_{cr}=1.2E\,(\delta_e/R_i)^2=1.21\times2.08\times10^5\times(5/450)^2=31\text{MPa}$$

应用此公式安全系数 $n=14.52$：

则 $[P]=31/14.52=2.132$MPa，结合【例题 6-7】取 2.132MPa。

【例题 6-10】

如将【例题 6-8】中负压输送管线，选用无缝钢管规格变为 $\varphi60$ 乘 6.5，重新计算管内可用最大负压。

解：在该计算中管壁处干厚壁 $D_0/\delta<10$ 在此时失稳，则有 $\varepsilon_{cr}>10\%$（应变极限）则可能发生塑性失稳或屈服，应同时考虑稳定性与强度，此时许用外压。

$$[P]=\min\{[P]_1,\ [P]_2\}$$

其中 $[P]_1$ 为稳定性，$[P]_2$ 为强度校核。

故有：

$$[P]_1=\left(\frac{1.625}{\dfrac{D_0}{\delta_0}}-0.0625\right)B=10.2\text{MPa}$$

$$[P]_2=\frac{2\sigma_0}{\dfrac{D_0}{\delta_0}}\left(1-\frac{1}{\dfrac{D_0}{\delta_0}}\right)=9.32\text{MPa}$$

因 $[P]_1>[P]_2$，故处压最大值为 9.32MPa。

第 7 章

卧式容器力学分析

7.1 卧式容器支撑问题

卧式容器的支撑通常采用双支座，而支撑的位置要通过力学分析得以确定，如图 7－1(a)所示。通常把双支座系统近似简化成一力学模型，即受均布载荷的一端固支、一端铰支的外伸梁，如图 7－1(b)所示。由弯矩图 7－1(c)可知：梁的危险截面位置在支座截面和梁的跨距中截面处，与尺寸 A 和 L 的比例有关。

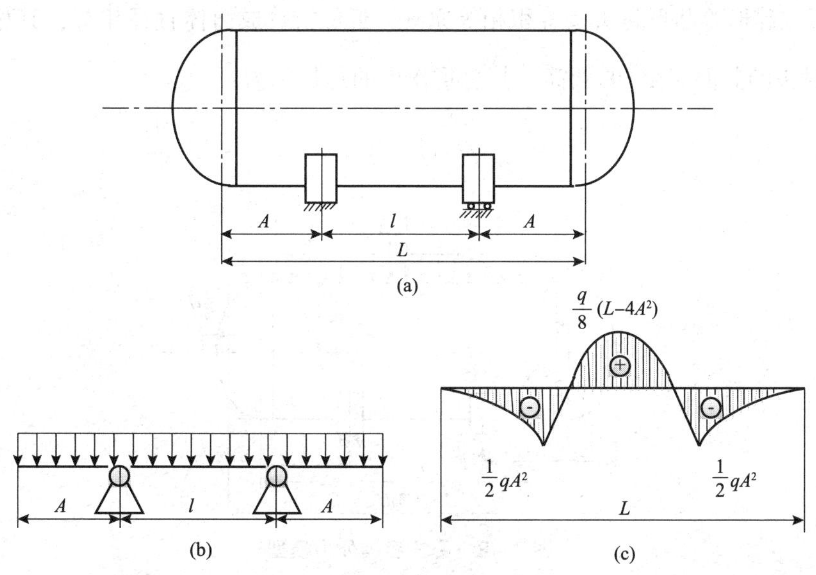

图 7－1　卧式容器支撑

假设设备总重为 $2F$，简化成均布载荷 q 为单位长度上的力，每个支座的反力为 F，L 为筒体长度，即两端盖切线间的距离，A 为容器端盖切线至支座中心线的距离。为使容器受力最好，令两危险截面处的弯矩相等，则有：

$$\frac{qA^2}{2}=\frac{q}{8}(l^2-4A^2)$$

又因为 $l=L-2A$，代入得：

$$A=\frac{L}{2(1+\sqrt{2})}=0.207L$$

考虑到支座截面处除弯矩以外的其他载荷，而且支座截面处应力较为复杂，故常取支座处圆筒的弯矩略小于跨距中间圆筒的弯矩，通常取 $A\leqslant 0.2L$。

此外，由于封头的抗弯刚度大于圆筒的抗弯刚度，故封头对于圆筒的抗弯刚度具有局部的加强作用。最好使 $A\leqslant 0.5R_m$（R_m 为圆筒的平均半径，通常用圆筒内半径 R_i 代替 R_m），在后面将做介绍。

7.2 载荷分析

通过载荷分析进而得到卧式容器的力学模型。卧式容器的载荷有长期载荷、短期载荷、冲击载荷。长期载荷包括设计压力(内压或外压、真空)、容器质量(包括容器自身质量，充满水或所容介质的质量，所有附件及保温层等质量)。短期载荷包括风载荷、地震载荷或雪载荷(取其大值)。

7.2.1 容器筒体受均布载荷 q

卧式容器外力模型如图 7－2 所示，假设卧式容器质量为 $2F$，为简化计算，对于半球形、椭圆形或碟形等凸形封头按容积相等原则，近似折算成筒体直径相等，其相当长度为 $\frac{2}{3}H$（H 为封头的曲面深度）的圆筒，其总重作用的总长度为：

$$L'=L+\frac{4}{3}H \tag{7-1}$$

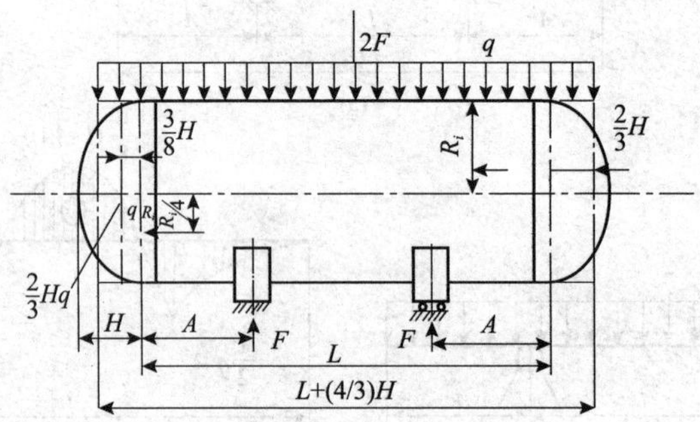

图7－2 卧式容器外力模型

假设容器总重沿长度方向均匀分布，则作用在总长度上的单位长度均布载荷为：

$$q=\frac{2F}{L'}=\frac{2F}{L+\frac{4}{3}H} \tag{7-2}$$

7.2.2 鞍座反力 F

容器两端为凸形封头时：$F=\frac{1}{2}q(L+\frac{4}{3}H)$ (7-3)

容器两端为平封头($H=0$)时：$F=\frac{1}{2}qL$ (7-4)

通常设备质量为已知，则：$F=\frac{mg}{2}$ (7-5)

式中，m 为设备质量。

7.2.3 水平力矩

由于封头中充满液体，液体静压力对封头作用一水平向外推力，如图 7-3 所示，又因为液体压力 p_1 沿筒体高度按线性规律分布，即其顶部静压为零，底部静压为 $p_0=2\rho gR_i$，所以施加于封头液体静压力产生的水平力矩：

$$m_2 = \int p_1 \mathrm{d}S \cdot y$$

式中，p_1 为液体静压，$p_1=(R_i-y)\cdot\gamma$；γ 为液体重度。

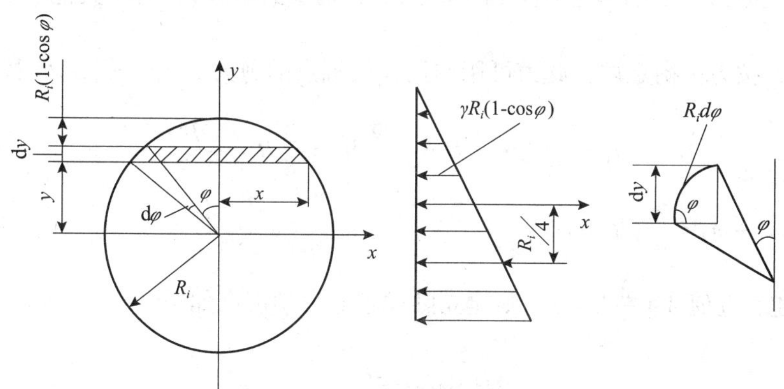

图 7-3 液体静压力及其合力

微面积：
$$\mathrm{d}S=2x\mathrm{d}y$$

由于：
$$p_1=\gamma R_i(1-\cos\varphi)$$
$$\mathrm{d}S=2R_i\sin\varphi\mathrm{d}y$$
$$y=2R_i\cos\varphi$$
$$\mathrm{d}y=R_i\mathrm{d}\varphi\cdot\sin\varphi$$

$$\begin{aligned}m_2 &= -\int_0^{\pi} yp_1\mathrm{d}S \\ &= -2\gamma R_i^4\int_0^{\pi}(1-\cos\varphi)\sin^2\varphi\cdot\cos\varphi\mathrm{d}\varphi \\ &= -2\gamma R_i^4\left(\int_0^{\pi}\sin^2\varphi\mathrm{d}\varphi-\int_0^{x}\sin^2\varphi\cdot\cos^2\varphi\mathrm{d}\varphi\right) \\ &= (-2\gamma R_i^4)\left(-\frac{\pi}{8}\right) = \frac{R_i^4}{4}\pi R_i^2\gamma = \frac{R_i^2}{4}q\end{aligned}$$

即：
$$m_2 = \frac{qR_i^2}{4} \tag{7-6}$$

其合力为：

$$\begin{aligned}\int_0^{\pi} p_1 \mathrm{d}S &= \int_0^{\pi} \gamma R_i(1-\cos\varphi)\cdot 2R_i\sin\varphi \mathrm{d}y \\ &= \int_0^{\pi} \gamma R_i(1-\cos\varphi)\cdot 2R_i\sin\varphi\cdot R_i\sin\varphi \mathrm{d}\varphi \\ &= 2\gamma R_i^3\cdot\frac{\pi}{2} = \pi R_i^2\gamma\cdot R_i = q\cdot R_i\end{aligned}$$

又：
$$m_2 = qR_i\cdot Y_c = \frac{R_i^2}{4}q$$

故：
$$Y_c = \frac{R_i}{4} \tag{7-7}$$

7.2.4 封头质量引起的载荷

封头本身和封头中物料的重量为$\frac{2}{3}Hq$，此重力作用在封头(含物料)的重心上，对于半球形封头，重心的位置$e=\frac{3}{8}H$(e为重心到封头切线的距离)，对于其他凸形封头，也近似取$e=\frac{3}{8}H$，按力平衡定理，此力可用作用在梁端点的剪力F_q和力偶m_1代替。

$$m_1 = -F_q\cdot\frac{3}{8}H = -\frac{2}{3}Hq\cdot\frac{3}{8}H = -\frac{H^2}{4}q \tag{7-8}$$

则 $m_3 = m_1 + m_2 = \frac{q}{4}(R_i^2 - H^2)$

综上所述，近似$A+\frac{2}{3}H\approx A$，则建立卧式容器力学模型如图7-4所示。

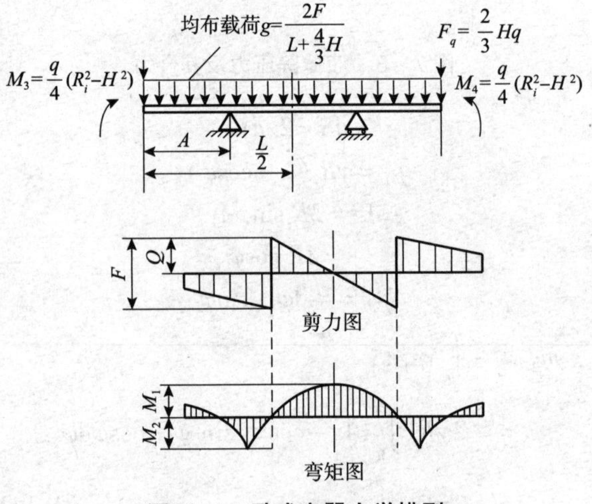

图7-4 卧式容器力学模型

7.3 内力分析

内力分析如图7－5所示。

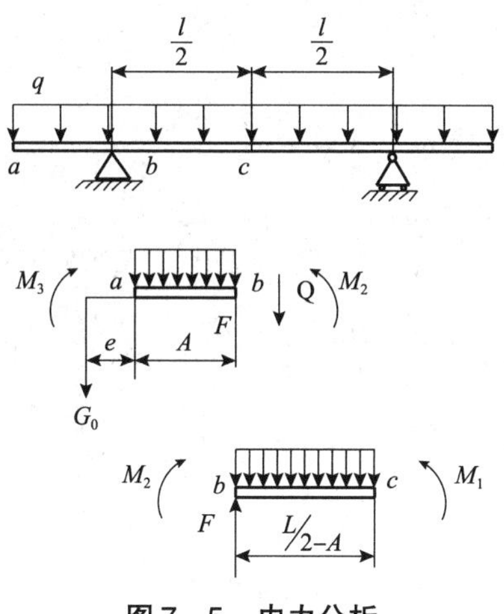

图7－5 内力分析

7.3.1 弯矩 M_2

鞍座处圆筒截面上的轴向弯矩 M_2：

$$
\begin{aligned}
M_2 &= -\frac{2}{3}Hq\cdot A - qA\cdot\frac{A}{2} + M_3 \\
&= -\frac{2}{3}HqA - qA\cdot\frac{A}{2} + \left(\frac{R_i^2 - H^2}{4}\right)q \\
&= -q\left(\frac{2}{3}HA + \frac{H^2}{4} + \frac{A^2}{2} - \frac{R_i^2}{4}\right)
\end{aligned}
$$

又因为 $q = \dfrac{2F}{L + \dfrac{4}{3}H}$，则有：

$$
M_2 = -FA\left(1 - \frac{1 - \dfrac{A}{L} + \dfrac{R_i^2 - H^2}{2AL}}{1 + \dfrac{4H}{3L}}\right)
$$

令 $C_2 = 1 + \dfrac{4H}{3L}$，$C_3\dfrac{R_i}{A} = \dfrac{R_i^2 - H}{2AL}$，则 $C_3 = \dfrac{R_i^2 - H^2}{2LR_i}$，将 C_2、C_3R_i/A 代入上式，可简化为：

$$
M_2 = \frac{FA}{C_2}\left(1 - \frac{A}{L} + C_3\frac{R_i}{A} - C_2\right) \tag{7-9}
$$

式中，M_2一般为负值，表示上半圆筒受拉伸，下半圆筒受压缩。

7.3.2 弯矩 M_1

圆筒中间处截面的轴向弯矩 M_1：

$$M_1 = M_3 + F \cdot \frac{l}{2} - G_0 \cdot (A + \frac{l}{2}) - q(A + \frac{l}{2}) \cdot \frac{A + \frac{l}{2}}{2}$$

$$= M_3 + F(\frac{L}{2} - A) - G_0 \cdot \frac{L}{2} - q\frac{L^2}{8}$$

式中，$G_0 = \frac{2}{3}Hq$。

将 $M_3 = (\frac{R_i^2 - H^2}{4}) \cdot q$，$Q_0$代入上式：

$$M_1 = (\frac{R_i^2}{4} - \frac{H^2}{4})q + F(\frac{L}{2} - A) - \frac{2}{3}Hq \cdot \frac{L}{2} - q\frac{L^2}{8}$$

$$= -q(\frac{H^2}{4} + \frac{HL}{3} + \frac{L^2}{8} - \frac{R_i^2}{4}) + F(\frac{L}{2} - A)$$

将 $q = \frac{2F}{L + \frac{4}{3}H}$代入整理得：

$$M_1 = \frac{FL}{4}\left(\frac{1 + 2\frac{R_i^2 - H^2}{L^2}}{1 + \frac{4H}{3L}} - \frac{4A}{L}\right)$$

令：

$$\frac{1 + 2\frac{R_i^2 - H^2}{L^2}}{4(1 + \frac{4H}{3L})} = \frac{0.25 + C_3 \cdot \frac{R_i}{L}}{C_2} = C_1$$

则：

$$M_1 = F(C_1L - A) \tag{7-10}$$

式中，一般M_1为正值，表示上半圆筒受压，下半圆筒受拉。

7.3.3 剪力 Q

现在只讨论支座截面上的剪力，因为对于承受均匀载荷的外伸筒支梁，其跨距中点处截面的剪力等于零。

①当支座离封头切线距离 $A > 0.5R_i$时，应计及外伸圆筒和封头两部分重量的影响，在支座处截面的剪力为：

$$Q = F - q(A + \frac{2}{3}H) = F(\frac{L - 2A}{L + \frac{4}{3}H}) \tag{7-11}$$

②当支座离封头切线距离 $A \leqslant 0.5R_i$时，在支座处截面上的剪力为 $Q = F$。

综上所述，根据$\frac{dQ}{dx} = Q$、$\frac{dM}{dx} = Q$，可绘出剪力，弯矩图见图 7－4。

7.4 应力分析

对于双鞍座卧式设备，根据操作压力和温度，在初步设计确定设备的壁厚以后(不包括腐蚀度等附加量)，考虑到双鞍座卧式设备的受载荷特点必须验算以下应力，即：鞍座处截面和跨中截面的经向(轴向)应力、鞍座处截面的周向应力及剪应力。

如果验算不符合要求，则应加大计算壁厚或采取加强措施。

7.4.1 圆筒轴向应力

圆筒中的轴向应力由两部分组成：一部分是由轴向弯曲力矩引起的轴向弯曲应力；另一部分由设计压力引起的轴向应力。

轴向应力最大值位置如图7－6所示，在操作压力和弯矩的作用下，筒体轴向应力的最大值可能出现在鞍座处截面或跨距中间截面，对于正压操作的卧式容器设备最大拉应力可能出现在(a_1)或b_2点，a_2、b_1两点可能出现压应力；对于负压操作的设备最大压应力可能在a_2或b_1点上，此时(a_1)、b_2两点可能出现拉应力，如果考虑“扁塌”现象，上述鞍座处截面的最大拉应力将出现在a_1点(鞍座角边处)，而最大压应力仍处在a_2点。

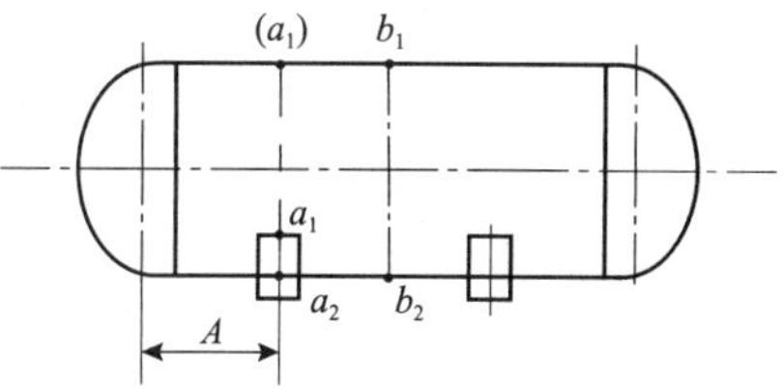

图7－6 轴向应力最大值位置

(1) 轴向弯曲应力

卧式容器同受均布载荷两支点的外伸梁一样，须校核危险截面的承载能力，但卧式容器的结构特点与等截面的梁不同，须分别校核支座处与圆筒中间处截面的弯曲强度。

在圆筒中间处的截面惯性矩和截面系数：

$$I_{bx} = \pi R_m^3 \delta_e$$

$$W_b = \frac{I_{bx}}{R_m} = \pi R_m^2 \delta_e \tag{7-12}$$

在鞍座处圆筒的截面惯性矩和截面系数：

当鞍座距封头较近(即$A \leqslant 0.5R_m$)或在鞍座平面上设有强圈时，均使圆筒得到加强，从而圆筒整个截面都能有效地抵抗弯矩作用，在这种情况下，圆筒截面惯性矩和截面系数与圆筒中间处情况相同。

即：

$$I_{ax} = I_{bx} = \pi R_m^3 \delta_e$$

$$W_a = W_b = \frac{I_{bx}}{R_m} = \pi R_m^2 \delta_e \tag{7-13}$$

在鞍座平面上无加强圈且$A > 0.5R_m$的不被封头加强的圆筒，由于筒体刚性不足(壁厚薄又不经加强)，根据zick(齐克)实验的结论，在支座上部的圆筒，由于周向弯矩的作用，使鞍座上部的圆筒发生变形，犹如“扁塌”。如图7－7所示。“扁塌”过后，这一部分筒体不能起到承载的作用，就像鞍座上面部分圆筒被“割去”一样，而成为无效区，故减少了圆筒承受弯矩的有效截面积。根据zick的建议，抵抗弯矩M_2的有效截面积为：由鞍座竖直中心线向两侧量起的 Δ 圆弧，2Δ 圆弧之内的圆筒截面积。半圆心角 Δ 等于鞍座包角 θ 之半加上$\frac{\beta}{6}$，即 $\Delta=\frac{\theta}{2}+\frac{\beta}{6}=\frac{1}{12}(360°+5\theta)\ (\beta=\pi-\frac{\theta}{2})$。根据材料力学可推得此截面的惯性矩 I_{x1} 及 a_1、a_2 两处的截面系数，分别为 W_{a1}、W_{a2}。

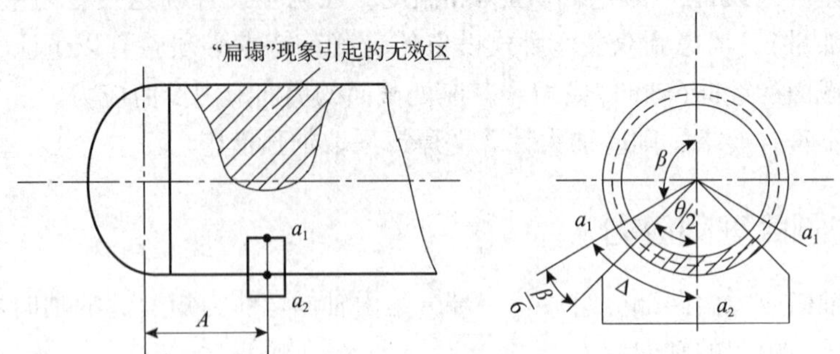

图 7－7 "扁塌"现象

圆筒中间处截面的轴向弯曲应力。

在横断面的最高点(b_1点)处：

$$\sigma'_1=-\frac{M_1}{W_b}=-\frac{M_1}{\pi R_m^2\delta_e} \tag{7-14}$$

在横截面的最低点(b_2点)处：

$$\sigma'_2=\frac{M_1}{W_b}=\frac{M_1}{\pi R_m^2\delta_e} \tag{7-15}$$

在鞍座处圆筒截面上的轴向弯曲应力。

此处轴向弯曲应力的大小，取决于支撑面上圆筒的局部刚性。如圆筒被加强时，则最大拉应力 σ'_3 出现在截面的最高点处(即 a_1点)，则：

$$\sigma'_3=-\frac{M_1}{W_{a1}} \tag{7-16}$$

在圆筒截面最低点 a_2处，产生最大压应力 σ'_4，则：

$$\sigma'_4=\frac{M_2}{W_{a2}} \tag{7-17}$$

由于设计压力引起的轴向应力 σ_p：

$$\sigma_p=\frac{pR_m}{2\delta_e} \tag{7-18}$$

(2)轴向应力的组合

轴向应力是由弯矩引起的轴向拉伸，压缩应力和由内压(或外压)引起的轴向拉伸(或压缩)应力叠加，并使其不得超过材料在相应温度下的许用应力$[\sigma]^t$，压缩应力不应超过轴向许用临界应力$[\sigma]^{cr}$和材料的许用应力$[\sigma]^t$。

①在圆筒中间横截面上，由压力及轴向弯矩引起的轴向应力为：

最高点处：

$$\sigma_1=\frac{pR_m}{2\delta_e}-\frac{M_1}{2R_m^2\delta_e} \tag{7-19}$$

最低点处：

$$\sigma_2 = \frac{pR_m}{2\delta_e} + \frac{M_1}{\pi R_m^2 \delta_e} \tag{7-20}$$

②在支座处圆筒横截面上，由于压力与轴向弯矩引起的轴向应力。

当圆筒在鞍座平面上有加强圈或被封头加强($A \leqslant R_m/2$)时，轴向应力σ_3位于横截面最高点处，当圆筒未被加强时，σ_3位于靠近水平中心线处。

$$\sigma_3 = \frac{pR_m}{2\delta_e} - \frac{M_2}{\pi K_1 R_m^2 \delta_e} \tag{7-21}$$

在横截面最低点处的轴向应力σ_4：

$$\sigma_4 = \frac{pR_m}{2\delta_e} + \frac{M_2}{\pi K_2 R_m^2 \delta_e} \tag{7-22}$$

式中，系数K_1、K_2值见表7－1。

表7－1 系数K_1、K_2值

条件	鞍座包角 θ/°	K_1	K_2
被封头加强的圆筒，即 $A \leqslant R_m/2$ 或在鞍座平面上有加强圈的圆筒	120 135 150	1.0 1.0 1.0	1.0 1.0 1.0
未被封头加强的圆筒，即 $A > R_m/2$，且在鞍座平面上无加强圈的圆筒	120 135 150	0.107 0.132 0.161	0.192 0.234 0.279

7.4.2 切向剪应力

对于竖直剪力Q，可转化为圆周上的切向剪应力，这一切向剪应力对称于y轴，且按切线分布，即在圆筒上任一点都与圆筒相切，有三种情况。

(1)鞍座处有加强圈

由于筒体在鞍座处被加强圈加强，故“扁塌”区消除，整个圆截面都能承受载荷，如图7－8所示，最大切向剪应力值出现在$\varphi = \frac{\pi}{2}$处。

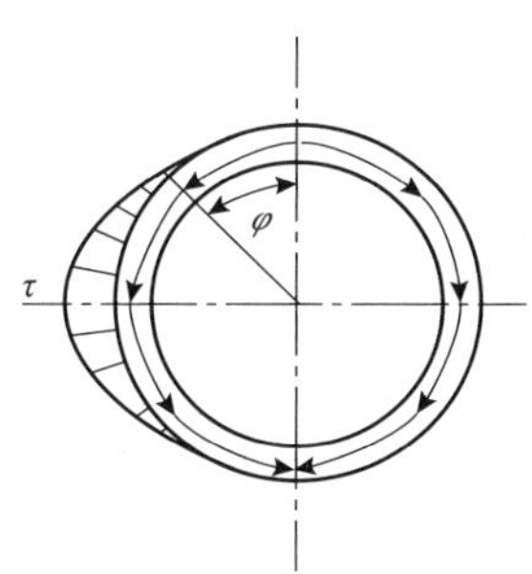

图7－8 圆筒支座截面上有加强圈时的切向应力

由于筒体在鞍座处被加强圈加强，故“扁塌”区消除，整个圆截面都能承受载荷。从鞍座右侧处筒体中切出dx长的圆环$ABCD$，其受力情况如图7－9a所示。

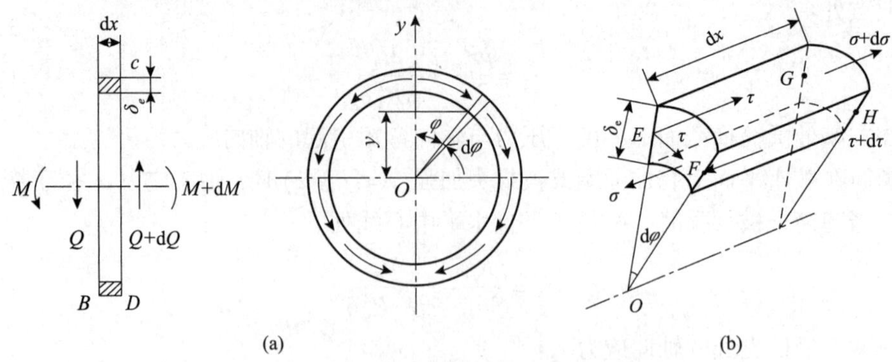

图7-9　有加强圈的筒体上的剪力和弯矩

对圆环取力矩平衡：

$$M-(M+\mathrm{d}M)+Q\mathrm{d}x=0$$

得：

$$Q=\frac{\mathrm{d}M}{\mathrm{d}x} \tag{A}$$

在圆环上取 dφ 弧段微元体 EFHG，如图7-9(b)所示，由于 $\sum F_x=0$，得：

$$(\sigma+\mathrm{d}\sigma)\delta_e R_i\mathrm{d}\varphi-\sigma\delta_e R_i\mathrm{d}\varphi+\tau\delta_e\mathrm{d}x-(\tau+\mathrm{d}\tau)\delta_e\mathrm{d}x=0$$

化简得：

$$\mathrm{d}\sigma R_i\mathrm{d}\varphi-\mathrm{d}\tau\mathrm{d}x=0$$

即：

$$\mathrm{d}\tau=\frac{\mathrm{d}\sigma}{\mathrm{d}x}R_i\mathrm{d}\varphi \tag{B}$$

根据正应力 σ 与弯矩 M 的关系，得：

$$\sigma=\frac{My}{I}=\frac{MR_i\cos\varphi}{\pi R_i^{\ 3}\delta_e}=\frac{M\cos\varphi}{\pi R_i^{\ 2}\delta_e}$$

求导后将式(A)代入，得：

$$\frac{\mathrm{d}\sigma}{\mathrm{d}x}=\frac{\mathrm{d}M}{\mathrm{d}x}\cdot\frac{\cos\varphi}{\pi R_i^{\ 2}\delta_e}=\frac{Q\cos\varphi}{\pi R_i^{\ 2}\delta_e} \tag{C}$$

将式(C)代入式(B)，得：

$$\mathrm{d}\tau=\frac{Q\cos\varphi}{\pi R_i\delta_e}\mathrm{d}\varphi$$

积分得：

$$\tau=\int_0^{\varphi}\frac{Q\cos\varphi}{\pi R_i\delta_e}\mathrm{d}\varphi=\frac{Q\sin\varphi}{\pi R_i\delta_e} \tag{D}$$

此为微元体 EG 面上 E 点的剪应力，根据剪应力互等定理知，筒体横截面上 E 点（φ 角处）的剪应力为：

$$\tau=\frac{Q\sin\varphi}{\pi R_i\delta_e} \tag{7-23}$$

则：

$$\tau_{\max}\big|_{\varphi=\frac{\pi}{2}}=\frac{Q\sin\frac{\pi}{2}}{\pi R_i\delta_e}=\frac{Q}{\pi R_i\delta_e}=0.318\,\frac{Q}{R_i\delta_e} \tag{7-24}$$

(2)无加强的筒体

鞍座处筒体既无加强圈也不受封头加强（$A>0.5R_m$），筒体刚性不足，故需考虑“扁塌”现象。此时由 Zick 实验得出，承受剪力的有效截面仅限于一个包角为 $2\left(\frac{\theta}{2}+\frac{\beta}{20}\right)$ 的圆弧截面承担，且最大切向剪应力出现在鞍座边角 A 点处。如图 7－10 所示。

切向剪应力只是 φ 角的正弦函数，因此可假设有效截面上的切向剪应力为常数 B 与 $\sin\varphi$ 的乘积，即：

$$\tau = B\sin\varphi$$

筒体无论加强与否，其横截面上的竖直剪力应保持不变，则有：

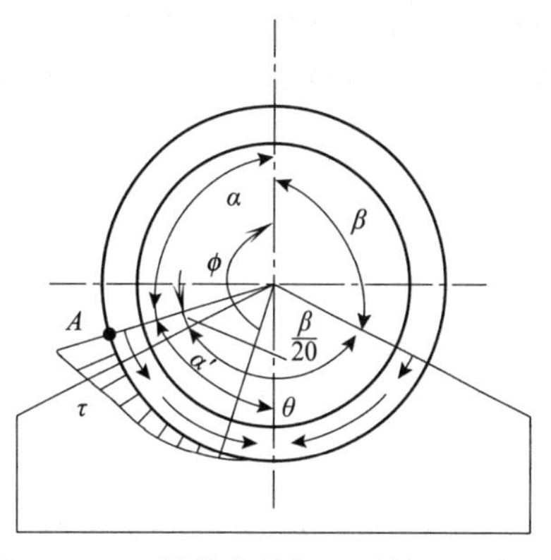

图 7－10　圆筒未被加强时的切向应力

$$\begin{aligned} Q &= 2\int_0^{\pi} \tau \sin\varphi \delta_e R_i \mathrm{d}\varphi \\ &= 2\int_0^{\pi} B \sin^2\varphi \delta_e R_i \mathrm{d}\varphi \\ &= BR_i\delta_e(\pi - \theta + \sin\theta\cos\theta) \end{aligned}$$

则有：

$$B = \frac{Q}{R_i\delta_e}\frac{1}{\pi - \theta + \sin\theta\cos\theta}$$

将上式代入式(D)得：

$$\tau = \frac{Q}{R_i\delta_e}\frac{\sin\varphi}{\pi - \theta + \sin\theta\cos\theta} \tag{7－25}$$

当 $\varphi=\theta$(即 A 点时)有最大剪应力：

$$\tau_{\max}\big|_{\varphi=\theta} = \frac{Q}{R_i\delta_e}\frac{\sin\theta}{\pi - \theta + \sin\theta\cos\theta} \tag{7－26}$$

(3)被封头加强的筒体

筒体上无加强圈，但鞍座靠近封头($A \leqslant 0.5R_m$)，直接对筒体相当于一个支撑。筒体被封头加强，此时，剪力先由鞍座传至封头，然后作用在圆弧角度为 2α 的切向剪力，又将载荷传回靠封头的鞍座一边，如图 7－11 所示。

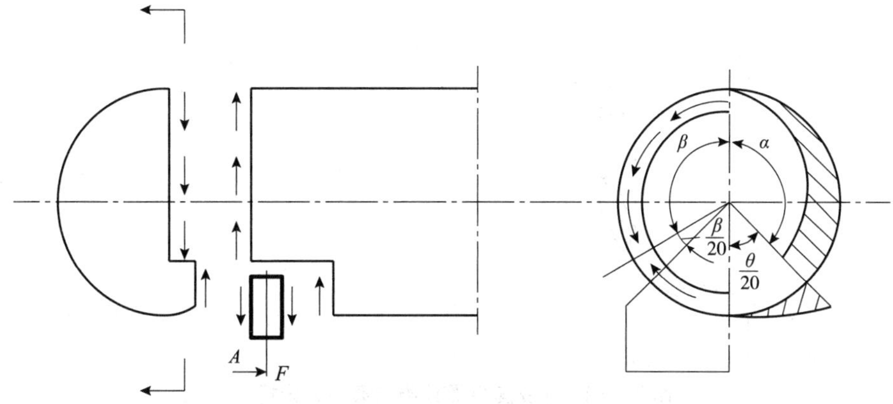

图 7－11　被封头加强圆筒上的切向应力

Zick 提出在左侧截面上，$0 \sim \alpha$ 范围内，剪力指向下方，切应力分布规律与有加强圈的圆筒相同，在 $\alpha\sim\pi$ 范围内，剪力指向上方，切应力是有加强圈时的圆筒上切应力的 C 倍，为达到力平衡，$\pi\sim\alpha$ 范围的剪应力一定朝上，即：

$$2\int_0^{\alpha}\frac{F\sin\varphi}{\pi R_i\delta_e}\sin\varphi\delta_e R_i \mathrm{d}\varphi = 2\int_0^{\pi}C\frac{F\sin\varphi}{\pi R_i\delta_e}\sin\varphi\delta_e R_i \mathrm{d}\varphi$$

则：

$$C=\frac{\alpha-\sin\alpha\cos\alpha}{\pi-\alpha+\sin\alpha\cos\alpha}$$

故圆筒中的切应力：

$$\tau = C\frac{F\sin\varphi}{\pi R_i\delta_e}=\frac{F\sin\varphi}{\pi R_i\delta_e}\frac{\alpha-\sin\alpha\cos\alpha}{\pi-\alpha+\sin\alpha\cos\alpha} \tag{7-27}$$

当 $\varphi=\alpha$ 时切应力最大：

$$\tau_{\max}\big|_{\varphi=\alpha}=\frac{\sin\alpha}{\pi}\left(\frac{\alpha-\sin\alpha\cos\alpha}{\pi-\alpha+\sin\alpha\cos\alpha}\right)\frac{F}{R_i\delta_e} \tag{7-28}$$

7.4.3 圆筒周向应力

卧式容器在均布载荷和支座反力的作用下，鞍座处的圆筒将发生周向压缩和弯曲，其最大周向应力将发生在鞍座处圆筒截面最低点或鞍座边角处。

(1)圆筒在支座平面的周向弯矩

支座截面处圆筒的周向弯矩是由该截面上的切向切应力引起的。若支座平面的筒体有足够刚性，假设其横截面能够保持圆环形状，则 φ 截面的周向弯矩 M_B，对 B 点取弯矩：

$$M_B = M_A - p_A R(1-\cos\varphi) + M_\tau$$

式中，M_τ 为支座两侧的切向剪力对 φ 截面所造成的力矩。p_A 与 M_A 为半个圆环的边界力及力矩，由 A 点($\varphi=0$)边界条件确定。在 $\varphi=\beta$ 处，即鞍座角边处出现最大周向弯矩。

然而只有支座截面处的圆筒被加强圈加强，即切向切应力按图 7－12 所示的规律分布时，才能得出周向弯矩的解析解。而当支座截面处的圆筒无加强圈，且 $A\geqslant 0.5R_i$，即圆筒不受任何形式的加强，以及当 $A<0.5R_i$，圆筒由封头加强时，都无法导出切向切应力产生的周向弯矩的解析解，只能对由加强圈所加强的圆筒的结果予以修正处理。

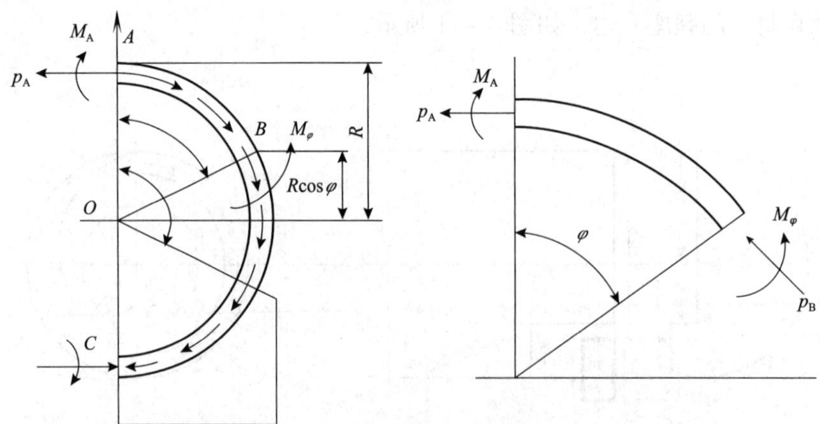

图 7－12 在支座平面处周向弯矩的分析力

在支座截面上有加强圈的圆筒如图 7－13 所示，仅取鞍座截面上的一半圆筒来讨论($A\leqslant 0.5R_i$，$Q=F$)。在圆环顶点 A 处，存在周向弯矩 M_A 和周向力 p_t。利用边界条件，即

A 点的水平位移和转角为零，可以确定 M_A 和 p_t。在 M_A、p_t 和圆环上切向切应力 τ 作用下，可得出任意角度 φ 处的周向弯矩 M_φ 为：

$$M_\varphi = \frac{FR_i}{\pi}\left\{\cos\varphi + \frac{\varphi}{2}\sin\varphi - \frac{2}{3}\frac{\sin\beta}{\beta} + \frac{\cos\beta}{2} - \frac{1}{4}\left(\cos\varphi - \frac{\sin\beta}{\beta}\right)\times\left[9 - \frac{4-6\left(\frac{\sin\beta}{\beta}\right)^2 + 2\cos^2\beta}{\frac{\sin\beta}{\beta}\cos\beta + 1 - 2\left(\frac{\sin\beta}{\beta}\right)^2}\right]\right\}$$

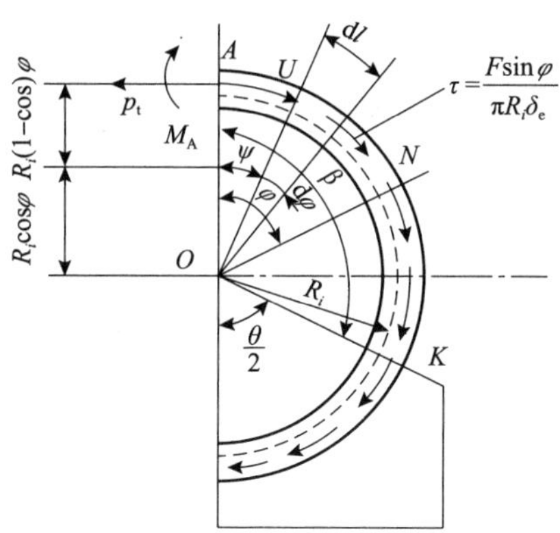

图 7－13　在鞍座平面内有加强圈时半环上的作用力

(2)鞍座面上筒体的周向压缩力

圆筒形容器在鞍座面上主要承受两种力，一种是沿径向分布的支座反力；一种是沿周向分布的切向剪力，这两种力均使壳体局部区域产生周向压缩应力。其最大周向压缩力出现在筒体截面上的最低点。如有加强板，则应考虑圆筒和加强板同时承受周向压缩载荷。鞍座直接作用于圆筒上的载荷分布如图 7－14 所示。

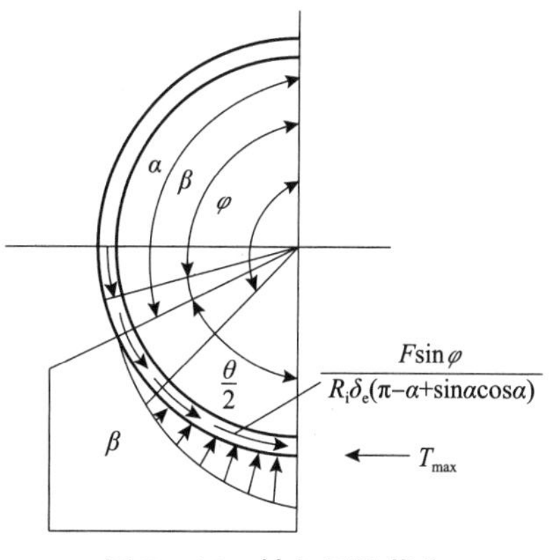

图 7－14　轴向压缩载荷

1)没有加强的圆筒

在圆心角从 $\alpha\sim\pi$ 范围内，$Q=F$，则在 φ 截面处的周向压缩力为：

$$T = \int_0^\varphi \frac{F\sin\varphi\delta_e R_i \mathrm{d}\varphi}{R_i\delta_e(\pi-\alpha+\sin\alpha\cos\alpha)} = F\left(\frac{-\cos\varphi+\cos\alpha}{\pi-\alpha+\sin\alpha\cos\alpha}\right)$$

当 $\varphi=\pi$ 时，在圆筒底部有最大周向压缩力为：

$$T_{max} = F\frac{1+\cos\alpha}{\pi-\alpha+\sin\alpha\cos\alpha}$$

2)被封头加强的圆筒

在 $0\sim\alpha$ 内：
$$\tau = \frac{F\sin\varphi}{\pi R_i\delta_e}$$

在 $\alpha\sim\pi$ 内：
$$\tau = \frac{F\sin\varphi}{\pi R_i\delta_e}\left(\frac{\alpha-\sin\alpha\cos\alpha}{\pi-\alpha+\sin\alpha\cos\alpha}\right)$$

周向压缩力：
$$T = -F\left(\frac{-\cos\varphi + \cos\alpha}{\pi - \alpha + \sin\alpha\cos\alpha}\right)$$

当 $\varphi = \pi$ 时，在圆筒横截面底部产生最大压缩力：

$$T_{\max} = -F\left(\frac{1 + \cos\alpha}{\pi - \alpha + \sin\alpha\cos\alpha}\right)$$

工程实践例题与简解

【例题 7－1】

图 7－15　鞍式支座的安装方式

鞍式支座(如图 7－15 所示)是指塑板与卧式容器局部贴合并呈马鞍形的支承结构，结构如图 7－16 所示。主要由鞍式垫板、腹板、筋板及底板焊接而成。为增加筒体周向刚性及强度，需要时在支座截面或其附近设置环形加强圈。主要载荷有介质压力、重量引起的弯矩以及支座反力，受力最大截面在支座处及两支座中间处。多数采用双鞍座以保证受力均匀。

现有一压力容器采用双鞍式支座，该容器当量长度为 3000mm，总操作质量为 300kg，鞍式支座的位置对称布置在距两侧 600mm 处，现需求出罐体最大弯矩数值以及位置。

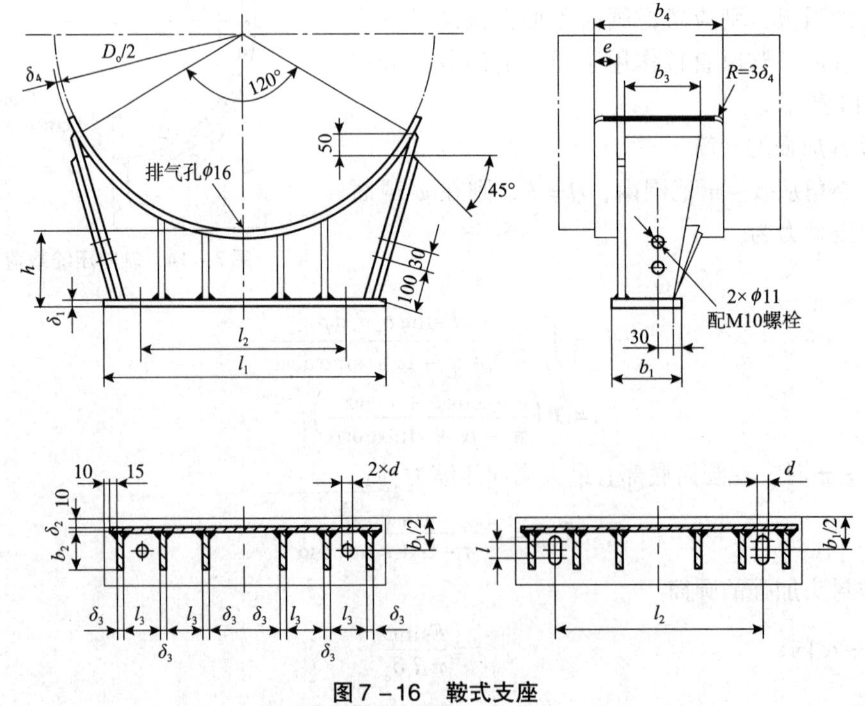

图 7－16　鞍式支座

解：这种情况可以断定容器受均布载荷，所以简化为简支梁，见图7-17。

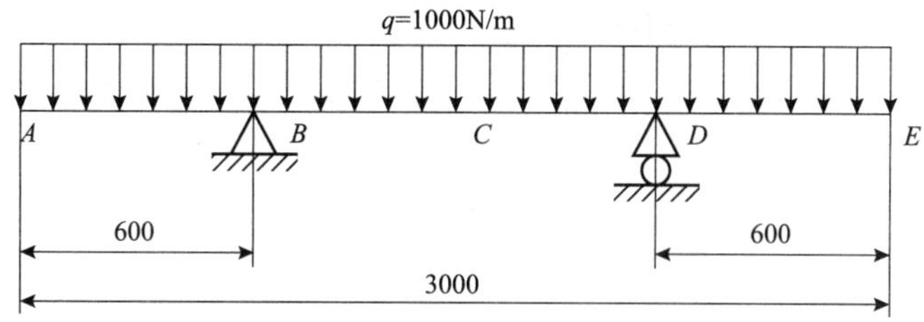

图7-17 简支梁简化模型

均布载荷 $q=F/L$：

$F=300\text{kg}\times 10=3000\text{N}$；$q=3000\text{N}/3\text{m}=1000\text{N}/\text{m}$

$F_A=F_D=3000\text{N}/2=1500\text{N}$

欲求最大值做弯矩图7-18，只需求 B，C，D 三点极值。

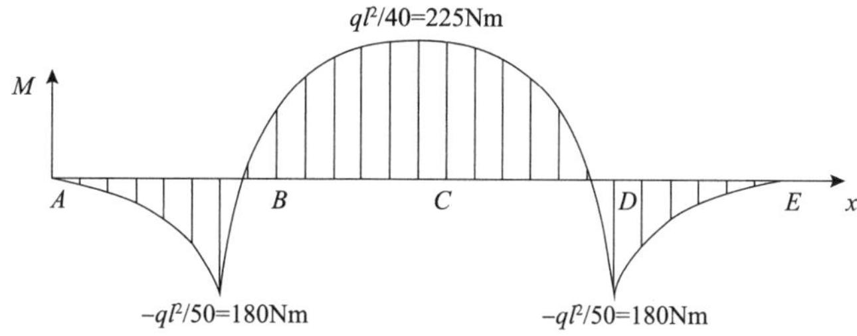

图7-18 简支梁弯矩图

$$M_B=M_D=-ql^2/50=(-1000\times 0.6^2)/2=-180\text{N}\cdot\text{m}$$

$$M_C=-(1000\times 1.5^2)/2+1500\times 900=225\ \text{N}\cdot\text{m}$$

由上可知弯矩最大值位于中心部分，值为225N·m。

【例题7-2】

在【例题7-1】中的支座位置如果移到两侧端点与750mm外分别计算最大值与位置，并与例7-1进行对比。

解：(1)第一种情况支座的简化图见图7-19

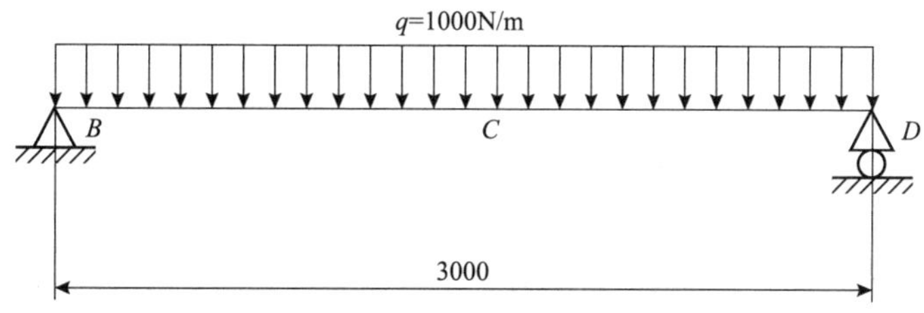

图7-19 第一种情况支座简化图

在第一种情况下绘制弯矩图7-20，只需绘制 C 点值

$$M_C=1000\times 32/8=1125\text{N}\cdot\text{m}$$

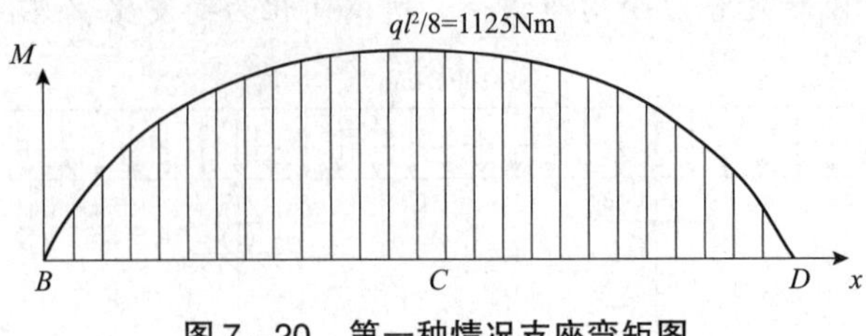

图 7-20　第一种情况支座弯矩图

(2)第二种情况支座简化图 7-21。

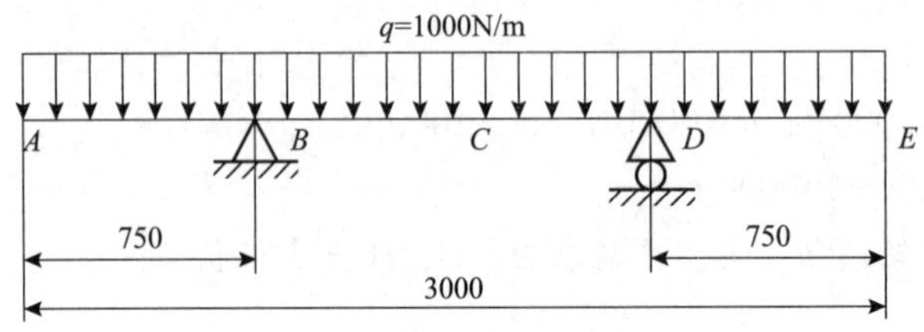

图 7-21　第二种情况支座简化图

第二种情况需 B，C，D 三点绘制弯矩图 7-22。

$$M_B = M_D = -1/2 \times 1000 \times 0.75^2 = 2812\text{N} \cdot \text{m}$$

$$M_C = -1/2 \times 1000 \times 1.5^2 + 1500 \times 0.75 = 0$$

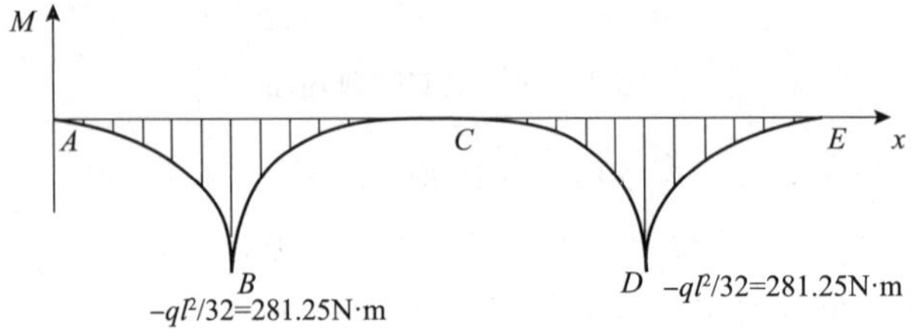

图 7-22　第二种情况支座弯矩图

通过【例题 7-2】与【例题 7-1】对比，可以出现三种情况的最大值分别为 M_1 = 225N·m、M_2 = 1125N·m、M_3 = 281.25N·m，对比后可以发现越接近两端 20% 的应力的绝对值越小，偏离 20% 位置越小，正向弯矩越大最大值出现在中点，偏离 20% 越大，负向弯矩越大最大值出现支座外。

【例题 7-3】

平盖是指壳体表面呈平面的封头或盖板，如图 7-23、图 7-24 所示。用作封头时又称“平封头”，用作底封头时又称“平底”。几何形状有圆形、椭圆形、长圆形及矩形等。受到压力作用后，平盖内主要产生弯曲应力，平盖与其他壳体连接处因几何形状突变产生较大的不连续应力，所以在相同直径及受力情况下，平盖比其他形状封头所需的厚度要大。

优点是结构简单，制造方便。缺点是力学性能差，消耗材料多且笨重。适用于常压、低压或小直径高压场合。与其他壳体除了直接焊接外，也有采用螺栓可拆连接的，如人孔盖和手孔盖等。

【例题 7-1】压力容器如果封头型式为凸型封头，并且封头深度为 300mm。试对比如果有平盖封头的情况下，支反力与均匀载荷的区别。

图7－23 平盖封头

图7－24 使用平盖封头的压力容器

解:

(1)平盖封头的情况其实就是【例题7－1】、【例题7－2】中的情况，其当量长度等于其实际计算长度，即 $L = L' = 3000\text{mm}$，而支反力 $F = mg = 3000\text{N}$

均布载荷 $q = F/L = 1000\text{N/m}$。

(2)如果凸型封头，则实际长度与当量长度有差值:

$$当量长度\ L' = L - H \times 2/3 = 3000 - 300 \times 2/3 = 2800\text{mm}$$

$$则均布载荷\ q = F/L' = 3000/2800 = 1071.4\text{N}$$

$$则支座的支反力\ \text{F} = FD = 1/2 \times 1071.4 \times 800 = 1500\text{N}$$

通过上例可以得出两种封头型式虽然当量长度与均匀载荷有几个不同但支座反力不变，不影响对于鞍座型式的选择，不过由于 L 长度的缩短导致最大的弯矩变大。

【例题7－4】

卧式储罐用于储存液体或气体的钢制密封容器即为钢制储罐，如图7－25所示。防腐储罐工程是石油、化工、粮油、食品、消防、交通、冶金、国防等行业必不可少的、重要的基础设施。立式储罐与卧式储罐同属于储罐，只是其外形与应用领域有所不同，故其会有一定的差别，而立式和卧式储罐应用和设计区别在哪？在选择上考虑哪些因素呢？

图7－25 卧式储罐

1. 立式储罐适用于容量较小的，而卧式储罐适用于容量较大的。

2. 立式储罐所占用面积较小，而卧式储罐则占用面积较大。

3. 立式容器要考虑风载，而卧式储罐却不需要。

4. 卧式储罐需要考虑储罐自重产生的弯矩，而立式储罐不需要。

5. 卧式储罐大部分液位高度较低，筒体设计压力稍微大些就可以按GB150规定 计算压力可以忽略液柱静压力，立式储罐大部分液位高度较高，较多情况下不能忽略液柱静压力。

若【例题7－1】中容器为储罐，罐内物料为冷却水，储罐直径为1000mm。当罐题内部液位高度为全罐高度的四分之三，则此罐的水平力矩为多少？

解：水平力矩：

$m_2=-\int_x^{\pi} yp_1 \mathrm{d}s$ 其符号所有说明如教材例题，在此不再说明，其积分下限x由液面高度确定，罐内冷却水高度为：

$H_1=1000\times 3/4=750\mathrm{mm}$

此时距灌顶高 $h_1=1000-750=250\mathrm{mm}$

坐标变换可知 $R_i(1-\cos\psi)=250$

其中 $R_i=500=D_i/2$

可知 $\psi=45°=\pi/4$

故：

$$\begin{aligned} m_2 &= -\int_{\pi/4}^{\pi} yp_1 \mathrm{d}s = -2rR_i 4\int_{\pi/4}^{\pi}(1-\cos\psi)\sin 2\psi\cos\psi \mathrm{d}\psi \\ &= -2rR_i 4\left(\int_{\pi/4}^{\pi}\sin 2\psi \mathrm{d}\psi - \int_{\pi/4}^{\pi}\sin 2\psi\cos 2\psi \mathrm{d}\psi\right) \\ &= -2r\times R_i 4(21/32\times\pi-15/16) \\ &= -2\times 1000\times 10\times 0.54\times(21/32\times\pi-15/16) \\ &= -1403.85\mathrm{N\cdot m} \end{aligned}$$

【例题7-5】

由【例题7-4】中冷却水储罐在满罐状态下，建立此罐力学模型如图7-26。

解：(1)首先确定全质量

总重量：$M=m+m_{水}=300+9160=9460\mathrm{kg}$

则均匀分布载荷：$q=Mg/L=94600\mathrm{N}/2.8\mathrm{m}=3.3785\mathrm{N/m}$

封头质量引起载荷：$F_q=2/3\times H_q=2/3\times 0.3\times 33785=6757\mathrm{N}$

封头质量引起点弯矩：$m=q/4\times(R_{i2}-H_2)=33785/4\times(0.52-0.32)=1351\mathrm{Nm}$

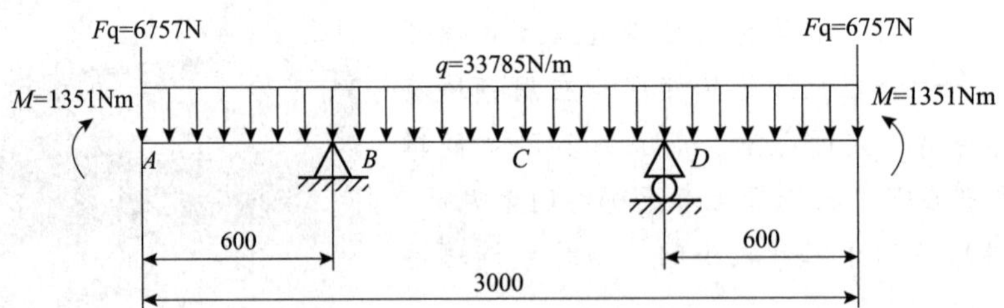

图7-26　冷却水储罐力学模型

(2)支反 F_A，F_B

结构对称，故支反力：$F_A=F_B=6757+3378.5\times 2.8/2=54056\mathrm{N}$

绘制切力(弯矩)图7-27、图7-28，见【例题7-1】、【例题7-2】不做赘述。

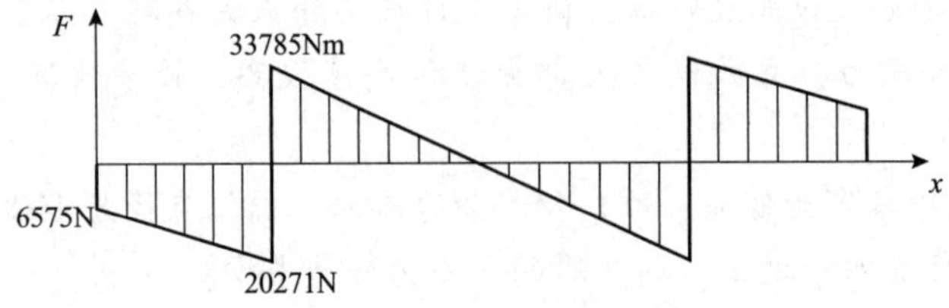

图7-27　冷却水储罐剪力图

$M_A = 1351 - 6757 \times 0.3 - (33785 \times 0.3^2)/2 = 2196\text{Nm}$

$M_C = 1351 - 6757 \times 1.5 - (33785 \times 1.5^2)/2 + 54056 \times 1.2 = 66218 - 48143 = 18074\text{Nm}$

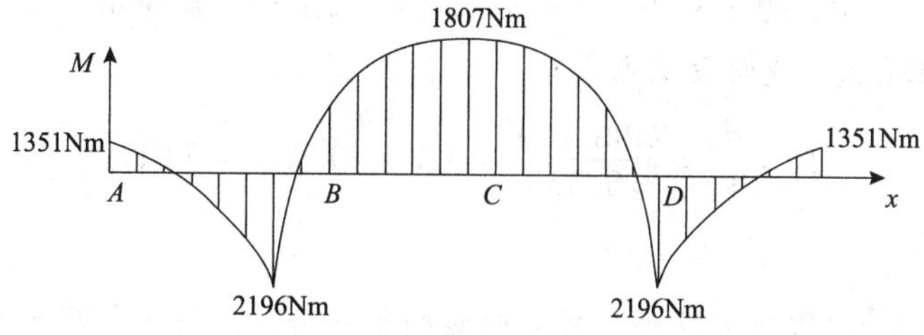

图7－28　冷却水储罐弯矩图

【例题7－6】

求解【例题7－5】中圆筒中间位置截面处最大与最小应力，容器壁厚$\delta = 12\text{mm}$(轴向)。

解：欲求压力，需求抗弯截面系数为W_b：

$$W_b = T_1 D^3 (1 - \alpha^4)/64$$

$$\text{其中}\ \alpha = 488/500 = 0.976$$

$$= 3.14 \times 1 \times 109 \times 0.024/64 = 1.17 \times 106\text{mm}^3$$

此时圆筒中间截面位置压力分布如图7－29，压力最大为b点，最小为b'点。

$$\sigma_b = 18074 \times 10^3/1.14 = 15.4\text{MPa}(\text{拉})$$

同理：

$$\sigma_{b'} = 15.4\text{MPa}(\text{压})$$

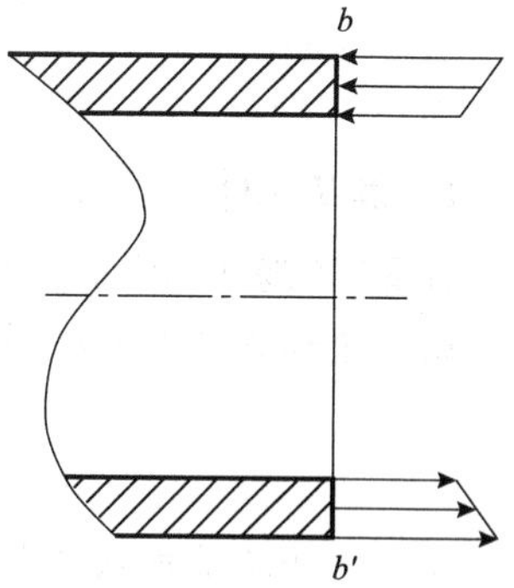

图7－29

【例题7－7】

计算【例题7－5】中在鞍座外圆通截面上轴向弯曲应力。其中支座包角为$\frac{\pi}{3}$。

解：在该容器上并无计较加强设备。支座与封头调距为300mm，封头直径为1000mm则有：

$$A = 300\text{mm} > \frac{R_m}{2} = \frac{500}{2} = 250\text{mm}$$

故应属于“扁塌”之内，则重新计算W_t：

半心角：

$$\Delta = \frac{1}{12}(360° + 5 \times 120°) = 80°$$

有效强度包角范围：

$$2\Delta = 2 \times 80° = 160° = \frac{8}{9}\pi$$

计算该截面下有效强度范围的抗弯截面示数：

$$I_z = \int_{A_2} Z^2 - \int_{A_1} Z^2 = 2\int_{-k_2}^{x_2} Z^2 \sqrt{R_2^2 - Z^2}\text{d}z - \int_{-R_1}^{2} Z^2 \sqrt{R_1^2 - Z^2}\text{d}z$$

现确定积分上限x：

$$x_2 = R_2(1 - \cos 80°) = 413\text{mm}$$

$$x_1 = R_1(1-\cos 80°) = 403\text{mm}$$

代入上式，可解 $I_2 = 2.6 \times 10^8 \text{mm}^4$

$$W_2 = 2.6 \times 10^8 \times 500 \times 4 \times 10^{-6} = 0.52 \times 10^6 \text{mm}^3$$

则最大应力出现在 a 截面最低点：

$$T_3 = \frac{M_0}{W_1} = \frac{2196 \times 10^3}{0.52} = 4.2 \times 10^6 \text{Pa} = 4.2\text{MPa}$$

【例题 7-8】

计算【例题 7-6】中由压力及轴向弯矩引起的轴向力，该罐工作压力为 0.1MPa。

解：于最高点处：

$$\sigma_1 = \frac{0.1 \times 508}{2 \times 12} - \frac{18054 \times 10^3}{2 \times 500^2 \times 12 \times 3.14} = 1.12\text{MPa(拉)}$$

于最低点处：

$$\sigma_2 = \frac{PR_m}{2\delta_e} - \frac{M}{2R_m\delta_e} = 3.04\text{MPa(拉)}$$

【例题 7-9】

计算【例题 7-8】中，支座位置上最低点于支座加强边缘位置的轴向应力。

解：于加强位置的轴向应力：

$$\sigma_3 = \frac{PR_m}{2\delta_e} - \frac{M_2}{\pi K_1 R_m^2 \delta_2}$$

由于封头未被加强包角为 120°，故 $K_1 = 0.107$，$K_2 = 0.192$

$$\sigma_3 = \frac{0.1 \times 500}{2 \times 12} - \frac{2196 \times 10^3}{0.107 \times 500^2 \times 12 \times 3.14} = -0.1\text{MPa}$$

于截面最低点应力：

$$\sigma_4 = \frac{PR_m}{2\delta_e} + \frac{M_2}{\pi K_2 R_m^2 \delta_e} = 3.3\text{MPa}$$

【例题 7-10】

计算【例题 7-9】中水罐在鞍座面处周向压缩力的极值。

解：当 $\varphi = \pi$ 时，筒底部有最大周向压缩力：

$$T_{\max} = F\left(\frac{1+\cos\alpha}{\pi - \alpha + \sin\alpha\cos\alpha}\right)$$

$$= \frac{54056(1+\cos 100°)}{\pi - \frac{4}{9}\pi + \sin 100°\cos 100°}$$

$$= \frac{54056 \times 0.83}{\frac{5}{9}\pi + 0.98}$$

$$= \frac{44866.5}{2.27}$$

$$= 16494.9\text{N}$$

第 8 章

直立设备力学分析

在化工企业有很多大型直立设备，如塔器、反应器等，一般它们都在一定压力下操作，因此属于压力容器范畴。但与一般的压力容器不同，大型直立设备所承受的载荷性质与一般压力容器有很大区别。承受载荷的性质一般可分为两大类，即静载荷和动载荷。静载荷，如压力、温度、重量及偏心载荷；动载荷，如风载荷和地震载荷等。静载荷与时间无关，其产生的变形和内力也与时间无关，所以可以认为在进行分析的时间段内是常量；动载荷产生加速度，引起惯性力，因而产生随时间变化的变形和内力，既然变形和内力是随时间变化的，计算结果必然是与时间有关的一系列解。

在动载荷作用下，大型直立设备各截面的变形、内力与自振周期(或频率)和振型有关。所以对于大型直立设备主要研究其风载荷和地震载荷。

8.1 直立设备固有周期

直立设备在风载荷作用下将产生振动，对于振动系统(如塔设备)而言，一般由三部分组成，即激励(或称输入)、系统自身的振动特性和响应(或称输出)。输入是指外界的激振力和初始干扰(例如风载荷和地震载荷)，而输出(或响应)是指系统在激振力作用下产生的结果(例如位移和内力等)。因此输出(或响应)的大小不仅与激振力有关，还与结构的自振特性有关，结构的自振特性一般包括：自振频率(或周期)、振型和阻尼。

振动问题可根据输入、系统和输出的不同进行分类。

①按输入类型，分为自由振动，强追振动和自激振动。

②按系统类型，分为单自由度体系、多自由度体系和连续弹性体。

③按输出类型，分为简谐振动、周期性振动、瞬态振动和随机振动。

④按对系统微分方程的描述，分为线性振动和非线性振动。

8.1.1 直立设备振动物理模型

直立设备的振动问题仅限于线性振动，根据直立设备的结构特点可将其视为多自由度体系或弹性连续体。但在讨论直立设备自振周期时为求其近似解亦可将其视为单自由度体系，根据输出类型，直立设备的振动问题又可分为瞬态振动或随机振动。

在计算直立设备的自振周期时，可根据其结构特点，将其简化为一端固定、一端自由的悬臂结构做平面弯曲或剪切振动。由于直立设备筒体为轴对称结构，在没有悬挂物时，可不考虑扭转振动，主要取决于 H/D 比值，当 $H/D>5$ 时，可以认为其振动为平面弯曲振动；当 $H/D<5$ 时属短梁结构，其振动可认为是平面剪切振动。

按直立设备的截面分，又有等截面(等直径、等壁厚)和非等截面(不等直径或不等壁厚)的直立设备。等直径、等壁厚的直立设备属于弹性连续体(或称无限自由度)，而不等直径或不等壁厚为多自由度体系。一般而言，直立设备具有多少个自由度，就有多少个自振频率(或周期)和振型，自振频率从低向高排列为 ω_1，…，ω_n，其中 ω_1 为第一振型频率(或称基本振型频率)。ω_2、ω_3、…分别为第二、第三、…振型频率，除第一振型频率外，均为高振型频率，每个频率对应着一个振型。所谓振型是指体系中各质点在振动瞬间位移的相对比值，实际上就是体系的振动形态。

直立设备的振型如图 8－1 所示，其中基本振型为 1/4 波，第二振型为 3/4 波，第三振型为 5/4 波一以此类推，第 n 阶振型为$\frac{2n-1}{4}$波，对直立设备一般只取前三个振型即可。

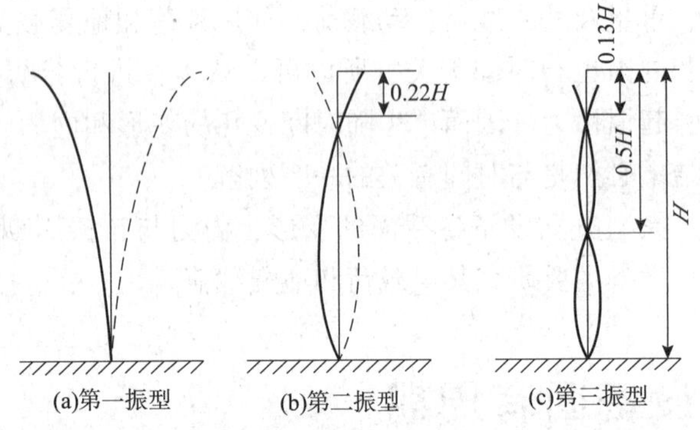

图 8－1　直立设备振型

8.1.2　直立设备固有周期

就单自由度体系而言，每一个特征都假定集结于一个简单的物理元内，而对多自由度体系来说，由于结构的运动由一系列离散点的位移确定，因此这些点的分布必须与主要物理特性相适应，且应该形成一条较好的曲线，为此要求在对塔体分段时，应将分界面放在直径或壁厚变化处(对填料塔应考虑填料的分布情况)。

(1)单自由度体系的自由振动

工程中有很多结构和设备可以简化成单自由度体系，例如球罐。直立设备虽然不能简化成单自由度体系，但对一个多自由度体系而言，若想用近似方法(例如折算质量法，能量法等)求取结构的自振周期，都是将结构简化成一个单自由度体系，利用折算质量或能量守恒方法去替代一个多自由度体系，所以研究单自由度体系的自由振动很有必要。

力学模型的建立　单自由度体系力学模型为：一个底端固定、顶部自由的悬臂梁，顶端有一个集中质量 m，如图 8－2 所示。

数学模型的建立 从力学角度看，一个实际的振动系统可分解为惯性(质量)、弹性和阻尼三种构成要素，惯性元件是承载运动的实体，弹性元件提供振动的回复力，阻尼在振动过程中消耗系统的能量或吸收外界的能量。单自由度系统是仅用一个坐标就可以确定该类系统的运动，求解振动问题的主要目的是要确定在任何给定时刻系统的位移、速度和加速度。由于外界的干扰，使质点 m 离开平衡位置，干扰消失后，在梁的弹性力作用下，质点 m 将沿着水平方向作自由振动。取 O 点为平衡位置或称坐标原点，则在某一瞬间，质点 m 的坐标为 $OA=y$，如不考虑阻尼的影响，此时质点只受两个力的作用，即惯性力 $m\dfrac{\mathrm{d}^2y}{\mathrm{d}t^2}$和弹性恢复力 ky，根据达朗伯原理，在质量振动过程中的任意瞬间，只要体系不受其他外力作用，惯性力与弹性恢复力总是平衡的，即：

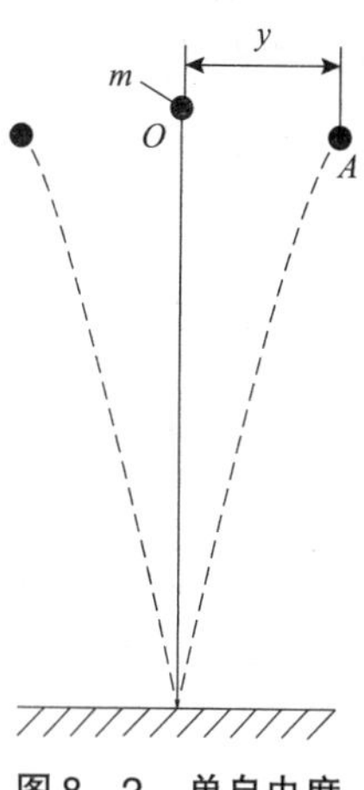

图 8－2 单自由度

$$m\frac{\mathrm{d}^2y}{\mathrm{d}t^2}+ky=0$$

$$\frac{\mathrm{d}^2y}{dt^2}+\frac{k}{m}y=0$$

令 $\omega^2=\dfrac{k}{m}$，则：$\dfrac{\mathrm{d}^2y}{dt^2}+\omega^2y=0$

此方程即单自由度体系自由振动的动力方程，是二阶常系数齐次微分方程。

其通解为：

$$y(t)=C_1\sin\omega t+C_2\cos\omega t$$

式中，系数 C_1、C_2 为积分常数，可利用初始条件确定，当 $t=0$ 时，质点有初位移 y_0 和初速度$\dfrac{dy}{\mathrm{d}t}=v_0$。

由此解出：$C_1=\dfrac{v_0}{\omega}$，$C_2=y_0$

代入得：$y(t)=\dfrac{v_0}{\omega}\sin\omega t+y_0\cos\omega t$

令 $y_0=A\sin\varphi\ \dfrac{v_0}{\omega}=A\cos\varphi$

代入得：$y(t)=A\sin\omega t\cos\varphi+A\cos\omega t\sin\varphi=A\sin(\omega t+\varphi)$

可以看出，单自由度体系是简谐振动，式中 A 为振幅，φ 为初相位角，并有：

$$A=\sqrt{y_0^2+\frac{v_0^2}{\omega^2}}$$

$$\varphi=\arctan\frac{y_0\omega}{v_0}$$

无阻尼单自由度体系的自由振动曲线如图 8－3 所示。

其周期为：
$$T=\frac{2\pi}{\omega}=2\pi\sqrt{\frac{m}{k}}$$

频率为：
$$f=\frac{1}{T}=\frac{\omega}{2\pi}\text{或 }\omega=2\pi f$$

通常称 ω 为圆频率，表示每秒内振动的角度。

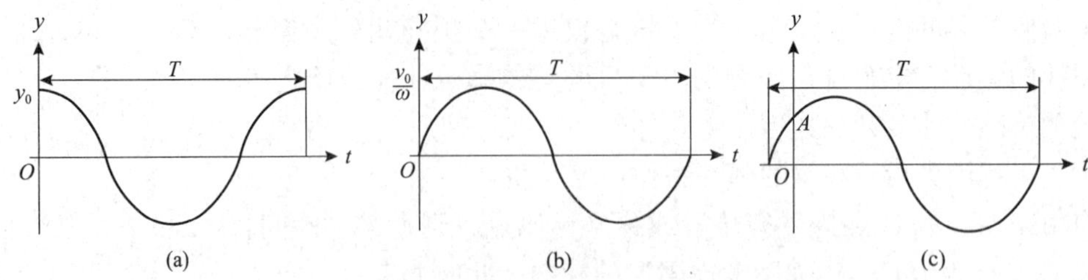

图 8－3　无阻尼单自由度体系的自由振动曲线

a—有初位移 y_0 时 $y_0\cos\omega t$；b—有初速度 v_0 时 $(v_0/\omega)\cos\omega t$；

c—兼有初位移 y_0 和初速度 v_0 时 $A\sin(\omega t+\varphi)$

自振周期的性质　①自振周期 T 与系统的质量和刚度有关，质量越大自振周期越大；而系统刚度越大则自振周期短。对于直立设备而言，当 H/D 值越大，柔度大刚度小，所以周期越长。除此之外，自振周期与外界的干扰力的大小无关，外界的干扰力只能影响直立设备的振幅大小，影响不到自振周期。

②改变直立设备自振周期的办法只有改变直立设备的质量和刚度，例如增加直立设备的壁厚，一方面增加质量；另一方面增加刚度，这都使自振周期发生变化。

(2)多自由度系统的振动

从理论上讲，直立设备都应属于无限自由体系。事实上，在求取自振特性(自振周期、振型)时，只将等直径、等壁厚的直立设备作为连续弹性体求解，对不等直径或不等壁厚的直立设备从无限自由度体系简化为多自由度体系求解。而在地震和风的静力计算中，则全部简化为多自由度体系进行计算。将无限自由度体系简化为多自由度体系进行分析，可以得到最主要的、较低频率的一些振动特性(自振频率和振型)，也可以得到阶数较低振型对动力载荷所产生强迫振动位移和内力。这样往往可以满足直立设备的设计要求。

无限自由度体系简化成多自由度体系的方法　常用的方法有集中质量法、广义坐标法和有限元法。

①集中质量法。集中质量法就是把结构上连续分布的质量或非连续分布的质量(例如塔设备的附加质量等)集中在结构若干个分散的位置上，这样就将无限自由度体系简化成多自由度体系。但值得一提的是，自由度数与集中质量的个数并不一定相等。

②广义坐标法。广义坐标法是利用任何一个周期函数均可用富氏级数展开。因此结构的位移曲线亦可采用有限个富氏级数的集合来表示，塔设备可简化为底端固定、顶端自由的悬臂梁。在简化成多自由度体系后，根据其几何边界条件选定形状函数 $f_1(x)$，$f_2(x)$，…，$f_n(x)$，再引进广义坐标 a_1，a_2，…，a_n，则位移曲线 $y(x)$ 为：

$$y(x)=\sum_{i=1}^{n}a_if_i(x)$$

③有限元法。有限元法可以将任何复杂的弹性结构的振动问题，离散为近似的多自由度体系的振动问题，它是一种近似的数值计算方法。

多自由体系振动问题求解方法 多自由体系的振动问题可采用刚度法或柔度法求解。刚度法是通过力的平衡方程求解，而柔度法则利用位移协调方程求解。下面我们以刚度法来求解。

①振动方程。多自由度体系如图 8－4 所示，利用刚度法，取隔离体后质点上作用的力有惯性力 $-m_1y''_1$、$-m_2y''_2$、…、$-m_ny''_n$ 和弹性恢复力 R_1、R_2、…、R_n。

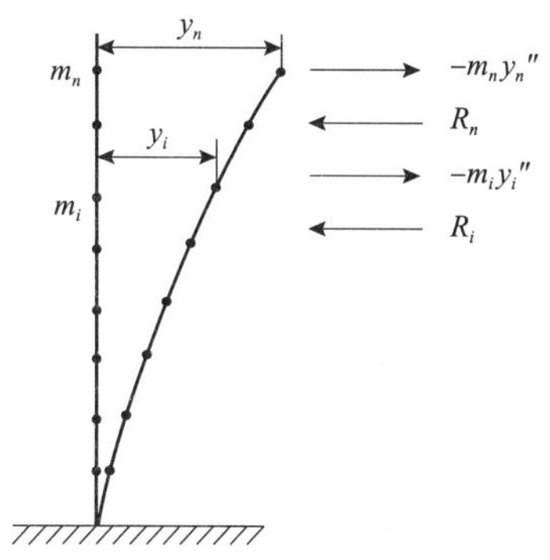

图 8－4 多自由度体系

由达朗伯原理，可得：

$$\begin{cases} m_1y''_1 + R_1 = 0 \\ m_2y''_2 + R_2 = 0 \\ \vdots \\ m_ny''_n + R_n = 0 \end{cases} \tag{8-1}$$

式中的弹性恢复力应力：

$$\begin{cases} R_1 = K_{11}y_1 + K_{22}y_2 + \cdots + K_{1n}y_n \\ R_2 = K_{21}y_1 + K_{22}y_2 + \cdots + K_{2n}y_n \\ \vdots \\ R_n = K_{n1}y_1 + K_{n2}y_2 + \cdots + K_{nn}y_n \end{cases} \tag{8-2}$$

将式(8－2)代入式(8－1)得出振动方程为：

$$\begin{cases} m_1y''_1 + K_{11}y_1 + K_{22}y_2 + \cdots + K_{1n}y_n = 0 \\ m_2y''_2 + K_{21}y_1 + K_{22}y_2 + \cdots + K_{2n}y_n = 0 \\ \vdots \\ m_ny''_n + K_{n1}y_1 + K_{n2}y_2 + \cdots + K_{nn}y_n = 0 \end{cases} \tag{8-3a}$$

②刚度矩阵。考虑一个系统中的两个坐标 i 和 j，沿坐标 j 作用单位位移，把其他固定，这些在坐标之上所产生的力就定义为刚度影响系数 K_{ij}，一个线性系统由于坐标 j 的位移 y_i，所产生的在坐标上的力就是 $F_i = K_{ij}y_j$。

如果系统具有 n 个自由度 y_1，y_2，…，y_n，根据线性叠加原理，相应的力就为：

$$F_i = K_{i1}y_1 + K_{i2}y_2 + \cdots + k_{in}y_n (i = 1,\ 2,\ \cdots,\ n)$$

$$F = KY$$

或写成矩阵形式为：

$$[m][y''] + [K][y] = 0 \tag{8-3b}$$

式中$[m]$为质量矩阵；$[K]$为刚度矩阵。

求解振动方程　设方程(8－3b)解的形式为：

$$\begin{aligned} y_1(t) &= \overline{y_1}\sin(\omega t+\varphi) \\ y_2(t) &= \overline{y_2}\sin(\omega t+\varphi) \\ &\vdots \\ y_n(t) &= \overline{y_n}\sin(\omega t+\varphi) \end{aligned} \tag{8-4a}$$

或写成：

$$[y] = [\overline{y}]\sin(\omega t+\varphi) \tag{8-4b}$$

式中$[y]$为位移向量；$[\overline{y}]$为振幅向量。

将式(8－4a)或式(8－4b)代入式(8－3a)或式(8－3b)有：

$$\begin{cases} -\overline{y}_1\omega^2 m_1\sin(\omega\omega+\varphi) + [K_{11}\overline{y}_1 + K_{12}\overline{y}_2 + \cdots + K_{1n}\overline{y}_n]\sin(\omega\omega+\varphi) = 0 \\ -\overline{y}_2\omega^2 m_2\sin(\omega\omega+\varphi) + [K_{21}\overline{y}_1 + K_{22}\overline{y}_2 + \cdots + K_{2n}\overline{y}_n]\sin(\omega\omega+\varphi) = 0 \\ \vdots \\ -\overline{y}_n\omega^2 m_n\sin(\omega\omega+\varphi) + [K_{n1}\overline{y}_1 + K_{n2}\overline{y}_2 + \cdots + K_{nn}\overline{y}_n]\sin(\omega\omega+\varphi) = 0 \end{cases}$$

整理后可得：

$$\begin{cases} (K_{11} - m_1\omega^2)\overline{y}_1 + K_{12}\overline{y}_2 + \cdots + K_{1n}\overline{y}_n = 0 \\ K_{21}\overline{y}_1 + (K_{22} - m_2\omega^2)\overline{y}_2 + \cdots + K_{2n}\overline{y}_n = 0 \\ \vdots \\ K_{n1}\overline{y}_1 + K_{n2}\overline{y}_2 + \cdots + (K_{nn} - m_n\omega^2)\overline{y}_n = 0 \end{cases} \tag{8-5a}$$

或其矩阵形式：

$$([K] - \omega^2[M])[\overline{y}] = 0 \tag{8-5b}$$

式(8－5a)与式(8－5b)是以振幅$\overline{y}_1$，$\overline{y}_2$，…，$\overline{y}_n$或$[\overline{y}]$为未知量的方程，根据克莱姆法则，其非零解应满足：

$$D = \begin{vmatrix} K_{11} - m_1\omega^2 & K_{12} & \cdots & K_{1n} \\ K_{21} & K_{22} - m_2\omega^2 & \cdots & K_{2n} \\ \vdots & \vdots & \vdots & \vdots \\ K_{n1} & K_{n2} & \cdots & K_{nn} - m_n\omega^2 \end{vmatrix} = 0 \tag{8-6a}$$

或

$$D = |[K] - \omega^2[m]| = 0 \tag{8-6b}$$

将上述行列式展开后即可得到ω的n次方程，此方程称为频率方程，方程有n个实根，即多自由体系的频率值ω_1，ω_2，…，ω_n。将各阶频率值代回式(8－5a)或式(8－5b)中，若以ω_1为例，则方程变为：

$$\begin{cases} (K_{11} - m_1\omega_1^2)\overline{y}_{11} + K_{12}\overline{y}_{12} + \cdots + K_{1n}\overline{y}_{1n} = 0 \\ K_{21}\overline{y}_{11} + (K_{22} - m_2\omega_1^2)\overline{y}_{12} + \cdots + K_{2n}\overline{y}_{1n} = 0 \\ \vdots \\ K_{n1}\overline{y}_{11} + K_{n2}\overline{y}_{12} + \cdots + (K_{nn} - m_n\omega_1^2)\overline{y}_{1n} = 0 \end{cases} \tag{8-7a}$$

或写成：

$$([K]-\omega_1^2[m])[\bar{y}_1]=0 \tag{8-7b}$$

解此方程组可求出对应于 ω_1，的振幅 $\bar{y}_{11}$、$\bar{y}_{12}\cdots$、$\bar{y}_{1n}$ 或 $[\bar{y}_1]$，同理也可以求出对应于 ω_2，ω_3，…，ω_n 的振幅 $[\bar{y}_2]$、$[\bar{y}_3]$、…、$[\bar{y}_n]$。将振幅值代回式(8-4a)则求出对应于各阶频率的位移值：

$$\begin{cases} y_{11}=\bar{y}_{11}\sin(\omega_1 t+\varphi_1) \\ y_{12}=\bar{y}_{12}\sin(\omega_1 t+\varphi_1) \\ \quad\vdots \\ y_{1n}=\bar{y}_{1n}\sin(\omega_1 t+\varphi_1) \end{cases} \tag{8-8a}$$

$$[y_{1n}]=[\bar{y}_{11}]\sin(\omega_1 t+\varphi_1) \tag{8-8b}$$

同理也可求出 $[y_2]$、$[y_3]$、$[y_n]$。

从式(8-8a)或式(8-8b)可以看出：①在振动过程中各质点以同一频率 ω_i，及同一相位角 φ_i 作简谐振动；②各质点同时经过平衡位置(即 $y_i=0$ 时)，也同时达到极限位置(即 $\sin(\omega_i t+\varphi_i)=1$ 时)。各质点位移随时间变化，但各质点位移之间的比值保持不变，即：

$$\frac{y_{11}}{y_{12}}=\frac{\bar{y}_{11}}{\bar{y}_{12}}=C(\text{常数}) \tag{8-9}$$

这种在任何瞬间都保持固定不变的比值可以完全确定体系的振动形态，称之为振型。振型实际上是相对位移值。通常的做法，选振幅向量各元素中的最大者，去除向量中每一个元素，可得到最大数为1的新的振型向量。与 ω_1 对应的振型向量为第一振型或称为基本振型。以此类推与 ω_2，…，ω_n 对应的为第二振型至第 n 振型。应该指出，对一个多自由度体系，如果选择两种不同的广义坐标，那么它们对应的质点矩阵 $[M]$ 和刚度矩阵 $[K]$ 则不同，因而得到的特征方程的形式也不同。但不等于可以求出两组不同的固有频率，因为多自由度体系的各阶固有频率只取决于体系的物理性质，而与坐标的选择无关。但是与各阶固有频率相对应的振型值，却依赖于坐标的选择不同，这恰恰说明体系各质点在同一振型时具有相同的运动形态。

(3) 无限自由度系统的振动

实际振动系统的惯性、弹性和阻尼都是连续分布的确定，连续系统中无数个质点的运动形态需要无限多个广义坐标。因此连续系统称为无限自由度系统(或称弹性连续体)，弹性连续体的微振动问题由线性偏微分方程描述，其中一小部分可求得精确解，其余的只能通过近似处理，将连续系统离散化为有限自由度系统，求得振动的近似解，等直径、等厚度直立设备就是一弹性连续体系统。

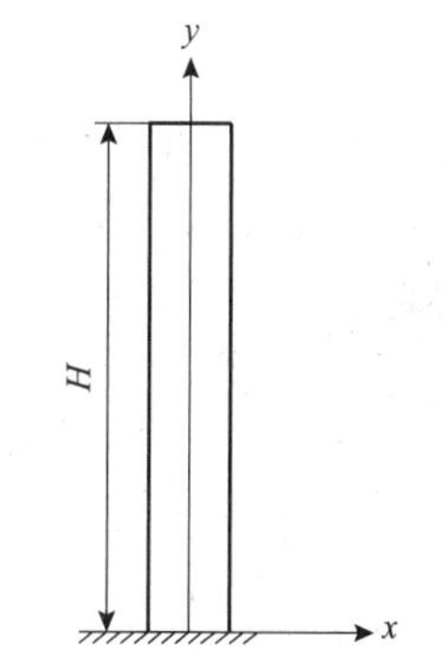

图8-5 无限自由度体系

力学模型的建立　对于等直径、等厚度的直立设备，质量沿高度均匀分布，则计算模型通常简化为顶端自由、底部固定、质量沿高度均匀分布的悬臂梁，如图8-5所示。

数学模型的建立　梁在动载荷作用下发生弯曲振动时，其挠度曲线随时间而变化，可表示为 $y=y(x,t)$，假设塔为理想弹性体，振幅很小，无阻尼，$H/D>5$(塔高与塔直径之比)，在分布惯性力 q 的作用下的挠曲线微分方程为：

$$EI\frac{\partial^4 y}{\partial x^4}=q \tag{8-10}$$

式中 E——塔体材料在设计温度下的弹性模量，Pa；

I——塔截面的形心轴惯性矩。$I=\frac{\pi}{64}(D_o^4-D_i^4)\approx\frac{\pi}{8}D_i^3\delta_e$，$m^4$；

D_i——塔的内直径，m；

D_o——塔的外直径，m；

δ_e——塔壁的有效厚度，m。

根据牛顿第二定律，梁上的分布惯性力 q 为：

$$q=-m\frac{\partial^2 y}{\partial x^2} \tag{8-11}$$

式中 m—塔单位高度上的质量，kg/m。

则：

$$\frac{\partial^4 y}{\partial x^4}+\frac{M}{EI}\frac{\partial^2 y}{\partial t^2}=0 \tag{8-12}$$

即为四阶常数齐次线性偏微分方程。

根据塔的振动特性，上式解为下列形式：

$$y(x,\ t)=y(x)\sin(\omega t+\varphi) \tag{8-13}$$

式中 ω——塔的固有频率，rad/s；

t——时间，s；

$y(x)$——振型函数塔振动时在距地面为 x 处的最大位移，m。

则：

$$\frac{\partial^2 y(x,\ t)}{\partial x^2}=\frac{\partial^2 y(x)}{\partial x^2}\sin(\omega t+\varphi) \tag{8-14}$$

$$\frac{\partial^2 y(x,\ t)}{\partial x^2}=-\omega^2 y(x)\sin(\omega t+\varphi) \tag{8-15}$$

代入后得：

$$\frac{\mathrm{d}^2}{\mathrm{d}x^2}\left(\frac{\mathrm{d}^2 y(x)}{\mathrm{d}x^2}\right)-\frac{M}{EI}\omega^2 y(x)=0 \tag{8-16}$$

令 $m=\rho A$，对等直径、等壁厚的直立设备，其中 A、I 为常数，则：

$$EI\frac{\mathrm{d}^4 y(x)}{\mathrm{d}x^2}-\rho A\omega^2 y(x)=0 \tag{8-17}$$

$$\frac{\mathrm{d}^4 y(x)}{\mathrm{d}x^2}-\frac{\rho A}{EI}\omega^2 y(x)=0 \tag{8-18}$$

令

$$a=\sqrt{\frac{EI}{\rho A}}$$

则：

$$\frac{\mathrm{d}^4 y(x)}{\mathrm{d}x^4}-\frac{\omega^2}{a^2}y(x)=0 \tag{8-19}$$

再令 $k^4=\frac{\omega^2}{a^2}$，则 $k=\sqrt[4]{\frac{\rho A\omega^2}{EI}}=\sqrt[4]{\frac{m\omega^2}{EI}}$

则：

$$\frac{\mathrm{d}^4y(x)}{\mathrm{d}x^4}-k^4y(x)=0 \tag{8-20}$$

关于 $y(x)$ 的方程，此四阶常微分方程的解取为：

$$y(x)=\mathrm{A}_1\sin kx=\mathrm{A}_2\cos kx+\mathrm{A}_3\mathrm{sh}kx+\mathrm{A}_4\mathrm{ch}kx \tag{8-21a}$$

代入式 $y(x,t)$，得偏微分方程的解：

$$y(x,t)=(\mathrm{A}_1\sin kx+\mathrm{A}_2\cos kx+\mathrm{A}_3\mathrm{sh}kx+\mathrm{A}_4\mathrm{ch}kx)\sin(\omega t+\varphi) \tag{8-21b}$$

是一关于 $y(x,t)$ 的方程。此解中 A_1、A_2、A_3、A_4 是四个待定常数，应根据边界条件和初始条件确定，其中梁的两端有四个边界条件和初始条件，其恰好可以决定四个未知数。

边界条件：

固定端 $x=0$，位移与转角为零，$y(x)=0$，$\frac{\mathrm{d}y(x)}{dx}=0$

自由端 $x=l(H)$，剪力与弯矩为零，$AI\frac{\mathrm{d}^3y(x)}{\mathrm{d}x^3}=0$，$EI\frac{\mathrm{d}^2y(x)}{\mathrm{d}x^2}=0$

对式(8-21a)求导得：

$$\begin{cases}y(x)=\mathrm{A}_1\sin kx+\mathrm{A}_2\cos kx+\mathrm{A}_3\mathrm{sh}kx+\mathrm{A}_4\mathrm{ch}kx\\ y'(x)=k\mathrm{A}_1\cos kx-k\mathrm{A}_2\sin kx+k\mathrm{A}_3\mathrm{ch}kx+k\mathrm{A}_4\mathrm{ch}kx\\ y''(x)=-k^2\mathrm{A}_1\sin kx-k^2\mathrm{A}_2\cos kx+k^2\mathrm{A}_3\mathrm{sh}kx+k^2\mathrm{A}_4\mathrm{ch}kx\\ y'''(x)=-k^3\mathrm{A}_1\cos kx+k^3\mathrm{A}_2\sin kx+k^3\mathrm{A}_3\mathrm{ch}kx+k^3\mathrm{A}_4\mathrm{sh}kx\end{cases} \tag{A}$$

根据边界条件 $x=0$，$y(x)=0$、$\left.\frac{\mathrm{d}y(x)}{\mathrm{d}x}\right|_{x=0}=0$，由方程组(A)第1式、第2式解得：

$$A_2=-A_4 \tag{8-21c}$$

$$A_1=-A_3 \tag{8-21d}$$

根据边界条件 $\left.\frac{\mathrm{d}^2y}{\mathrm{d}x^3}\right|_{x=l}=0$，$\left.\frac{\mathrm{d}^2y}{\mathrm{d}x^2}\right|_{x=l}=0$，由方程组(A)第3式、第4式解得：

$$A_3(\sin kl+shkl)+A_4(\cos kl+\mathrm{ch}kl)=0 \tag{8-21e}$$

$$A_3(\cos kl+\mathrm{ch}kl)+A_4(-\sin kl+\mathrm{sh}kl)=0 \tag{8-21f}$$

解联立方程组，因具有非零解的条件是其系数行列式值为零，故：

$$\begin{vmatrix}\sin kl+\mathrm{sh}kl & \cos kl+\mathrm{ch}kl\\ \cos kl+\mathrm{ch}kl & -\sin kl+\mathrm{sh}kl\end{vmatrix}=0 \tag{8-21g}$$

展开并化简后可得出频率方程为：

$$\cos kl\cdot\mathrm{ch}kl=-1 \tag{8-21h}$$

它的根可以采用作图法求得，将式(8-21h)改写为：

$$\cos kl=-\frac{1}{\mathrm{ch}kl}-\frac{1}{\mathrm{ch}kl} \tag{8-21i}$$

以 kl 作为横坐标，作出 $\cos kl$ 和 $\frac{-1}{\mathrm{ch}kl}$ 两条曲线(如图8-6所示)，两条曲线的所有交点就是方程(8－2lh)的根。按振型排列其根值如表8－1所示。

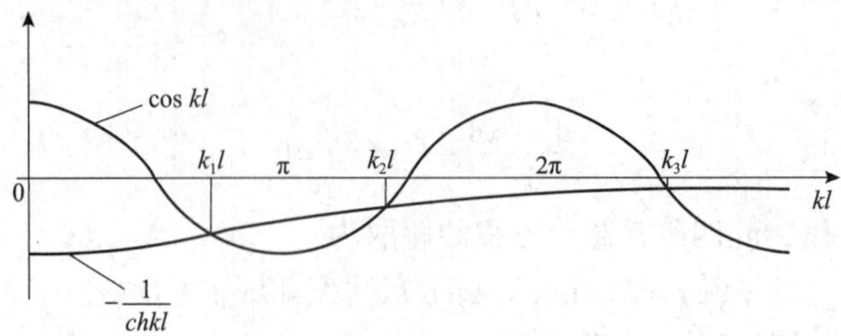

图8－6　cos*kl* 和 $\frac{-1}{chkl}$ 的曲线图

表8－1　振型排列根值表

k_1l	k_2l	k_3l	k_4l	k_5l	k_6l
1.875	4.694	7.855	9.996	14.137	17.279

当 $n\geqslant 4$ 时，$k_nl=\frac{2n-1}{2}\pi$

由式 $k^4=\frac{\omega^2}{a^2}$ 和式 $a=\sqrt{\frac{EI}{\rho A}}$ 可得：

$$\omega=ak^2=\sqrt{\frac{EI}{\rho A}}k^2 \tag{8－22a}$$

为使用表8－1中的数值，稍加变换后即可求出第 n 阶振型的圆频率为：

$$\omega_n=\sqrt{\frac{EI}{\rho A}}\times\frac{(k_nl)^2}{l^2} \tag{8－22b}$$

再把式(8－21c)和式(8－21d)代入式(8－21a)中可得：

$$y(x)=A_4\left[\mathrm{ch}kx-\cos kx+\frac{A_3}{A_4}(\mathrm{sh}kx-\sin kx)\right] \tag{8－23a}$$

式中的比值要 $\frac{A_3}{A_4}$ 可以采用式(8－21e)或式(8－21f)任意一式求出，如采用式(8－21e)得：

$$y(x)=A_4\left[\mathrm{ch}kx-\cos kx-\frac{-\sin kl+\mathrm{sh}kl}{\cos kl+\mathrm{ch}kl}(\mathrm{sh}kx-\sin kx)\right] \tag{8－23b}$$

式中的 kl 值根据所求振型按表8－1求取，代入后即可求出该振型的振型函数。例如求第一振型函数时，查表8－1，$k_1l=1.875$，将此代入式(8－23b)中的 $-\frac{-\sin kl+\mathrm{sh}kl}{\cos kl+\mathrm{ch}kl}$ 中可得－0.734，再将此值代入式(8－23b)中得：

$$y_1(x)=A_4\left[\mathrm{ch}\left(1.875\frac{x}{l}\right)-\cos\left(1.875\frac{x}{l}\right)-0.734\mathrm{sh}\left(1.875\frac{x}{l}\right)+0.734\sin\left(1.875\frac{x}{l}\right)\right] \tag{8－23c}$$

由于 A_4 的取值并不影响振动的形态，仅对振动幅值的大小产生影响，故令 $A_4=1$，所以基本振型的振型函数为：

$$y_1(x)=ch\left(1.875\frac{x}{l}\right)-\cos\left(1.875\frac{x}{l}\right)-0.734sh\left(1.875\frac{x}{l}\right)+0.734\sin\left(1.875\frac{x}{l}\right) \tag{8-23d}$$

同理利用 k_nl 的值代入式(8－23b)可求出各阶振型的振型函数。

从表 8－1 中可知：$K_1l=1.875 \quad K_2l=4.694 \quad K_3l=7.855$

又：$T=\frac{2\pi}{\omega}$，$l=H$(塔高)

所以：$T_1=1.79\sqrt{\frac{mH^4}{EI}}$

式中，$m=\frac{m_0}{H}$，m_0 为容器的操作质量。

$$I=0.393\ (D_i+\delta)^3\delta\approx 0.393D_i^3\delta$$

所以：

$$T_1=1.79\sqrt{\frac{\frac{m_0}{H}H^4}{E0.393D_i^3\delta}}$$

$$=90.33\sqrt{\frac{m_0H\cdot H^2}{ED_i^3\delta}}$$

$$=90.33H\sqrt{\frac{m_0H}{ED_i^3\delta}}\times 10^{-3}(s)$$

$$T_2=0.285\sqrt{\frac{mH^4}{EI}}$$

$$T_3=0.102\sqrt{\frac{mH^4}{EI}}$$

与直立设备前三个圆频率相对应的振型如图 8－1 所示。

由于直立设备的刚性较大，一般很少考虑较高振型，因此对等直径、等壁厚容器的基本自振周期为：

$$T_1=90.33H\sqrt{\frac{m_0H}{E\delta_eD_i^3}}\times 10^{-3}(s)$$

(4)自振周期的近似算法

其当量转换的原则是应满足两最大动能相等、圆频率相等。

单自由度体系的自振周期、多自由度体系的自振周期、无限自由度体系的自振周期计算公式，常常要解高次代数方程，计算过程比较繁杂。而实际工程中有时只需知道最低一阶(即基本振型)的自振周期(或频率)，因此常常采用简便实用的近似方法代替精确、繁复的计算方法。

1)折算质量法

折算质量法是把多自由度体系的多个集中质量或无限自由度体系的分布质量，用一个集中质量来代替，使一个多自由度体系或无限自由度体系简化成一个当量单自由度体系，从而使问题大大简化。下面以多自由度体系为例介绍此法的使用。

对于一个多自由度体系(如图 8－7 所示)，当体系作自由振动时，质量 m 在某一瞬间的位移为：

$$y_i = A_i \sin(\omega t + \varphi) \tag{8-24a}$$

式中 A_i 为质点 m_i 的振幅。

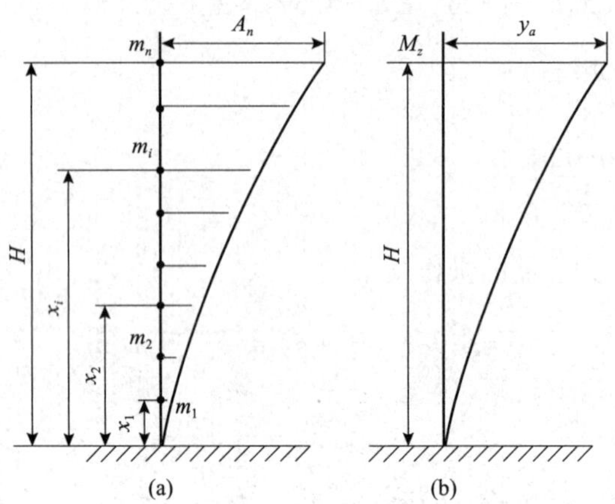

图 8－7　折算质量法多自由度体系

将上式对时间 t 求导，有：

$$y'_i = \omega A_i \cos(\omega t + \varphi)$$

其最大值为：

$$y'_{i\max} = \omega A_i$$

如果用 $U_{i\max}$ 表示质点 m_i 的最大振动动能，则：

$$U_{i\max} = \frac{1}{2} m_i y'^2_{i\max} = \frac{1}{2} m_i \omega^2 A_i^2 \tag{8-24b}$$

则整个体系总的动能 $U_{\max}$ 为：

$$U_{\max} = \sum_{i=1}^{n} U_{i\max} = \frac{1}{2} \sum_{i=1}^{n} m_i \omega^2 A_i^2 \tag{8-24c}$$

用一个当量单自由度体系来代替多自由度体系，并假定该单自由度体系的集中质量为 M_z，在某一瞬间的位移为：

$$y = y_a \sin(\omega_z t + \varphi) \tag{8-24d}$$

对时间 t 求导后可得：

$$\dot{y} = \omega_z y_a \cos(\omega_z t + \varphi) \tag{8-24e}$$

其最大值为：

$$\dot{y}_{\max} = \omega_z y_a \tag{8-24f}$$

如果用 $U'_{\max}$ 代表此单自由度体系的最大振动动能，则有：

$$U'_{\max} = \frac{1}{2} M_z y^2_{\max} = \frac{1}{2} M_z \omega_z^2 y_a^2 \tag{8-24g}$$

令两个体系的最大振动动能相等，即 $U_{\max} = U'_{\max}$，则有：

$$\frac{1}{2} \sum_{i=1}^{n} m_i \omega^2 A_i^2 = \frac{1}{2} M_z \omega_z^2 y_a^2 \tag{8-24h}$$

令 $\omega=\omega_z$，则：

$$M_z = \frac{\sum_{i=1}^{n} m_i A_i^2}{y_a^2} \tag{8-24i}$$

式中，M_Z为单自由度体系的质量，因此可以称它为相应多自由度体系的折算质量。如果将折算质量也放在塔的顶部，则单自由度体系的振幅 y_a 应该与相应的多自由度体系的顶点振幅相等。这样一来，只要知道多自由度体系每个质点处的振幅大小，则可计算出折算质量。因而问题归结到寻找一个多自由度体系的振型函数。对于直立设备的基本振型大多假定为抛物线形式。振型的假设原则上是任意的，只要满足问题的边界条件即可。有的资料介绍，不等直径、不等壁厚的直立设备基本振型假定为二次抛物线。从形式上看，二次抛物线确实极为近似，但从振型确定的原则上讲，二次抛物线不满足边界条件。对简化为一端自由、一端固定的直立设备而言，其固定端的几何边界条件二次抛物线可以满足，但自由端的力的边界条件得不到满足。因此直立设备的设计规范，将二次抛物线改为：

$$A_i = A_n \left(\frac{x_i}{H}\right)^{3/2} \tag{8-24j}$$

并且当量单自由度体系的顶端振幅 $y_a=A_n$，代入式(8－24i) 后得：

$$M_z = \sum_{i=1}^{n} m_i \left(\frac{x_i}{H}\right)^3 \tag{8-24k}$$

有了当量单自由度体系的折算质量后，即可求出当量单自由度体系的自振周期。

$$T_1 = 2\pi \sqrt{M_z y_0} \tag{8-24l}$$

式中，y_0 为直立设备顶端作用单位力时所产生的挠度值。如果直立设备为一变截面的设备，其几何尺寸和特性、质量分布如图 8－4 所示。则其顶端在单位力作用下的挠度为：

$$y_0 = \frac{1}{3E}\left(\sum_{j=1}^{m} \frac{H_j^3}{I_j} - \sum_{j=2}^{m} \frac{H_j^3}{I_{j-1}}\right) \tag{8-24m}$$

故此直立设备的自振周期为：

$$T_1 = 2\pi \sqrt{\sum_{i=1}^{n} m_i \left(\frac{x_1}{H}\right)^3 \times \frac{1}{3E}\left(\sum_{j=1}^{m} \frac{H_j^3}{I_j} - \sum_{j=2}^{m} \frac{H_j^3}{I_{j-1}}\right)} \tag{8-24n}$$

当然也可以假定其他的振型函数，可以得到不同于式(8－24n)的自振周期计算公式。振型函数假设不同，自振周期计算结果差异很大，所以在确定振型函数时应非常慎重，愈接近真实振型的函数，自振周期的计算结果越精确。

2) 能量法

能量法是根据能量守恒定律计算体系的自振周期(或频率)的。根据能量守恒定律，体系在自由振动时，如果忽略阻尼的影响，则在整个振动过程就不存在能量损失，因此在振动过程的某一瞬间机械能应保持不变，即：

$$T + U = C(\text{常数}) \tag{8-25a}$$

式中，T 为体系中运动质量所具有的动能；U 为势能，此势能可以是重力势能，也可能是弹性变形所储存的势能。根据此定律，可以选择两个位置点，其机械能的总和应相等，即：

$$T_1 + U_1 = T_2 + U_2 \tag{8-25b}$$

这两个位置点选择在静平衡位置和最大位移处。在静平衡位置，此时质量的运动速度最大，动能也最大，即 $T_1 = T_{max}$，而其势能取为参考点，即令 $U_1 = 0$。当质量达到最大位移点时，其速度为零，即其动能为零，$T_2 = 0$，而势能为最大，即 $U_2 = U_{max}$。因此，式(8－25b)变为：

$$T_{max} = U_{max} \tag{8-25c}$$

如果一个多自由度体系(见图 8－8)做自由振动时，体系的最大总动能可由式(8－25d)计算：

$$T_{max} = \frac{1}{2}\sum_{i=1}^{n} m_i y'^2_i \tag{8-25d}$$

m_n
m_i
m_2
m_1

图 8－8　能量法多自由度体系

用 U_i 表示质量 m_i 在某一瞬间的势能，则：

$$U_i = \frac{1}{2} m_i g y_i \tag{8-25e}$$

由于各质点作简谐振动，所以有：

$$y_i = A_i \sin(\omega t + \varphi)$$

$$y_{imax} = A_i \tag{8-25f}$$

因此，可以得出质量 m_i 的最大振动势能：

$$U_{imax} = \frac{1}{2} m_i g A_i$$

体系的最大总势能：

$$U_{max} = \frac{1}{2}\sum_{i=1}^{n} m_i g A_i \tag{8-25g}$$

将式(8－25d)及式(8－25g)代入式(8－25c)得：

$$\frac{1}{2}\sum_{i=1}^{n} m_i \omega^2 A_i^2 = \frac{1}{2}\sum_{i=1}^{n} m_i g A_i \tag{8-25h}$$

$$\omega = \sqrt{\frac{g\sum_{i=1}^{n} m_i A_i}{\sum_{i=1}^{n} m_i A_i^2}} \tag{8-25i}$$

质量 m_i 的振幅 A_i 在实际计算中不易确定，用静挠度来代替。自振周期即：

$$T = 2\pi \sqrt{\frac{\sum_{i=1}^{n} m_i A_i^2}{g\sum_{i=1}^{n} m_i A_i}} \tag{8-25j}$$

8.2　直立设备载荷分析

根据直立设备的特点，主要研究动载荷，即地震载荷和风载荷。

8.2.1 地震载荷

地震是以波的形式从震源向各个方向传播。地震波是一种弹性波，它分为体波和面波两种，体波是在地球体内传播的波，又可以分成横波和纵波。纵波是指质点的振动方向与传播方向相同，特点是周期短、振幅小，但传播速度是各种波中最大的，所以当地震发生时，首先传播到某一地点的是纵波。横波是质点的振动方向与传播方向垂直，其特点是周期长，振幅较大。

面波是指在自由表面（如地表面）或两种介质的分界面产生的波，它可分为瑞雷波（又称 R 波）和洛夫波（又称 Q 波）。瑞雷波的特点是质点在波的传播方向和地表面的法线所构成的平面内作椭圆运动，它如同在地面上做滚动前进，而洛夫波是在与传播方向相垂直的水平方向运动，如同蛇形运动。因此当地震发生时，地面运动是一种复杂的空间运动。可分解为三个平动分量和三个转动分量。鉴于转动分量的实测数据很少，地震载荷计算时一般不予考虑。地面水平方向（横向）的运动会使设备产生水平方向的振动，危害较大。而垂直方向（纵向）的危害较横向振动要小。但一般传统观点认为水平地震力对结构破坏起决定性作用，竖向地震力的影响微不足道。国家标准继承了这一观点，只规定校验水平地震力的影响。国家标准中规定，对设置在地震设防烈度为七、八、九度地区的直立设备必须进行地震载荷校核，避免地震时发生破坏或产生二次灾害。

（1）水平地震力

地震力是指地震时由于地面运动而使直立设备的质量产生惯性力的作用，是地震施加给设备的外力。

1）单质点弹性体系运动模型

单质点体系在地面水平运动作用下的变形情况如图 8－9 所示，其中 $y_0(t)$ 表示地面水平位移，$y(t)$ 表示单质点质量相对地面的位移。当运动的某一瞬间，作用在质点上的力是平衡的，质点的运动方程为：

$$m(y''_0(t)+y''(t))+Cy'(t)+Ky(t)=0 \qquad (8-26a)$$

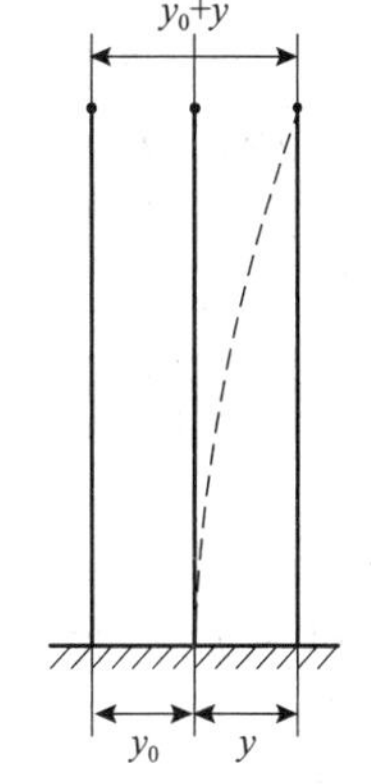

图 8－9 单质点弹性体系体系

惯性力 $m=\dfrac{d^2y}{dt^2}$，阻尼力 $C\dfrac{dy}{dt}$，弹性回复力（Ky）用 m 除以方程（8－26a）两边，得：

$$[y''_0(t)+y''(t)]+\frac{C}{m}y'(t)+\frac{K}{m}y(t)=0 \qquad (8-26b)$$

令 $\omega^2=\dfrac{K}{m}$，$2\xi_\omega=\dfrac{C}{m}$（ξ 为阻尼比），假设地面位移 $y_0(t)=0$，则方程（8－26b）可写成：

$$\frac{\mathrm{d}^2y}{\mathrm{d}t^2}+2\xi_\omega\frac{\mathrm{d}y}{\mathrm{d}t}+\omega^2y=0$$

2）单质点弹性体系模型

将直立设备简化成单质点体系如图 8－10 所示。当直立设备简化成单质点弹性体系时，作用在质点上的水平地震力即质点质量相对于地面运动的惯性力为：

$$F_k=\alpha m_p g \qquad (8-27)$$

式中，m_p 为集中于单质点上的质量；α 为地震影响系数。

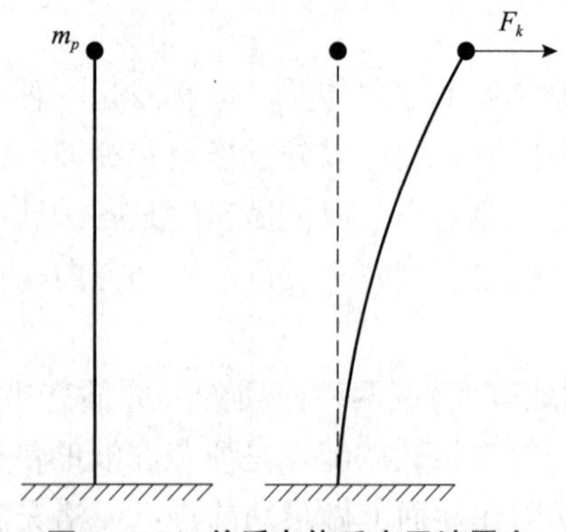

图 8－10　单质点体系水平地震力

地震影响系数是根据场地土的特性周期 T_g 和质量设备的自震周期 T 确定的，如图 8－11所示，即：

$$\alpha=\left(\frac{T_g}{T}\right)^{\gamma}\eta_2\alpha_{\max} \tag{8-28}$$

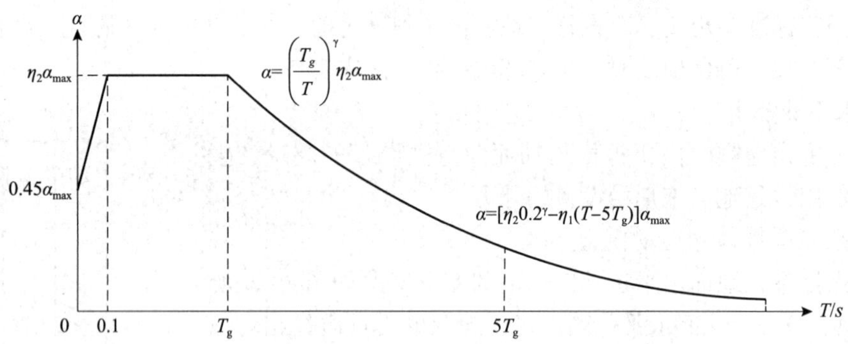

图 8－11　地震影响系数 α 值

特性周期 T_g 按场地土的类型及震区类型由表 8－2 确定。

表 8－2　场地土的特性周期

设计地震分组	场地土类型			
	Ⅰ	Ⅱ	Ⅲ	Ⅳ
第一组	0.25	0.35	0.45	0.65
第二组	0.30	0.40	0.55	0.75
第三组	0.35	0.45	0.65	0.90

地震影响系数最大值 $\alpha_{\max}$ 由表 8－3 确定。

表 8－3　地震影响系数最大值 $\alpha_{\max}$

设防烈度	7	8	9
$\alpha_{\max}$	0.08(0.12)	0.16(0.24)	0.32

注：括号内数值分别用于 GB 50011—2001《建筑抗象设计规范》中规定的设计基本加速度为 0.15g 和 0.3g 的地区。

衰减指数 γ 由直立设备的阻尼比 ξ 确定，无实测数据时，$\xi=0.01\sim0.03$，即 $\gamma=0.9+\dfrac{0.05-\xi}{0.5+\xi}$

阻尼调整系数 η_2：

$$\eta_2=1+\frac{0.05-\xi}{0.06+1.7\xi}$$

直线下降段的下降斜率调整系数 η_1：

$$\eta_1=0.02+(0.05-\xi)/8$$

(2)**地震弯矩**

由水平地震力引起直立设备产生内力，即地震弯矩。

1)弹性连续体地震弯矩

对等直径、等壁厚直立设备可按弹性连续体考虑，如图8-12所示。

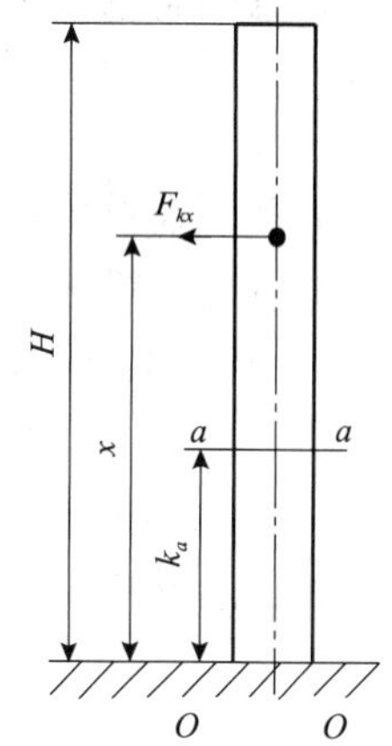

图8-12 弹性连续体

当 $H/D<10$ 时，

任意截面，$a-a$ 地震弯矩为：

$$M_x^a=F_{kx}(x-h_a)=\frac{3}{2}\alpha_1 mg\frac{x(x-h_a)}{H^2} \tag{8-29}$$

任意截面总的地震弯矩为：

$$M_E^a=\int_{h_a}^{H}M_x^a\mathrm{d}x=\int_{h_a}^{H}\frac{3}{2}\alpha_1 mg\frac{x(x-h_a)}{H^2}\mathrm{d}x$$

$$=\frac{1}{4}\alpha_1 mg\frac{2H^3-3H^2h_a+h_a^3}{H^2} \tag{8-30}$$

当 $H/D\geqslant10$ 时，同时得：

任意截面 $a-a$ 处地震弯矩为：

$$M_x^a=F_{kx}(x-h_a)=\frac{8}{5}\alpha_1 mg\frac{x^{3/2}(x-h_a)}{H^{5/2}} \tag{8-31}$$

任意截面总的地震弯矩为：

$$M_E^a=\frac{16}{175}\alpha_1 mg\left[5H-7h_a+2\frac{h_a^{7/2}}{H^{5/2}}\right] \tag{8-32}$$

2)多质点体系地震弯矩

不等直径或不等壁厚的直立设备可简化成多质点体系。

当 $H/D<10$ 时，

任意质点 i 的水平地震力产生的地震弯矩为：

任意截面 $a-a$ 处地震弯矩为：

$$M_i^a=F_{ki}(h_i-h_a)=\alpha_1 m_i g h_i\frac{\sum_{i=1}^{n}m_ih_i}{\sum_{i=1}^{n}m_ih_i^2}(h_i-h_a) \tag{8-33}$$

任意截面总的地震弯矩为：

$$M_E^a = \sum_{i=a+1}^{n} M_i^a \tag{8-34}$$

当 $H/D \geqslant 10$ 时，同时得：

任意截面 $a-a$ 处地震弯矩为：

$$M_i^a = F_{ki}(h_i - h_a) = \alpha_1 m_i g h_i^{3/2} \frac{\sum_{i=1}^{n} m_i h_i}{\sum_{i=1}^{n} m_i h_i^2}(h_i - h_a) \tag{8-35}$$

任意截面总的地震弯矩为：

$$M_E^a = \sum_{i=a+1}^{n} m_i^a \tag{8-36}$$

3）弹性连续体系模型

等直径、等壁厚的直立设备，可近似看成是质量和刚度沿高度均匀分布的瞬时连续体，如图 8－13 所示。则任意点 x 处的水平地震力为：

$$F_{kx} = \alpha_1 \eta_1 y_x m_x g \tag{8-37}$$

式中，α_1 为对应于第一振型自振周期下的地震影响系数 α 值；y_x 为 x 处重心的最大位移，即振幅；η_1 为第一振型的振型参与系数，按下式进行计算：

$$\eta_j = \frac{\int_0^H \overline{m}_x y_j(x)\mathrm{d}x}{\int_0^H \overline{m}_x y_j^2(x)\mathrm{d}x} \tag{8-38}$$

式中，$\overline{m}_x$ 为单位高度的质量，计算前需预先求出振型函数或假定振型函数 $y_j(x)$ 表示对应于第 j 振型的振型函数。

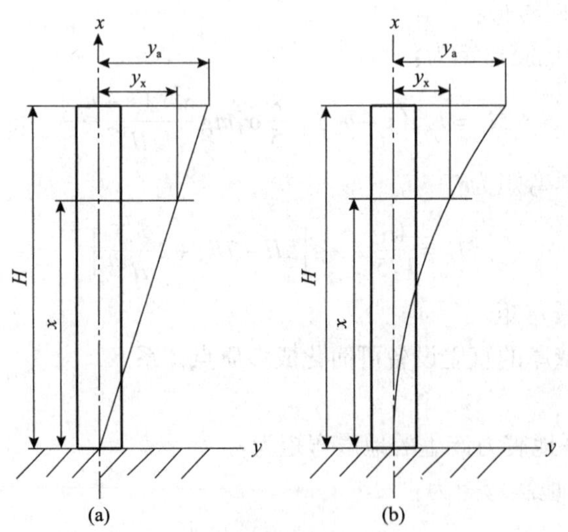

图 8－13　弹性连续体变形

对于 $H/D<10$ 的直立设备，可以认为其振幅为弯—剪组合振动，其振型函数假定为一直线，如图 8－13（a）所示，振型函数为：

$$y_x = y_a\left(\frac{x}{H}\right)$$

式中，y_a 为顶部的最大位移。

将此式代入式(8－38)中，得：

$$\eta_1=\frac{\int_0^H \overline{m}_x y_a\left(\frac{x}{H}\right)\mathrm{d}x}{\int_0^H \overline{m}_x y_a^2\left(\frac{x}{H}\right)^2\mathrm{d}x}=\frac{3}{2y_a}$$

将此式代入式(8－37)中，得：

$$F_{kx}=\frac{3}{2}\alpha_1 mg\frac{x}{H^2} \tag{8-39}$$

当 $H/D\geqslant10$ 时，认为其为线弯曲振动，其振型函数为抛物线，如图 8－13(b)所示，振型函数为：

$$y_x=y_a\left(\frac{x}{H}\right)^{3/2}$$

将上式代入式(8－38)得：

$$\eta_1=\frac{\int_0^H \overline{m}_x y_a\left(\frac{x}{H}\right)^{3/2}\mathrm{d}x}{\int_0^H \overline{m}_x y_a^2\left(\frac{x}{H}\right)^3\mathrm{d}x}=\frac{8}{5y_a}$$

将上式代入式(8－37)得：

$$F_{kx}=\frac{8}{5}\alpha_1 mg\frac{x^{3/2}}{H^{5/2}} \tag{8-40}$$

4)多质点体系模型

对于不等直径或不等壁厚的直立设备，可沿高度方向分成等直径、等壁厚的若干段，每段质量集中于该段的二分之一处，从而简化成多质点(多自由度)体系。如图 8－14 所示。对于多质点体系，具有多个振型，根据振型叠加原理，将多质点体系的计算转化为多个单质点体系的叠加，求每个质点的水平地震力，即：

$$F_{ki}=\alpha_1\eta_1 y_i m_i g$$

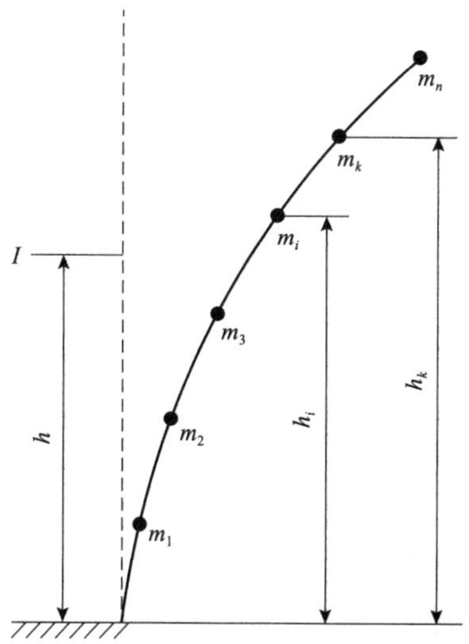

图 8－14　多质点体系

其振型参与系数为：

$$\eta_i = \frac{\sum_{i=1}^{n} m_i y_i}{\sum_{i=1}^{n} m_i y_i^2}$$

计算时，只要知道每个质点的相对水平位移 y，即可求出第一振型的振型参与系数。

8.2.2 风载荷

安装在室外的直立设备将受到风力的作用，风吹过设备时，将在顺风向上受到平均风和脉动风(纵向振动)的作用，同时在垂直于风向上受到诱导振动(横向振动)。

(1)风对直立设备的顺风向作用

风载荷是一种随机载荷，对于顺风向风力可分为两部分，一是平均风力(又称稳定风力)，是长周期成分，周期值常在10min以上，在一定的时间间隔内可视为速度、方向和其他物理量都不随时间而改变的量，并且它的变化周期远大于结构的自振周期，所以它对结构的作用，相当于静力作用，应用静力学方法计算。二是脉动风力，脉动风力的强度随时间变化，特点是随机的，变化周期短，它对结构的作用是动力的作用，采用随机振动的理论计算。脉动风力是非周期性的随机作用力，会引起直立设备的振动，在进行计算时，通常将其折算成静载荷，即在静力的基础上考虑与动力有关的折算系数，称为风振系数。

1)稳定风压的静力作用

由平均风速换算过来的风压称之为稳定风压，对直立设备所产生的载荷为：

$$P_j = K_1 f q_0 A \tag{8-41}$$

如果将直立设备分成若干段，则稳定风压对第 i 段产生的风载荷为：

$$P_{ji} = K_1 f_i q_0 A_i \tag{8-42}$$

式中，K_1 为体型系数；f_i 为高度变化系数；q_0 为塔设备所在地区的基本风压值；A_i 为第 i 段塔体的迎风面积。

①基本风压 q_0：一般按当地空旷平坦地面上10m高度处10min平均风速观测数据，经概率统计得出50年一遇最大值确定的风速，再考虑相应的空气密度，按 $q_0 = \frac{1}{2}\rho v_0^2$(Pa)确定风压值，但取值不低于300Pa。空气密度 ρ：一个大气压下，10℃时的干空气密度，即 $\rho = 1.25\text{kg/m}^3$。

②基本风速 v_0：采用该地区离地面高度10m处，30年一遇，采用10min时的平均最大风速。

③高度变化系数 f：由于空气具有一定的黏度，所以它能承受剪应力。当它与地面上的物体接触时，形成一具有速度梯度的边界层气流，因而风速或风压是随地面的高度而变化的，到距地面300～500m以上的地方，风速才不会受地面影响，所以风压等于基本风压 q_0 与高度变化系数 f_i 的乘积。

④体型系数 K_1：结构的不同形状，在相同的风速条件下其上的风压分布是不同的，对细长圆柱形直立结构，体型系数 $K_1 = 0.7$，体型系数与雷诺数有关。

⑤迎风面积 A_i(m^2)：是指直立设备受风部分在垂直风向的计算段的有效直径 D_{ei}

(m)与其高度 $h_i(m)$的乘积。

2)脉动风压的动力作用

脉动风压对直立设备产生的动载荷按下式计算:

$$P_{mi}=K_1q_0\xi\gamma\phi_iA_i \tag{8-43}$$

脉动增大系数 ξ 见表 8-4。

表 8-4 脉动增大系数 ξ

$q_0T_1^2$/kPa·s²	0.01	0.02	0.04	0.06	0.08	0.10	0.20	0.40	0.60
ξ	1.47	1.57	1.69	1.77	1.83	1.88	2.04	2.24	2.36
$q_0T_1^2$/kPa·s²	0.80	1.00	2.00	4.00	6.00	8.00	10.00	20.00	30.00
ξ	2.46	2.53	2.80	3.09	3.28	3.42	3.54	3.91	4.14

注:计算 $q_0T_1^2$ 时,对地面粗糙度 B 类地区可直接带入基本风压,而对 A 类 C 类和 D 类地区应按当地的基本风压分别乘以 1.38、0.62、0.32 后代入。

脉动影响系数 γ 见表 8-5。

表 8-5 脉动影响系数 γ

总高度/m		10	20	30	40	50	60	70	80
粗糙度类别	A	0.78	0.83	0.86	0.87	0.88	0.89	0.89	0.89
	B	0.72	0.79	0.83	0.85	0.87	0.88	0.89	0.89
	C	0.64	0.73	0.78	0.82	0.85	0.87	0.88	0.90
	D	0.53	0.65	0.72	0.77	0.81	0.84	0.87	0.89
总高度/m		90	100	150	200	300	350	400	450
粗糙度类别	A	0.89	0.89	0.87	0.84	0.79	0.79	0.79	0.79
	B	0.90	0.90	0.89	0.88	0.84	0.83	0.83	0.83
	C	0.91	0.91	0.93	0.93	0.91	0.90	0.89	0.91
	D	0.91	0.92	0.97	1.00	1.01	1.01	1.00	1.00

3)振型系数 ϕ_i,见表 8-6。

表 8-6 振型系数 ϕ_i

相对高度 h_{it}/H	u			相对高度 h_{it}/H	u		
	1.0	0.8	0.6		1.0	0.8	0.6
0.1	0.02	0.02	0.01	0.6	0.48	0.44	0.41
0.2	0.07	0.06	0.05	0.7	0.60	0.57	0.55
0.3	0.15	0.12	0.11	0.8	0.73	0.71	0.69
0.4	0.24	0.21	0.19	0.9	0.87	0.86	0.85
0.5	0.35	0.32	0.29	1.0	1.00	1.00	1.00

注:u 为设备顶端与底端有效直径的比值;

h_{it}为直立设备第 i 计算段顶部截面至地面的高度,m;

H 为直立设备总高度,m。

水平风力计算公式 顺风向风力对直立设备的作用为:

$$p = p_{ji} + p_{mi} \tag{8-44}$$

将式(8－42)、式(8－43)代入式(8－44)，得：

$$p = K_1 f_i q_0 A_i + K_1 q_0 \xi\gamma\phi_i A_i = K_1 f_i q_0 A_i \left(1 + \frac{\xi\gamma\phi_i}{f_i}\right)$$

令 $K_{2i} = 1 + \frac{\xi\gamma\phi_i}{f_i}$，则直立设备的水平风力为：

$$p = K_1 K_{2i} f_i q_0 A_i = K_1 K_{2i} f_i q_0 D_{ei} h_i \tag{8-45}$$

风振系数 K_{2i}：风振系数是考虑风载荷的脉动性质和直立设备的动力特性的折算系数，直立设备的振动会影响到风力的大小，当设备很高时，基本周期越大，设备摇晃越大，则反弹时在同样的风压下引起更大的风力。对设备高 $H < 20\text{m}$ 时，$K_{2i} = 1.70$；对设备高 $H > 20\text{m}$ 时，按 $K_{2i} = 1 + \frac{\xi\gamma\phi_i}{f_i}$ 计算。

④风弯矩计算

直立设备在外力平均风力、脉动风力作用下，并且风压的大小是随高度而变化的，因此，由风载荷产生的内力系，即风弯矩。计算时常将直立设备沿高度分成几段，先求出各段的风载荷，然后求出诸计算截面上的弯矩。计算时，分段越多，就越接近于实际的风载荷分布情况，算出的塔截面弯矩就越精确。如图 8－15 所示，各段的风载荷为：

$$p_1 = K_1 K_{21} q_0 f_1 h_1 D_{e1}$$

$$p_2 = K_1 K_{22} q_0 f_2 h_2 D_{e2}$$

$$\vdots$$

$$p_i = K_1 K_{2i} q_0 f_i h_i D_{ei}$$

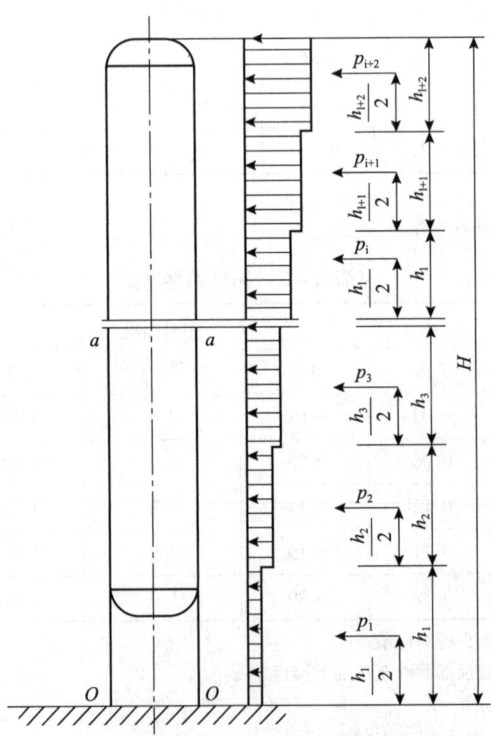

图 8－15　风弯矩计算图

各段风载荷在直立设备任意计算截面，$a-a$ 上产生的总弯矩，为：

$$M_W^{a-a}=p\frac{h_i}{2}+p_{i=1}\left(h_i+\frac{h_{i+1}}{2}\right)+\cdots+p_n\left(h_i+h_{i+1}+\cdots+\frac{h_n}{2}\right) \tag{8-46}$$

式中的下标 i 是截面 $a-a$ 以上的第一个计算段的序号。

(2)风对直立设备的横风向振动作用

室外大型直立设备在风的作用下将产生两个方向的振动，一种是顺风向的脉动风产生的顺风向振动；另一种是由于风绕过设备而在垂直于风向方向产生的横风向振动。前者振动与风速大小及其变化有关，称为风的载荷振动。后者是由卡门涡街造成的，可通过流体力学计算得到，称为风的诱导振动。

直立设备在风的作用下，当振动频率接近于设备的自振频率时，就会发生共振，共振可使直立设备的振幅达到一个峰值，由惯性力引起的弯矩也达到最大值，导致容器破坏。因此，研究直立设备振动问题主要是研究其共振现象。

1)风的诱导振动

风吹过直立设备做绕物流动，当雷诺准数 Re 达到一定值时，在直立设备背流面出现稳定的非对称的、排列有规则的、旋转方向相反的、交替从物体脱落的漩涡，形成两行排列整齐地向下游运动的涡列，即卡门涡街，如图 8-16 所示。由此可知，在设备的背风两侧交替产生漩涡，动能和压力能相互转换，故两侧对流体的阻力不同并周期性变化。在某一瞬间，阻力大的一侧(即形成漩涡并在长大的一侧)气流速度较慢，故静压强较高；而阻力较小的一侧，则气流速度较快，静压强较低，因而在阻力大的一侧产生一个垂直于风向的推力。当一侧漩涡逸散后，在另一侧产生漩涡，于是又产生相反方向的推力。由于推力方向交替改变，故直立设备在与风向垂直的方向上产生振动，称诱导振动。

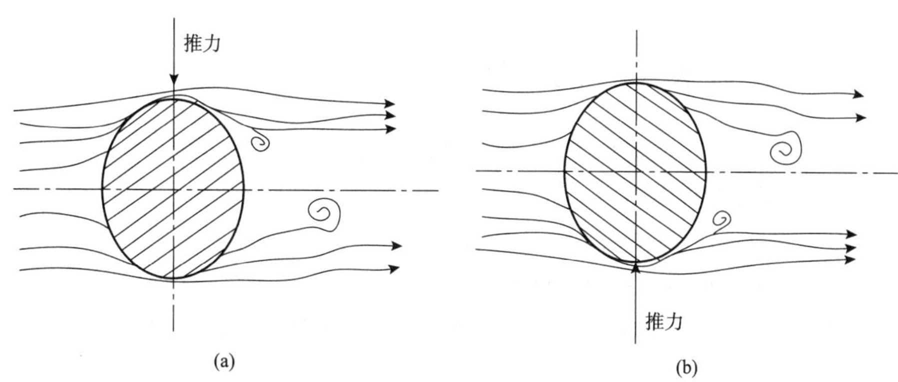

图 8-16 振动推力的产生

2)风诱导振动周期

卡门涡街是以一定的频率产生、释放和逸散的，此频率 f 与风速 v 及圆柱体外径有关。其关系可用斯特劳哈尔准数 St(Strouhal Number)表示，即：

$$St=\frac{fD_0}{v} \tag{8-47}$$

式中 f——漩涡释放频率，或单位时间内产生的漩涡数，1/s；

D_0——圆柱体(塔)的外径，m；

v——风速，m/s。

斯特劳哈尔数常近似为常数：$St=0.21$。

诱导振动频率，由诱导振动产生的原因可知，其振动频率与漩涡形成(或释放)的频率相同，由此得直立设备的振动周期为：

$$T=\frac{1}{f}=\frac{D_0}{0.2v}=\frac{5D_0}{v} \tag{8-48}$$

当设备的振动周期 T 接近其自振周期 T_1 时，会发生共振。

3)临界风速

当设备的自振频率 f 与漩涡脱落的频率相等(即 $f_s=f$)时，将发生共振，若把发生共振时的风速定义为临界风速 v_{cr}，则：

$$v_{crj}=\frac{f_1 D_0}{St} \quad 或 \quad v_{crj}=\frac{D_0}{StT_j} \tag{8-49}$$

临界风速与直立设备的自振频率(或周期)有关，若设备取第一振型的自振频率则对应的是第一临界风速，有：

$$v_{cr1}=\frac{f_1 D_0}{St}=\frac{D_0}{StT_1}$$

同理第二临界风速为：

$$v_{cr2}=\frac{f_2 D_0}{St}=\frac{D_0}{StT_2}$$

当风速 $v<v_{cr1}$时，设备不会发生共振；

当风速 $v_{cr1}\leqslant v<v_{cr2}$时，必须考虑一阶振型共振；

当风速 $v\geqslant v_{cr2}$时，必须考虑二阶振型共振。

8.3 直立设备应力分析

直立设备承受压力(内压或外压)、弯矩(地震弯矩、风弯矩和偏心弯矩)和轴向载荷(塔设备、塔内介质及附件等重量)的联合作用。内压使设备产生轴向拉应力，外压则引起轴向压应力；弯矩使设备的一侧产生轴向拉应力，另一侧产生轴向压应力；重量使设备产生轴向压应力。由于压力、弯矩、重量随直立设备所处状态而变化，组合轴向应力也随之而变化。由内压或外压引起的轴向应力。对于圆筒形壳体，由内压或外压引起的轴向应力 σ_1 为：

$$\sigma_1=\pm\frac{pD_i}{4\delta}(\text{MPa}) \tag{8-50}$$

式中 p——设计压力(内压或外压)，MPa；

D_i——圆筒形壳体的内径，mm；

δ——圆筒形壳体壁厚(不计入壁厚附加量)，mm。

内压操作时取正号，为拉应力；外压操作时取负号，为压应力。由轴向载荷引起的轴向应力。

$$\sigma_2^a=-\frac{m^a g\mu F_v^a}{A_a} \tag{8-51}$$

式中 m^a——筒体 $a-a$ 计算截面以上的质量；

F_v^a——计算截面 $a-a$ 处的垂直地震力；

A_a——计算截面 $a-a$ 处的截面积。

(3)由最大弯矩引起的轴向应力。

$$\sigma_3^a = \pm \frac{M_{max}^a}{W_a} \tag{8-52}$$

式中 M_{max}^a——计算截面 $a-a$ 处的最大弯矩，按不同工况进行组合。

在地震方向或迎风侧取正号，背方向取负号。

组合轴向应力。塔体 $a-a$ 截面上的组合应力是上述三项轴向应力的总和，即：

$$\sigma^a = \pm \frac{pD_i}{4S} - \frac{m^a g \pm F_v^a}{A_a} \pm \frac{M_{max}^a}{W_a} \tag{8-53}$$

式中 W_a——由最大弯矩引起的轴向应力。

工程实践例题与简解

【例题8-1】

球形储罐(图8-17)的优点是与其他形式储罐相比，球形储罐的单位容积所需钢板耗量最少。缺点是制造和拼装困难，焊接质量不易保证。单层球罐应用最多，用于储存有压力的液化气及其他气体。双层球罐用于低温和储存要求洁净的产品或腐蚀性强的介质。多层球罐用于储存高压液体。

球罐可以认为单自由度体系的自由振动多简化如图8-18所示，受强风波动，已知于任意时刻可以测得位移 $y_0=0.35\text{m}$，速度 $v_0=0.2\text{m/s}$，同时可以测得其振动周期 $T=0.5\text{s}$，现须知其在自由摆动过程可达到最大偏移距离。

图8-17 球形储罐

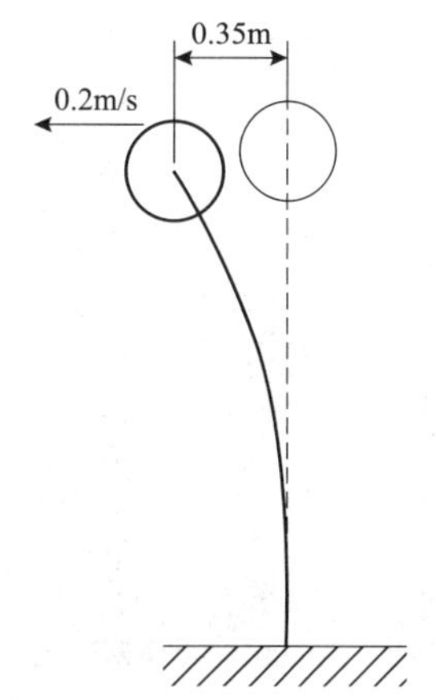

图8-18 简化为单自由度模型

解：

(1)在计算过程中计算其角频率：

$$\omega = \frac{2\pi}{T} = \frac{2\pi}{12.5\text{s}} \approx 0.21\text{rad/s}$$

(2) 由单筒谐运动方程可得：

$$A = \sqrt{y_0^2 + \frac{v_0^2}{\omega^2}} = \sqrt{(0.35)^2 + \frac{0.2^2}{0.21^2}} = 1.01\text{m}$$

从中可以看出较高的直立设备特别是细长($H/D>5$)，支持式刚度大(提式支座)的情况，设备顶部的摆动的绝对距离是相当大的。以上例子球罐的绝对高度为50m，同时也可知其相对高度只有1.01/50≈0.02，还是可以接受的。

【例题8-2】

在【例题8-1】中不考虑阻尼的情况下，求得球罐在开始计时后15s时的距离中心位置。

解：

由单体系简谐运动公式可得：

$$y = \arctan\frac{y_0\omega(t)}{v_0} = \frac{0.35\times 3.15}{0.2} = 0.99\text{m}$$

我们可以通过以上方法可以求得任意时刻震动系统偏离平衡位置的位移。

【例题8-3】

闪蒸是指高压的饱和水进入比较低压的容器中后由于压力的突然降低使这些饱和水变成一部分的容器压力下的饱和水蒸气和饱和水。而在化工生产过程中闪蒸塔可以实现物料粗略的气液相分离，在进入常压炉前先经过闪蒸塔粗略分离，可以减少常压炉的负荷。

某闪蒸塔，如图8-19所示，截面如图8-20所示。采用矩鞍环填料塔内只有一段填料层，中间部分均匀分布，塔总高9699mm，塔径均匀不变为1024mm，塔体厚度不变为12mm，塔内点质量(包括工作物料)为9918kg，塔体的材料为碳钢，现需求得该塔前三阶自振周期。

图8-19 闪蒸塔

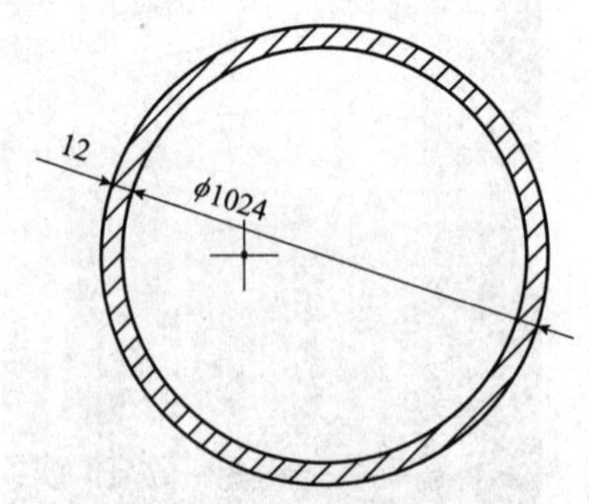

图8-20 闪蒸塔截面示意图

解：料塔等截面、等壁厚且均匀连续，故可以使用连续系流弹性求解。

(1) 该系统截面模

$$I = 0.393\ (D+\delta)^3\delta = 0.393\ (1.24+12)^3\cdot 12 = 5.24\times 10^9\text{mm}^4$$

(2) 塔体内的质量极度

$$m = \frac{m_0}{H} = \frac{9918\text{kg}}{9699\text{mm}} = 1.02\text{kg/mm}$$

(3)第一阶自振周期

$$T_1 = 1.79\sqrt{\frac{mH^4}{EI}} = 1.79 \times \sqrt{\frac{1.02 \times 9699^4}{2.08 \times 10^5 \times 5.24 \times 10^9}} = 1.63\text{s}$$

(4)第二阶，第三阶自振周期同理可得

$$T_2 = 0.285\sqrt{\frac{mH^4}{EI}} = 0.259\text{s}$$

$$T_3 = 0.102\sqrt{\frac{mH^4}{EI}} = 0.093\text{s}$$

以上计算过程可以看出连续弹性系统的自振周期之间是具有固定的比例关系的，一般设备考虑前三阶的，三阶以后周期属于高振型，刚度较大的直立设备一般不予考虑。

另外，以上算例实属特例，只有极少数的立式设备可以满足使用连续弹性系统的条件，一是因为内构件分布不均匀，板式塔以及多段填料塔甚至板式与填料的结合塔；二是为减小风阻以及节约的目的考虑，塔的设计通常会设计为变径、变厚，也就是上粗下细，上轻下重的结构，这种情况则需使用【例题 8－4】中提到的近似算法。

【例题 8－4】

冷却塔(图 8－21)是用水作为循环冷却剂，从一系统中吸收热量排放至大气中，以降低水温的装置；其冷是利用水与空气流动接触后进行冷热交换产生蒸汽，蒸汽挥发带走热量达到蒸发散热、对流传热和辐射传热等原理，来散去工业上或制冷空调中产生的余热，降低水温的蒸发散热装置，保证系统的正常运行。装置一般为桶状，故名为冷却塔。

现有冷却塔其截面为可变截面，力学简化如图 8－22 所示。其具体参数为：弹性模量 $E = 2.08 \times 10^5$MPa，塔体外径上段塔体为 1024mm，下段塔体与裙座为 1428mm，塔体壁厚上段塔体为 12mm，下段塔体与裙座为 14mm，裙座、下塔段、上塔段的高度分别为 12288mm、9699mm、9699mm，以上三段的质量分别为 6896kg、9918kg、9381kg，计算该塔第一阶自振周期(使用集中质量法)。

图 8－21 冷却塔

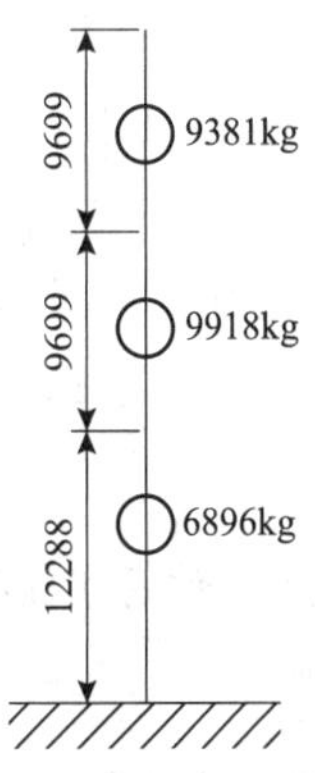

图 8－22 冷却塔力学简化

解：集中质量法设备的自振周期为(第一阶)：

$$T_1 = 2\pi\sqrt{\sum_{i=1}^{n} m_i\left(\frac{x_1}{H}\right)^3 \times \frac{1}{3E}\left(\sum_{j=1}^{m}\frac{H_j^3}{I_j} - \sum_{j=2}^{m}\frac{H_j^3}{I_{j-1}}\right)}$$

由以上公式可知需求 I_1、I_2、I_3：

$$I_1 = 0.393\ (D_i + \delta_1)^3\delta_1 = 0.393 \times (1428 + 14)^3 \times 14 = 16.5 \times 10^9\text{mm}^4$$

同理：

$$I_2 = I_1 = 16.5 \times 10^9\text{mm}^4$$

$$I_3 = 5.24 \times 10^9\text{mm}^4$$

则：

$$T_1 = 2\pi\sqrt{\left[6896\left(\frac{12288}{31686}\right)^3 + 9918\left(\frac{12288}{31686}\right)^3 + 9381\left(\frac{12288}{31686}\right)^3\right] \times \frac{1}{3 \times 2.08 \times 10^5}}$$

$$= \sqrt{\frac{12288^3}{16.5 \times 10^9} + \frac{(12288 + 9699)^3}{16.5 \times 10^9} + \frac{31686^3}{5.24 \times 10^9} - \frac{(12288 + 9699)^3}{16.5 \times 10^9} - \frac{31686^3}{16.5 \times 10^9}}$$

$$\approx 0.88\text{s}$$

以【例题 8 -4】为集中质量法求 1 阶自振周期方法，但只可求得一阶，如果需求 2 阶，可以使用一阶周期除以 6 以近似求得，则上例中二阶周期近似等于$T_2 \approx \frac{T_1}{6} = 0.147\text{s}$

理论上质量集中是可以应用于等截面塔的，也就是说质量集中法的等截面应用对其进行简化，以下将通过【例题 8 -5】对其进行说明。

【例题 8 -5】

尝试使用质量集中法解决【例题 8 -3】中的第一阶自振周期的求解。

解：

$$T_1 = 2\pi\sqrt{\sum_{i=1}^{n} m_i\left(\frac{x_1}{H}\right)^3 \times \frac{1}{3E}\left(\sum_{j=1}^{m}\frac{H_j^3}{I_j} - \sum_{j=2}^{m}\frac{H_j^3}{I_{j-1}}\right)}$$

由于只有一阶故以上可以简化为：

$$T_1 = 1.62\sqrt{\frac{mH^4}{EI}}$$

将【例题 8 -3】中已知条件代入上式有：

$$T_1 = 1.62 \times \sqrt{\frac{1.02 \times 9699^4}{2.08 \times 10^5 \times 5.24 \times 10^9}} = 1.47\text{s}$$

如果有限元方法去解决【例题 8 -3】的问题会十分近似于精确值，计算结果等于 1.62s，现在比较两种计算方法(【例题 8 -3】与【例题 8 -5】)，则可以发现弹性连续给的计算结果十分接近精确解，误差只有1%，而质量集中结的误差高达 10% 左右，但弹性连续法限制很多，计算时要综合选择。

【例题 8 -6】

在计算塔设备(直立设备)自振周期的过程中，实践还经常采用经验公式法，也就是 H^2/D_0 函数法，方法如下：

(1) 当 $H^2/D_0 < 700$ 时，$T_1 = 0.035 + 0.00085\frac{H^2}{D_0}$

(2)当 $H^2/D_0 \geqslant 700$ 时，$T_1 = 0.025 + 0.00085\dfrac{H^2}{D_0}$

现需求使用经验公式计算【例题 8-4】中的自振周期。

解：计算过程中使用的 H 为塔的点高，则：

$H = 12288 + 9699 + 9699 = 31686\text{mm}$

使用直径为加权平均直径，则：

$$D_0 = \frac{12288}{31686}1428 + \frac{9699}{31686}1428 + \frac{9699}{31686}1024 = 990.90\text{mm}$$

则 $H^2/D_0 = 1013.222(\text{m}) \geqslant 700$，故选择公式(2)计算，则

$T_1 = 0.025 + 0.00099 \times 1013.222 = 1.028\text{m}$

通过有限元计算得设备的精确计算值0.801s，比较【例题 8-6】与【例题 8-4】可以发现质量集中法的误差为$(0.88-0.801)/0.801 = 0.0986 \approx 10\%$，有一定误差，但可以接受，而经验公式的误差为$(1.028-0.801)/0.801 \approx 28.3\%$。则误差相对较大只可做为定性计算，另外因经验公式中没有考虑有关塔重等相关因素，所以满塔时误差可能会更大。

【例题 8-7】

将所吸收的气体和吸收剂分开的操作，称为提馏，也称脱吸。适用于吸收的设备同样适用于提馏。吸收理论也完全适用于提馏，只是提馏的推动力恰与吸收的相反。提馏的方法主要有在惰性气(或蒸汽)流中的提馏法、使溶液汽化的提馏法与真空提馏法。而实现这种操作的设备就叫作提馏塔：

在工程中使用的自振周期计算且并非如前几个例子那么简单，现有一计算实例，该塔为提馏塔(见图 8-23)，有八个塔节组成，每一塔节、高度、质量等参数见表 8-7，计算段及符号见图 8-24，现求该塔自振周期。

图 8-23 提馏塔

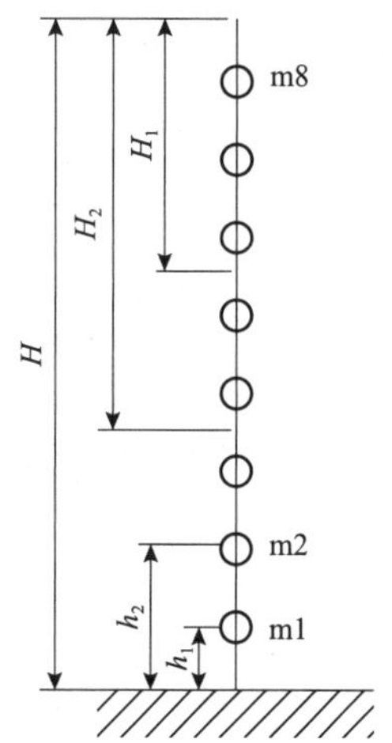

图 8-24 提馏塔力学简化

解：

表 8-7 提馏塔各段计算表

塔段号	1	2	3	4	5	6	7	8
m_j/kg	478.5	717.8	2879.5	519.1	1186.4	519.1	1186.4	705.7
h_j/mm	1000	3500	6250	8575	10725	12875	15025	17250
$m_j(h_j/H)^3$	0.077	4.940	112.851	52.541	234.94	117.244	645.983	581.479
H_j/mm	18400		13400	10900				2300
I_j/mm^4	1.234×10^9		1.024×10^8	0.130×10^9				1.024×10^9
H_j^3/E_jI_j	0.025		0.012	0.049				0.000059
$H_j^3/E_{j-1}I_{j-1}$			0.0098	0.0063				0.00047

$$T_1 = 11.48\sqrt{\sum_{j=1}^{8} m_j\left(\frac{h_j}{H}\right)^3\left(\sum_{j=1}^{4}\frac{H_j^3}{E_jI_j}-\sum_{j=2}^{4}\frac{H_j^3}{E_{j-1}I_{j-1}}\right)\times10^{-3}} = 1.29$$

【例题 8-8】

浮阀塔一种板式塔，用于气液传质过程中。浮阀的阀片可以浮动，随着气体负荷的变化而调节其开启度，因此，浮阀塔的操作弹性大，特别是在低负荷时，仍能保持正常操作。浮阀塔由于气液接触状态良好，雾沫夹带量小(因气体水平吹出之故)，塔板效率较高，生产能力较大。塔结构简单，制造费用便宜，并能适应常用的物料状况，是化工、炼油行业中使用最广泛的塔型之一。在分离稳定同位素时采用在克服泡罩塔缺陷的基础上发展起鼓泡式接触装置。浮阀塔有活动泡罩、圆盘浮阀、重盘浮阀和条形浮阀四种形式，主要零件特点见图 8-25、图 8-26。

等截面塔，其规格为 $\Phi2400\times73300$mm 的浮阀塔，塔壳与裙底采用等壁厚对接方式，塔体的操作质量 $m_0=248467$kg，塔高 $l=73.3$m，塔体与裙座壁厚 $\delta n=24$mm，求前三阶自振周期与频率。

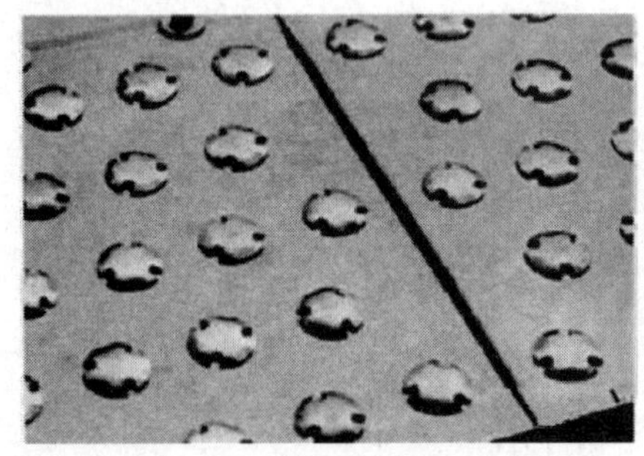

图 8-25 浮阀塔盘

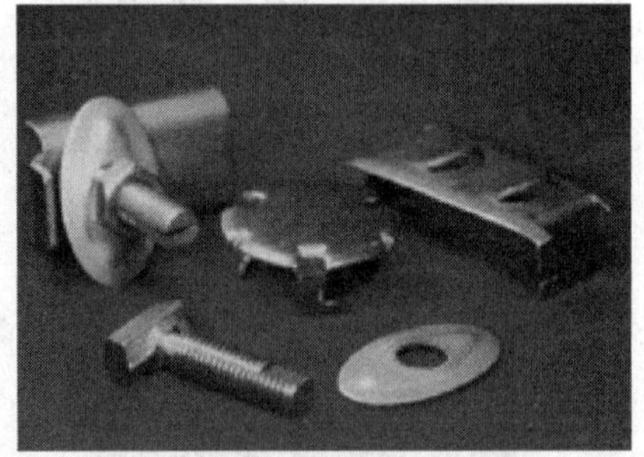

图 8-26 各种形式的浮法

解：塔体截面积为 $A=\pi(D_j+\delta_n)\delta_n=0.1828\text{m}^2$

惯性矩为 $I=\pi(D_0^4-D_j^4)/64=0.134236\text{m}^4$

操作时其当量密度 $\rho=mc/v=24016.91\text{kg/m}^3$，全塔采用 Q235R 弹性模量为 $E=2.08\times10^5$MPa

则第一阶振型的自振频率为：

$$\omega_1=\sqrt{\frac{EI}{\rho A}}\times\frac{(\lambda_1 l)^2}{l^2}=\sqrt{\frac{2.08\times10^{11}\times0.134236}{24016.91\times0.1828}}\times\frac{1.875^2}{73.3^2}=1.65\text{rad/s}$$

$$T_1=3.807 \qquad f_1=0.263\text{Hz}$$

同理可知 $\omega_2=10.34\text{rad/s}$，$T_2=0.608\text{s}$，$f_2=1.654\text{Hz}$；

$$\omega_3=28.96\text{rad/s},\ T_3=0.217\text{s},\ f_3=4.608\text{Hz}$$

以上计算与有限元分析进行结果对比可以发现，连续弹性体自振频率在前三阶十分可靠，对比结果见表8－8。

表8－8 等截面塔各段计算表

计算方法	第一阶		第二阶		第三阶	
	f/Hz	误差/%	f/Hz	误差/%	f/Hz	误差/%
理论计算	0.263	0.38	1.645	1.28	4.608	3.21
有限元分析	0.262		1.624		4.466	

【例题8－9】

以【例题8－4】冷却塔为例尝试计算该塔底截面外地震载荷与地震弯矩综合影响系数 $C_z=0.5$ 计级烈度8度，近震时场地多为Ⅱ类。

解：

(1)基本振型参与系数 $\eta_{k1}=\dfrac{A}{B}h_i^{1.5}$，其中 A、B 系数为：

$$\begin{aligned}A&=\sum_{i=1}^{3}m_ih_i^{1.56}\\&=6896\times\left(\frac{12288}{2}\right)^{1.5}+9918\times\left(12288+\frac{9699}{2}\right)^{1.5}+9381\times\left(21987+\frac{9699}{2}\right)^{1.5}\\&=66813656814.2\end{aligned}$$

$$\begin{aligned}B&=\sum_{i=1}^{3}m_ih_i^{1.56}\\&=6896\times\left(\frac{12288}{2}\right)^{3}+9918\times\left(12288+\frac{9699}{2}\right)^{3}+9381\times\left(21987+\frac{9699}{2}\right)^{3}\\&=232327220057171.966\end{aligned}$$

$$\eta_{k1}=\frac{A}{B}h_i^3=2.88\times10^{-7}\times6144^3=66698.1$$

(2)地震烈度为8度，则 $\alpha_{max}=0.45$，Ⅱ类场地其周期物性 $T_q=0.3$，

地震影响系数：

$$\alpha_1=\left(\frac{T_q}{T_1}\right)^{0.9}\alpha_{\max}=\left(\frac{0.3}{0.88}\right)^{0.9}\times0.45=0.136$$

(3)水平地震力

$$F_{k1}=C_z\alpha_1\eta_{k1}m_kg=0.5\times0.136\times66698\times26195\times9.8=116403\text{kN}$$

(4)垂直的震影响系数 $\alpha_{v\max}=0.65\alpha_{max}=0.2925$ 当量质量

$$m_{eq}=0.75m_0=0.75\times26195=19646.25\text{kg}$$

底截面处垂直地震力 F_v^{0-0}

$$F_v^{0-0}=\alpha_{v\max}\cdot m_{eq}\cdot g=0.2925\times19646.25\times9.8=56315.98\text{kN}$$

(5) 底截面处的地震弯矩 M_E^{0-0}

$$M_E^{0-0}=\frac{16}{35}C_z\alpha_1 m_0 gH=\frac{16}{35}\times 0.5\times 26195\times 31686=189717.6\text{Pa}$$

【例题 8-10】

蒸馏塔是进行蒸馏的一种塔式气液接触装置，如图 8-27 所示，结构见图 8-28。有板式塔与填料塔两种主要类型。板式塔与填料塔的比较是个复杂的问题，涉及的因素很多，选型时应考虑物料性质、操作条件、塔设备的性能，以及塔设备的制造、安装、运转和维修等。蒸馏塔蒸馏原理是将液体混合物部分气化，利用其中各组分挥发度不同的特性，实现分离。塔釜为液体，塔顶馏出气体。

蒸馏塔的工作原理并非只局限于提纯酒精。蒸馏塔的功能主要是为了分离混合液体，利用不同液体在不同条件下，如温度不同，挥发性(沸点)不同的原理进行液体分离，从而达到提纯效果。蒸馏塔主要分为板式塔与薄膜式塔。板式塔比较常见，其构造可分为板、重沸器、冷凝器三个部分。

以下为地震载荷与地震弯矩计算实例，有蒸馏塔参数如表 8-9～表 8-11 所示，计算各截面的地震力。

图 8-27　蒸馏塔

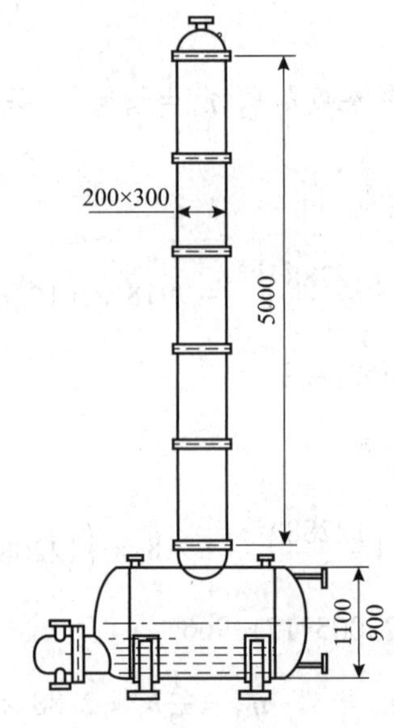

图 8-28　蒸馏塔简图

解：

表 8-9　蒸馏塔塔各段计算表

项目	1	2	3	4	5	6	7	8
操作质量/kg	46586	41673	78821	36689	20612	13507	13507	9838
高度/mm	2850	9700	18700	26850	31472	37944	47944	56472
$m_i h_i^{1.5}$	7.08×10^{10}	3.98×10^{10}	2.02×10^{11}	1.61×10^{11}	1.15×10^{11}	9.98×10^{10}	1.42×10^{11}	1.32×10^{11}
$m_i h_i^3$	1.08×10^{16}	3.8×10^{16}	5.15×10^{17}	7.10×10^{17}	6.43×10^{17}	7.38×10^{17}	1.49×10^{18}	1.177×10^{18}
$\eta_{1k}=\frac{A}{B}h_i^{1.5}$	0.025	0.155	0.416	0.716	0.908	1.202	1.708	2.18

衰减系数 $\gamma = 0.9 + \dfrac{0.05 - \vartheta}{0.5 + 5\vartheta} = 0.927$（$\vartheta$ 取 0.01 ~ 0.03）

调整系数 $\eta_2 = 1 + \dfrac{0.05 - \vartheta}{0.06 + 1.7\vartheta} = 1.519$

自振周期影响系数 $\alpha_1 = \left(\dfrac{T_g}{T_1}\right)\eta_2 \alpha_{\max} T_g = 5.5$

表 8－10　蒸馏塔塔各段惯性力表

集中力 F_{1k}/kN	51927	29177	147720	118303	84341	73168	103923	96758
$m_k h_k$	1.3×10^9	4.0×10^9	1.47×10^9	9.9×10^8	6.4×10^8	5.1×10^8	6.4×10^8	5.5×10^8

表 8－11　蒸馏塔塔各段集中力表

F_v^{j-i}/kN	158106	48154	175587	117355	77278	61056	77147	66183
F_{vi}/kN	780869	622763	574608	399020	281665	204387	143330	66183

$F_{1k} = \alpha_1 \eta_{1k} m_k g$；$\alpha_{v\max} = 0.156$；$m_{eq} = 51025\text{kg}$

塔底截面处垂直地震地 $F_v^{0-0} = 780869\text{kN}$

第 9 章

有限元法

9.1 有限元法数学知识

9.1.1 函数的变分

(1) 定义

①函数 对于自变量 x 在某一域上的每个值都有一个因变量 y 的值与之对应，这种自变量与因变量的对应关系成为函数，也可以定义函数是实数空间到实数空间的映射，记为：

$$y=y(x)$$

②复合函数 设 y 是 u 的函数 $y=f(u)$，u 是 x 的函数 $u=\phi(x)$。若 $y=f(u)$ 定义域为 A，$u=\phi(x)$ 值域为 B，且必须满足 $B\subseteq A$，那么 y 关于 x 的函数 $y=f[\phi(x)]$，叫作函数 f 和 ϕ 的复合函数。

③隐函数 若由方程 $F(x,\ y)=0$ 确定 y 是 x 的函数 $y=f(x)$，即 $F[x,\ f(x)]=0$。则称 y 是 x 的隐函数。

(2) 函数的微分

当自变量 x 有微小增量 $\mathrm{d}x$，函数 $y(x)$ 也有对应的微小增量 $\mathrm{d}y$，则增量 $\mathrm{d}y$ 称为函数 y 的微分，即：

$$\mathrm{d}y=y'(x)\mathrm{d}x \tag{9-1}$$

其中 $y'(x)$ 为 y 对于 x 的导数。

(3) 函数的变分

如果函数 $y(x)$ 的形式发生改变而成为新函数 $\bar{y}(x)$，当对应于 x 的一个定值，y 具有微小的增量，则增量 δy 称为函数 $y(x)$ 的变分，即：

$$\delta y=\bar{y}(x)-Y(x) \qquad x\in[a,\ b] \tag{9-2}$$

函数变分如图 9-1 所示，δy 一般也是 x 的函数。函数 $y(x)$ 通常要满足一定的边界条件，如 $y(a)=y_a$，$y(b)=y_b$，因此函数的变分 δy 应满足齐次边界条件，即：

$$\delta y(a)=0,\ \delta y(b)=0$$

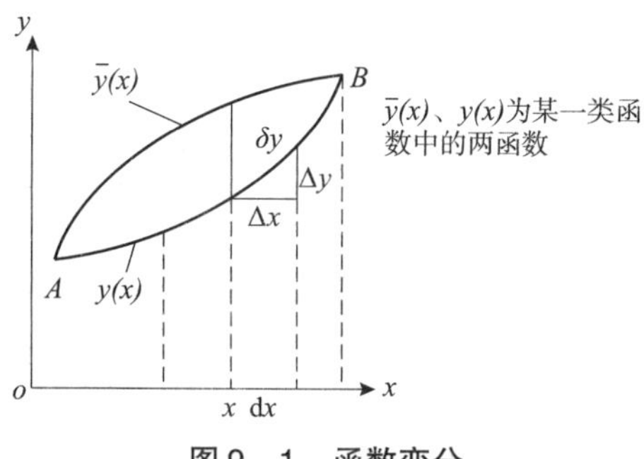

图 9－1 函数变分

(4)变分的导数

当 y 发生变分 δy 时，导数 $y'(x)$也将产生变分 $\delta(y')$，它等于新函数的导数与原函数的导数之差，即导数差分为：

$$\delta y'=\overline{y'}(x)-y'(x) \tag{9-3}$$

比较：式(9－2)求导得：

$$(\delta y')=\overline{y'}(x)-y'(x)$$

此式比较式(9－3)可得：

$$\delta(y')=(\delta y)' \tag{9-4a}$$

$$\text{或}\ \delta\left(\frac{\mathrm{d}y}{\mathrm{d}x}\right)=\frac{\mathrm{d}}{\mathrm{d}x}(\delta y) \tag{9-4b}$$

导数的变分等于变分的导数。

9.1.2 泛函问题的提出

问题一：最速降线问题

设 A 和 B 是垂直平面上不在同一垂直线上的两点，在所有连接 A 和 B 两点的平面曲线中，求出一条曲线，使仅受重力作用且初速度为零的质点从点 A 到点 B 沿这条曲线运动时所需时间最短。

最速降线如图 9－2 所示，连接 A 和 B 两点的所有曲线中以直线段 AMB 为最短，但这不一定是质点从 A 点到 B 点的运动时间最短，质点运动时间是路径长度和速度的函数。因此，连接 A 和 B 两点的曲线方程为：

$$y=y(x)\quad(0\leqslant x\leqslant x_1) \tag{A}$$

在区间$[0,\ x_1]$上两个端点满足条件为：

$$y(0)=0,\ y(x_1)=y_1 \tag{B}$$

设 $M(x,\ y)$为曲线 $y=y(x)$上任意一点，则根据能量守恒得：

$$mgy=\frac{1}{2}mv^2 \tag{C}$$

式中 g 为重力加速度，从而有：$v=\sqrt{2gy}$ (D)

其速度：
$$v=\frac{\mathrm{d}s}{\mathrm{d}t}=\frac{\sqrt{(\mathrm{d}x)^2+(\mathrm{d}y)^2}}{\mathrm{d}t}=\sqrt{1+y'^2}\,\frac{\mathrm{d}x}{\mathrm{d}t} \tag{E}$$

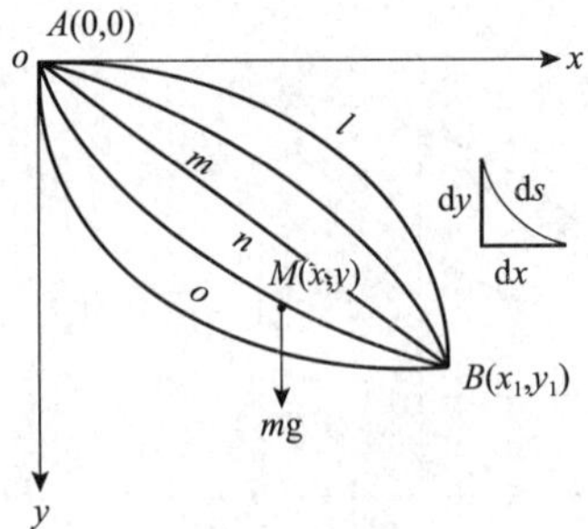

图 9－2 最速降线

联立式(D)、式(E)得质点沿曲线从 A 点滑行到 B 点所需的时间为：

$$T=\int_0^{x_1}\sqrt{\frac{1+y'^2}{2gy}}\mathrm{d}x \tag{9-5}$$

可以看出：时间 T 是依赖于函数 $y=y(x)$ 的函数。$y=y(x)$ 取不同的函数，T 就有不同的值与之对应，总有一条过 A，B 两点之间的曲线，使其时间最短。从数学上表达，即满足边界条件(B)的所有函数(A)中，使积分式(9－5)取最小值的函数。

问题二：最短线程问题

最短线程问题由约翰伯努利提出：在光滑曲面 $f(x,\ y,\ z)=0$ 上，给定 $A(x_0,\ y_0,\ z_0)$ 和 $B(x_0,\ y_0,\ z_0)$ 两点，在该曲面上找到过此两点的一条最短曲线。

空间曲线参数方程为：

$$\begin{cases}x=x(t)\\y=y(t)\\z=z(t)\end{cases} \tag{A}$$

消去参数 t，取 x 为参数 t，即 $x=t$，用 x 作为自变量，则式(A)可写成：

$$\begin{cases}y=y(x)\\z=z(x)\end{cases}\qquad x_0\leqslant x\leqslant x_1 \tag{B}$$

式中 $y(x)$ 和 $z(x)$ 均为连续可微函数，如图 9－3 所示，由于曲线在曲面 $f(x,\ y,\ z)=0$ 上，故 $y(x)$ 和 $z(x)$ 应满足约束条件　$f(x,\ y,\ z)=0$　　(C)

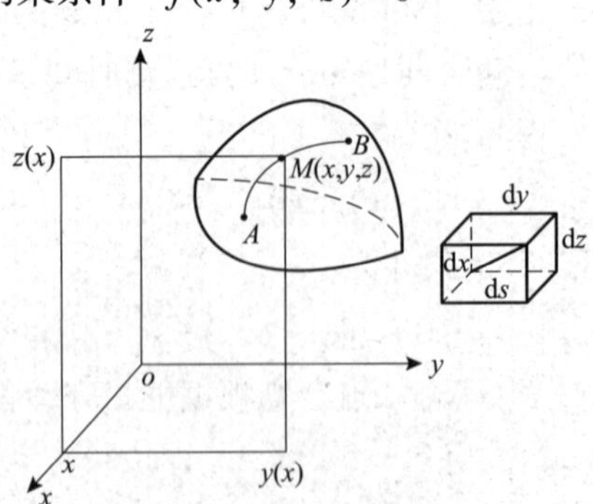

图 9－3 连续可微函数

因此，该曲线方程为：

$$\begin{cases} y=y(x) \\ z=z(x) \\ f(x,\ y,\ z)=0 \end{cases} \tag{9-6}$$

由微弧长 $\mathrm{d}s=\sqrt{(\mathrm{x}^2(t)+\mathrm{y}^2(t)+\mathrm{z}^2(t))}=\sqrt{1+\left(\frac{\mathrm{d}y}{\mathrm{d}x}\right)^2+\left(\frac{\mathrm{d}z}{\mathrm{d}x}\right)^2}\mathrm{d}x=\sqrt{1+y'^2(x)+z'^2(x)}\mathrm{d}x$

(9-7)

曲线长度为：

$$L=\int_{x_0}^{x_1}\sqrt{1+y'^2(x)+z'^2(x)}\mathrm{d}x \tag{9-8}$$

综上，最短线程问题数学表达为：在曲面 $f(x,\ y,\ z)=0$ 上的曲线 $\begin{cases} y=y(x) \\ z=z(x) \end{cases}$，使其长度 $L=\int_{x_0}^{x_1}\sqrt{1+y'^2(x)+z'^2(x)}\mathrm{d}x$ 最小，即为最短线程。

问题三：等周问题

在平面上给定长度为 L 的所有不相交的光滑封闭曲线中，求出所围成最大面积的曲线，其答案早在古希腊时期就知道这条曲线是一个圆周，如图 9-4 所示。

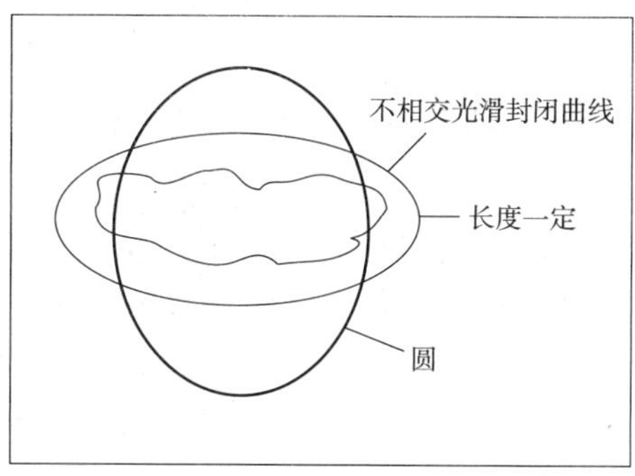

图 9-4 等周问题

平面封闭曲线的参数方程为：

$$\begin{cases} x=x(t) \\ y=y(t) \end{cases} \quad t_0\leqslant t\leqslant t_1 \tag{9-9}$$

式中函数 $x(t)$、$y(t)$连续可微且边界条件为：$x(t_0)=x(t_1)$、$y(t_0)=y(\mathrm{t}_1)$，t_0 与 t_1 对应于封闭曲线的始点和终点。

封闭曲线的长度为：

$$L=\oint\sqrt{(\mathrm{d}x)^2+(\mathrm{d}y)^2}=\int_{t_0}^{t_1}\sqrt{x^2(t)+y^2(t)}\mathrm{d}t \tag{9-10}$$

封闭曲线 L 围成的面积为：

$$S=\iint_D \mathrm{d}x\mathrm{d}y$$

根据格林公式其曲线积分为：$\oint_L P\mathrm{d}x+Q\mathrm{d}y=\iint_D\left(\frac{\partial Q}{\partial x}-\frac{\partial P}{\partial y}\right)\mathrm{d}x\mathrm{d}y$，得

当 x、y 轴上的分量 P、Q，分别取 $P=-y$，$Q=x$ 时，

$$\iint_D \left(\frac{\partial Q}{\partial x}-\frac{\partial P}{\partial y}\right)\mathrm{d}x\mathrm{d}y = 2\iint_D \mathrm{d}x\mathrm{d}y$$

有：

$$S = \iint_D \mathrm{d}x\mathrm{d}y = \frac{1}{2}\oint_L P\mathrm{d}x + Q\mathrm{d}y = \frac{1}{2}\oint (x\mathrm{d}y - y\mathrm{d}x)$$

$$= \frac{1}{2}\oint [xy'(t) - yx'(t)]\mathrm{d}t \tag{9-11}$$

因此，等圆问题就是在满足长度条件 $L=\oint\sqrt{(\mathrm{d}x)^2+(\mathrm{d}y)^2}$ 的所有曲线 $\begin{cases}x=x(t)\\y=y(t)\end{cases}$ 中，求使面积为 $S=\frac{1}{2}\oint(x\mathrm{d}y-y\mathrm{d}x)$ 取得最大值的曲线。

9.1.3 泛函

(1)类函数

定义：具有某种共同性质的函数构成的集合称为类函数或函数类。例如过 A 点和 B 点的平面曲线有很多条，其共同性质是都通过点 A 和点 B，这一簇具有过点 A 和点 B 共同性质的函数集合就是类函数。

(2)泛函

定义：如果对于某一类函数中的每一个函数 $y(x)$，就有一个变量 I 的值与之对应，则称 I 为依赖于函数 $y=y(x)$ 的泛函。

数学表达为：设 $F=\{y(x)\}$ 是给定的某一类函数，R 为实数集合，如果对于类函数 F 中的每一个函数 $y(x)$，在 R 中变量 I 都有一个确定的数值按照一定的规律与之对应，则称 I 为函数 $y(x)$ 的泛函。函数 $y(x)$ 是泛函 I 的宗量，类函数 F 称为泛函 I 的定义域。

定义式：

$$I=I[y(x)] \tag{9-12}$$

说明：

①泛函是函数空间到实数空间的映射；

②泛函是函数的函数；

③函数集合包含很多函数，$y(x)$ 是确定的一个函数。

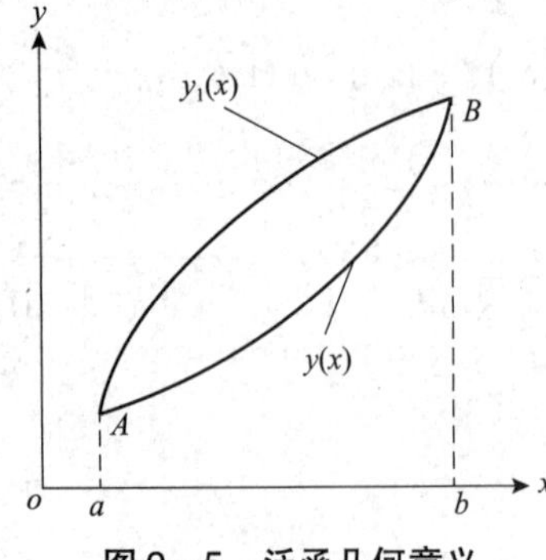

图 9-5　泛函几何意义

例如：如图 9-5 所示，在给定平面内有两点 A，B，作过此两点任一曲线，其长度为：

$$L=\int_a^b\sqrt{1+\left(\frac{\mathrm{d}y}{\mathrm{d}x}\right)^2}\mathrm{d}x \tag{9-13}$$

可以看出，长度 L 取决于函数 $y(x)$ 的形式。

L 是函数 $y(x)$ 的泛函，其表达式为：

$$L=I[y(x)]=\int_a^b f\left(x,y,\frac{\mathrm{d}y}{\mathrm{d}x}\right)\mathrm{d}x \tag{9-14}$$

说明：

①$y_1(x)$ 和 $y(x)$ 属于同类函数，其共同性质是都过 A、

B 两点。

②$f(x, y, y') = \sqrt{1+y'^2}$是 x，y，y'的函数，$y(x)$确定了，则$f(x, y, y')$就确定。

泛函一般式：

$$I = \int_a^b f(x,y,y')\mathrm{d}x \tag{9-15}$$

此式称为最简单的积分型泛函，简称最简泛函。

(3) 宗量的变分

定义：在定义域内；可取函数 $y(x)$是泛函 $I[y(x)]$的宗量，则泛函的宗量 $y(x)$与另一宗量 $y_0(x)$之差称为宗量 $y(x)$在 $y_0(x)$处的变分或称函数的变分。

定义式：

$$\delta y = y(x) - y(x_0) \tag{9-16}$$

说明：

①函数变分在固定端点应满足的条件即为固定边界条件，如图 9-6 所示，其固定边界条件为：

$$\delta y(x_0) = \delta y(x_1) = 0$$

②根据变分定义可知，函数 $y(x)$的变分 δy 是 x 的函数。

③函数的变分 δ_y 是两个不同函 $y(x)$ 与 $y_0(x)$在自变量 x 取固定值时之差$[y(x) - y(x_0)]$，函数发生了改变。函数的增量 Δy 是由于自变量 x 取一个增量而使同一函数 $y(x)$产生的增量，函数仍是原来的函数。

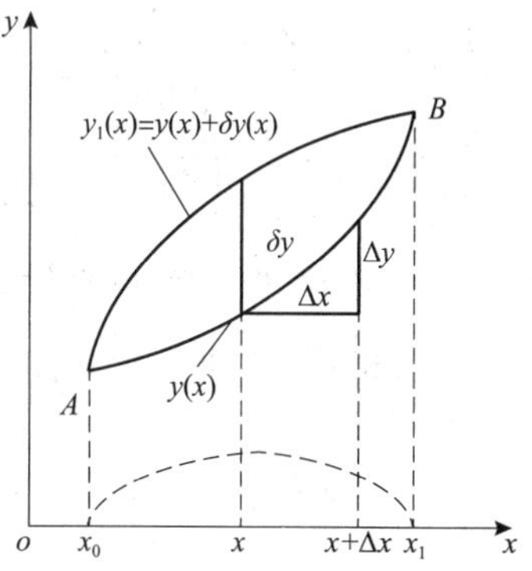

图 9-6 变分与微分

④在变分时，自变量 x 保持不变，而函数本身形式改变引起函数值的改变，所以在变分运算时自变量的增量取零值，即 $\delta x = 0$；当自变量 x 为时间 t 时，此变分称为等时变分，此时 $\delta t = 0$。

⑤若可取函数由 $y(x)$变为 $y_1(x)$的同时，自变量 x 也取得增量 Δx(Δx 是 x 的可微函数)，则函数的增量在舍去高阶无穷小后，可近似写成

$$\Delta y = \delta y + y'(x)\Delta x \tag{9-17}$$

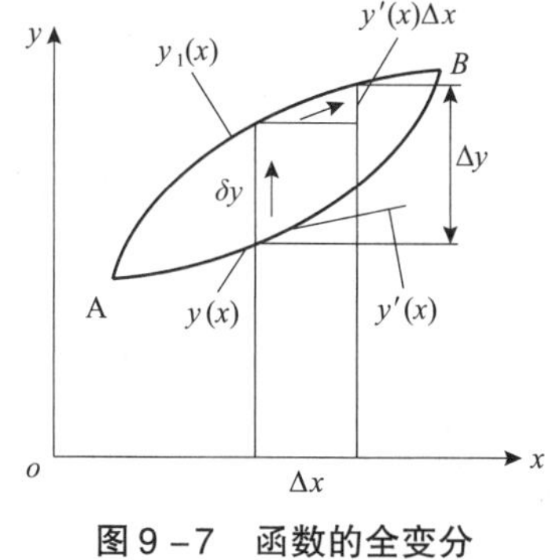

图 9-7 函数的全变分

Δy 称为函数 $y(x)$的全变分，如图 9-7 所示，全变分包括两部分，$y'(x)\Delta x$ 表示函数形式不变。

由于自变量变化所引起的函数值的改变值(仅取线性部分)；δy 表示自变量不变仅由函数形式改变所引起的函数值的改变量。

(4) 泛函的变分

泛函增量　两个泛函数值差就是变分，即泛函的增量，也称为泛函的全变分。

定义式：在 $y = y(x)$的一阶邻域内，任取一曲线 $y = y_1(x)$，因：

$$\begin{cases} \delta y = y_1(x) - y(x) \\ \delta y' = y'_1(x) - y'(x) \end{cases} \tag{9-18}$$

则最简泛函 $I[y(x)] = \int_{x_0}^{x_1} f(x,y,y')\mathrm{d}x$ 的增量为：

$$\Delta I = I[y_1(x)] - I[y(x)] = I[y+\delta y] - I[y]$$
$$= \int_{x_0}^{x_1} f(x, y+\delta y, y'+\delta y')\mathrm{d}x - \int_{x_0}^{x_1} f(x,y,y')\mathrm{d}x$$
$$= \int_{x_0}^{x_1} [f(x,y+\delta y,y'+\delta y') - f(x,y,y')]\mathrm{d}x \tag{9-19}$$

此式也称为泛函的全变分。

泛函的变分　对于被积函数$f(x, y, y')$，当函数$y(x)$具有变分δy时，导数y'也随之具有变分$\delta y'$，根据三元泰勒级数$f(x_0+h, y_0+k, z_0+I)=f(x_0, y_0, z_0)+\frac{1}{1!}\left[h\frac{\partial}{\partial x}+k\frac{\partial}{\partial y}+I\frac{\partial}{\partial z}\right]f(x_0, y_0, z_0)+\cdots$，可将函数$f$展开为：

$$f(x, y+\delta y, y'+\delta y') = f(x+0, y+\delta y, y'+\delta y') = f(x, y, y') + \frac{1}{1!}\left[0\frac{\partial}{\partial x}+\delta y\frac{\partial}{\partial y}+\delta y'\frac{\partial}{\partial y'}\right]f(x, y, y')+\cdots$$

故有：$f(x, y+\delta y, y'+\delta y')-f(x, y, y')=\frac{\partial f}{\partial y}\delta y+\frac{\partial f}{\partial y'}\delta y'+\cdots$

略去高阶小，取f增量的主部(即线性项)，函数f的一阶变分定义式：

$$\delta f = f(x, y+\delta y, y'+\delta y') - f(x, y, y') = \frac{\partial f}{\partial y}\delta y + \frac{\partial f}{\partial y'}\delta y' \tag{9-20}$$

由于泛函I的增量为：

$$\Delta I = \int_a^b f(x,y+\delta y,y'+\delta y')\mathrm{d}x - \int_a^b f(x,y,y')\mathrm{d}x$$
$$= \int_a^b [f(x,y+\delta y,y'+\delta y') - f(x,y,y')]\mathrm{d}x$$
$$= \int_a^b \delta f\mathrm{d}x$$

泛函I的一阶变分δI定义式：

$$\delta I = \int_a^b \delta f\mathrm{d}x \tag{9-21}$$

泛函I一阶变分的表达式：

$$\delta I = \int_a^b \left(\frac{\partial f}{\partial y}\delta y + \frac{\partial f}{\partial y'}\delta y'\right)\mathrm{d}x \tag{9-22}$$

此式是计算变分公式，可以看出此式把变分问题用微分方法解决。

说明：因为$I = \int_a^b f\mathrm{d}x$，所以$\delta I = \delta\int_a^b f\mathrm{d}x$，又因为$\delta I = \int_a^b \delta f\mathrm{d}x$，所以：

$$\delta\int_a^b f dx = \int_a^b \delta f dx \tag{9-23}$$

此式说明：变分的运算与积分的运算可以交换次序

泛函I的二阶变分定义式：

$$\delta^2 I = \frac{1}{2}\int_a^b \left[\left(\delta y\frac{\partial}{\partial y} + \delta y'\frac{\partial}{\partial y'}\right)^2 f\right]\mathrm{d}x \tag{9-24}$$

变分运算法则　变分的运算与微分的运算法则基本相同。

$\delta(F_1+F_2)=\delta F_1+\delta F_2$

$\delta(F)^n=nF^{n-1}\delta F$

$\delta(uv)=u\delta v+v\delta u$

$\delta\left(\frac{u}{v}\right)=\frac{v\delta u-u\delta v}{u^2}$

$\delta J=\delta\int_{x_1}^{x_2}F(x,y,y')\mathrm{d}x=\int_{x_1}^{x_2}\delta F(x,y,y')\mathrm{d}x$

$\delta\int_{x_1}^{x_2}y\mathrm{d}x=\int_{x_1}^{x_2}\delta y\mathrm{d}x$

$\delta(dy)=d(\delta y)$或$\delta\left(\frac{\mathrm{d}y}{\mathrm{d}x}\right)=\frac{\mathrm{d}(\delta y)}{\mathrm{d}x}$或$\delta(y')=(\delta y)'$

$d(xy)=y\mathrm{d}x+x\mathrm{d}y$　$\delta(xy)=x\delta y$

泛函 $J[y_1(x),\ y_2(x),\ \cdots y_n(x)]$ 的变分为

$\delta J=\frac{\partial J}{\partial y_1(x)}\delta y_1(x)+\frac{\partial J}{\partial y_2(x)}\delta y_2(x)+\cdots+\frac{\partial J}{\partial y_n(x)}\delta y_n(x)$

计算变分例

设　$I[y]=\int_{x_0}^{x_1}(y^2+y'^2)\mathrm{d}x$,求 δI。

解：$F=y^2+y'^2$，$F_y=2y$，$F_{y'}=2y'$，则

$$\begin{aligned}\delta I&=\int_{x_0}^{x_1}(2y\cdot\delta y+2y\cdot\delta y')\mathrm{d}x\\&=2\int_{x_0}^{x_1}(y\cdot\delta y+y\cdot\delta y')\mathrm{d}x\end{aligned}$$

9.1.4　泛函极值

(1)函数极值

如果函数 $y(x)$在 $x=x_0$ 点的一阶导数$\frac{\mathrm{d}y}{\mathrm{d}x}=0$，则称函数 $y(x)$在 $x=x_0$ 点处取得驻值，x_0 为驻点。

判别：函数的极值点一定是驻点，但是驻点不一定是极值点。当在 $x=x_0$ 处，$\frac{\mathrm{d}^2y}{\mathrm{d}x^2}>0$(曲线向下凹)，则函数在 x_0 处取得极小值；当在 $x=x_0$ 处，$\frac{\mathrm{d}^2y}{\mathrm{d}x^2}<0$(曲线向上凸)，则函数在 x_0 处取得极大值。

(2)泛函极值

如果泛函 $I[y(x)]$在 $y=y_0(x)$的临近任意一个函数 $y(x)=y_0(x)+\delta y$ 的值都不大于 $I[y_0(x)]$，即 $\delta I=I[y(x)]-I[y_0(x)]\leqslant 0$，则极大值判别条件为：

$$\delta I\leqslant 0 \tag{9-25}$$

称　$y_0(x)$使泛函 $I[y(x)]$取得极大值。

如果泛函 $I[y(x)]$在 $y=y_0(x)$的邻近任意一个函数 $y(x)=y_0(x)+\delta y$ 的值都不小于

$I[y_0(x)]$，即 $\delta I = I[y(x)] - I[y_0(x)] \geqslant 0$，则极小值判别条件为：

$$\delta I \geqslant 0 \tag{9-26}$$

称 $y_0(x)$使泛函 $I[y(x)]$取得极小值，如图 9－8 所示。

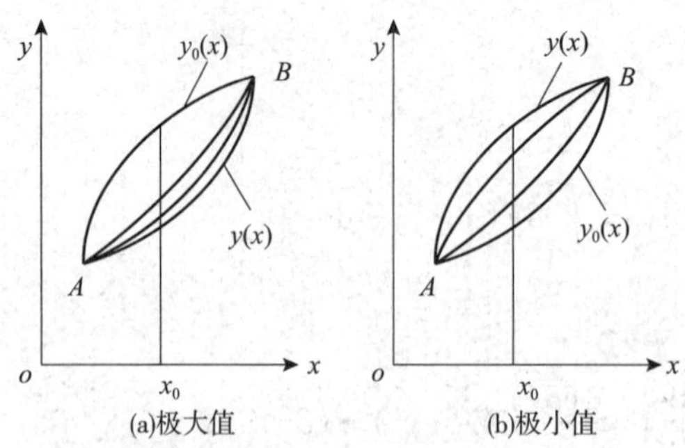

图 9－8　泛函数值

泛函 $I[y(x)]$取得极值的必要条件为一阶变分为零。

$$\delta I = 0 \tag{9-27}$$

说明：

①曲线 $y = y_0(x)$称为泛函 $I[y(x)]$的极值曲线

②如果泛函 $I[y(x)]$在 $y = y_0(x)$的一阶变分 $\delta I = 0$，则称泛函 $I[y(x)]$在 $y = y_0(x)$上取得驻值，函数 $y = y_0(x)$称为泛函 $I[y(x)]$的驻值函数。

判别条件：

必要条件：$\delta I = 0$

充分条件：如果在曲线 $y = y_0(x)$上，二阶变分 $\delta^2 I > 0$，则 $I[y_0(x)]$取得极小值；如果在曲线 $y = y_0(x)$上，二阶变分 $\delta^2 I < 0$，则 $I[y_0(x)]$取得极大值。

9.1.5　欧拉方程

引例：如图 9－6 所示，过指定 A，B 两点的曲线簇 $y = y(x)$，求泛函 $I = \int_a^b f(x,y,y')\mathrm{d}x$ 满足驻值条件下(即 $\delta I = 0$)的函数 $y = y(x)$方程。

由泛函一阶变分表达式可知：

$$\delta I = \int_a^b \left(\frac{\partial f}{\partial y}\delta y + \frac{\partial f}{\partial y'}\delta y'\right)\mathrm{d}x \tag{A}$$

根据分部积分法，则有：

$$\int_a^b \left(\frac{\partial f}{\partial y'}\delta y'\right)\mathrm{d}x = \left[\frac{\partial f}{\partial y'}\delta y\right]_a^b - \int_a^b \frac{\partial}{\partial x}\left(\frac{\partial f}{\partial y'}\right)\delta y\mathrm{d}x \tag{B}$$

故：

$$\delta I = \int_a^b \left(\frac{\partial f}{\partial y}\delta y\right)\mathrm{d}x + \left[\frac{\partial f}{\partial y'}\delta y\right]_a^b - \int_a^b \frac{\partial}{\partial x}\left(\frac{\partial f}{\partial y'}\right)\delta y\mathrm{d}x \tag{9-28}$$

(1)本质边界条件下

自变函数事先必须满足的边界条件称为本质边界条件，本例为曲线簇过 A，B 两点，因此给出的本质边界条件为：

$$y(a) = y_a，\ y(b) = y_b$$

$$\delta y(a)=0,\ \delta y(b)=0 \tag{C}$$

在此条件下，式(9－28)中，$\left[\frac{\partial f}{\partial y'}\delta y\right]_a^b$ 项必为零。即：

$$\left[\frac{\partial f}{\partial y'}\delta y\right]_a^b=0 \tag{D}$$

式(9－28)变成：

$$\delta I=\int_a^b\left[\frac{\partial f}{\partial y}-\frac{\mathrm{d}}{\mathrm{d}x}\left(\frac{\partial f}{\partial y'}\right)\right]\delta y\mathrm{d}x \tag{9－29}$$

由于 δy 是任意的，任意点 $\delta y\neq0$，使 $\delta I=0$ 只有下式成立。

$$\frac{\partial f}{\partial y}-\frac{\mathrm{d}}{\mathrm{d}x}\left[\frac{\partial f}{\partial y'}\right]=0 \tag{9－30}$$

此式是由泛函的驻值条件推出的自变函数所应满足的方程，称为泛函 $I=\int_a^b f(x,y,y')\mathrm{d}x$ 变分问题的欧拉微分方程，因此用微分方法求解变分问题。

(2)自然边界条件下

事先没有给出边界条件，而是由泛函驻值条件推出的自变函数所应满足的边界条件，此条件称为自然边界条件。

自变函数 $y=y(x)$的边界条件没有给出，即 $y(x)$没有对应的边界条件。由式(9－28)可知，要使 $\delta I=0$，$\left[\frac{\partial f}{\partial y'}\delta y\right]_a^b$ 项必为零。因没有给出边界条件，故 $[\delta y]_a^b\neq0$，因此只有 $\left[\frac{\partial f}{\partial y'}\right]_a^b=0$。

自然边界条件：
$$\left.\frac{\partial f}{\partial y'}\right|_{x=a}=0,\ \left.\frac{\partial f}{\partial y'}\right|_{x=b}=0 \tag{9－31}$$

据此也得到$\frac{\partial f}{\partial y}-\frac{d}{\mathrm{d}x}\left[\frac{\partial f}{\partial y'}\right]=0$ 欧拉微分方程。

如果上例中求使 AB 曲线最短的函数 $y(x)$，则：

$$I=L=\int_a^b\sqrt{1+(y')^2}\mathrm{d}x$$

即$f(x,\ y,\ y')=\sqrt{1+(y')^2}$，根据欧拉微分方程知：

$$0-\frac{d}{\mathrm{d}x}\left[\frac{y'}{\sqrt{1+(y')^2}}\right]=0,\ 即\frac{y'}{\sqrt{1+(y')^2}}=\mathrm{C}$$

其中 C 为积分常数，求解该方程，得：

$$y=\mathrm{C}_1x+\mathrm{C}_2$$

式中常数 C_1 和 C_2 由本质边界条件 $y(a)=y_a$，$y(b)=y_b$ 求得。可见连接 A、B 两点最短曲线函数为一条直线。

欧拉方程例：

求泛函 $I[y]=\int_0^{\frac{\pi}{2}}(y'^2-y^2)\mathrm{d}x$ 满足 $y(0)=0,y\left(\frac{\pi}{2}\right)=1$ 的极值曲线。

解：

令 $F=y'^2-y^2$

欧拉方程为 $F_y - \frac{d}{dx}F_{y'} = -2y - 2y'' = 0$，即 $y'' + y = 0$，通解为 $y = C_1\cos x + C_2\sin x$，利用边界条件得 $C_1 = 0$，$C_2 = 1$，其极值曲线为 $y = \sin x$。

根据泛函变分原理 $\int_{x_0}^{x_1} F(x,y,y')dx = \int_{x_0}^{x_1}(F_y dy + F_y{}'dy')$ 对于不定常 ε_{ij} 将 $\int_v \sigma_{ij}\delta\varepsilon_{ij}dv$ 中的变分号 δ 提出,则要积分,因此前有系数 $\frac{1}{2}$, $\int_v \sigma_{ij}\delta\varepsilon_{ij}dv = \frac{1}{2}\delta\int_v \sigma_{ij}\varepsilon_{ij}dv$ 。

$$\int_v \sigma_{ij}\delta\varepsilon_{ij}dv = \int_v (\sigma_x\delta\varepsilon_x + \sigma_y\delta\varepsilon_y + \sigma_z\delta\varepsilon_z + \tau_{xy}\delta r_{xy} + \tau_{yz}\delta r_{yz} + \tau_{zx}\delta r_{zx})dv$$

$$\int_v \sigma_{ij}\varepsilon_{ij}dv = \int_v (\sigma_x\varepsilon_x + \sigma_y\varepsilon_y + \sigma_z\varepsilon_z + \tau_{xy}r_{xy} + \tau_{yz}r_{yz} + \tau_{zx}r_{zx})dv$$

9.2 有限元法基本原理

9.2.1 圣维南原理

(1) 圣维南原理

如果作用在弹性体一小块表面(或体积)上的力被作用于同一表面(或体积)上的静力等效力系替代，这种替换仅使局部表面(或体积)产生显著的应力变化，而在比应力变化表面(或体积)的线性展开更远的地方，其影响可忽略不计。

说明：

①静力等效力系即主矢量相同时，同一点的主矩也相同。

②根据圣维南局部影响原理，假如我们用一静力等效力系取代弹性体上作用的原外力，则其影响仅在力的作用区域附近，而离此区域较远处几乎不受影响，如图 9-9 所示，我们分别用 $\frac{F}{2}$ 和 q 代替原外力 F，它们只在受力局部区域有影响。

③圣维南原理只能在次要边界(小边界，局部边界)上实施，不能主要边界上。主要边界必须精确满足边界条件，次要边界静力等效满足就可以了。如果主要边界与次要边界尺寸相差不太多，圣维南原理就不能用了。

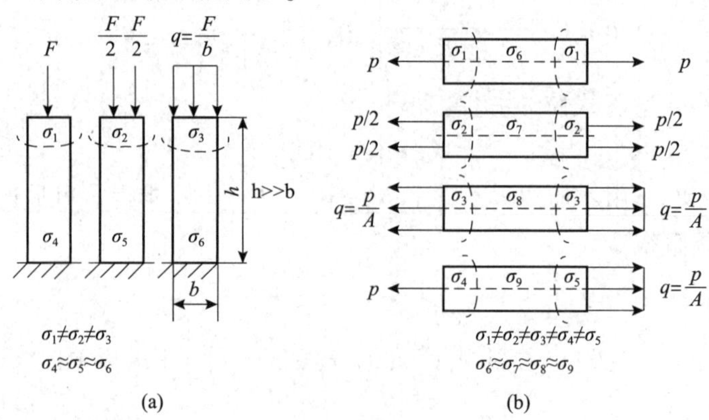

图 9-9 圣维南原理

(2)圣维南原理的意义

①在弹性力学的边界问题中，严格地说在外面力给定的边界条件及位移给定的边界条件应该逐点满足，但在数学上要给出完整满足边界条件的解答是非常困难的，并且在工程上人们往往只知道作用在物体表面某一部分区域上的外合力和外合力矩，并不知道外面力的具体分布形式，因此弹性力学问题的求解过程中一些边界条件可以通过某种等效形式提出，可以将一些难易处理的边界条件转化为基本方程所能满足的边界条件，使弹性力学问题得到解答。

②梁的主要边界、次要边界如图 9－10 所示，梁的跨度大于梁的宽度($l \gg h$)，梁的上、下两个边界占全部边界的绝大部分是主要边界，在主要边界上边界条件必须精准满足；由于 $l \gg h$，所以$\overline{AB}$、$\overline{CD}$是小边界(即是次要边界)在次要边界上如果边界条件不能精准满足，就可以引用圣维南原理，这样边界条件就得以近似的满足了。

如图 9－11 所示，由于 h 与 l 的尺寸量级的不同，主要边界和次要边界就不同了。

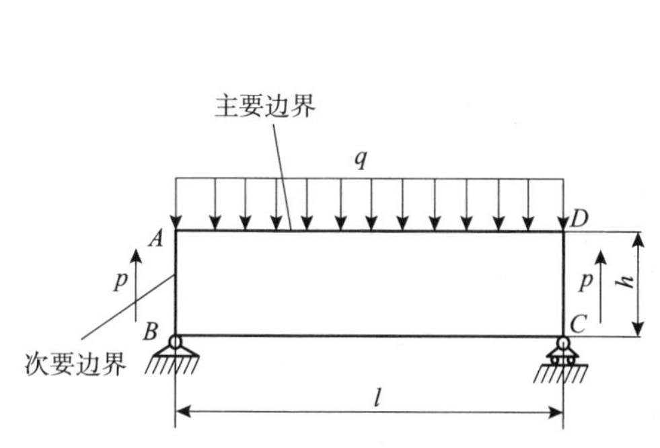

图 9－10　梁的主要边界、次要边界

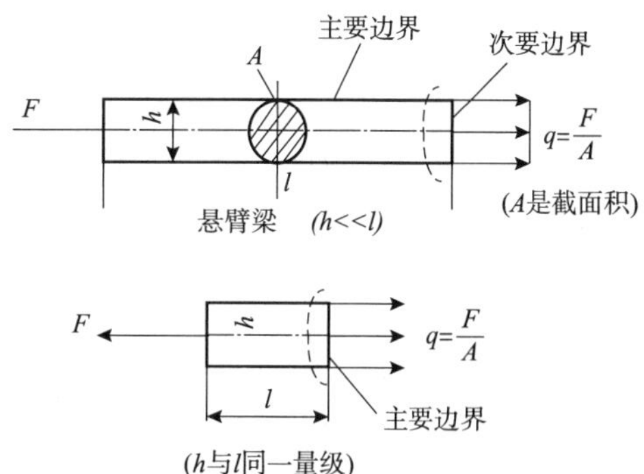

图 9－11　主要边界、次要边界

(3)圣维南原理应用

边界连续性要求，边界上各点所受的外面力与边界对应点的应力应逐点对应相等，但往往很难做到，故对于主要边界上任一点的应力和外面力之间的关系是函数方程在边界上每一点都应满足。而次要边界精确的边界条件较难满足，这时可应用圣维南原理。

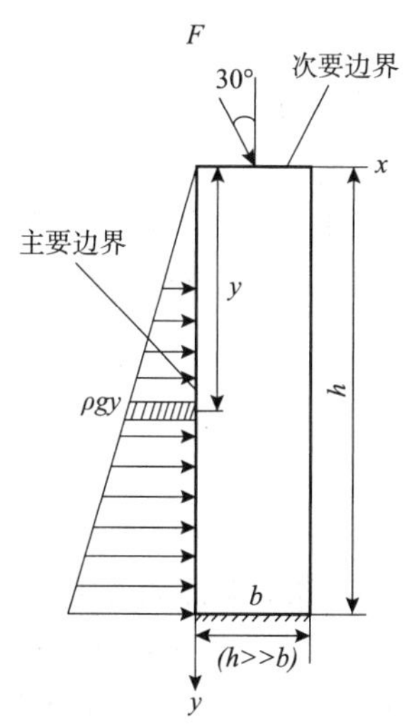

图 9－12　水坝边界问题

建立次要边界积分边界条件的方法：

①次要边界上应力的主矢量(主矩)与外面力的主矢量(主矩)的大小(方向)对应相等，如图 9－12 所示。

主要边界上($x=0$)，应精确满足边界条件：

$$x=0\text{ 时},\ \sigma_x=-\rho g y,\ \tau_{xy}=0;$$

$$x=b\text{ 时},\ \sigma_x=0,\quad \tau_{xy}=0。$$

小边界上($y=0$)，应满足圣维南原理，积分边界条件：

$$\int_0^b (\sigma_y)_{y=0}\,\mathrm{d}x=-\frac{\sqrt{3}}{2}F$$

$$\int_0^b (\sigma_y)_{y=0}\,x\mathrm{d}x=-\frac{\sqrt{3}}{4}Fb \tag{9-32}$$

$$\int_0^b (\tau_{yx})_{y=0}\,\mathrm{d}x = -\frac{F}{2}$$

②次要边界上取微元体，边界面对应的微分单元体侧面上的应力合成的主矢（主矩）与外面力主矢（主矩）大小（方向）对应相等，如图 9－13 所示。

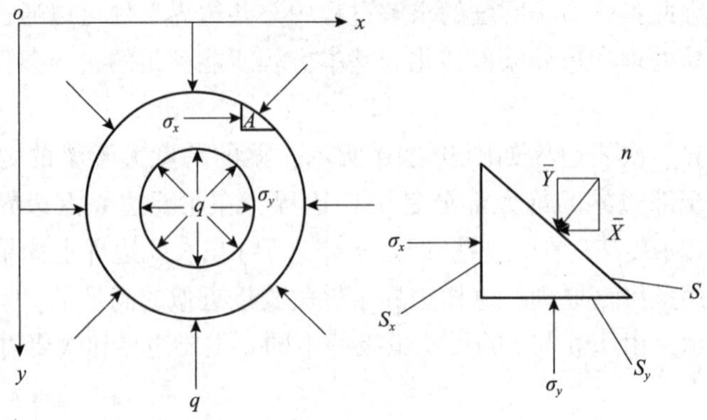

图 9－13　薄板边界条件

任意形状等厚薄板体力不计，在外边界和开孔边界上受均匀压力 q 作用，$\tau_{xy}=0$，沿边界取一微小三角单元体 A，其外面力分量为 $\overline{X}$、$\overline{Y}$。

$$\overline{X} = -q\cos\left(\hat{nx}\right)$$

$$\overline{Y} = q\cos\left(\hat{ny}\right)$$

又因为面积：

$$S_x = S\cos\left(\hat{nx}\right)$$

$$S_y = S\cos\left(\hat{ny}\right)$$

所以边界条件为：

$$\begin{aligned}\sigma_x &= -q \\ \sigma_y &= -q\end{aligned} \tag{9-33}$$

③沿次要边界取一无限小的薄片为脱离体研究对象，如图 9－14 所示，建立脱离体平衡条件，即得到积分边界条件：

$$\sum F_x = 0$$

$$\sum F_y = 0$$

$$\sum M_0 = 0$$

悬臂梁端部受集中力 P 及弯矩作用。

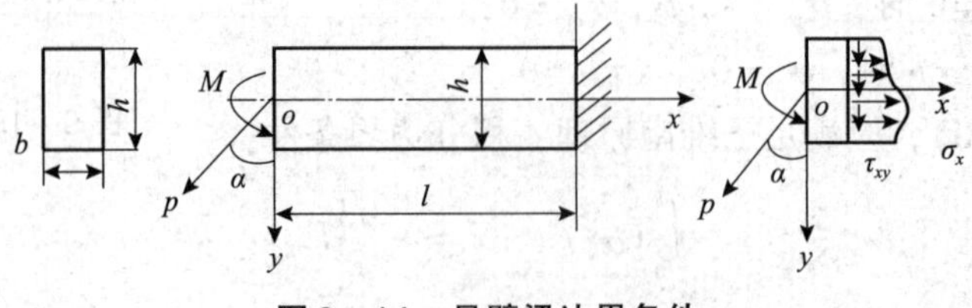

图 9－14　悬臂梁边界条件

$$\sum F_x = 0 \quad \int_{\frac{-h}{2}}^{\frac{h}{2}} \sigma_x \Big|_{x=0} b\mathrm{d}y - p\sin\alpha = 0$$

$$\sum F_y = 0 \quad \int_{\frac{-h}{2}}^{\frac{h}{2}} \tau_{xy} \Big|_{x=0} b\mathrm{d}y + p\cos\alpha = 0 \tag{9-34}$$

$$\sum M_0 = 0 \quad \int_{\frac{-h}{2}}^{\frac{h}{2}} \sigma_x \Big|_{x=0} b\mathrm{d}y - M = 0$$

9.2.2 虚位移原理

(1)约束

约束：限制质点或质点系运动的条件称为约束，分为几何约束、运动约束。

约束方程：表示这些限制条件的数学方程。

几何约束：限制质点或质点系在空间的几何位置的条件，如图9－15(a)所示，单摆运动特点：质点 M 可绕固定点 O 在平面 xoy 内摆动，摆长为 l，这时摆杆对质点的限制条件是：质点 M 必须在以点 O 为圆心，以摆长 l 为半径的圆周上运动。对于质点来说。固定点 O 和摆长 l 是约束，是几和约束。其约束方程为：$x^2+y^2=l^2$。

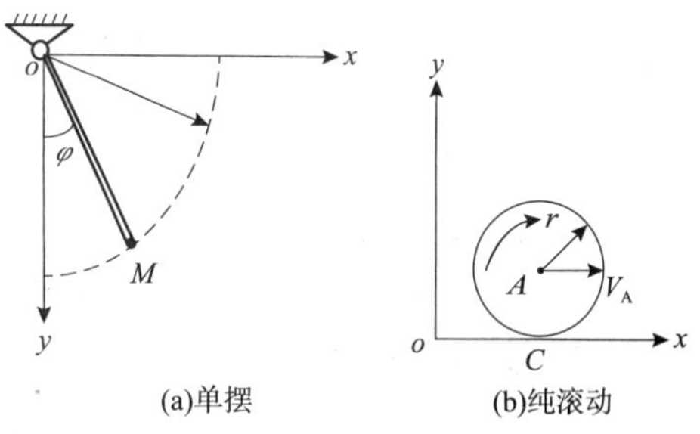

图9－15 约束

运动约束：限制质点系运动情况的运动学条件。如图9－15(b)所示，纯滚动车轮运动特点：①轮心 A 始终与地面保持距离为 r 的几何约束，约束方程为 $y_A=r$；②只滚不滑的运动学限制，约束为平面和摩擦力，运动约束方程为 $v_A-r\omega=0$。

(2)虚位移

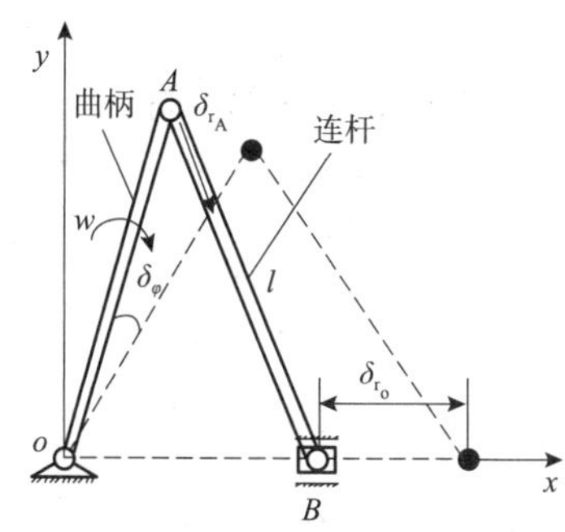

图9－16 曲柄连杆系统虚位移

一个曲柄连杆机构例子，如图9－16所示，连杆 AB 所受约束有：点 A 只能作以点 O 为圆心，以 r 为半径的圆周运动；点 B 与点 A 之间的距离始终保持为杆长 l；点 B 始终沿滑道作直线运动。这三个条件以约束方程表示为：

$$\begin{cases} x_A^2+y_A^2=r^2 \\ (x_B-x_A)^2+(y_B-y_A)^2=l^2 \\ y_B=0 \end{cases} \tag{9-35}$$

可假想：曲柄在平衡位置上转过任一极小角 $\delta\varphi$，联动点 A 和点 B 随之运动，这时点 A 沿圆弧切线方向有相应的位移 δ_{rA}，虽然点 B 沿导轨方向有相应的位移 δ_{rB}。δ_{φ}、δ_{rA}、δ_{rB}是假想的，但也都是约束允许的，是可能实现的。

虚位移定义 在某瞬时，质点系在约束允许的条件下，可能实现的任意无限小的位移称为虚位移。

虚位移与实位移的区别

①静止质点可以有虚位移，但肯定没有实位移。虚位移只与约束有关，实位移与力有关。

②虚位移是约束允许的微小位移，与时间无关；实位移是真实发生的位移，可以是微小值，也可以是有限值，而且与时间有关。

③虚位移不是唯一的，而实位移是唯一的。

④在定常系统中。微小的实位移是虚位移之一。在非定常系统中，微小的实位移不再成为虚位移之一。

⑤虚位移用变分 δ 表达。实位移用微分 d 表达。

(3) 虚位移原理

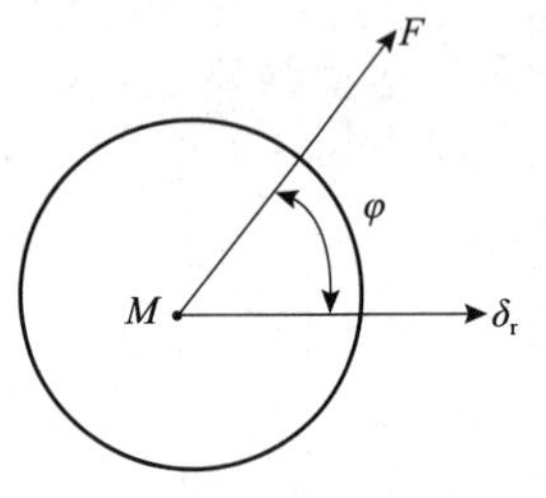

图 9－17　质点虚功

虚功　质点或质点系所受的力在虚位移上的所做的功称为虚功。如图 9－17 所示。某质点 M 受力 F 作用，质点的虚位移为 δ_r，则力 F 在虚位移上所作的虚功。

质点虚功：

$$\delta w = F \cdot \delta_r \tag{9-36}$$

说明：

①虚位移只是假想的，而不是真实发生的。因此虚功也是假想的。

②力作用在质点上，质点处于静止平衡状态。虽然任向力都没有做实功，但力可以作虚功。

③实位移上逐渐加载，力与变形呈线性关系，实功有加权$\frac{1}{2}$；而虚位移上，力与虚位移是恒力关系，虚功加权 1。

虚位移原理　设有一质点系处于平衡状态，取质点系中任一质点 M，如图 9－18 所示，作用在该质点上的主动力的合力为 F_i，约束力的合力为 F_{Ni}，因质点系处于平衡状态，则这个质点也处于平衡状态，则有：

平衡方程：

$$F_i + F_{Ni} = 0 \tag{A}$$

若给质点系以某一虚位移，其中质点 M_i 的虚位移为 δri，根据数量积分配律得：

$$(F_i + F_{Ni}) \cdot \delta_{ri} = F_i \cdot \delta_{ri} + F_{Ni} \cdot \delta_{ri} = 0 \tag{B}$$

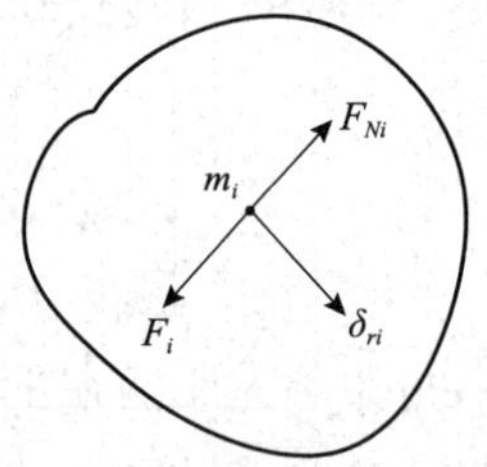

图 9－18　质点虚位移原理

①质点虚位移原理方程：

$$F_i \cdot \delta_{ri} + F_{Ni} \cdot \delta_{ri} = 0 \tag{9-37}$$

②质点系虚位移原理方程：

$$\sum F_i \cdot \delta_{ri} + \sum F_{Ni} \cdot \delta_{ri} = 0 \tag{9-38}$$

③理想约束下虚位移原理方程：

$$\sum F_i \cdot \delta_{ri} = 0 \tag{9-39}$$

说明：

理想约束：约束力虚功之和等于零的约束。

理想约束特征：约束反力与约束所允许的虚位移互相垂直。

理想约束方程：

$$\sum F_{Ni} = 0 \tag{9-40}$$

理想约束例子：质点沿光滑曲面运动；刚体在固定面上无滑动滚动；质量可忽略的刚性杆所连接的两个质点；两个刚体以光滑表面接触（如：轴承、活动铰链支座、光滑固定铰链支座等）；两个质点以柔软且不可伸长的绳子连接。

综上得出结论：对于具有理想约束的质点系，其平衡的充分必要条件是：作用于质点系的所有主动力在任向虚位移中所作虚功之和等于零，即称为虚位移原理，亦称虚功原理，其表达式为：

$$\sum (F_{ix}\delta_{xi} + F_{iy}\delta_{yi} + F_{iz}\delta_{zi}) = 0 \tag{9-41}$$

式中 F_{ix}，F_{iy}，F_{iz}为作用于质点 M_i 的主动力 F_i 在直角坐标轴上的分量，δ_{xi}，δ_{yi}，δ_{zi}为虚位移 $\delta_{\gamma i}$在直角坐标轴上的分量。

虚变形能　虚变形能如图 9-19 所示，拉杆在 P 力作用下伸长 Δl。

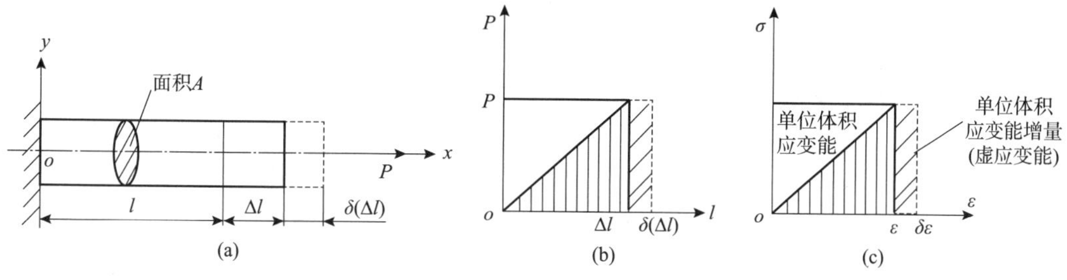

图 9-19　虚应变能

当外力 P 和应力 σ 达到平衡状态后，假想再产生虚位移 $\delta(\Delta l)$，产生虚位移时外力 P 和应力 σ 均作为常量，则外力 P 在虚位移 $\delta(\Delta l)$上所做的虚功为 δw，即：

$$\delta w = P\delta(\Delta l) \tag{A}$$

因为 $\varepsilon = \dfrac{\Delta l}{l}$，所以虚位移 $\delta(\Delta l)$引起的虚应变为：

$$\delta\varepsilon = \frac{\delta(\Delta l)}{l + \Delta l} = \frac{\delta(\Delta l)}{l}\text{（因 } l \gg \Delta l\text{，忽略小量）} \tag{B}$$

故单位体积应变能增量（即虚应变能）为 $\sigma\delta\varepsilon$，即：

$$\delta U_{\mathrm{d}} = \sigma\delta\varepsilon \tag{9-42}$$

(4) 虚功原理的意义

虚功原理是外力在虚位移上所做的功等于应变能的增量，它是利用假想的虚位移和虚应变来解决外力与应力之间关系问题。

弹性体虚位移原理　物体平衡时作用在物体上的所有外力在物体所能产生的任何一组

位移上所作虚功的代数和等于零。对于弹性体而言，其在外力作用下产生变形，外力对弹性体做功。根据能量守恒定律，若不考虑变形中的热量损失、弹性体的动能和外界阻尼，则外力将全部转换为储存于弹性体内的位能(即变形能)。

①连续弹性体虚位移原理定义

弹性体在外力作用下处于平衡状态，外力在弹性体所能产生的任何一组虚位移上所作虚功的代数和等于弹性体所储存的虚变形能。

说明 1. 虚应变能就是应变能的增量 δU；

说明 2. 产生虚位移时，体积力、面力和应力均作为常量；

说明 3. 外力在虚位移上所做虚功等于应力在虚应变上所做的功。

②连续弹性体外力功和应力功

外力功　弹性体达到某一平衡状态时，在外力作用下实际产生的位移分量为 u，v，w 它们即满足位移分量表达式的平衡微分方程，又满足边界条件以及用位移分量表达的应力边界条件。假想位移分量 u、v、w 产生一个微小虚位移，亦即位移的变分 δu、δv、δw 则外力在虚位移上所作的虚功为：

$$\delta W = \iiint_v (X\delta u + Y\delta v + Z\delta w)\mathrm{d}V + \iint_A (\overline{X}\delta u + \overline{Y}\delta v + \overline{z}\delta w)\mathrm{d}A \qquad (9-43)$$

式中，X、Y、Z 为体力；$\overline{X}$、$\overline{Y}$、$\overline{z}$ 为面力；δu、δv、δw 为虚位移；V 为体积；A 为面积。

应力功　连续弹性体在外力作用下达到平衡状态，外力做功与应力做功相平衡，从而使弹性体满足平衡方程和变形协调，应力分量也可以看成弹性体所受的外力。

弹性体功的表示

对于微元体弹性体做功如图 9－20 所示，在弹性体内取一微元体，在六面体面应力 σ_x，σ_y，σ_z，τ_{xy}，τ_{yz}，τ_{zx} 作用下，相应也产生应变 ε_x，ε_y，ε_z，γ_{xy}，γ_{yz}，γ_{zx}，若应力有一增量 $\delta\sigma_x$，$\delta\sigma_y$，$\delta\sigma_z$，$\delta\tau_{xy}$，$\delta\tau_{yz}$，$\delta\tau_{zx}$，则必引起相应的应变增量 $\delta\varepsilon_x$，$\delta\varepsilon_y$，$\delta\varepsilon_z$，$\delta\gamma_{xy}$，$\delta\gamma_{yz}$，$\delta\gamma_{zx}$，以 σ_x 为例看正应力做功，正应力 $\sigma_x\mathrm{d}y\mathrm{d}z$ 对应产生伸长 $\delta\varepsilon_x\mathrm{d}x$，其所做功为$\sigma_x\delta\varepsilon_x\mathrm{d}x\mathrm{d}y\mathrm{d}z$；

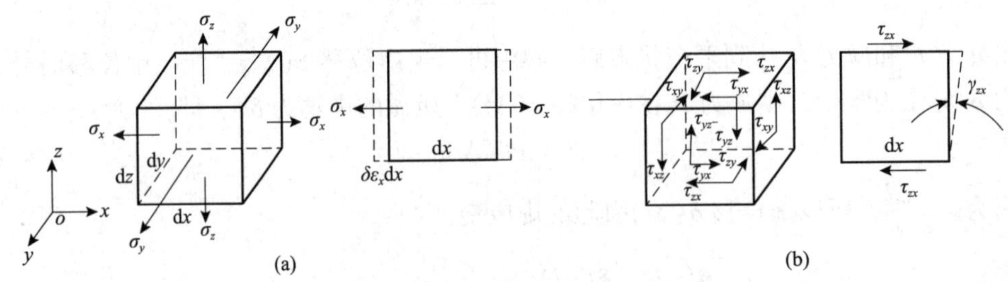

图 9－20　应力做功

一对剪力 $\tau_{zx}\mathrm{d}x\mathrm{d}y$ 组成一力偶，力偶矩为 $\tau_{zx}\mathrm{d}x\mathrm{d}y\mathrm{d}z$，该力产生角变形 $\delta\gamma_{zx}$，其所作功为：$\tau_{zx}\delta\gamma_{zx}\mathrm{d}x\mathrm{d}y\mathrm{d}z$。以此类推，微元体应力在虚位移上所做的功(应力功)为：

$$\delta w_s = (\sigma_x\delta\varepsilon_x + \sigma_y\delta\varepsilon_y + \sigma_z\delta\varepsilon_z + \tau_{xy}\delta\gamma_{xy} + \tau_{yz}\delta\gamma_{yz} + \tau_{zx}\delta\gamma_{zx})\mathrm{d}x\mathrm{d}y\mathrm{d}z \qquad (A)$$

单位体积内的应力功用 δw_{sd} 表示

$$\delta w_{sd} = \sigma_x\delta\varepsilon_x + \sigma_y\delta\varepsilon_y + \sigma_z\delta\varepsilon_z + \tau_{xy}\delta\gamma_{xy} + \tau_{yz}\delta\gamma_{yz} + \tau_{zx}\delta\gamma_{zx} \qquad (B)$$

弹性体应变能的表示

对于弹性体，外界以外力功的形式向弹性体输入能量，其单位体积的应变能为：

$$U_0 = u_0(\varepsilon_x,\ \varepsilon_y,\ \varepsilon_z,\ \gamma_{xy},\ \gamma_{yz},\ \gamma_{zx}) \tag{C}$$

应变能 u_0 是一个正交函数(该函数总是大于等于零)，对(C)式取一阶变分，有：

$$\delta U_0 = \frac{\partial u_0}{\partial \varepsilon_x}\delta\varepsilon_x + \frac{\partial u_0}{\partial \varepsilon_y}\delta\varepsilon_y + \frac{\partial u_0}{\partial \varepsilon_z}\delta\varepsilon_z + \frac{\partial u_0}{\partial \gamma_{xy}}\delta\gamma_{xy} + \frac{\partial u_0}{\partial \gamma_{yz}}\delta\gamma_{yz} + \frac{\partial u_0}{\partial \gamma_{zx}}\delta\gamma_{zx} \tag{D}$$

因为 $\delta u_0 = \delta w_{sd}$，故有(B)式与(D)式恒等。对应项相等，于是有：

$$\begin{aligned} &\sigma_x = \frac{\partial u_0}{\partial \varepsilon_x},\ \sigma_y = \frac{\partial u_0}{\partial \varepsilon_y},\ \sigma_z = \frac{\partial u_0}{\partial \varepsilon_z} \\ &\tau_{xy} = \frac{\partial u_0}{\partial \gamma_{xy}},\ \tau_{yz} = \frac{\partial u_0}{\partial \gamma_{yz}},\ \tau_{zx} = \frac{\partial u_0}{\partial \gamma_{zx}} \end{aligned} \tag{9-44}$$

对于弹性体在实应变下的应变能，由于 σ 与 ε 与 γ 为线性关系，其实应变能密度为：

$$u_0 = \frac{1}{2}(\sigma_x\varepsilon_x + \sigma_y\varepsilon_y + \tau_{xy}\gamma_{xy} + \tau_{yz}\gamma_{yz} + \tau_{zx}\gamma_{zx}) \tag{9-45}$$

根据物理方程有：

$$\begin{aligned} \sigma &= \mathrm{A}\varepsilon \\ \tau &= \mathrm{B}\gamma \end{aligned} \tag{E}$$

其中 A，B 为常数。

将式(E)代入式(9-45)，并分别对式(9-45)中各应变分量求偏导，得本构关系式为：

$$\begin{aligned} &\frac{\partial v_0}{\partial \varepsilon_x} = \sigma_x,\ \frac{\partial v_0}{\partial \varepsilon_y} = \sigma_y,\ \frac{\partial v_0}{\partial \varepsilon_z} = \sigma_z \\ &\frac{\partial v_0}{\partial \gamma_{xy}} = \tau_{xy},\ \frac{\partial v_0}{\partial \gamma_{yz}} = \tau_{yz},\ \frac{\partial v_0}{\partial \gamma_{zx}} = \tau_{zx} \end{aligned} \tag{9-46}$$

可见式(9-44)和式(9-46)相同。

因为 u_0 是一个连续可导数，所以有：

$$\delta u_0 = \frac{\partial u_0}{\partial \varepsilon_x}\delta\varepsilon_x + \frac{\partial u_0}{\partial \varepsilon_y}\delta\varepsilon_y + \frac{\partial u_0}{\partial \varepsilon_z}\delta\varepsilon_z + \frac{\partial u_0}{\partial \gamma_{xy}}\delta\gamma_{xy} + \frac{\partial u_0}{\partial \gamma_{yz}}\delta\gamma_{yz} + \frac{\partial u_0}{\partial \gamma_{zx}}\delta\gamma_{zx} \tag{9-47}$$

结合式(9-46)得：

$$\delta u_0 = \sigma_x\delta\varepsilon_x + \sigma_y\delta\varepsilon_y + \sigma_z\delta\varepsilon_z + \tau_{xy}\delta\gamma_{xy} + \tau_{yz}\delta\gamma_{yz} + \tau_{zx}\delta\gamma_{zx} \tag{9-48}$$

此式为弹性体在虚位以上所作的虚应变能表达式。

位移变分方程　根据能量守恒方程，虚变形能的增加等于外力在虚位移上所作的虚功。

$$\delta U = \delta w$$

或

$$\delta U = \iiint_v (X\delta u + Y\delta v + Z\delta w)dV + \iint_A (\bar{X}\delta u + \bar{Y}\delta v + \bar{z}\delta w)dA \tag{9-49}$$

此式为位移变分方程，亦称为拉格朗日变分方程。其表述为：在实际平衡状态发生虚位移的变分时，所引起的虚应变能的变分等于外力功的变分，即虚应变能等外力虚功。

虚功方程　对于一维空间，可知虚应变能密度 $\delta U_d = \sigma \cdot \delta\varepsilon$。推广到三维空间，即在整个弹性体内应变能增量(应力在虚位移上所做的虚功)。

虚应变能：

$$\delta U = \iiint_v (\sigma_x \delta\varepsilon_x + \sigma_y \delta\varepsilon_y + \sigma_z \delta\varepsilon_z + \tau_{xy}\delta\gamma_{xy} + \tau_{yz}\delta\lambda\gamma_{yz} + \tau_{zx}\delta\gamma_{zx})\mathrm{d}x\mathrm{d}y\mathrm{d}z \tag{9-50}$$

此式代入位移变分方程(9-49)得:

$$\begin{aligned}&\iiint_V (\sigma_x \delta\varepsilon_x + \sigma_y \delta\varepsilon_y + \sigma_z \delta\varepsilon_z + \tau_{xy}\delta\gamma_{xy} + \tau_{yz}\delta\lambda\gamma_{yz} + \tau_{zx}\delta\gamma_{zx})\mathrm{d}V \\ &= \iiint_V (X\delta u + Y\delta v + Z\delta w)\mathrm{d}V + \iint_A (\bar{X}\delta u + \bar{Y}\delta v + \bar{z}\delta w)\mathrm{d}A\end{aligned} \tag{9-51}$$

此为虚功方程(亦称虚位移原理或虚功原理)。其表述为：如果在虚位移发生之前，弹性体处于平衡状态，当在虚位移发生后，外力在虚位移上所做的虚功等于应力在虚应变上所做的虚功，其产生的应变能的增量，即为虚应变能。

最小势能原理　最小势能原理是指当一个体系的势能最小时，系统处于稳定平衡状态，例如一个小球在凹曲面上总是趋于能量最小方向运动，当到达曲面的最低点位置时，小球就趋向于一个稳定平衡的状态。

在位移变分原理基础上，根据变分运动规则可得如下推导过程

$$\begin{aligned}\delta U &= \iiint_V (X\delta u + Y\delta v + Z\delta w)\mathrm{d}V + \iint_A (\bar{X}\delta u + \bar{Y}\delta v + \bar{z}\delta w)\mathrm{d}A \\ &= \delta\iiint_V (Xu + Yv + Zw)\mathrm{d}V + \iint_A (\bar{X}u + \bar{Y}v + \bar{z}w)\mathrm{d}A\end{aligned} \tag{A}$$

外力从位移状态退回到无位移的初始状态时所做的功称为外力势能，用 V 表示。

$$令\ V = -\left(\iiint_V (Xu + Yv + Zw)\mathrm{d}V + \iint_A (\bar{X}u + \bar{Y}v + \bar{z}w)\mathrm{d}A\right) \tag{B}$$

则有 $\delta U + \delta V = 0$，即:

$$\delta(U + V) = 0 \tag{9-52}$$

再令 $\Pi = U + V$，则:

$$\delta\Pi = 0 \tag{9-53}$$

此式为最小势能原理，式中 V 为外力势能，U 为应变能，Π 为总势能。其表述为：在给定的外力作用下，在满足位移边界条件的所有各组位移中，必有一组位移能使总位能的一次变分为0，即 $\delta\pi = 0$，使总位能成为极值。对于稳定平衡状态，总位能的二阶变分总是大于或等于零，即 $\delta^2(U + W) \geqslant 0$，所以这个极值是极小值。又由于弹性力学的解具有唯一性，总势能的极小值就是最小值。即在符合已知位移边界条件的所有位移中，能满足外力边界条件和平衡方程的位移所对应的总位能为最小

说明1. 势能是储存在一个系统内的能量，是相互作用的物体所共有，是一状态量。弹性体的弹性势能是物体因为弹性变形而具有的能量。

说明2. 势能零点标定：位移 $u = v = w = 0$(或 $\varepsilon_x = \varepsilon_y = \varepsilon_z = 0$，$\gamma_{xy} = \gamma_{yz} = \gamma_{zx} = 0$)时的自然状态下的势能为零。

说明3. 外力势能 V。弹性体受外力(体力和面力)作用，在实际位移(u，v，w)上所做的功称为外力功

$$w = \iiint_V (Xu + Yv + Zw)\mathrm{d}V + \iint_A (\bar{X}u + \bar{Y}v + \bar{Z}w)\mathrm{d}A \tag{A}$$

由于外力做功，弹性体发生变形产生位移，达到一个新的平衡状态，消耗了外力势能 V；即有：

$$w = -V \tag{B}$$

因此外力势能为：

$$V = -\iiint_V (Xu + Yv + Zw)\,\mathrm{d}V + \iint_A (\bar{X}u + \bar{Y}v + \bar{Z}w)\,\mathrm{d}A \tag{9-54}$$

说明4. 变形能 U。在外力作用下，弹性体实际产生的位移使其发生变形，储存在弹性体内部，成为实变形能，即：

$$U = \iiint_V \frac{1}{2}(\sigma_x\varepsilon_y + \sigma_y\varepsilon_y + \sigma_z\varepsilon_z + \tau_{xy}\gamma_{xy} + \tau_{yz}\gamma_{yz} + \tau_{zx}\gamma_{zx})\mathrm{d}V \tag{9-55}$$

综上，位移变分方程，虚功方程和最小势能三者本质是完全相同和等价的，它们都是弹性体在实际平衡状态发生虚位移时，能量守恒定律的不同表达形式。通过运算可由它们导出平衡微分方程和应力边界条件。

9.3 有限元基本方法

9.3.1 有限元矢量矩阵表示

(1)体力

$$P = \begin{Bmatrix} X \\ Y \\ Z \end{Bmatrix} = [X,\ Y,\ Z]^T \tag{A}$$

式中，X，Y，Z 是体力，即在 X，Y，Z 轴上单位体积力的分量，T 为矩阵转置。

(2)面力

$$\bar{P} = \begin{Bmatrix} \bar{X} \\ \bar{Y} \\ \bar{Z} \end{Bmatrix} = [\bar{X},\ \bar{Y},\ \bar{Z}]^T \tag{B}$$

式中，$\bar{X}$，$\bar{Y}$，$\bar{Z}$ 是面力，即在 X，Y，Z 轴上单位面积力的分量。

(3)位移

$$U = \begin{Bmatrix} u \\ v \\ w \end{Bmatrix} = [u,\ v,\ w]^T \tag{C}$$

(4) 应力

$$\sigma = \begin{Bmatrix} \sigma_x \\ \sigma_y \\ \sigma_z \\ \tau_{xy} \\ \tau_{yz} \\ \tau_{zx} \end{Bmatrix} = [\sigma_x,\ \sigma_y,\ \sigma_z,\ \tau_{xy},\ \tau_{yz},\ \tau_{zx}]^T \tag{D}$$

(5)应变

$$\varepsilon=\begin{Bmatrix}\varepsilon_x\\ \varepsilon_y\\ \varepsilon_z\\ \gamma_{xy}\\ \gamma_{yz}\\ \gamma_{zx}\end{Bmatrix}=[\varepsilon_x,\ \varepsilon_y,\ \varepsilon_z,\ \gamma_{xy},\ \gamma_{yz},\ \gamma_{zx}]^T \tag{E}$$

(6)几何方程

空间问题几何方程：

$$\begin{cases}\varepsilon_x=\dfrac{\partial u}{\partial x},\ \varepsilon_y=\dfrac{\partial v}{\partial y},\ \varepsilon_z=\dfrac{\partial w}{\partial z}\\ \gamma_{xy}=\gamma_{yx}=\dfrac{\partial u}{\partial y}+\dfrac{\partial v}{\partial x}\\ \gamma_{yz}=\gamma_{zy}=\dfrac{\partial v}{\partial z}+\dfrac{\partial w}{\partial y}\\ \gamma_{zx}=\gamma_{xz}=\dfrac{\partial u}{\partial z}+\dfrac{\partial w}{\partial x}\end{cases} \tag{F}$$

几何方程矢量表示：

$$\varepsilon=Lu \tag{G}$$

其中 L 为微算子

$$L=\begin{bmatrix}\dfrac{\partial}{\partial x} & 0 & 0\\ 0 & \dfrac{\partial}{\partial y} & 0\\ 0 & 0 & \dfrac{\partial}{\partial z}\\ \dfrac{\partial}{\partial y} & \dfrac{\partial}{\partial x} & 0\\ 0 & \dfrac{\partial}{\partial z} & \dfrac{\partial}{\partial y}\\ \dfrac{\partial}{\partial z} & 0 & \dfrac{\partial}{\partial x}\end{bmatrix} \tag{H}$$

(7)物理方程

空间问题方程物理方程：

$$\begin{cases}\varepsilon_x=\dfrac{1}{E}[\sigma_x-\mu(\sigma_y+\sigma_z)]\\ \varepsilon_y=\dfrac{1}{E}[\sigma_y-\mu(\sigma_x+\sigma_z)]\\ \varepsilon_z=\dfrac{1}{E}[\sigma_z-\mu(\sigma_x+\sigma_y)]\\ \gamma_{xy}=\gamma_{yx}=\dfrac{1}{G}\tau_{xy}\\ \gamma_{yz}=\gamma_{zy}=\dfrac{1}{G}\tau_{yz}\\ \gamma_{zx}=\gamma_{xz}=\dfrac{1}{G}\tau_{zx}\end{cases} \tag{I}$$

或写成：

$$\begin{cases}\sigma_x=\dfrac{E}{1+\mu}\left(\dfrac{\mu}{1-2\mu}\theta+\varepsilon_x\right)\\\sigma_y=\dfrac{E}{1+\mu}\left(\dfrac{\mu}{1-2\mu}\theta+\varepsilon_y\right)\\\sigma_z=\dfrac{E}{1+\mu}\left(\dfrac{\mu}{1-2\mu}\theta+\varepsilon_z\right)\\\tau_{xy}=\tau_{yx}=G\gamma_{xy}\\\tau_{yz}=\tau_{zy}=G\gamma_{yz}\\\tau_{zx}=\tau_{xz}=G\gamma_{zx}\end{cases}\tag{J}$$

式中：E 为弹性模量，G 为剪切模量，μ 为泊松比，$\theta=\varepsilon_x+\varepsilon_y+\varepsilon_z$ 为体积应变，并且 $G=\dfrac{E}{2(1+\mu)}$。

物理方程矢量表示：

$$\sigma=D\varepsilon\tag{K}$$

式中 D 为弹性矩阵。

$$D=\frac{E(1-\mu)}{(1+\mu)(1-2\mu)}\begin{bmatrix}1&\frac{\mu}{1-\mu}&\frac{\mu}{1-\mu}&0&0&0\\\frac{\mu}{1-\mu}&1&\frac{\mu}{1-\mu}&0&0&0\\\frac{\mu}{1-\mu}&\frac{\mu}{1-\mu}&1&0&0&0\\&&&\frac{1-2\mu}{2(1-\mu)}&0&0\\&&&&\frac{1-2\mu}{2(1-\mu)}&0\\&&&&&\frac{1-2\mu}{2(1-\mu)}\end{bmatrix}\tag{L}$$

(8)矩阵方程

矩阵是一矩形数值，用于辅助表示和求解代数方程组。设作用在研究体各节点$(1, 2, 3\cdots n)$上外力(包括体力和面力)$F(F_{1x}, F_{1y}, F_{1z}, F_{2x}, F_{2y}, F_{2z}\cdots F_{nx}, F_{ny}, F_{nz})$，相应节点位移为$u(u_1, v_1, w_1, u_2, v_2, w_2\cdots u_n, v_n, w_n)$。即：

$$\{F\}=\begin{Bmatrix}F_{1x}\\F_{1y}\\F_{1z}\\F_{2x}\\F_{2y}\\F_{2z}\\\vdots\\F_{nx}\\F_{ny}\\F_{nz}\end{Bmatrix}\qquad\{u\}=\begin{Bmatrix}u_1\\v_1\\w_1\\u_2\\v_2\\w_2\\\vdots\\u_n\\v_n\\w_n\end{Bmatrix}\tag{A}$$

式中：F 第一个下标代表节点，第二个下标代表力作用方向。如 F_{1x} 表示在节点 1 上沿 X 方向作用的力；位移 $U(u, v, w)$ 下标代表节点，如 u_1，v_1，w_1 表示节点在 X，Y，Z 方向上的位移分量。

构造力$\{F\}$与位移$\{U\}$之间关联，使之满足总体刚度方程。这样就把力$\{F\}$与位移$\{U\}$联系起来。

$$\{F\}=[K]\{U\} \tag{9-56}$$

式中$\{F\}$是节点力，$\{U\}$是节点位移，从关联式形式上来看$[K]$是刚度矩阵。刚度方程表达的是一组联立方程，即：

$$\begin{Bmatrix} F_{1x} \\ F_{1y} \\ \vdots \\ F_{nz} \end{Bmatrix}=\begin{bmatrix} K_{11} & K_{12} & \cdots & K_{1n} \\ K_{21} & K_{22} & \cdots & K_{2n} \\ \vdots & \vdots & & \vdots \\ K_{n1} & K_{n2} & \cdots & K_{nn} \end{bmatrix}\begin{Bmatrix} u_1 \\ v_1 \\ \vdots \\ w_n \end{Bmatrix} \tag{9-57}$$

此式为刚度方程的矩阵表达式，称为矩阵方程。讨论物理意义：①此式说明在已知外力$\{F\}$作用下通过刚度分析法或位移分析法建立起来力和位移$\{U\}$之间的关系$[K]$，找到刚度矩阵$[K]$，从而解出位移$\{U\}$。②假定研究体在外力作用下发生位移，给出一组方程特解，$u_1=1$，$v_1=w_1=\cdots=w_n=0$，则方程(9-57)解为 $F_{1x}=K_{11}$，$F_{1y}=K_{21}$，$\cdots F_{nz}=K_{n1}$；再假定给出另一组方程特解，$u_1=0$，$v_1=1$，$w_1=\cdots=w_n=0$，则方程(9-57)解为 $F_{1x}=K_{12}$，$F_{1y}=K_{22}$，$\cdots F_{nz}=K_{nz}$；以此类推。按此规律可以看出当节点 1 一个方向位移 $u_1=1$，其他所有位移都为零时，其矩阵$[K]$中的第一列就等于外力$\{F\}$，当节点 1 另一方向位移 $v_1=1$，其他所有位移都为零时，其矩阵$[K]$中的第二列等于外力$\{F\}$。刚度矩阵的意义：对于某一节点单独给定一单位位移时，所有节点需要施加的节点力。

9.3.2 刚度矩阵

(1)刚度矩阵定义

单元刚度矩阵 对于一个单元来说，刚度矩阵是将节点位移与同一单元的节点力关联在一起的矩阵数组，表达式为：

$$\{f\}=[k]\{u\} \tag{9-58}$$

式中$\{f\}$为单元节点力，节点力属于内力，$\{u\}$为单元节点位移，$[k]$为刚度矩阵。

单元刚度矩阵：
$$[k]=\begin{bmatrix} k_{11} & k_{12} & \cdots & k_{1n} \\ k_{21} & k_{22} & \cdots & k_{2n} \\ \vdots & \vdots & & \vdots \\ k_{n1} & k_{n2} & \cdots & k_{nn} \end{bmatrix} \tag{9-59}$$

总体刚度矩阵 对于一个连续介质或由一系列单元构成的研究体，刚度矩阵是将全局坐标(X, Y, Z)下的节点位移$\{U\}$与整个研究体总外力$\{F\}$关联在一起的矩阵数组，表达式为：

$$\{F\}=[K]\{U\} \tag{9-60}$$

式中$\{F\}$为总外力，$\{U\}$为节点位移，$[K]$为刚度矩阵。

总体刚度矩阵：
$$[K]=\begin{bmatrix}K_{11} & K_{12} & \cdots & K_{1n}\\ K_{21} & K_{22} & \cdots & K_{2n}\\ \vdots & \vdots & & \vdots\\ K_{n1} & K_{n2} & \cdots & K_{nn}\end{bmatrix} \tag{9-61}$$

因此，外力与节点位移的关系就是刚度矩阵，刚度矩阵是以另一种形式建立研究体平衡方程。

(2)刚度矩阵方法

求解刚度矩阵一般有三种方法，直接平衡法，变形协调法，直接刚度法，以受轴向力一维线性的轴为例介绍三种方法。

直接平衡法 以整个轴作为一个单元，以一维线性轴为研究体，如图9-21所示受到拉力P的作用。轴截面积A(假设保持不变)，初始长度l，弹性模量E。取单元局部坐标系X(沿轴向)，局部节点力为f_{1x}，f_{2x}，方向与X同向运动为正。

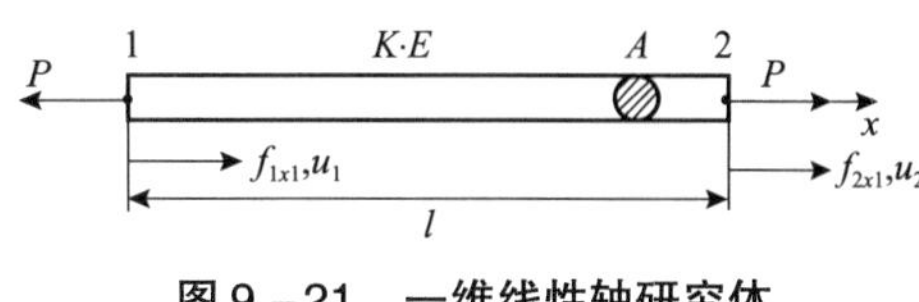

图9-21 一维线性轴研究体

运动自由度是确定一个系统在空间中的位置所需要的最少坐标数，亦即独立坐标个数。因此节点自由度是局部轴向位移，即节点位移就是每个节点的自由度，用单元端部位移u_1，u_2表示。

建立单元节点力与节点位移关联式，即：

$$\begin{Bmatrix}f_{1x}\\ f_{2x}\end{Bmatrix}=\begin{bmatrix}k_{11} & k_{12}\\ k_{21} & k_{22}\end{bmatrix}\begin{Bmatrix}u_1\\ u_2\end{Bmatrix} \tag{9-62a}$$

$$或\begin{cases}f_{1x}=k_{11}u_1+k_{12}u_2\\ f_{2x}=k_{21}u_1+k_{22}u_2\end{cases} \tag{9-62b}$$

矩阵$[k]$是单元刚度矩阵，反映节点力和节点位移之间的关系，这种关系就是刚度矩阵。其物理意义为：单元刚度矩阵中的各元素表示单元由于某个节点产生单位位移时，在另一节点所引起的节点力。其中的单元刚度系数k_{ij}是需要确定的量，表达的物理定义是第j个节点发生单位位移1(其他各节点位移为零)时，所有节点上所需施加的力F_i，即$F_i=K_{ij}$。

Step1：选单元

取轴为一个单元，在轴向方向处于平衡状态。

Step2：选形函数

轴在轴向力作用下产生位移如图9-22所示，单元局部自由度为沿x方向的位移u_1和u_2，假定位移沿x方向是线性变化，则位移函数u代表单元中间各处的位移值，用线性插值方法，则有：

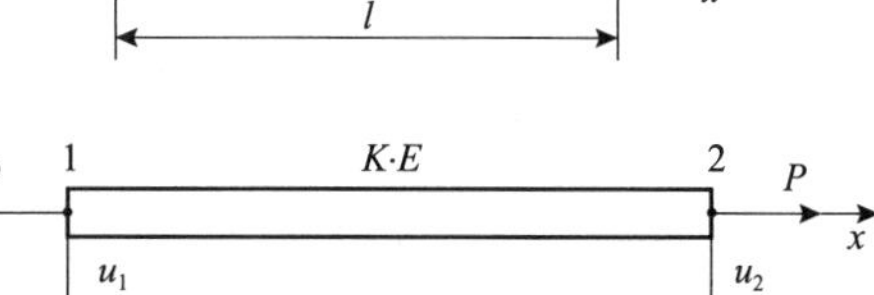

图9-22 轴受轴向力作用产生位移

$$u=a_1+a_2x \tag{A}$$

写成矩阵形式为： $$u=[1\quad x]\begin{bmatrix}a_1\\a_2\end{bmatrix} \tag{B}$$

根据边界条件： $$\begin{cases}u|_{x=0}=u_1\\u|_{x=l}=u_2\end{cases} \tag{C}$$

将式(C)代入式(A) $$\begin{cases}u_1=a_1\\u_2=a_1+a_2l\end{cases} \tag{D}$$

其解为： $$\begin{cases}a_1=u_1\\a_2=\dfrac{u_2-u_1}{l}\end{cases} \tag{E}$$

因此： $$u=\left(\frac{u_2-u_1}{l}\right)x+u_1 \tag{F}$$

写成矩阵形式：

$$\begin{aligned}u&=\left[1-\frac{x}{L}\quad \frac{x}{L}\right]\begin{bmatrix}u_1\\u_2\end{bmatrix}\\&=[N_1\quad N_2]\begin{bmatrix}u_1\\u_2\end{bmatrix}\end{aligned} \tag{G}$$

式中 $N_1=1-\frac{x}{L}$，$N_2=\frac{x}{L}$，即为形函数，如图 9－23 所示。

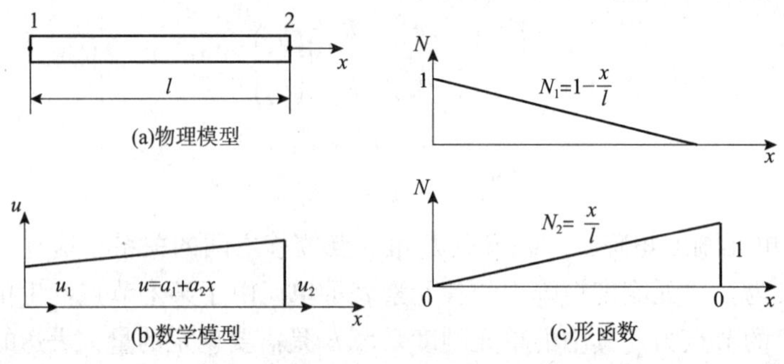

图 9－23　形函数

Step3：物理方程

物理方程反映的是应力与应变之间的关系，进而得到力与位移之间的关系，如图 9－24所示，取 x 正向，u_1 为负值，u_2 为正值，则 $\Delta l=u_2-u_1$，根据胡克定律可知：

$$\sigma=E\varepsilon \tag{H}$$

式中 $\sigma=\frac{P}{A}$，$\varepsilon=\frac{\Delta l}{l}=\frac{u_2-u_1}{l}$，因此有：

$$P=\frac{EA}{l}(u_2-u_1)=K(u_2-u_1) \tag{I}$$

式中 $K=\frac{EA}{l}$为轴的刚度。

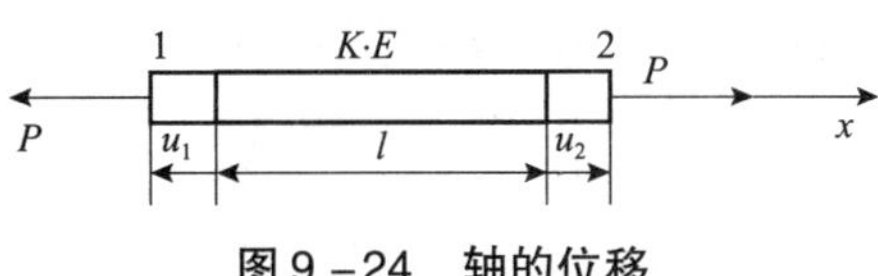

图 9－24 轴的位移

Step4：刚度方程

假定节点力 f_{1x}、f_{2x} 与 x 正向为正，以节点为研究对象，如图 9－25 所示，根据力的平衡方程有：

$$\begin{cases} P = -f_{1x} \\ P = f_{2x} \end{cases} \tag{J}$$

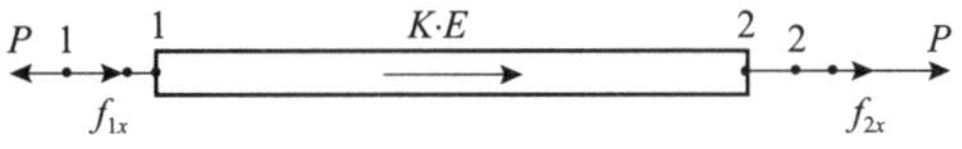

图 9－25 节点平衡

代入式(I)有：

$$\begin{cases} -f_{1x} = K(u_2 - u_1) \\ f_{2x} = K(u_2 - u_1) \end{cases} \tag{9－63a}$$

写成矩阵形式：

$$\begin{bmatrix} f_{1x} \\ f_{2x} \end{bmatrix} = \begin{bmatrix} K & -K \\ -K & K \end{bmatrix} \begin{bmatrix} u_1 \\ u_2 \end{bmatrix} \tag{9－63b}$$

此式为单元力与位移关系方程。式中 $[K] = \begin{bmatrix} K & -K \\ -K & K \end{bmatrix}$ 为刚度矩阵。

变形协调法 变径轴受力变形分析如图 9－26 所示，一端固定的变径轴作用外力 F_{1x}、F_{2x}、F_{3x}，其中 F_{1x} 为支座反力，将其分成 2 个单元①、②，弹性模量分别为 E_1、E_2。将节点与单元取分离体，节点与单元之间的力是作用力和反作用力，大小相等，方向相反。每个单元取局部坐标，且与全局坐标 x 一致，其中上标表示单元号，下标表示的是节点号。

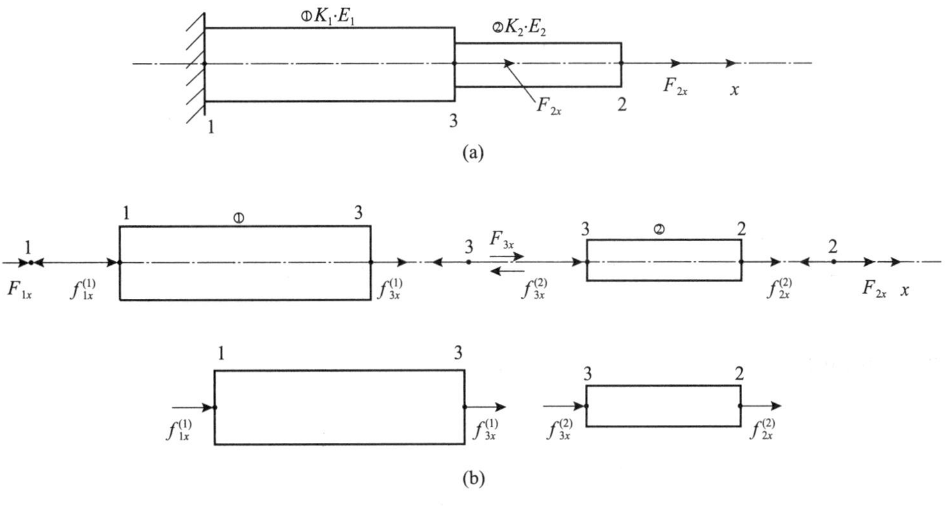

图 9－26 变径轴受力变形分析

力与位移方程　由式(9－63b)可知，单元力与位移方程为：

单元1：
$$\begin{bmatrix} f_{1x}^{(1)} \\ f_{3x}^{(1)} \end{bmatrix} = \begin{bmatrix} K_1 & -K_1 \\ -K_1 & K_1 \end{bmatrix} \begin{bmatrix} u_1^{(1)} \\ u_3^{(1)} \end{bmatrix} \tag{A}$$

$$\begin{bmatrix} f_{3x}^{(2)} \\ f_{2x}^{(2)} \end{bmatrix} = \begin{bmatrix} K_2 & -K_2 \\ -K_2 & K_2 \end{bmatrix} \begin{bmatrix} u_3^{(2)} \\ u_2^{(2)} \end{bmatrix} \tag{B}$$

节点平衡方程　根据力的平衡关系每一节点外力等于内力，以节点为研究对象，其节点力平衡方程为：

$$\begin{cases} F_{1x} = f_{1x}^{(1)} & \text{(C)} \\ F_{2x} = f_{2x}^{(2)} & \text{(D)} \\ F_{3x} = f_{3x}^{(1)} + f_{3x}^{(2)} & \text{(E)} \end{cases}$$

其节点平衡方程建立起了节点力(内力)与外力之间的关联。

写成矩阵形式为：

$$\begin{bmatrix} f_{1x}^{(1)} \\ 0 \\ f_{3x}^{(1)} \end{bmatrix} + \begin{bmatrix} 0 \\ f_{2x}^{(2)} \\ f_{3x}^{(2)} \end{bmatrix} = \begin{bmatrix} F_{1x} \\ F_{2x} \\ F_{3x} \end{bmatrix} \tag{9-64}$$

协调关系方程　由于单元1和单元2以公共节点3连接，且保持连续，因此有协调关系方程为：

$$u_3^{(1)} = u_3^{(2)} = u_3 \tag{F}$$

将式(A)、式(B)、式(F)代入式(C)、式(D)、式(E)，得：

$$\begin{cases} F_{1x} = K_1 u_1 - K_1 u_3 \\ F_{2x} = -K_2 u_3 + K_2 u_2 \\ F_{3x} = (-K_1 u_1 + K_1 u_3) + (K_2 u_3 - K_2 u_2) = (K_1 + K_2) u_3 - K_2 u_2 - K_1 u_1 \end{cases} \tag{9-65}$$

写成矩阵形式，得总体刚度方程：

$$\begin{Bmatrix} F_{1x} \\ F_{2x} \\ F_{3x} \end{Bmatrix} = \begin{bmatrix} K_1 & 0 & -K_1 \\ 0 & K_2 & -K_2 \\ -K_1 & -K_2 & K_1 + K_2 \end{bmatrix} \begin{Bmatrix} u_1 \\ u_2 \\ u_3 \end{Bmatrix} \tag{9-66}$$

或写成：

$$\{F\} = [K]\{U\} \tag{9-67}$$

式中$\{F\} = \begin{Bmatrix} F_{1x} \\ F_{2x} \\ F_{3x} \end{Bmatrix}$为总体节点外力矩阵，$\{U\} = \begin{Bmatrix} u_1 \\ u_2 \\ u_3 \end{Bmatrix}$为总体节点位移矩阵。

总体刚度矩阵为：

$$[K] = \begin{bmatrix} K_1 & 0 & -K_1 \\ 0 & K_2 & -K_2 \\ -K_1 & -K_2 & K_1 + K_2 \end{bmatrix} \tag{9-68}$$

变形协调法是利用了力与位移关系方程、协调关系方程、节点力平衡方程得出总体刚度方程，确定了刚度矩阵。

(3) 直接刚度法

单元对应的单元刚度矩阵如图 9－27 所示。

①扩展刚度矩阵。将组装成总体结构的每个单元的刚度矩阵恒等组装成阶数为自由度(即总的位移个数)的总体刚度方阵。

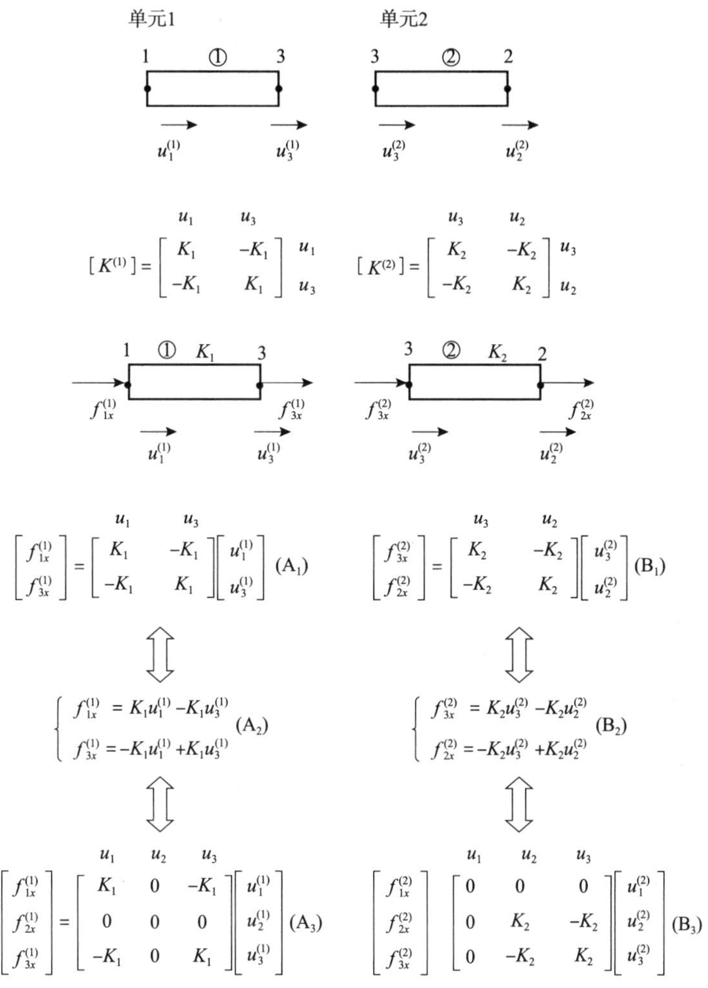

图 9－27 单元位移与单元刚度矩阵关系

从上述可以看出式(A_1)、式(A_2)、式(A_3)三式恒等变换，式(B_1)、式(B_2)、式(B_3)三式亦恒等变换，对于单元 1 刚度矩阵是 2 阶方阵只与 u_1、u_3 有关，与位移 u_2 无关。为组装成 u_1、u_2、u_3 三个自由度的方阵，且恒等扩展成 3 阶方阵，就要把 u_2 对应的行和列置成 0，其他同理。

②叠加单元矩阵。由节点力平衡方程可知：

$$\begin{Bmatrix} f_{1x}^{(1)} \\ 0 \\ f_{3x}^{(1)} \end{Bmatrix} + \begin{Bmatrix} 0 \\ f_{2x}^{(2)} \\ f_{3x}^{(2)} \end{Bmatrix} = \begin{Bmatrix} F_{1x} \\ F_{2x} \\ F_{3x} \end{Bmatrix} \tag{C}$$

由式(A_3)中看出 $f_{2x}^{(1)}$ 是节点 2 在单元 1 上的作用内力，显然 $f_{2x}^{(1)}$ 与单元 1 不相关，故

$f_{2x}^{(1)}=0$；同理(B_3)式中$f_{1x}^{(2)}=0$。因此有：

$$\begin{Bmatrix} f_{1x}^{(1)} \\ 0 \\ f_{3x}^{(1)} \end{Bmatrix} = \begin{Bmatrix} f_{1x}^{(1)} \\ f_{2x}^{(1)} \\ f_{3x}^{(1)} \end{Bmatrix} \quad , \quad \begin{Bmatrix} 0 \\ f_{2x}^{(2)} \\ f_{3x}^{(2)} \end{Bmatrix} = \begin{Bmatrix} f_{1x}^{(2)} \\ f_{2x}^{(2)} \\ f_{3x}^{(2)} \end{Bmatrix}$$

将式(A_3)+(B_3)代入式(C)得：

$$K_1\begin{bmatrix} 1 & 0 & -1 \\ 0 & 0 & 0 \\ -1 & 0 & 1 \end{bmatrix}\begin{Bmatrix} u_1^{(1)} \\ u_2^{(1)} \\ u_3^{(1)} \end{Bmatrix} + K_2\begin{bmatrix} 0 & 0 & 0 \\ 0 & 1 & -1 \\ 0 & -1 & 1 \end{bmatrix}\begin{Bmatrix} u_1^{(2)} \\ u_2^{(2)} \\ u_3^{(2)} \end{Bmatrix} = \begin{Bmatrix} F_{1x} \\ F_{2x} \\ F_{3x} \end{Bmatrix} \tag{D}$$

式中$u_2^{(1)}$与单元1无关，故$u_2^{(1)}=0$；同理$u_1^{(2)}=0$；又因为$u_1^{(1)}=u_1$，$u_2^{(2)}=u_2$，且根据连续性质，则$u_3^{(1)}=u_3^{(2)}=u_3$，所以式(D)改写成：

$$K_1\begin{bmatrix} 1 & 0 & -1 \\ 0 & 0 & 0 \\ -1 & 0 & 1 \end{bmatrix}\begin{Bmatrix} u_1 \\ 0 \\ u_3 \end{Bmatrix} + K_2\begin{bmatrix} 0 & 0 & 0 \\ 0 & 1 & -1 \\ 0 & -1 & 1 \end{bmatrix}\begin{Bmatrix} 0 \\ u_2 \\ u_3 \end{Bmatrix} = \begin{Bmatrix} F_{1x} \\ F_{2x} \\ F_{3x} \end{Bmatrix} \tag{E}$$

化简并整理式(E)左边矩阵：

$$\begin{bmatrix} K_1 & 0 & -K_1 \\ 0 & 0 & 0 \\ -K_1 & 0 & K_1 \end{bmatrix}\begin{Bmatrix} u_1 \\ 0 \\ u_3 \end{Bmatrix} + \begin{bmatrix} 0 & 0 & 0 \\ 0 & K_2 & -K_2 \\ 0 & -K_2 & K_2 \end{bmatrix}\begin{Bmatrix} 0 \\ u_2 \\ u_3 \end{Bmatrix}$$

$$= \begin{bmatrix} K_1u_1 & 0 & -K_1u_3 \\ 0 & 0 & 0 \\ -K_1u_1 & 0 & K_1u_3 \end{bmatrix} + \begin{bmatrix} 0 & 0 & 0 \\ 0 & K_2u_2 & -K_2u_3 \\ 0 & -K_2u_2 & K_2u_3 \end{bmatrix}$$

$$= \begin{bmatrix} K_1u_1 & 0 & -K_1u_3 \\ 0 & K_2u_2 & -K_2u_3 \\ -K_1u_1 & -K_2u_2 & (K_1+K_2)u_3 \end{bmatrix} = \begin{bmatrix} K_1 & 0 & -K_1 \\ 0 & K_2 & -K_2 \\ -K_1 & -K_2 & K_1+K_2 \end{bmatrix}\begin{Bmatrix} u_1 \\ u_2 \\ u_3 \end{Bmatrix}$$

因此得：

$$\begin{bmatrix} K_1 & 0 & -K_1 \\ 0 & K_2 & -K_2 \\ -K_1 & -K_2 & K_1+K_2 \end{bmatrix}\begin{Bmatrix} u_1 \\ u_2 \\ u_3 \end{Bmatrix} = \begin{Bmatrix} F_{1x} \\ F_{2x} \\ F_{3x} \end{Bmatrix} \tag{9-69}$$

其总体刚度矩阵为：

$$[K] = \begin{bmatrix} K_1 & 0 & -K_1 \\ 0 & K_2 & -K_2 \\ -K_1 & -K_2 & K_1+K_2 \end{bmatrix} \tag{9-70}$$

9.3.3 弹性体变形能

弹性体变形能：弹性体在外力作用下产生变形，其外力在变形方向上所做的功将以能量的方式储存在弹性体内部，外力撤除时，变形消失，能量也同时释放出来。这种伴随弹性变形而储存在弹性体中的能量称为变形能，也称应变能。

(1)单向应力状态变形能

单向拉伸状态变形能　杆单向拉伸力与变形关系如图9－28所示，直杆在外力 P 作用下处于拉伸状态。

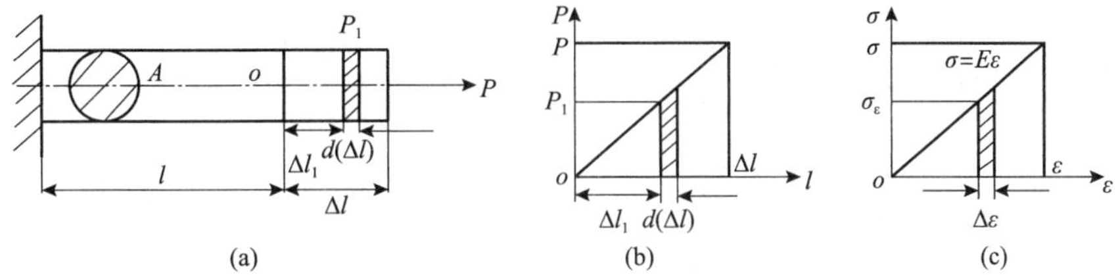

图9－28　杆单向拉伸力与变形关系

拉力：　$$0\to p_1\cdots\to p \tag{A}$$

变形：　$$0\to\Delta l_1\cdots\to\Delta l \tag{B}$$

应力：　$$0\to\sigma \tag{C}$$

应变：　$$0\to\varepsilon \tag{D}$$

取一微元 $\mathrm{d}(\Delta l_1)$，外力在微元上做功为：$\mathrm{d}w = p_1\mathrm{d}(\Delta l_1)$　(9－71)

总功为：

$$w = \int \mathrm{d}w = \int_0^{\Delta l} p\mathrm{d}(\Delta l) \tag{9-72}$$

此功以能量的方式储存在弹性体内，即为变形能记作 U。按积分的意义可知，积分为三角形的面积，因此有：

$$U = w = \frac{p\cdot\Delta l}{2} \tag{9-73}$$

在弹性范围内，单向拉伸时 $\sigma = E\varepsilon$，因此$\frac{P}{A} = E\frac{\Delta l}{1}$，代入式(9－36)得：

$$U = w = \int_0^{\Delta l}\frac{EA}{l}\Delta l\mathrm{d}(\Delta l) = \frac{EA}{2l}(\Delta l)^2 \tag{9-74}$$

可以看出弹性体在变形过程中质点方向有相对位移，从而内力要做功。

定义：弹性体单位体积内储存的应变能称为能密度，记为 U_d。

$$U_d = \frac{U}{Al} = \frac{1}{2}\sigma\varepsilon \tag{9-75}$$

式中，U 为总变形能，J；U_d 为能密度，$\mathrm{J/m^3}$；A 为截面积。

单向纯剪切状态变形能　如图9－29所示取一单元体，单元体左、右两侧的剪力为 $\tau\delta\mathrm{d}y$(略去小量)，在剪力作用下，单元体产生角变形，对应产生的位移量为 $\gamma\mathrm{d}x$，单元体上剪力所做之功(w)储存在单元体内部，即为剪切变形能(U)。

单元体纯剪切应力状态下的能密度(U_d)即为单位体积内储存的应变能。由于转矩 M 是逐渐加载的，因此，剪应力 τ 是由 $0\to\tau$，在单元体内取微元体 $\mathrm{d}\gamma$，引起 $\mathrm{d}\gamma$ 剪切应变的剪应力为 τ，则：

微变形能为：　$$\mathrm{d}U = \tau\delta\mathrm{d}y\cdot\mathrm{d}\gamma\cdot\mathrm{d}x \tag{A}$$

微元体能密度：　$$\mathrm{d}U_d = \tau\mathrm{d}\gamma \tag{B}$$

单元体能密度为：　(C)

由剪切胡克定律可知 $\tau = G\gamma$ 呈线性关系，如图 9－29(c)所示 $U_d = \int_0^{\gamma} \tau \mathrm{d}\gamma$，根据积分意义可知为 $\tau - \gamma$ 组成的三角形面积，于是式(C)为

$$U_d = \frac{\tau\gamma}{2} \tag{9-76}$$

此式为单元体能密度表达式。

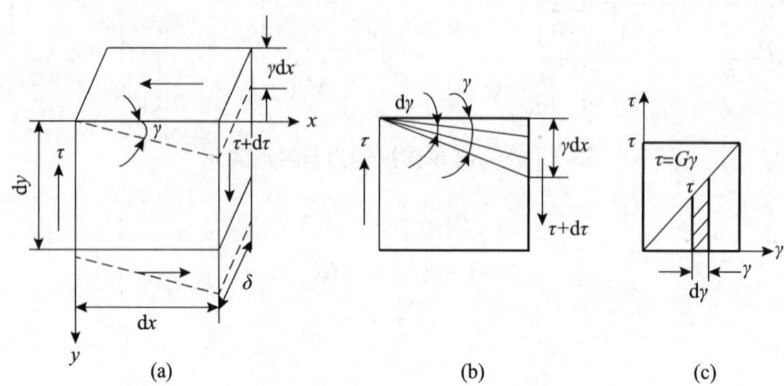

图 9－29 纯剪力状态下剪切力与变形关系

(2)三向应力状态下的弹性体变形能

在空间问题中，假定弹性体在受力作用的过程中始终保持平衡，因而没有动能的改变，并且弹性体的非机械能也没有变化。因此，应力所做的功完全转换为物体的变形能，储存在体积内；根据能量守恒原理，变形能与弹性体受力的次序无关，而完全取决于应力和应变的最终大小，与过程无关，只是状态的函数。

主应力状态下的变形能　单元体在三个主应力作用下，应力由零按某一比例增加到终值 σ，其主应变也将成比例由零增加到终值 ε。如图 9－30 所示，以单元体左右两侧为例，力 $\sigma_1 \mathrm{d}y\mathrm{d}z$ 在 $\mathrm{d}x$ 边上伸长 $\varepsilon_1 \mathrm{d}x$，其所做的功为 $\frac{1}{2}\sigma_1 \mathrm{d}y\mathrm{d}z \cdot \varepsilon_1 \mathrm{d}x$，其他侧面同理。因此有：

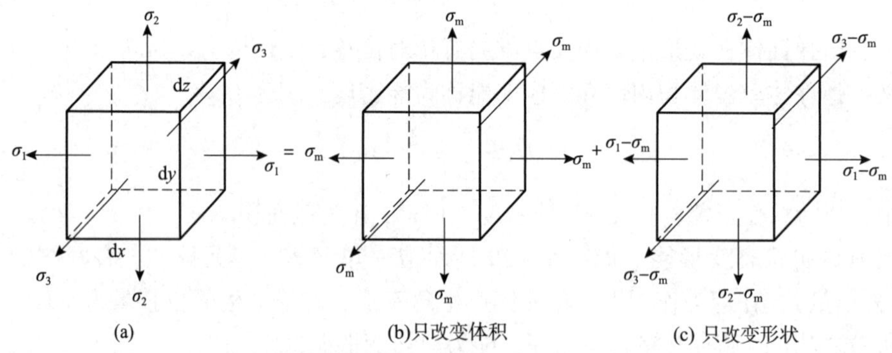

图 9－30 单元体变形能

单元体变形能为：

$$\mathrm{d}U = \frac{1}{2}(\sigma_1\varepsilon_1 + \sigma_2\varepsilon_2 + \sigma_3\varepsilon_3)\mathrm{d}x\mathrm{d}y\mathrm{d}z \tag{9-77}$$

其中单元体体密度 $\mathrm{d}U_\mathrm{d}$ 为：

$$dU_d = \frac{1}{2}(\sigma_1\varepsilon_1 + \sigma_2\varepsilon_2 + \sigma_3\varepsilon_3) \tag{9-78}$$

整个弹性体变形能为：

$$U = \frac{1}{2}\iiint_v (\sigma_1\varepsilon_1 + \sigma_2\varepsilon_2 + \sigma_3\varepsilon_3)\mathrm{d}x\mathrm{d}y\mathrm{d}z \tag{9-79}$$

说明：单元体单位体积储存的变形能(能密度)为两部分组成，一部分对应着单元体的体积改变，一部分对应着单元体的形状改变。

根据胡克定律：

$$\begin{cases} \varepsilon_1 = \dfrac{1}{E}[\sigma_1 - \mu(\sigma_2 + \sigma_3)] \\ \varepsilon_2 = \dfrac{1}{E}[\sigma_2 - \mu(\sigma_1 + \sigma_3)] \\ \varepsilon_3 = \dfrac{1}{E}[\sigma_3 - \mu(\sigma_1 + \sigma_2)] \end{cases} \tag{A}$$

式(A)代入式(9－78)得单元体体密度为：

$$dU_d = \frac{1}{2E}[\sigma_1{}^2 + \sigma_2{}^2 + \sigma_3{}^2 - 2\mu(\sigma_1\sigma_2 + \sigma_2\sigma_3 + \sigma_3\sigma_1)] \tag{9-80}$$

令 σ_m 为平均应力，即：

$$\sigma_m = \frac{1}{3}(\sigma_1 + \sigma_2 + \sigma_3) \tag{B}$$

①如图9－30(b)所示，在应力状态下单元体只受 σ_m 力作用，因此，只有体积改变而无形状改变，此部分能量为体积改变能量密度(dU_t)。

将 $\sigma_1 = \sigma_m$，$\sigma_2 = \sigma_m$，$\sigma_3 = \sigma_m$ 代入式(9－44)得：

$$dU_t = \frac{1-2\mu}{2E} \times 3\sigma_m^2 \tag{C}$$

将式(B)代入式(C)得：

$$dU_t = \frac{1-2\mu}{2E} \cdot \frac{(\sigma_1 + \sigma_2 + \sigma_3)^2}{3} \tag{9-81}$$

②如图9－30(c)所示，在应力状态下单元体只受 $\sigma_1 - \sigma_m$，$\sigma_2 - \sigma_m$，$\sigma_3 - \sigma_m$ 作用，只有形状改变而无体积改变，此部分能为歪形能(dU_x)。

因为 $dU_d = dU_t + dU_x$，所以有：

$$dU_x = dU_d + dU_t \tag{D}$$

将式(9－80)和式(9－81)代入式(D)得：

$$dU_x = \frac{1+\mu}{3E}[\sigma_1^2 + \sigma_2^2 + \sigma_3^2 - \sigma_1\sigma_2 - \sigma_2\sigma_3 - \sigma_3\sigma_4] \tag{9-82}$$

综上所述，总能密度为：

$$dU_d = \frac{1}{2}[\sigma_1\varepsilon_1 + \sigma_2\varepsilon_2 + \sigma_3\varepsilon_3] = \frac{1}{2E}[\sigma_1^2 + \sigma_2^2 + \sigma_3^2 - 2\mu(\sigma_1\sigma_2 + \sigma_2\sigma_3 + \sigma_3\sigma_1)]$$

总能密度＝体积改变能密度＋歪形能密度

即：$dU_d = dU_t + dU_x$

其中：
$$dU_t = \frac{1-2\mu}{2E}\frac{(\sigma_1 + \sigma_2 + \sigma_3)^2}{3}$$

$$dU_x=\frac{1+\mu}{3E}[\sigma_1^2+\sigma_2^2+\sigma_3^2-\sigma_1\sigma_2-\sigma_2\sigma_3-\sigma_3\sigma_1]$$

一般应力状态下变形能

单元体变形能为：

$$dU=\frac{1}{2}(\sigma_x\varepsilon_x+\sigma_y\varepsilon_y+\sigma_z\varepsilon_z+\tau_{xy}\gamma_{xy}+\tau_{yz}\gamma_{yz}+\tau_{zx}\gamma_{zx})dxdydz \tag{9-83}$$

其中单元体能密度 dU_d 为：

$$dU_d=\frac{1}{2}(\sigma_x\varepsilon_x+\sigma_y\varepsilon_y+\sigma_z\varepsilon_z+\tau_{xy}\gamma_{xy}+\tau_{yz}\gamma_{yz}+\tau_{zx}\gamma_{zx}) \tag{9-84}$$

整个弹性体变形能为：

$$U=\frac{1}{2}\iiint_v(\sigma_x\varepsilon_x+\sigma_y\varepsilon_y+\sigma_z\varepsilon_z+\tau_{xy}\gamma_{xy}+\tau_{yz}\gamma_{yz}+\tau_{zx}\gamma_{zx})dxdydz \tag{9-85}$$

(3) 两向应力状态下的弹性变形能

在平面问题中，必有 $\tau_{yz}=0$，$\tau_{zx}=0$，对于平面应力问题，还有 $\sigma_z=0$；对于平面应变问题，还有 $\varepsilon_z=0$。

一般应力状态下单元体平面问题总能密度：

$$dU_d=\frac{1}{2}(\sigma_x\varepsilon_x+\sigma_y\varepsilon_y+\tau_{xy}\gamma_{xy}) \tag{9-86}$$

整体弹性体总能密度：

$$U_d=\iint_s(dU_d)\cdot dV=\frac{1}{2}\iint_s(\sigma_x\varepsilon_x+\sigma_y\varepsilon_y+\tau_{xy}\gamma_{xy})dxdy \tag{9-87}$$

说明：用应变分量表示的能密度。

根据胡克定律，得：

$$\begin{cases}\sigma_x=\dfrac{E}{1-\mu^2}(\varepsilon_x+\mu\varepsilon_y)\\ \sigma_y=\dfrac{E}{1-\mu^2}(\varepsilon_y+\mu\varepsilon_x)\\ \tau_{xy}=\dfrac{E}{2(1+\mu)}\gamma_{xy}\end{cases} \tag{A}$$

将式(A)代入式(9-86)得：

$$dU_d=\frac{E}{2(1-\mu^2)}\left(\varepsilon_x^2+\varepsilon_y^2+2\mu\varepsilon_x\varepsilon_y+\frac{1-\mu}{2}\gamma_{xy}^2\right) \tag{9-88}$$

用位移分量表示的能密度将式(9-88)分别对 σ_x，σ_y，τ_{xy} 求导，得：

$$\begin{aligned}\sigma_x&=\frac{\partial(dU_d)}{\partial\varepsilon_x}\\ \sigma_y&=\frac{\partial(dU_d)}{\partial\varepsilon_y}\\ \tau_{xy}&=\frac{\partial(dU_d)}{\partial\varepsilon_z}\end{aligned} \tag{B}$$

再根据平面几何方程可知：

$$\varepsilon_x = \frac{\partial u}{\partial x}$$

$$\varepsilon_y = \frac{\partial v}{\partial y} \tag{C}$$

$$\gamma_{xy} = \frac{\partial v}{\partial x} + \frac{\partial u}{\partial y}$$

将式(B)和式(C)代入式(9－88)可得：

$$\mathrm{d}U_d = \frac{E}{2(1-\mu^2)}\left[\left(\frac{\partial u}{\partial x}\right)^2 + \left(\frac{\partial v}{\partial y}\right)^2 + 2\mu\frac{\partial u}{\partial x}\frac{\partial v}{\partial y} + \frac{1-\mu}{2}\left(\frac{\partial v}{\partial x} + \frac{\partial u}{\partial y}\right)^2\right] \tag{9-89}$$

9.3.4 有限元问题解方法

(1)有限元问题求解引例

阶梯杆单元节点图如图9－31所示，各参数为：$A_1 = 200\text{mm}^2$，$A_2 = 100\text{mm}^2$，$l_1 = l_2 = l = 100\text{mm}$，$E_1 = E_2 = E = 2\times10^5\text{MPa}$，$P_3 = 10\text{kN} = 1\times10^4\text{N}$，试计算应力。

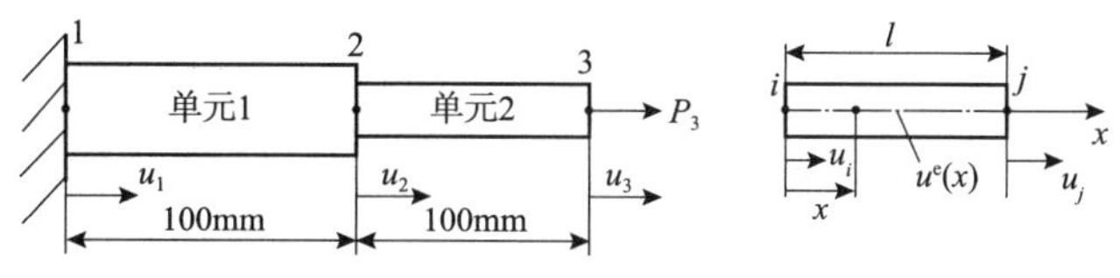

图9－31　阶梯杆单元节点图

Step1，选择单元离散化

将杆分成两单元三节点，其中 u_1、u_2、u_3 为未知量。

Step2，选择位移函数

假定任意单元 e 内部位移按线性规律变化，即：

$$u^e(x) = a_1 + a_2 x \tag{A}$$

任意常数 a_1、a_2 由单元节点位移求得：

$$i\text{ 节点：}x=0,\ u^e(x) = u_i$$

$$j\text{ 节点：}x=l,\ u^e(x) = u_j$$

得：

$$\begin{cases} a_1 = u_1 \\ a_2 = \dfrac{u_j - u_i}{l} \end{cases} \tag{C}$$

故内部任一点位移函数为：

$$u^e(x) = u_i + (u_j - u_i)\frac{x}{l} = \begin{bmatrix} 1-\dfrac{x}{l} & \dfrac{x}{l} \end{bmatrix}\begin{bmatrix} u_i \\ u_j \end{bmatrix}$$

令：

$$N(x) = \begin{bmatrix} 1-\dfrac{x}{l} & \dfrac{x}{l} \end{bmatrix} \tag{D}$$

则：

$$u^e(x) = N(x)u \tag{E}$$

式中 $N(x)$为形函数，$u = [u_i \quad u_j]^T$ 为单元节点位移矢量。

Step3，单元分析

总体总势能 π = 应变能 + 外力势能

$$= \sum U^e + V \tag{F}$$

其中 U^e 代表单元 e 的应变能（$e=1$、2），V 为外力势能。

单元应变能　应变能：$U^e = \int_0^l \frac{1}{2}\sigma\varepsilon A \mathrm{d}x = \frac{EA}{2}\int_0^l \varepsilon^2 \mathrm{d}x$ （G）

式中 E 为弹性模量，A 为横截面接，l 为杆长。

由几何方程可知

$$\varepsilon^e = \frac{\partial u^e}{\partial x} = \frac{u_j - u_i}{l} \tag{H}$$

将式（H）代入式（G）得单元应变能：

$$U^e = \frac{EA}{2l}(u_i^2 + u_j^2 - 2u_i u_j) \tag{I}$$

此式为二次型，因此可写成：

$$U^e = \frac{EA}{2l}(u_i \quad u_j)\begin{bmatrix} a_{11} & a_{12} \\ a_{21} & a_{22} \end{bmatrix}\begin{bmatrix} u_i \\ u_j \end{bmatrix}$$

其主对角线为平方项系数，即 $a_{11}=1$，$a_{22}=1$，交叉项为对应的系数$\frac{1}{2}$，即 $a_{12}=a_{21}=-1$，故有：

$$U^e = \frac{EA}{2l}(u_i \quad u_j)\begin{bmatrix} 1 & -1 \\ -1 & 1 \end{bmatrix}\begin{bmatrix} u_i \\ u_j \end{bmatrix}$$

令 $K^e = \frac{EA}{l}\begin{bmatrix} 1 & -1 \\ -1 & 1 \end{bmatrix}$，所以：

$$U^e = \frac{1}{2}[u_i \quad u_j]K^e\begin{bmatrix} u_i \\ u_j \end{bmatrix}$$

或写成：

$$U^e = \frac{1}{2}(u^e)^T K^e u^e$$

$$单元1：[u^1] = \begin{bmatrix} u_1 \\ u_2 \end{bmatrix}$$

$$单元2：[u^2] = \begin{bmatrix} u_2 \\ u_3 \end{bmatrix}$$

$$K^e = \frac{EA}{l}\begin{bmatrix} 1 & -1 \\ -1 & 1 \end{bmatrix}$$

式中 K^e 为单元刚度矩阵。

外力势能　外力功：$w_p = \sum (u^e)^T P^e = P_1 u_1 + P_2 u_2 + P_3 u_3$ （J）

式中 w_p 为外力功，$P=[P_1 \quad P_2 \quad P_3]^T$，其中 P_1 为固定端反力，$P_2=0$，$P_3=10\text{kN}$。

总体势能　总体势能：$\pi = U + V = \sum_{e=1}^{2} U^e - W_p (e=1,2)$，其中外力势能 $V=-W_p$，

由最小势能原理有：

$$\frac{\partial\pi}{\partial\{u\}}=0 \tag{K}$$

可以写成：

$$\frac{\partial\pi}{\partial u_i}=\frac{\partial}{\partial u_i}\left(\sum_{e=1}^{2}U^e+V\right)=0,\ (i=1,2,3) \tag{L}$$

即：

$$\begin{cases}\dfrac{\partial\pi}{\partial u_1}=0\\ \dfrac{\partial\pi}{\partial u_2}=0\\ \dfrac{\partial\pi}{\partial u_3}=0\end{cases}$$

由于

$$U^e=\frac{EA}{2l}(u_i^2+u_j^2-2u_iu_j)$$

单元1：

$$\begin{cases}\dfrac{\partial U^{e_1}}{\partial u_1}=\dfrac{EA}{2l}(2u_1-2u_2)=\dfrac{EA}{l}(u_1-u_2)\\ \dfrac{\partial U^{e_1}}{\partial u_2}=\dfrac{EA}{2l}(2u_2-2u_1)=\dfrac{EA}{l}(u_2-u_1)\end{cases}$$

得：

$$\begin{Bmatrix}\dfrac{\partial U^{e_1}}{\partial u_1}\\ \dfrac{\partial U^{e_1}}{\partial u_2}\end{Bmatrix}=\frac{EA}{l}\begin{bmatrix}1 & -1\\ -1 & 1\end{bmatrix}\begin{bmatrix}u_1\\ u_2\end{bmatrix} \tag{M}$$

单元2：

$$\begin{cases}\dfrac{\partial U^{e_2}}{\partial u_2}=\dfrac{EA}{l}(u_2-u_3)\\ \dfrac{\partial U^{e_2}}{\partial u_3}=\dfrac{EA}{l}(u_3-u_2)\end{cases}$$

得：

$$\begin{Bmatrix}\dfrac{\partial U^{e_2}}{\partial u_2}\\ \dfrac{\partial U^{e_2}}{\partial u_3}\end{Bmatrix}=\frac{EA}{l}\begin{bmatrix}u_2\\ u_3\end{bmatrix} \tag{N}$$

由于

$$W_p=P_1u_1+P_2u_2+P_3u_3$$

单元1：

$$\begin{cases}\dfrac{\partial W_p}{\partial u_1}=P_1\\ \dfrac{\partial W_p}{\partial u_2}=P_2\end{cases}$$

得：

$$\begin{Bmatrix}\dfrac{\partial W_p}{\partial u_1}\\ \dfrac{\partial W_p}{\partial u_2}\end{Bmatrix}=\begin{Bmatrix}P_1\\ P_2\end{Bmatrix} \tag{O}$$

单元 2：
$$\begin{cases}\dfrac{\partial W_p}{\partial u_2}=P_2\\ \dfrac{\partial W_p}{\partial u_3}=P_3\end{cases}$$

得：
$$\begin{Bmatrix}\dfrac{\partial W_p}{\partial u_2}\\ \dfrac{\partial W_p}{\partial u_3}\end{Bmatrix}=\begin{Bmatrix}P_2\\ P_3\end{Bmatrix} \tag{P}$$

式(M)、式(N)、式(O)、式(P)结合式(L)得：

单元 1：
$$\frac{EA}{l}\begin{bmatrix}1 & -1\\ -1 & 1\end{bmatrix}\begin{bmatrix}u_1\\ u_2\end{bmatrix}=\begin{Bmatrix}P_1\\ P_2\end{Bmatrix} \tag{Q}$$

单元 2：
$$\frac{EA}{l}\begin{bmatrix}1 & -1\\ -1 & 1\end{bmatrix}\begin{bmatrix}u_2\\ u_3\end{bmatrix}=\begin{Bmatrix}P_2\\ P_3\end{Bmatrix} \tag{R}$$

可以写成：
$$\begin{cases}K^e u^{e_1}=P^{e_1}\\ K^e u^{e_1}=P^{e_2}\end{cases} \tag{S}$$

即为：
$$P^e=K^e u^e \quad (e=1,\ 2) \tag{T}$$

此式为任一单元平衡条件，式中 P^e 为单元 e 节点外力矢。

Step4，总体刚度矩阵

总体平衡方程 $Ku-P=0$

式中 $K=\sum\limits_{e=1}^{2}K^e$ 为总体刚度矩阵，$u=\begin{Bmatrix}u_1\\ u_2\\ u_3\end{Bmatrix}$为节点位移，$P=\begin{Bmatrix}P_1\\ P_2\\ P_3\end{Bmatrix}$为节点外力矢。

由于
$$K^{e_1}=\frac{E_1A_1}{l_1}\begin{bmatrix}1 & -1\\ -1 & 1\end{bmatrix}=\begin{bmatrix}4\times10^5 & -4\times10^5\\ -4\times10^5 & 4\times10^5\end{bmatrix}\begin{matrix}u_1\\ u_2\end{matrix}\quad(\text{columns: }u_1,\ u_2) \tag{U}$$

$$K^{e_2}=\frac{E_2A_2}{l_2}\begin{bmatrix}1 & -1\\ -1 & 1\end{bmatrix}=\begin{bmatrix}2\times10^5 & -2\times10^5\\ -2\times10^5 & 2\times10^5\end{bmatrix}\begin{matrix}u_2\\ u_3\end{matrix}\quad(\text{columns: }u_2,\ u_3) \tag{V}$$

构造阶数为 3×3 的总体刚度矩阵 K(对称阵)

$$K=\begin{bmatrix}4\times10^5 & -4\times10^5 & 0\\ -4\times10^5 & 4\times10^5+2\times10^5 & -2\times10^5\\ 0 & -2\times10^5 & 2\times10^5\end{bmatrix}\begin{matrix}u_1\\ u_2\\ u_3\end{matrix}\quad(\text{columns: }u_1,\ u_2,\ u_3)$$

$$=2\times10^5\begin{bmatrix}2 & -2 & 0\\ -2 & 3 & -1\\ 0 & -1 & 1\end{bmatrix}$$

节点外力矢为：
$$P=\begin{Bmatrix}P_1\\P_2\\P_3\end{Bmatrix}=\begin{Bmatrix}P_1\\0\\1\times10^4\end{Bmatrix}$$

总体平衡方程为：
$$2\times10^5\begin{bmatrix}2&-2&0\\-2&3&-1\\0&-1&1\end{bmatrix}\begin{Bmatrix}u_1\\u_2\\u_3\end{Bmatrix}=\begin{Bmatrix}P_1\\0\\1\times10^4\end{Bmatrix}\tag{W}$$

Step5，约束处理与边界条件

边界条件：$u_1=0$，为满足此边界条件，将式(W)中 u_1 对应的行和列元素置0，主对角线元素置1；将P中与 u_1 对应的行元素置0，则方程变为：
$$2\times10^5\begin{bmatrix}1&0&0\\0&3&-1\\0&-1&1\end{bmatrix}\begin{Bmatrix}u_1\\u_2\\u_3\end{Bmatrix}=\begin{Bmatrix}0\\0\\1\times10^4\end{Bmatrix}\tag{X}$$

Step6，求解位移

由式(X)得：$u_1=0$，$u_2=0.025\text{mm}$，$u_3=0.075\text{mm}$

Step7，求解内力，应力和应变

单元节点力：

单元1：
$$P^{e_1}=K^{e_1}U^{e_1}=\begin{bmatrix}4\times10^5&-4\times10^5\\-4\times10^5&4\times10^5\end{bmatrix}\begin{Bmatrix}0\\0.025\end{Bmatrix}=\begin{Bmatrix}-1\times10^4\\1\times10^4\end{Bmatrix}$$

单元2：
$$P^{e_2}=K^{e_2}U^{e_2}=\begin{bmatrix}2\times10^5&-2\times10^5\\-2\times10^5&2\times10^5\end{bmatrix}\begin{Bmatrix}0.025\\0.075\end{Bmatrix}=\begin{Bmatrix}-1\times10^4\\1\times10^4\end{Bmatrix}$$

根据力的平衡关系，利用假想截面法得轴向内力等于节点力矢，因此有：

单元1：
$$N^{e_1}=1\times10^4\text{N}$$

单元2：
$$N^{e_2}=1\times10^4\text{N}$$

应力：
$$\sigma^{e_1}=\frac{N^{e_1}}{A_1}=\frac{1\times10^4}{200}=50\text{MPa}$$
$$\sigma^{e_2}=\frac{N^{e_2}}{A_2}=\frac{1\times10^4}{100}=100\text{MPa}$$

应变：
$$\varepsilon^{e_1}=\frac{\sigma^{e_1}}{E_1}=\frac{50}{2\times10^5}=2.5\times10^{-4}$$
$$\varepsilon^{e_2}=\frac{\sigma^{e_2}}{E_2}=\frac{100}{2\times10^5}=5\times10^{-4}$$

(2)有限元方法分析

有限元方法求解步骤 有限元法基本思路，把求解域分为数量有限个子域单元，各单元通过节点相连；每个单元利用节点位移形函数，建立单元内位移函数；用全部单元之和近似代替总体求解域，用全部单元位移函数之和近似代替满足总体求解域的位移函数；通过对单元力学特性分析，建立单元节点力与单元节点位移的关联式；将弹性体外载荷等效移置到节点上，建立节点力的平衡方程，求得节点位移；通过弹性力学基本方程，求得单元的应力和应变。

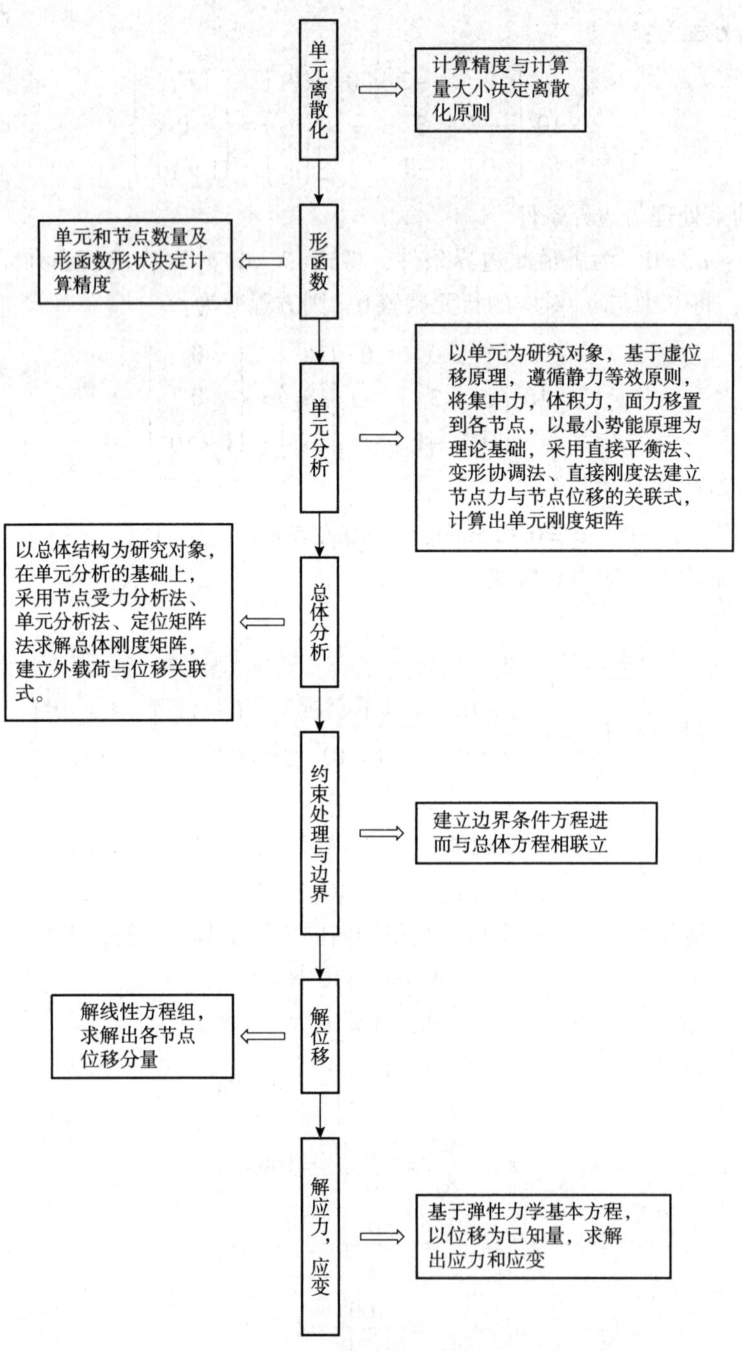

单元离散化　单元离散化是将复杂的连续体划分成有限多个简单的单元体，使其全部单元体集合与总体结构近似等价，单元之间仅通过节点连接，并在求解过程中分解为单元和节点。

离散化原则：

①单元的大小要根据精度的要求和计算量大小来决定；节点和单元数越多，计算结果

精度越高，但计算量就越大。

②单元形函数越逼近原结构体，就越能得到相对精确的近似解。

③对于不同部分，单元可采用不同大小。对于应力状态的重要部位，其应力和位移变化比较剧烈，单元取小一些；对于次要部位，应力和位移变化平缓的部位，单元取大一些。也可以根据情况进行第一次，第二次等计算。

④对于具有对称结构的弹性体，利用对称性，只对结构的1/2或1/4进行计算，以减小计算量。

⑤对于不连续的结构(如厚度突变、物理性质实变)应取实变线作为单元界线。

⑥对受集度突变的分布载荷，或受集中载荷作用的结构，单元取小一些，并在载荷实变或集中之处布置节点，以使应力突变得到更多程度的反映。

(3)全局坐标和局部坐标

建立在整体结构上的参照系 *OXYZ* 称为全局坐标系，建立在每个单元上的坐标系为局部坐标，全局坐标系是整个结构统一的参照系，局部坐标系其坐标原点和指向都随单元而变，只对单元有效。

为什么要建立两套坐标系 单元刚度矩阵在局部坐标系下推导比较方便，且物理概念十分明确。因此通常单元刚度矩阵是在单元局部坐标系下的值，而相应的节点位移和节点力也是在局部坐标系下定义的。在整体结构中，每个单元都有自己的坐标系，坐标系原点、方向都不相同，互不重合，并且单元内各自的物理量也都在自己的坐标系内有效。所以，局部坐标系下的单元刚度、节点力、节点位移等物理量不能集成。因此，对整体结构分析，必须有一个统一的坐标系，使局部坐标系下的单元刚度、节点力、节点位移等物理量必须通过一定的转换，变成全局坐标下的相应量，方可参与整体结构分析。

怎样实现坐标变换 利用相应的坐标转换建立总体量和单元量之间的关系，如图9－32所示，矢量 α 是一个客观量，不随坐标的变化而变化，但其分量却和坐标系的选取有关，矢量 α 是在 xoy 坐标系内的分量为 α_x，α_y，而在 $x'oy'$ 坐标系内的分量为 α'_x，α'_y，设 x' 轴与 x 轴的夹角为 θ，矢量 α 与 x 轴的夹角为 φ，则有：

$$\begin{aligned}\alpha'_x &= \alpha\cos(\varphi-\theta)\\ &= \alpha\cos\varphi\cos\theta+\alpha\sin\varphi\sin\theta\\ &= \alpha_x\cos\theta+\alpha_y\sin\theta\end{aligned}$$

$$\begin{aligned}\alpha'_y &= \alpha\sin(\varphi-\theta)\\ &= \alpha\sin\varphi\cos\theta-\alpha\cos\varphi\sin\theta\\ &= \alpha_y\cos\theta+\alpha_x\sin\theta\end{aligned}$$

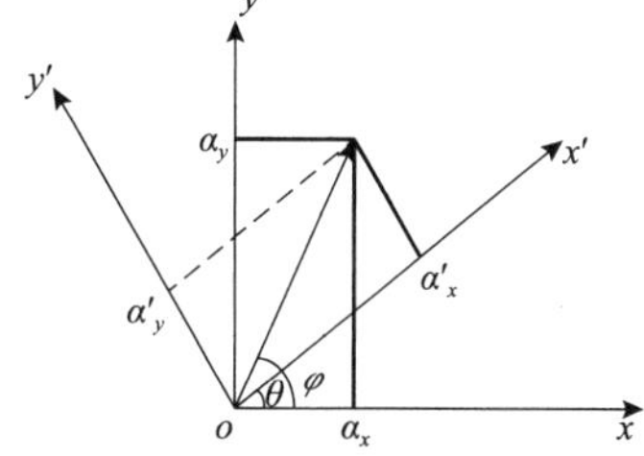

图9－32 坐标变换

写成矩阵形式：

$$\begin{Bmatrix}\alpha'_x\\\alpha'_y\end{Bmatrix}=\begin{bmatrix}\cos\alpha & \sin\alpha\\-\sin\alpha & \cos\alpha\end{bmatrix}\begin{bmatrix}\alpha_x\\\alpha_y\end{bmatrix} \tag{A}$$

写成矢量形式：

$$\alpha'=R\alpha \tag{B}$$

此式为同一矢量在不同坐标系内其分量之间的关系，其中 R 称为坐标变换矩阵，单元刚度、节点力、节点位移在两套坐标系下各物理量之间的关系，都是通过坐标变换矩阵 R 相关联的，不同单元变换矩阵 R 的阶级及元素值均不相同，其关联式为：

$$U'^e=RU^e \tag{C}$$

$$P'^e=RP^e \tag{D}$$

式中 U'^e、P'^e 为局部坐标系 $x'oy'$ 下的分量，U^e，P^e 为全局坐标系 xoy 下的分量。

(4)形函数

在有限元计算中为什么要用形函数 由弹性力学理论可知，如果弹性体内的位移分量已知，则可通过几何方程、物理方程求出应力、应变，并且是唯一确定的。但是如果仅知道每个单元节点上的位移，则既不能确定单元内任一点的位移，也不能直接求出单元上任意一点的应力和应变，因此，只有在假定了一个可用节点位移表示单元内任一点位移的插值函数后，单元内任一点的应力和应变的求解才成为可能。然而用一个位移函数表示整体结构的变形，是很难实现的，所以必须用有限元法把结构分成有限多个单元，每个单元用比较简单的函数近似表达单元内真实位移，再把各个单元位移连接起来，就可以近似地表达整个区域的真实位移。

怎样选择形函数 有限元求解精度依赖于划分单元的数量和形函数的形状，用有限小直线构成的折线逼近解曲线，用有限小平面构成的折面逼近解曲面，使解的精度足够，通常常采用多项式作为插值函数。

一维空间常用线性插值，如单元 e 位移函数为 $u=a_1+a_2x$，即：

$$u=[1\quad x]\begin{Bmatrix}a_1\\a_2\end{Bmatrix}$$

节点条件：$\begin{cases}x=0\,u_1=a_1\\x=l\,u_2=a_2l+u_1\end{cases}$

可解：$a_2=\dfrac{u_2-u_1}{l}$

位移方程为：$u=\left(\dfrac{u_2-u_1}{l}\right)x+u_1$

其写成矩阵形式为：$u=\left[1-\dfrac{X}{l}\quad\dfrac{X}{l}\right]\begin{Bmatrix}u_1\\u_2\end{Bmatrix}$

令 $N_1=1-\dfrac{X}{l}$，$N_2=\dfrac{X}{l}$

则有：$u=[N_1\quad N_2]\begin{Bmatrix}u_1\\u_2\end{Bmatrix}$

式中 N_1，N_2 为形函数，N_1 为位移函数的斜率，N_2 为位移函数的截距，它们决定单元内位移规律，其单元的形状由节点坐标确定，结构的变形由节点位移描述。

二维空间3节点三角形单元形函数和位移函数。在总体结构中取三角形单元 e，节点为 i、j、m，如图9－33所示，对应的节点坐标分别为 (x_i, y_i)，(x_j, y_j)，对应节点位移分别为 $U_i = \begin{Bmatrix} u_i \\ v_i \end{Bmatrix}$，$U_j = \begin{Bmatrix} u_j \\ v_j \end{Bmatrix}$，$U_m = \begin{Bmatrix} u_m \\ v_m \end{Bmatrix}$，节点位移列阵为：

$$\{U^e\} = \begin{Bmatrix} U_i \\ U_j \\ U_m \end{Bmatrix} = \begin{Bmatrix} u_i \\ v_i \\ u_j \\ v_j \\ u_m \\ v_m \end{Bmatrix} = \{u_i \quad v_i \quad u_j \quad v_j \quad u_m \quad v_m\}^{\mathrm{T}} \tag{A}$$

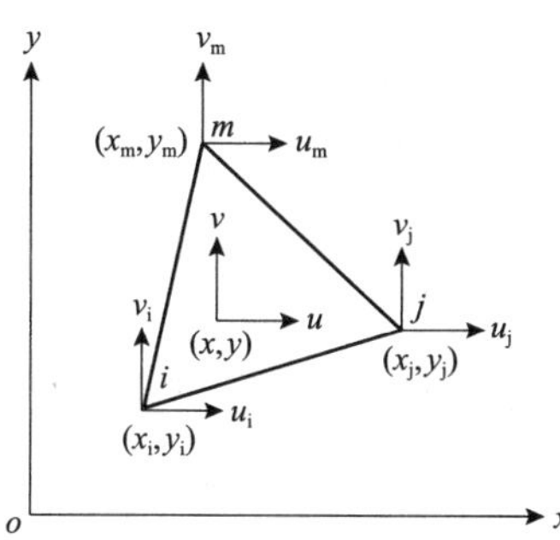

图9－33 二维单元位移

单元内任一点 (x, y) 的位移函数为 $\{U\} = \begin{Bmatrix} u \\ v \end{Bmatrix}$。假设 u，v 是关于 x、y 的线性函数，则单元位移函数为：

$$\{U\} = \begin{Bmatrix} u \\ v \end{Bmatrix} = \begin{cases} a_1 + a_2x + a_3y \\ a_4 + a_5x + a_6y \end{cases} \tag{B$_1$}$$

亦可写成：

$$\begin{cases} u = (1 \quad x \quad y)\begin{Bmatrix} a_1 \\ a_2 \\ a_3 \end{Bmatrix} \\ v = (1 \quad x \quad y)\begin{Bmatrix} a_4 \\ a_5 \\ a_6 \end{Bmatrix} \end{cases} \tag{B$_2$}$$

式中 a_1，a_2，a_3，a_4，a_5，a_6 为待定常数。因此节点位移 U_i，U_j，U_m 应满足式 (B_1)、式 (B_2)，故有6个方程：

$$\begin{cases} u_i = a_1 + a_2 x_i + a_3 y_i \\ v_i = a_4 + a_5 x_i + a_6 y_i \\ u_j = a_1 + a_2 x_j + a_3 y_j \\ v_j = a_4 + a_5 x_j + a_6 y_j \\ u_m = a_1 + a_2 x_m + a_3 y_m \\ v_m = a_4 + a_5 x_m + a_6 y_m \end{cases} \tag{C}$$

x 方向三个位移方程，可写成：

$$\begin{Bmatrix} u_i \\ u_j \\ u_m \end{Bmatrix} = \begin{bmatrix} 1 & x_i & y_i \\ 1 & x_j & y_j \\ 1 & x_m & y_m \end{bmatrix} \begin{bmatrix} a_1 \\ a_2 \\ a_3 \end{bmatrix} = C \begin{Bmatrix} a_1 \\ a_2 \\ a_3 \end{Bmatrix} \tag{D}$$

用 u_i，u_j，u_m 表示 a_1，a_2，a_3 形式，即：

$$\begin{Bmatrix} a_1 \\ a_2 \\ a_3 \end{Bmatrix} = C^{-1} \begin{Bmatrix} u_i \\ u_j \\ u_m \end{Bmatrix} \tag{E}$$

式中 C^{-1} 为 C 的逆阵：

$$C = \begin{bmatrix} 1 & x_i & y_i \\ 1 & x_j & y_j \\ 1 & x_m & y_m \end{bmatrix} \qquad |C| = \begin{vmatrix} 1 & x_i & y_i \\ 1 & x_j & y_j \\ 1 & x_m & y_m \end{vmatrix} = 2A(\text{二倍三角形单元 } ijm \text{ 面积})$$

根据逆阵性质，得：

$$C^{-1} = \frac{C^*}{|C|} = \frac{1}{2A} \begin{vmatrix} \begin{vmatrix} x_j & y_j \\ x_m & y_m \end{vmatrix} & \begin{vmatrix} x_m & y_m \\ x_i & y_i \end{vmatrix} & \begin{vmatrix} x_i & y_i \\ x_j & y_j \end{vmatrix} \\ \begin{vmatrix} 1 & y_m \\ 1 & y_j \end{vmatrix} & \begin{vmatrix} 1 & y_i \\ 1 & y_m \end{vmatrix} & \begin{vmatrix} 1 & y_j \\ 1 & y_i \end{vmatrix} \\ \begin{vmatrix} 1 & x_j \\ 1 & x_m \end{vmatrix} & \begin{vmatrix} 1 & x_m \\ 1 & x_i \end{vmatrix} & \begin{vmatrix} 1 & x_i \\ 1 & x_j \end{vmatrix} \end{vmatrix}$$

$$= \frac{1}{2A} \begin{bmatrix} a_i & a_j & a_m \\ b_i & b_j & b_m \\ c_i & c_j & c_m \end{bmatrix} \tag{F}$$

式中 C^* 为矩阵 C 的伴随矩阵

$$\begin{cases} a_i = \begin{vmatrix} x_j & y_j \\ x_m & y_m \end{vmatrix} = x_j y_m - x_m y_j \\ b_i = \begin{vmatrix} 1 & y_m \\ 1 & y_j \end{vmatrix} = -\begin{vmatrix} 1 & y_j \\ 1 & y_m \end{vmatrix} = y_j - y_m \\ c_i = \begin{vmatrix} 1 & x_j \\ 1 & x_m \end{vmatrix} = x_m - x_j \end{cases} \qquad \underleftrightarrow{i,\ j,\ m} \tag{G}$$

将式(F)代入式(E)，得：

$$\begin{Bmatrix} a_1 \\ a_2 \\ a_3 \end{Bmatrix} = \frac{1}{2A}\begin{Bmatrix} a_i & a_j & a_m \\ b_i & b_j & b_m \\ c_i & c_j & c_m \end{Bmatrix}\begin{Bmatrix} u_i \\ u_j \\ u_m \end{Bmatrix} \tag{H}$$

将式(H)代入式(B_2)第一式，得：

$$u = (1 \quad x \quad y)\begin{Bmatrix} a_1 \\ a_2 \\ a_3 \end{Bmatrix} = \frac{1}{2A}(1 \quad x \quad y)\begin{Bmatrix} a_i & a_j & a_m \\ b_i & b_j & b_m \\ c_i & c_j & c_m \end{Bmatrix}\begin{Bmatrix} u_i \\ u_j \\ u_m \end{Bmatrix}$$

$$= (N_i \quad N_j \quad N_m)\begin{bmatrix} u_i \\ u_j \\ u_m \end{bmatrix} \tag{I_1}$$

或写成：

$$u = N_i u_i + N_j u_j + N_m u_m \tag{I_2}$$

式中 N_i，N_j，N_m 为 x，y 的函数，其中

$$\begin{cases} N_i = \dfrac{1}{2A}(a_i + b_i x + c_i y) \\ N_j = \dfrac{1}{2A}(a_j + b_j x + c_j y) \\ N_m = \dfrac{1}{2A}(a_m + b_m x + c_m y) \end{cases} \tag{J}$$

或写成：

$$N_i(x,\ y) = \frac{\begin{vmatrix} 1 & x & y \\ 1 & x_j & y_j \\ 1 & x_m & y_m \end{vmatrix}}{\begin{vmatrix} 1 & x_i & y_i \\ 1 & x_j & y_j \\ 1 & x_m & y_m \end{vmatrix}} = \frac{1}{2A}(a_i + b_i x + c_i y) \qquad \underset{\longleftarrow}{\overset{\longrightarrow}{i,\ j,\ m}} \tag{K}$$

N_i 为 i 点的形状函数，即形函数。同理，N_j 为 j 点的形函数，N_m 为 m 点的形函数。形函数利用内插值找出给定节点值之间的函数值，此函数除了在节点之外可能不同于实际函数。但内插函数和实际函数在节点处必等于指定的节点值。形函数只定义在该三角形单元上。如果画出它们的三维函数图形，其每一个形函数图形都是一个小平面，有限元法实际上就是用这些小平面构成折面去逼近解曲面。同理可知，y 方向三个位移 v_i，v_j，v_m 可写成：

$$V = N_i v_i + N_j v_j + N_m v_m \tag{L}$$

式中 v 的三个形函数 N_i，N_j，N_m 与 u 的三个形函数完全相同。

故单元内任一点的位移为：

$$\{U^e\} = \begin{Bmatrix} u \\ v \end{Bmatrix} = \begin{Bmatrix} N_i u_i + N_j u_j + N_m u_m \\ N_i v_i + N_j v_j + N_m v_m \end{Bmatrix}$$

$$
= \begin{bmatrix} N_i & 0 & N_j & 0 & N_m & 0 \\ 0 & N_i & 0 & N_j & 0 & N_m \end{bmatrix} \begin{bmatrix} u_i \\ v_i \\ u_j \\ v_j \\ u_m \\ v_m \end{bmatrix} \tag{M}
$$

$$
= [N][u^e]
$$

式中 U^e 为单元内任一点的位移，u^e 为节点位移，$[N]$为形函数矩阵。

$$
[N] = \begin{bmatrix} N_i & 0 & N_j & 0 & N_m & 0 \\ 0 & N_i & 0 & N_j & 0 & N_m \end{bmatrix} \tag{N}
$$

$$
[u^e] = \begin{bmatrix} u_i \\ v_i \\ u_j \\ v_j \\ u_m \\ v_m \end{bmatrix} \tag{O}
$$

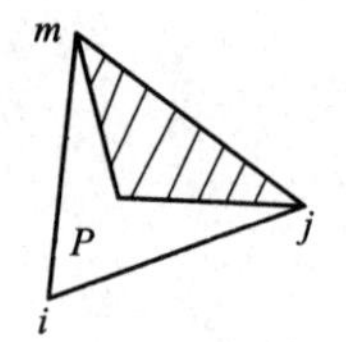

图 9-34　形函数值图

形函数，从数学上讲是插值函数的权函数，主要取决于单元的形状、节点类型(场函数节点值和场函数导数节点值)和单元节点数目，形函数值图如图 9-34 所示。对于三角形单元对某一节点 i 的形函数其几何意义是：单元内任意位置 P 与两对角顶点连线及对边围成的面积(S_{pjm})与总面积(S_{ijm})之比。形函数决定了单元内位移趋势，反映节点位移对单元内任意点位移的贡献度。

形函数性质

性质 1：在自节点上，形函数值为 1，其他节点处为 0，即：

$$
N_i(x_j \quad y_j) = \begin{cases} 1 & j = i \\ 0 & j \neq i \end{cases} \qquad (i,\ j = \overrightarrow{\underleftarrow{i,\ j,\ m}})
$$

节点 i 处：$N_i(x_i \quad y_i) = 1$，　$N_i(x_j \quad y_j) = 0$，　$N_i(x_m \quad y_m) = 0$

节点 j 处：$N_j(x_i \quad y_i) = 0$，　$N_j(x_j \quad y_j) = 1$，　$N_j(x_m \quad y_m) = 0$

节点 m 处：$N_m(x_i \quad y_i) = 0$，$N_m(x_j \quad y_j) = 0$，　$N_m(x_m \quad y_m) = 1$

几何意义：在节点 i 处 $u = N_i u_i$，形函数 $N_i(i,\ j,\ m)$表示当节点 i 产生 1 个单位位移时，单元内部各点位移的变化量，如图 9-35 所示，故称 i 为位移的形状函数。

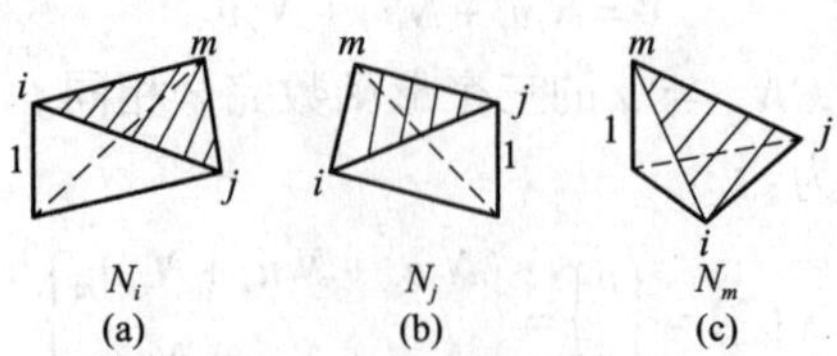

图 9-35　三角形三节点形函数

性质2：单元中任一点(x, y)处，各个形函数之和等于1，即：

$$N_i(x, y)+N_j(x, y)+N_m(x, y)=1$$

物理意义：三个形函数中只有两个是独立的，其反映了单元的刚体平移。当单元做刚体运动时，单元内任意点的位移均等于刚体位移。

性质3：单元内一条边上的形函数，仅与该边两端节点的坐标有关，与其他节点无关。

特例：在三角形单元的边界ij上任一点(x, y)，如图9－36所示，则有$N_i(x, y)=1-\dfrac{x-x_i}{x_j-x_i}$，$N_j(x, y)=\dfrac{x-x_i}{x_j-x_i}$，$N_m(x, y)=0$。

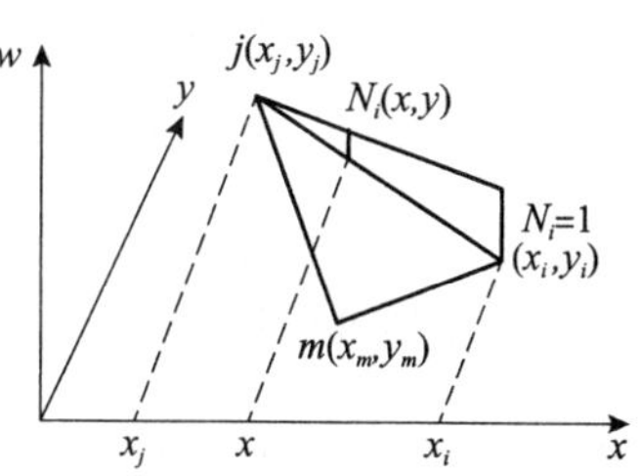

图9－36 边界上的形函数

根据相似性 $\dfrac{1}{N_i(x, y)}=\dfrac{x_i-x_j}{x-x_j}$

因为：
$$N_i(x, y)=\frac{x-x_j}{x_i-x_j}=1-\frac{x-x_i}{x_j-x_i} \tag{A}$$

又因为：ij直线方程为
$$\frac{y-y_i}{y_j-y_i}=\frac{x-x_i}{x_j-x_i} \tag{B}$$

且
$$\begin{cases} a_m=x_iy_j-x_jy_i \\ b_m=y_i-x_i \\ c_m=-(x_i-x_j) \end{cases} \tag{C}$$

因此得：
$$y=\frac{-b_m}{c_m}(x-x_i)+y_i \tag{D}$$

根据
$$N_m(x, y)=\frac{1}{2A}(a_m+b_mx+c_my) \tag{E}$$

将式(D)代入式(E)，得：$N_m(x, y)=\dfrac{1}{2A}(a_m+b_mx_i+c_my_i)$ (F)

将式(C)代入式(F)，得：$N_m(x, y)=0$ (G)

又据 $N_i(x, y)+N_j(x, y)+N_m(x, y)=1$

所以 $N_j(x, y)=1-N_i=\dfrac{x-x_i}{x_j-x}$ (H)

当x在ij中点时，将$x=\dfrac{x_i-x_j}{2}$代入式(H)，得$N_j(x, y)=\dfrac{1}{2}$

上式代入式(A)，得 $N_i(x, y)=\dfrac{1}{2}$，结合式(G)，有：

$$\begin{cases} N_i(x, y)=\dfrac{1}{2} \\ N_j(x, y)=\dfrac{1}{2} \\ N_m(x, y)=0 \end{cases} \tag{I}$$

三角形形函数如图9－37所示。

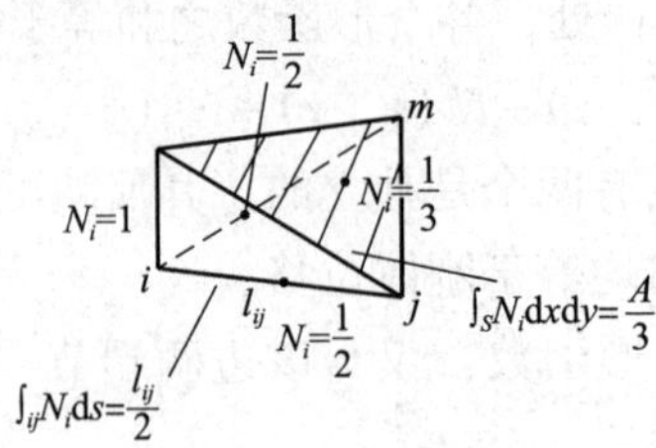

图 9－37　三角形形函数

在三角形 ijm 的形心　　$N_i=\frac{1}{3}$　　$\overrightarrow{\underleftarrow{i\,j\,m}}$

在 ij 及 im 两边的中心　　$N_i=\frac{1}{2}$　　$\overrightarrow{\underleftarrow{i\,j\,m}}$

在三角形单元 ijm 面上积分有　　$\int_S N_i \mathrm{d}x\mathrm{d}y=\frac{A}{3}$　　$\overrightarrow{\underleftarrow{i\,j\,m}}$

在三角形单元 ijm 的 ij 边上积分有　　$\int_{ij} N_i \mathrm{d}s=\frac{l_{ij}}{2}$　　$\overrightarrow{\underleftarrow{i\,j\,m}}$

(5) 载荷列阵

作用在平面上的外载荷(集中力、体积力、面力等)在划分单元后不一定作用在节点上，而单元基本方程的建立都是以节点为研究对象，因此需要把所有非节点载荷等效移置到节点上。遵循的原理是虚功原理，遵循的原则是静力等效原则。

静力等效原则：把单元所受的外力载荷移置节点而成为节点载荷。对于刚体而言，静力等效原则是非节点载荷与等效节点载荷在任一轴上的分量之和相等，且对任一轴力矩之和也相等；对于变形体而言，静力等效原则是等效载荷在节点虚位移上所作的虚功等于非节点载荷在其作用点上虚位移所做的虚功。

集中力移置　假设单元 e 在单元内任一点 $A(x, y)$处作用一集中力

$$\{F^e\}^e=\{F_x,\ F_y\}^T \tag{A}$$

集中力移置如图 9－38 所示，移置到节点的等效节点力为：

$$\{F_p^e\}^e=\{F_{ix},\ F_{iy},\ F_{jx},\ F_{jy},\ F_{mx},\ F_{my}\}^P \tag{B}$$

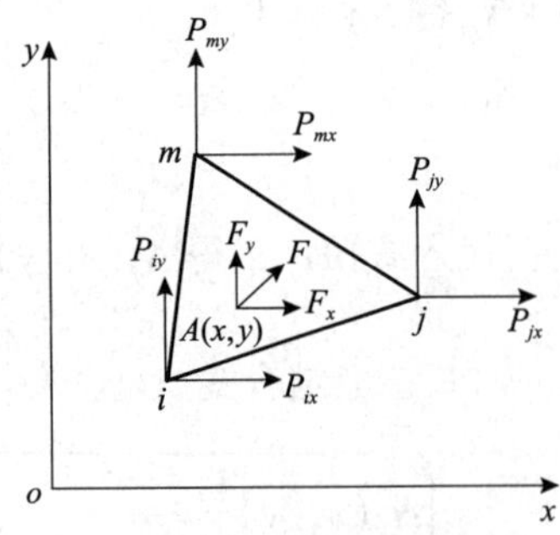

图 9－38　集中力移置

假设单元各节点发生了虚位移：

$$\{\delta u^e\}=(\delta u_i,\ \delta v_i,\ \delta u_j,\ \delta v_j,\ \delta u_m,\ \delta v_m)^T \tag{C}$$

相应 $A(x, y)$点的虚位移为：$\{\delta u^B\}=(\delta u_A,\ \delta v_A)^T$

根据单元内任一点位移与节点位移关系式：$\{U^e\}=[N]\{u^e\}$

则有：$\{\delta U^e\}=N\{\delta u^e\}$ 或 $\{\delta u_A,\ \delta v_A\}^T=[N](\delta u_i,\ \delta v_i,\ \delta u_j,\ \delta v_j,\ \delta u_m,\ \delta v_m)^T$ (D)

根据虚功原则，则有：$\{F^e\}\cdot\{\delta U^e\}=\{F_p^e\}\cdot\{\delta u^e\}$ (E)

又因：$\{F^e\}\cdot\{\delta U^e\}=\{F^e\}[N]\{\delta u^e\}$

所以有：$\{F^e\}[N]\{\delta u^e\}=\{F_p^e\}\{\delta u^e\}$ (F)

式中节点虚位移可以是任意的，故 $\{\delta u^e\}$ 也是任意的，因此有：

$$\{F_p^e\}=\{N\}^T\{F^e\} \tag{9-90a}$$

或写成：

$$\{F_{ix},\ F_{iy},\ F_{jx},\ F_{jy},\ F_{mx},\ F_{my}\}^T=\begin{bmatrix}N_i & 0 & N_j & 0 & N_m & 0\\ 0 & N_i & 0 & N_j & 0 & N_m\end{bmatrix}^T\begin{Bmatrix}F_x\\ F_Y\end{Bmatrix} \tag{9-90b}$$

体积力移置 取厚度为 t 的单元体 $e(t\mathrm{d}x\mathrm{d}y)$，如图 9-39 所示，作用在单元体上的单位体积的分布外力，即体积力为：$\{f^e\}=\{X,\ Y\}^T$

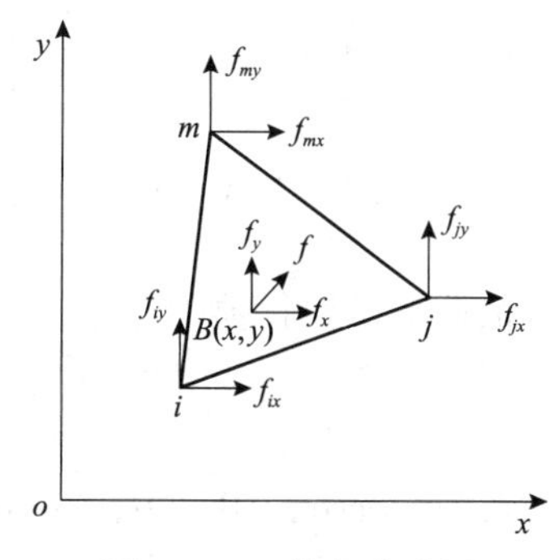

图 9-39 体积力移置

此力可视为集中力 $f\mathrm{d}x\mathrm{d}yt$ 作用在 B 点上，因此等效移置节点力列阵为：

$$\{F_f^e\}=\iint_e[N]^T\cdot\{f^e\}\mathrm{d}x\mathrm{d}yt=t\iint_e[N]^T\cdot\{f^e\}\mathrm{d}x\mathrm{d}y \tag{H_1}$$

或写成

$$\{f_{ix},f_{iy},f_{jx},f_{jy},f_{mx},f_{my}\}^T=t\iint_e[N]^T[X,Y]^T\mathrm{d}x\mathrm{d}y$$

$$=t\iint_e(N_iX+N_iY+N_jX+N_jY+N_mX+N_mY)\mathrm{d}x\mathrm{d}y \tag{H_2}$$

式中 $\{F_f^e\}$ 为等效节点力，$\{f^e\}$ 为单元体积力，其中 $\{f^e\}=\{X,\ Y\}^T$

$$\{F_f^e\}=\{f_{ix},\ f_{iy},\ f_{jx},\ f_{jy},\ f_{mx},\ f_{my}\}^T$$

特例：当单元体积力只有重力时，则 $X=0$，$Y=-g$，即体积力载荷为：

$$\{f^e\}=\{0,\ -g\}$$

则等效节点列阵为：

$$\{F_f^e\}=\iint_e[N]^T\cdot\{f^e\}\mathrm{d}x\mathrm{d}yt=t\iint_e\begin{bmatrix}N_i & 0 & N_j & 0 & N_m & 0\\ 0 & N_i & 0 & N_j & 0 & N_m\end{bmatrix}^T\begin{bmatrix}0\\ -g\end{bmatrix}\mathrm{d}x\mathrm{d}y$$

$$=-\frac{1}{3}Atg\{0,1,0,1,0,1\}^T$$

式中，A 为三角形单元面积，此式说明单元上的重力 $\{f^e\}$ 等效移置到节点 i，j，m 上时，每个节点在 x 方向的节点力分量都等于 0（即 $f_{ix}=0$，$f_{jx}=0$，$f_{mx}=0$），仅在 y 方向有节点力分量，且 3 个节点力分量相等，都等于重力的$\frac{1}{3}$。

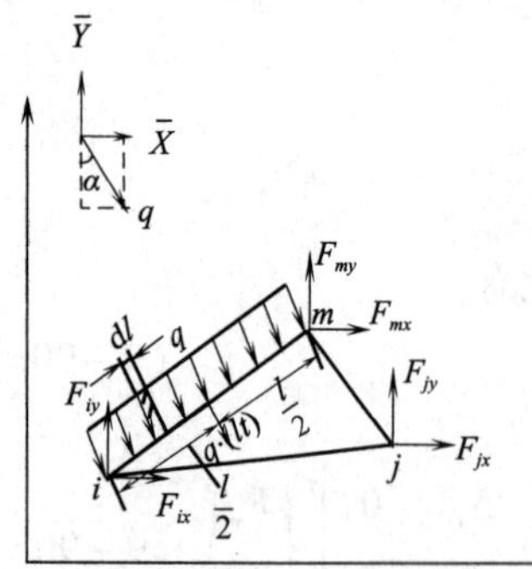

图 9－40 面力移置

面力移置 平面单元的面力通常可看作垂直于单元边界且均布，如图 9－40 所示，该单元 e 的边界 im 作用有均匀分布的单位面力(即面力)。

$$\{q^e\}=\{\overline{X}\quad \overline{Y}\}^T \tag{A}$$

把 im 上作用的面力 q 视为集中力 $q\cdot(lt)$，则非节点力列阵为：

$$\{q^e\}=\begin{Bmatrix}\overline{X}\\ \overline{Y}\end{Bmatrix}=\begin{Bmatrix}q\sin\alpha\\ -q\cos\alpha\end{Bmatrix}=q\begin{Bmatrix}\sin\alpha\\ -\cos\alpha\end{Bmatrix} \tag{B}$$

等效节点力列阵为：

$$\begin{aligned}\{F_q^e\}&=(F_{ix}\quad F_{iy}\quad F_{jx}\quad F_{jy}\quad F_{mx}\quad F_{my})^T\\&=\int_l[N]^T\{q^e\}\mathrm{d}l\cdot t=\int_l[N]^T\begin{Bmatrix}\overline{X}\\ \overline{Y}\end{Bmatrix}\mathrm{d}l\cdot t\\&=t\int_l[N_i\overline{X}\quad N_i\overline{Y}\quad N_y\overline{X}\quad N_y\overline{Y}\quad N_m\overline{X}\quad N_m\overline{Y}]^T\mathrm{d}l\end{aligned} \tag{C}$$

因为均布力合力在 im 中点，根据形函数性质 $N_i(x\cdot y)=\frac{1}{2}$，$N_j(x\cdot y)=0$，$N_m=\frac{1}{2}$，因此有

$$\{F_q^e\}=\frac{1}{2}qlt\{\sin\alpha,\quad -\cos\alpha,\quad 0,\quad 0,\quad \sin\alpha,\quad -\cos\alpha\}^T \tag{D}$$

此式说明作用在单元 e 边界均匀分布载荷等效移置到节点的节点力分量，只在作用面的两个节点上有 x，y 方向的节点力分量且相等，而在作用面对面顶点上的等效节点力为 0。

当取局部坐标 $x'o'y'$，如图 9－41 所示，其 x' 与 q 方向相同，则 $\overline{X}=q$，$\overline{Y}=0$ 代入式(C)得：

$$F_{ix}=qt\int_l N_i\mathrm{d}l$$

$$F_{jx}=qt\int_l N_j\mathrm{d}l$$

$$F_{mx}=qt\int_l N_m\mathrm{d}l$$

$$F_{iy}=F_{jy}=F_{my}=0$$

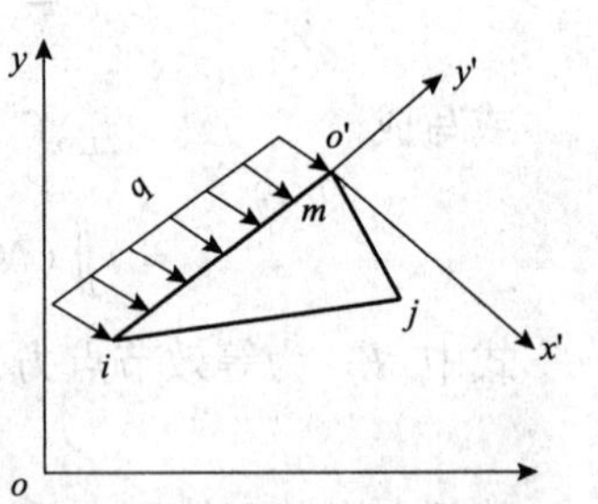

图 9－41 局部坐标面力移置

因此有：

$$F_{ix}=F_{jx}=\frac{1}{2}qlt$$

$$F_{mx}=0$$

(6) 总体刚度矩阵及平衡方程

解决有限元问题的基本原则是先单元后总体，建立力与位移的关联式

$$P=Ku \tag{A}$$

[外荷载矩阵] = [总体刚度矩阵][位移矩阵]

通常在荷载矩阵中，将约束力和外加的荷载分开。

[外荷载距阵 P] = [外部施加的荷载矩阵 F] + [约束反作用力矩阵 R]，即 $P = F + R$

于是有：

$$R = Ku - F \tag{B}$$

[约束力矩阵] = [刚度矩阵][位移矩阵] - [荷载矩阵]

因此求解刚度矩阵，使荷载矩阵与位移矩阵关联起来。求解总体刚度矩阵的方法有三种：节点受力分析法、单元分析法、定位矩阵法。

节点分析法 有一杆如图9-42所示，将杆分成4单元5节点。

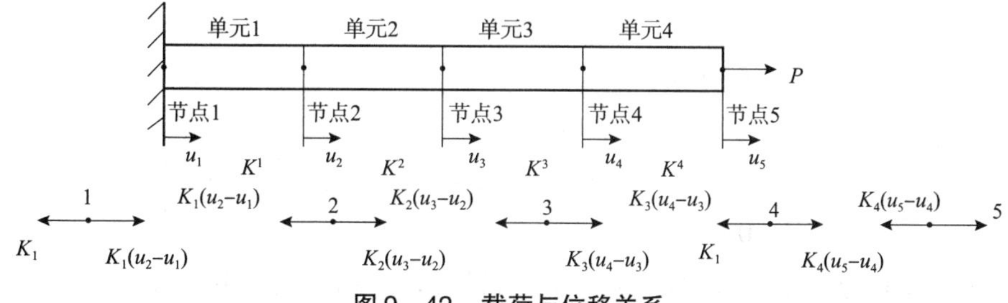

图9-42 载荷与位移关系

将分析力都移置到节点上，目的是使计算力和位移刚度之间的关系更简化、方便。根据节点平衡方程，有如下方程组：

$$\begin{aligned}
&\text{节点 1：} \quad R_1 - K(u_2 - u_1) = 0 \\
&\text{节点 2：} \quad K_1(u_2 - u_1) - K_2(u_3 - u_2) = 0 \\
&\text{节点 3：} \quad K_2(u_3 - u_2) - K_3(u_4 - u_3) = 0 \\
&\text{节点 4：} \quad K_3(u_4 - u_3) - K_4(u_5 - u_4) = 0 \\
&\text{节点 5：} \quad K_4(u_5 - u_4) - P = 0
\end{aligned} \tag{C}$$

可写成：

$$\begin{array}{lllllllll}
K_1u_1 & -K_1u_2 & & & & & & & = -R_1 \\
-K_1u_1 & +K_1u_2 & +K_2u_2 & -K_2u_3 & & & & & =0 \\
 & & -K_2u_2 & +K_2u_3+K_3u_3 & -K_3u_4 & & & & =0 \\
 & & & -K_3u_3 & +K_3u_4 & +K_4u_4 & -K_4u_5 & & =0 \\
 & & & & & -K_4u_4 & +K_4u_5 & & =P
\end{array} \tag{D}$$

矩阵形式为：

$$\begin{bmatrix} K_1 & -K_1 & 0 & 0 & 0 \\ -K_1 & K_1+K_2 & -K_2 & 0 & 0 \\ 0 & -K_2 & K_2+K_3 & -K_3 & 0 \\ 0 & 0 & -K_3 & K_3+K_4 & -K_4 \\ 0 & 0 & 0 & -K_4 & K_4 \end{bmatrix} \begin{bmatrix} u_1 \\ u_2 \\ u_3 \\ u_4 \\ u_5 \end{bmatrix} = \begin{bmatrix} -R_1 \\ 0 \\ 0 \\ 0 \\ P \end{bmatrix} \tag{E}$$

亦可写成

$$\begin{bmatrix} -R_1 \\ 0 \\ 0 \\ 0 \\ 0 \end{bmatrix} = \begin{bmatrix} K_1 & -K_1 & 0 & 0 & 0 \\ -K_1 & K_1+K_2 & -K_2 & 0 & 0 \\ 0 & -K_2 & K_2+K_3 & -K_3 & 0 \\ 0 & 0 & -K_3 & K_3+K_4 & -K_4 \\ 0 & 0 & 0 & -K_4 & K_4 \end{bmatrix} \begin{bmatrix} u_1 \\ u_2 \\ u_3 \\ u_4 \\ u_5 \end{bmatrix} - \begin{bmatrix} 0 \\ 0 \\ 0 \\ 0 \\ P \end{bmatrix} \tag{F}$$

分析方程：边界条件 $u_1=0$，于是方程(F)中共有 4 个位移未知量 u_2、u_3、u_4、u_5 和一个反作用力 R_1 未知量，5 个方程 5 个未知数，方程可解。但其包含两种不同类型的未知数，即位移和反作用力，为了在求解时不必同时考虑未知的反作用力和位移，而集中考虑未知量位移，可利用已知边界条件，更改第一行，使 $u_1=0$，因此方程变成：

$$\begin{bmatrix} 1 & 0 & 0 & 0 & 0 \\ -K_1 & K_1+K_2 & -K_2 & 0 & 0 \\ 0 & -K_2 & K_2+K_3 & -K_3 & 0 \\ 0 & 0 & -K_3 & K_3+K_4 & -K_4 \\ 0 & 0 & 0 & -K_4 & K_4 \end{bmatrix} \begin{bmatrix} u_1 \\ u_2 \\ u_3 \\ u_4 \\ u_5 \end{bmatrix} = \begin{bmatrix} 0 \\ 0 \\ 0 \\ 0 \\ P \end{bmatrix} \tag{G}$$

即可求出位移分量 u_1、u_2、u_3、u_4、u_5，再根据式(F)，求约束反力 R_1。

单元分析法　以节点为研究对象，任一单元 e，节点为 i、j，则有单元平衡方程：

$$\begin{bmatrix} f_i \\ f_j \end{bmatrix} = \begin{bmatrix} K_{ii} & -K_{ij} \\ -K_{ji} & K_{jj} \end{bmatrix} \begin{bmatrix} u_i \\ u_j \end{bmatrix}$$

单元 1：刚度矩阵：

$$k^{e1} = \begin{bmatrix} K_1 & -K_1 \\ -K_1 & K_1 \end{bmatrix}$$

在总刚度矩阵中的位置为：

$$K^{E1} = \begin{bmatrix} K_1 & -K_1 & 0 & 0 & 0 \\ -K_1 & K_1 & 0 & 0 & 0 \\ 0 & 0 & 0 & 0 & 0 \\ 0 & 0 & 0 & 0 & 0 \\ 0 & 0 & 0 & 0 & 0 \end{bmatrix}$$

同理

单元 2：
$$k^{e2} = \begin{bmatrix} K_2 & -K_2 \\ -K_2 & K_2 \end{bmatrix}$$

在总刚度矩阵中的位置为：

$$K^{E2} = \begin{bmatrix} 0 & 0 & 0 & 0 & 0 \\ 0 & K_2 & -K_2 & 0 & 0 \\ 0 & -K_2 & K_2 & 0 & 0 \\ 0 & 0 & 0 & 0 & 0 \\ 0 & 0 & 0 & 0 & 0 \end{bmatrix}$$

单元3：
$$k^{e3}=\begin{bmatrix} K_3 & -K_3 \\ -K_3 & K_3 \end{bmatrix}$$

在总刚度矩阵中的位置为：

$$K^{E3}=\begin{bmatrix} 0 & 0 & 0 & 0 & 0 \\ 0 & 0 & 0 & 0 & 0 \\ 0 & 0 & K_3 & -K_3 & 0 \\ 0 & 0 & -K_3 & K_3 & 0 \\ 0 & 0 & 0 & 0 & 0 \end{bmatrix}$$

单元4：
$$k^{e4}=\begin{bmatrix} K_4 & -K_4 \\ -K_4 & K_4 \end{bmatrix}$$

在总刚度矩阵中的位置为：

$$K^{E4}=\begin{bmatrix} 0 & 0 & 0 & 0 & 0 \\ 0 & 0 & 0 & 0 & 0 \\ 0 & 0 & 0 & 0 & 0 \\ 0 & 0 & 0 & K_4 & -K_4 \\ 0 & 0 & 0 & -K_4 & K_4 \end{bmatrix}$$

根据每个单元在总刚度矩阵中的位置，将其组装，得总刚度矩阵：

$$K=K^{E1}+K^{E2}+K^{E3}+K^{E4}$$

即：

$$K=\begin{bmatrix} K_1 & -K_1 & 0 & 0 & 0 \\ -K_1 & K_1+K_2 & -K_2 & 0 & 0 \\ 0 & -K_2 & K_2+K_3 & -K_3 & 0 \\ 0 & 0 & -K_3 & K_3+K_4 & -K_4 \\ 0 & 0 & 0 & -K_4 & K_4 \end{bmatrix}$$

同理，根据边界条件 $u_1=0$，得线性方程组即平衡方程：

$$\begin{bmatrix} 1 & 0 & 0 & 0 & 0 \\ -K_1 & K_1+K_2 & -K_2 & 0 & 0 \\ 0 & -K_2 & K_2+K_3 & -K_3 & 0 \\ 0 & 0 & -K_3 & K_3+K_4 & -K_4 \\ 0 & 0 & 0 & -K_4 & K_4 \end{bmatrix}\begin{bmatrix} u_1 \\ u_2 \\ u_3 \\ u_4 \\ u_5 \end{bmatrix}=\begin{bmatrix} 0 \\ 0 \\ 0 \\ 0 \\ P \end{bmatrix}$$

定位矩阵法　通过转换矩阵 $K=A^TKA$，将单元刚度矩阵转换成总体刚度矩阵。

单元刚度矩阵：$k^{e1}=\begin{bmatrix} K_1 & -K_1 \\ -K_1 & K_1 \end{bmatrix}$

转换矩阵：$K^{E1}=A_1{}^TK^{e1}A_1$

式中 $A_1=\begin{bmatrix}1&0&0&0&0\\0&1&0&0&0\end{bmatrix}$，其转置矩阵为 $A_1^T=\begin{bmatrix}1&0\\0&1\\0&0\\0&0\\0&0\end{bmatrix}$

总体刚度矩阵：$K^{E1}=\begin{bmatrix}1&0\\0&1\\0&0\\0&0\\0&0\end{bmatrix}\begin{bmatrix}K_1&-K_1\\-K_1&K_1\end{bmatrix}\begin{bmatrix}1&0&0&0&0\\0&1&0&0&0\end{bmatrix}$

$$=\begin{bmatrix}K_1&-K_1&0&0&0\\-K_1&K_1&0&0&0\\0&0&0&0&0\\0&0&0&0&0\\0&0&0&0&0\end{bmatrix}$$

同理：

$$k^{e2}=\begin{bmatrix}K_2&-K_2\\-K_2&K_2\end{bmatrix}$$

$$A_2=\begin{bmatrix}0&1&0&0&0\\0&0&1&0&0\end{bmatrix}$$

$$A_2^T=\begin{bmatrix}0&0\\1&0\\0&1\\0&0\\0&0\end{bmatrix}$$

$$K^{E2}=A_2{}^TK^{e2}A_2=\begin{bmatrix}0&0\\1&0\\0&1\\0&0\\0&0\end{bmatrix}\begin{bmatrix}K_2&-K_2\\-K_2&K_2\end{bmatrix}\begin{bmatrix}0&1&0&0&0\\0&0&1&0&0\end{bmatrix}=\begin{bmatrix}0&0&0&0&0\\0&K_2&-K_2&0&0\\0&-K_2&K_2&0&0\\0&0&0&0&0\\0&0&0&0&0\end{bmatrix}$$

在总刚度矩阵中的位置为：

$$K^{E4}=\begin{bmatrix}0&0&0&0&0\\0&0&0&0&0\\0&0&0&0&0\\0&0&0&k_4&-k_4\\0&0&0&-k_4&k_4\end{bmatrix}$$

根据每个单元在总体刚度矩阵中的位置，将其组装得总刚度矩阵：

$$K = K^{E1} + K^{E2} + K^{E3} + K^{E4}$$

即：

$$K = \begin{bmatrix} k_1 & -k_1 & 0 & 0 & 0 \\ -k_1 & k_1 + k_2 & -k_2 & 0 & 0 \\ 0 & -k_2 & k_2 + k_3 & -k_3 & 0 \\ 0 & 0 & -k_3 & k_3 + k_4 & -k_4 \\ 0 & 0 & 0 & -k_4 & k_4 \end{bmatrix}$$

同理，根据边界条件 $u_1 = 0$，得线性方程组即平衡方程：

$$\begin{bmatrix} 1 & 0 & 0 & 0 & 0 \\ -k_1 & k_1 + k_2 & -k_2 & 0 & 0 \\ 0 & -k_2 & k_2 + k_3 & -k_3 & 0 \\ 0 & 0 & -k_3 & k_3 + k_4 & -k_4 \\ 0 & 0 & 0 & -k_4 & k_4 \end{bmatrix} \begin{bmatrix} u_1 \\ u_2 \\ u_3 \\ u_4 \\ u_5 \end{bmatrix} = \begin{bmatrix} 0 \\ 0 \\ 0 \\ 0 \\ P \end{bmatrix}$$

$$k^{e3} = \begin{bmatrix} K_3 & -K_3 \\ -K_3 & K_3 \end{bmatrix}$$

$$A_3 = \begin{bmatrix} 0 & 0 & 1 & 0 & 0 \\ 0 & 0 & 0 & 1 & 0 \end{bmatrix}$$

$$A_3^T = \begin{bmatrix} 0 & 0 \\ 0 & 0 \\ 1 & 0 \\ 0 & 1 \\ 0 & 0 \end{bmatrix}$$

$$K^{E3} = A_3{}^T K^{e3} A_3 = \begin{bmatrix} 0 & 0 \\ 0 & 0 \\ 1 & 0 \\ 0 & 1 \\ 0 & 0 \end{bmatrix} \begin{bmatrix} K_3 & -K_3 \\ -K_3 & K_3 \end{bmatrix} \begin{bmatrix} 0 & 0 & 1 & 0 & 0 \\ 0 & 0 & 0 & 1 & 0 \end{bmatrix} = \begin{bmatrix} 0 & 0 & 0 & 0 & 0 \\ 0 & 0 & 0 & 0 & 0 \\ 0 & 0 & K_3 & -K_3 & 0 \\ 0 & 0 & -K_3 & K_3 & 0 \\ 0 & 0 & 0 & 0 & 0 \end{bmatrix}$$

$$k^{e4} = \begin{bmatrix} K_4 & -K_4 \\ -K_4 & K_4 \end{bmatrix}$$

$$A_4 = \begin{bmatrix} 0 & 0 & 0 & 1 & 0 \\ 0 & 0 & 0 & 0 & 1 \end{bmatrix}$$

$$A_4^T = \begin{bmatrix} 0 & 0 \\ 0 & 0 \\ 0 & 0 \\ 1 & 0 \\ 0 & 1 \end{bmatrix}$$

$$K^{E4}=A_4{}^TK^{e4}A_4=\begin{bmatrix}0&0\\0&0\\0&0\\1&0\\0&1\end{bmatrix}\begin{bmatrix}K_4&-K_4\\-K_4&K_4\end{bmatrix}\begin{bmatrix}0&0&0&1&0\\0&0&0&0&1\end{bmatrix}=\begin{bmatrix}0&0&0&0&0\\0&0&0&0&0\\0&0&0&0&0\\0&0&0&K_4&-K_4\\0&0&0&-K_4&K_4\end{bmatrix}$$

组装成总体平衡方程：

$$\begin{bmatrix}1&0&0&0&0\\-K_1&K_1+K_2&-K_2&0&0\\0&-K_2&K_2+K_3&-K_3&0\\0&0&-K_3&K_3+K_4&-K_4\\0&0&0&-K_4&K_4\end{bmatrix}\begin{bmatrix}u_1\\u_2\\u_3\\u_4\\u_5\end{bmatrix}=\begin{bmatrix}0\\0\\0\\0\\P\end{bmatrix}$$

求出位移分量 u_1、u_2、u_3、u_4、u_5。

9.3.4 里茨法(Ritz)

里茨法目的是求解出极值曲线，是一种利用变分原理进行近似计算的方法。其基本思路是：设定满足位移边界条件的含有待定系数的位移分量表达式，然后由位移变分方程或虚功原理或最小势能原理得出含有待定系数的线性方程组，解方程组解出待定系数，代入位移分量表达式，求出位移分量，进而确定应力。有限元法的基函数是在单元内定义的，实质是在一个单元内应用 Ritz 法，其待定系数是节点位移。

Ritz 法的基本原理 设有一系列即满足位移边界条件又满足一定连续条件的函数 $\varphi_1(x)$，$\varphi_2(x)$，$\cdots\varphi_n(x)$，这组线性无关的函数序列叫基函数，用这些函数构造一系列提供泛函极值的各级近似函数。

$$\begin{cases}U_1=a_{11}\varphi_1(x)\\U_2=a_{21}\varphi_1(x)+a_{22}\varphi_2(x)\\\vdots\\U_n=a_{n1}\varphi_1(x)+a_{n2}\varphi_2(x)+\cdots+a_{nn}\varphi_n(x)\end{cases}$$

即 $U_n=\sum\limits_{j=k=1}^{n}a_{nj}\varphi_k(x)$

式中 $\varphi_k(x)$是事先选定的函数，a_{11}，a_{21}，a_{22}，a_{31}，a_{32}，$a_{33}\cdots$等为待定系数，在变分时调整这些系数使泛函达到各级近似的极值。现假设研究的是极小值问题，若用 $\varphi_1(x)$作为近似函数时，泛函达到的极值为 π_1，用 $\varphi_2(x)$作为近似函数时，泛函达到的极值为 π_2，则 π_1 必大于至少等于 π_2。这是因为 $\varphi_2(x)$比 $\varphi_1(x)$的选择范围大，而且还包含了 $\varphi_1(x)$项，依次类推，可得 $\pi_1\geqslant\pi_2\geqslant\pi_3\cdots\geqslant\pi_n\geqslant\pi$，得到了极小值 H_n，式中 π 是泛函的真正极值。

最小位能原理里茨法求解 已知系统总位能 π = 应变能 + 外力势能：

$$\text{应变能}=\int_v U\mathrm{d}v=\int_v\frac{1}{2}\boldsymbol{\varepsilon}^{\mathrm{T}}\boldsymbol{\sigma}\mathrm{d}v$$

$$\text{外力势能}=\text{体积力势能}+\text{面积力势能}$$

$$=-\int_v u^{\mathrm{T}}x\mathrm{d}v-\int_s u^{\mathrm{T}}\bar{x}\mathrm{d}s$$

$$\pi = \int_v \left(\frac{1}{2}\varepsilon^T\sigma - u^T x\right)dv - \int_s u^T\overline{X}\mathrm{d}s$$

设近似解形式为：

$$u = \sum_{i=1}^{n} N_i q_i = [N_1 \quad N_2 \quad \cdots \quad N_n]a = N_a$$
$$= N_1 \mathrm{a}_1 + N_2 a_2 + \cdots N_n a_n$$

式中 $a = \begin{bmatrix} a_1 \\ a_2 \\ \vdots \\ a_n \end{bmatrix}$为得定参数向量（未知），$u = [N_1 \quad N_2 \quad \cdots \quad N_n]$为基函数（事先造定）。

根据最小势能原理，取泛函 π 的一阶变分为零，即：

$$\delta\pi = \frac{\partial\pi}{\partial a_1}\delta a_1 + \frac{\partial\pi}{\partial a_2}\delta a_2 + \cdots + \frac{\partial\pi}{\partial a_n}\delta a_n = 0$$

因为 δa_1，$\delta a_2 \cdots \delta a_n$ 是任意取的，是相对独立量，对上式任意值均成立，故：

$$\frac{\partial\pi}{\partial a} = \begin{bmatrix} \frac{\partial\pi}{\partial a_1} \\ \frac{\partial\pi}{\partial a_2} \\ \vdots \\ \frac{\partial\pi}{\partial a_n} \end{bmatrix} = 0$$

或$\frac{\partial\pi}{\partial a_1} = 0$，$\frac{\partial\pi}{\partial a_2} = 0$，$\cdots\frac{\partial\pi}{\partial a_n} = 0$。

从而可确定 a_1，$a_2 \cdots a_n$，得到位移函数的近似值为：

$$U_n = \sum_{K=1}^{n} a\varphi(x)$$

式中 U_n 称为泛函变分问题的第 n（次）近似解。

最小势能原理的另一种表达为：在符合已知位移边界条件的所有位移中，能满足外力边界条件和平衡方程的位移所对应的总位能为最小。

$$即\frac{\partial\pi}{\partial[u]} = 0$$

里茨法例 求泛函 $J[y] = \int_0^1 (x^2 y'^2 + xy)dx$ 的变分问题的第一近似解，边界条件为 $y(0) = 0$，$y(1) = 0$。

解：设 $y_1(x) = a_1 x(1-x)$，则 $y'_1(x) = a_1(1-2x)$

因此有：$J[\mathrm{a}_1] = \int_0^1 [x^2 a_1^2 (1-2x)^2 + a_1 x^2 (1-x)]\mathrm{d}x$

$$= \int_0^1 [\mathrm{a}_1^2 (x^2 - 4x^3 + 4x^4) + a_1 (x^2 - x^3)]\mathrm{d}x$$

令$\frac{\partial J}{\partial a_1} = 0$，则 $\int_0^1 [2\mathrm{a}_1 (x^2 - 4x^3 + 4x^4) + (x^2 - x^3)x]\mathrm{d}x = 0$，积分得：

$$\frac{2}{3}a_1 - 2a_1 + \frac{8}{5}a_1 + \frac{1}{3} - \frac{1}{4} = 0$$

解得：$a_1 = -\frac{5}{16}$

于是泛函 J 变分问题的第一近似解为：

$$y_1(x) = -\frac{5}{16}x(1-x)$$

此曲线为极值曲线。

9.4　等参单元法

(1)为什么要引用等参单元

有限元的解的精度依赖于两个方面：一是单元数目，二是线型(几何形状)逼近。随着单元节点数目的增加，相应的计算精度会提高，计算量也相应增加，计算时间相应增长；在采用直边单元逼近实际曲边求解域时，必然要用更多的节点数才能较为准确地描述实际边界。因此要构造高精度单元，使其在保持一定精度要求下，用少数单元来求解有限元问题。

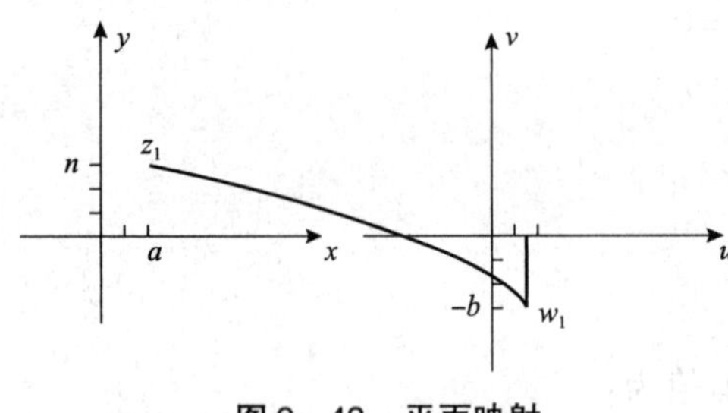

图 9－43　平面映射

(2)映射

从数学上讲，如果用 z 平面上的点表示自变量 z 的值，而用另一个平面 w 上的点表示函数 w 的值，那么函数 $w=f(z)$ 在几何上可以看成是把 z 平面上的一个点集变到 w 平面上的一个点集的映射，z 称为 w 的原象，w 称为 z 的象(映象)。如图 9－43 所示，平面用复数表示，如 $w=\bar{z}$，$z=a+b_i$，则 $w=a-b_i$。

平面四边形如图 9－44 所示，$\xi-\eta$ 正方形平面和 x—y 四边形平面之间通过 $\begin{Bmatrix} x \\ y \end{Bmatrix} = N\begin{Bmatrix} \xi \\ \eta \end{Bmatrix}$ 建立映射关系。

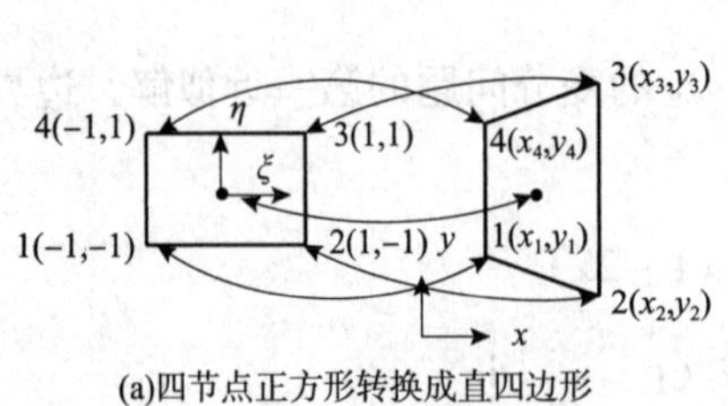

(a)四节点正方形转换成直四边形

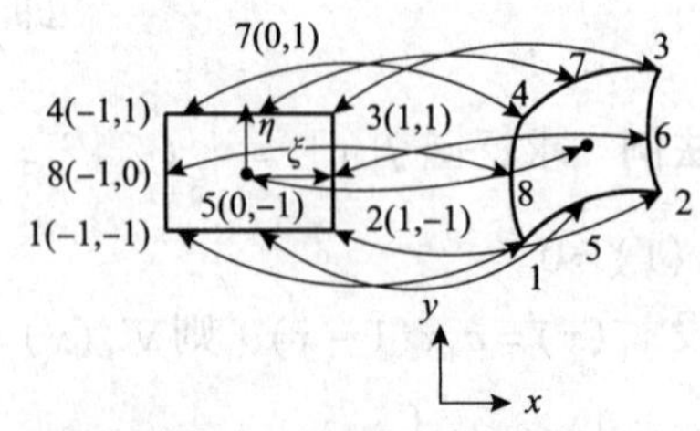

(b)八节点正方形转换成曲四边形

图 9－44　平面四边形映射

通过这种函数的映射关系，可以将一种图形映射成另外一种图形。这样就可以将一个坐标系下的形状复杂的几何边界映射到另一个坐标系下，形状比较规则的几何边界；或者说将简单规则形状的几何边界映射成复杂的曲边界。

(3)等参元方法基本思路

Step1：定义基本单元(母单元，标准单元)。母单元是附在 $\xi-\eta$ 自然坐标系(局部坐标系)上，坐标原点取在单元的中心。边界限制在 +1 或 -1 上的标准正方形。而 $-1\leqslant\xi$，$\eta\leqslant1$ 的边界界定，有利于数值积分的计算。

Step2：在基本单元上构造形函数，得到坐标变换关系。

Step3：构造实际单元(子单元，计算单元)。通过坐标变换，将基本单元映射成几何边界任意的子单元，作为有限元分析的计算单元。

等参变换：即实际单元与基本单元，两者变换过程中采用相同的函数关系(形函数)和同一组节点参数。

等参单元：通过等参坐标变换将实际单元与基本单元联系起来，建立起实际单元与基本单元之间各点一一对应关系，将基本单元映射成每个实际单元，同时亦可通过相应的变换将实际单元映射成基本单元，如图 9-45 所示。

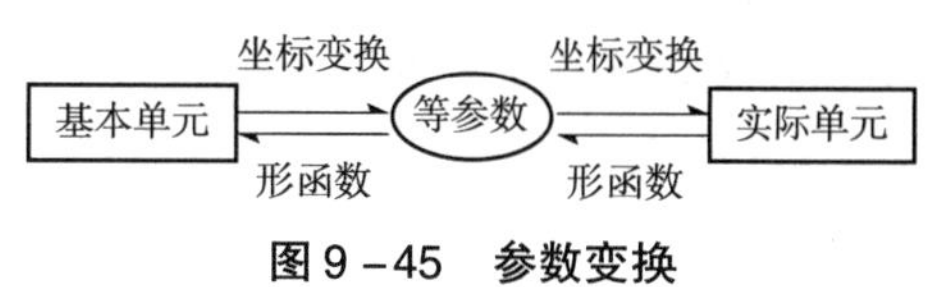

图 9-45 参数变换

故实际单元与基本单元互为等参单元，通过定义母单元，确立母单元形函数，根据等参变换，建立母单元形函数与实际单元节点位移函数模型，解出位移函数，再依据位移函数，利用虚位移原理或最小势能原理建立等参单元的刚度方程，从而使来自于真实的结构的实际单元其几何特性、受力情况、力学性能都可借助其等参单元，对任意形状的实际问题进行有限元离散、分析和计算。如图 9-46 所示：

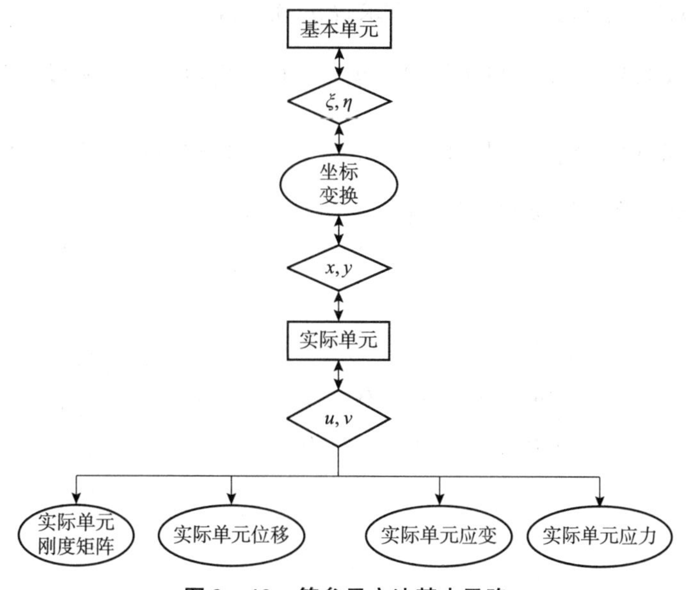

图 9-46 等参元方法基本思路

(4)坐标的映射

如图 9-47 所示，定义一边长为单位 z 的正方形，建立 $\xi-\eta$ 坐标系，坐标原点在正方形中心。

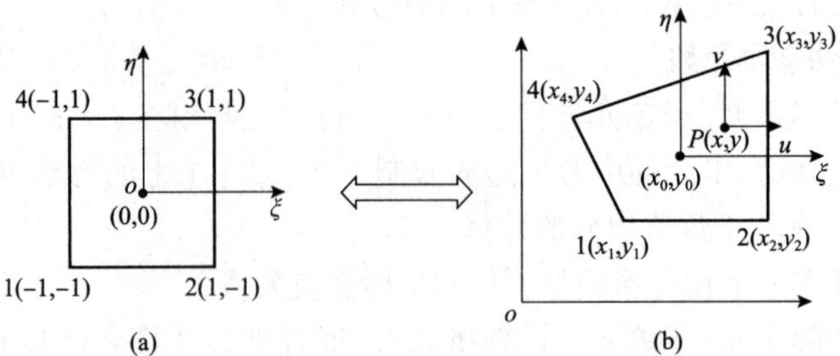

图 9 -47　坐标映射

取四角点(节点)1(−1, −1), 2(1, −1), 3(1, 1), 4(−1, 1), 映射到 x − y 坐标系上四节点 1(x_1, y_1), 2(x_2, y_2), 3(x_3, y_3), 4(x_4, y_4)。根据帕斯卡三角形如图 9 -48 所示, 并考虑 x 和 y 方向的对称性。

$$
\begin{array}{ccccccccc}
 & & & & 1 & & & & \\
 & & & x & & y & & & \\
 & & x^2 & & xy & & y^2 & & \\
 & x^3 & & x^2y & & xy^2 & & y^3 & \\
x^4 & & x^3y & & x^2y^2 & & xy^3 & & y^4
\end{array}
$$

图 9 -48　帕斯卡三角形

建立全局坐标系 x 和 y, 与自然坐标系 ξ 和 η 之间的关系为:

$$
\begin{cases}
x = a_1 + a_2\xi + a_3\eta + a_4\eta \\
y = a_5 + a_6\xi + a_7\eta + a_8\xi\eta
\end{cases}
\tag{A}
$$

用 x_1, y_1, x_2, y_2, x_3, y_3, x_4, y_4 来求解 q_i 项, 得:

$$
\begin{cases}
x = \dfrac{1}{4}[(1-\xi)(1-\eta)x_1 + (1+\xi)(1-\eta)x_2 + (1+\xi)(1+\eta)x_3 + (1-\xi)(1+\eta)x_4] \\
y = \dfrac{1}{4}[(1-\xi)(1-\eta)y_1 + (1+\xi)(1-\eta)y_2 + (1+\xi)(1+\eta)y_3 + (1-\xi)(1+\eta)y_4]
\end{cases}
\tag{B}
$$

写成矩阵形式, 得坐标映射关系式:

$$
\begin{Bmatrix} x \\ y \end{Bmatrix} = \begin{bmatrix} N_1 & 0 & N_2 & 0 & N_3 & 0 & N_4 & 0 \\ 0 & N_1 & 0 & N_2 & 0 & N_3 & 0 & N_4 \end{bmatrix} \begin{bmatrix} x_1 \\ y_1 \\ x_2 \\ y_2 \\ x_3 \\ y_3 \\ x_4 \\ y_4 \end{bmatrix}
\tag{C$_1$}
$$

或写成:

$$
\begin{cases}
x = N_1x_1 + N_2x_2 + N_3x_3 + N_4x_4 \\
y = N_1y_1 + N_2y_2 + N_3y_3 + N_4y_4
\end{cases}
\tag{C$_2$}
$$

式中 $(x, y)^T$ 为实际单元中任一点 P 的坐标, $(x_1, y_1, x_2, y_2, x_3, y_3, x_4, y_4)^T$ 为

实际单元中四节点坐标值，基本单元形函数为：

$$N_1=\frac{(1-\xi)(1-\eta)}{4},\quad N_1=\frac{(1+\xi)(1-\eta)}{4}$$
$$N_1=\frac{(1+\xi)(1+\eta)}{4},\quad N_1=\frac{(1-\xi)(1+\eta)}{4} \tag{D}$$

或写成：

$$N_i(\xi,\ \eta)=\frac{1}{4}(1+\xi_i\xi)(1+\eta_i\eta)\qquad (i=1,\ 2,\ 3,\ 4) \tag{E}$$

式中 ξ_i，η_i为节点 i 处的自然坐标。

(5)位移映射

用定义单元形函数来定义实际单元中位移函数，即：

$$\begin{Bmatrix}u\\v\end{Bmatrix}=\begin{bmatrix}N_1 & 0 & N_2 & 0 & N_3 & 0 & N_4 & 0\\ 0 & N_1 & 0 & N_2 & 0 & N_3 & 0 & N_4\end{bmatrix}\begin{bmatrix}u_1\\v_1\\u_2\\v_2\\u_3\\v_3\\u_4\\v_4\end{bmatrix} \tag{F}$$

式中 u 和 v 是平行于全局 x 和 y 坐标的位移，而$(u_1,\ v_1,\ u_2,\ v_2,\ u_3,\ v_3,\ u_4,\ v_4)^T$ 为实际单元四节点的位移。

写成向量形式：

$$\begin{Bmatrix}u\\v\end{Bmatrix}=\{v\}\{u\} \tag{G}$$

(6)$\xi-\eta$ 和 $X-Y$ 坐标系中函数导数关系

假设函数$f=f(x,\ y)=f[x(\xi,\ \eta),\ y(\xi,\ \eta)]$，则有：

$$\begin{cases}\dfrac{\partial f}{\partial \xi}=\dfrac{\partial f\partial x}{\partial x\partial \xi}+\dfrac{\partial f\partial y}{\partial y\partial \xi}\\[2ex] \dfrac{\partial f}{\partial \eta}=\dfrac{\partial f\partial x}{\partial x\partial \eta}+\dfrac{\partial f\partial y}{\partial y\partial \eta}\end{cases} \tag{H}$$

写成矩阵形式：

$$\begin{Bmatrix}\dfrac{\partial f}{\partial \xi}\\[2ex] \dfrac{\partial f}{\partial \eta}\end{Bmatrix}=J\begin{Bmatrix}\dfrac{\partial f}{\partial x}\\[2ex] \dfrac{\partial f}{\partial y}\end{Bmatrix} \tag{I}$$

式中 J 为 Jacobian 矩阵，即：

$$J=\begin{Bmatrix}\dfrac{\partial x}{\partial \xi} & \dfrac{\partial y}{\partial \xi}\\[2ex] \dfrac{\partial x}{\partial \eta} & \dfrac{\partial y}{\partial \eta}\end{Bmatrix} \tag{J}$$

因$\begin{cases}x=x[N(\xi,\ \eta)]\\ y=y[N(\xi,\ \eta)]\end{cases}$，均有：

$$\begin{cases}\dfrac{\partial x}{\partial \xi}=\dfrac{\partial x}{\partial N_i}\dfrac{\partial N_i}{\partial \xi}\\[2mm] \dfrac{\partial x}{\partial \eta}=\dfrac{\partial x}{\partial N_i}\dfrac{\partial N_i}{\partial \eta}\\[2mm] \dfrac{\partial y}{\partial \xi}=\dfrac{\partial y}{\partial N_i}\dfrac{\partial N_i}{\partial \xi}\\[2mm] \dfrac{\partial y}{\partial \eta}=\dfrac{\partial y}{\partial N_i}\dfrac{\partial N_i}{\partial \eta}\end{cases} \tag{L}$$

将式(C_2)、(E)、(L)或(J)联立，可得：

$$J=\frac{1}{4}\begin{bmatrix}-(1-\eta)x_1+(1-\eta)x_2+(1+\eta)x_3-(1+\eta)x_4 & -(1-\eta)y_1+(1-\eta)y_2+(1+\eta)y_3-(1+\eta)y_4\\ -(1-\xi)x_1-(1+\xi)x_2+(1+\xi)x_3+(1-\xi)x_4 & -(1-\xi)y_1-(1+\xi)y_2+(1+\xi)y_3+(1-\xi)y_4\end{bmatrix}$$

$$=\begin{pmatrix}J_{11} & J_{12}\\ J_{21} & J_{22}\end{pmatrix} \tag{M}$$

用$\xi-\eta$坐标系中的系数表示$x-y$坐标系中的函数导数，根据式(I)，求逆阵，得：

$$\begin{Bmatrix}\dfrac{\partial f}{\partial x}\\[2mm] \dfrac{\partial f}{\partial y}\end{Bmatrix}=J^{-1}\begin{Bmatrix}\dfrac{\partial f}{\partial \xi}\\[2mm] \dfrac{\partial f}{\partial \eta}\end{Bmatrix} \tag{N_1}$$

或写成：

$$\begin{Bmatrix}\dfrac{\partial f}{\partial x}\\[2mm] \dfrac{\partial f}{\partial y}\end{Bmatrix}=\frac{J^*}{\det J}\begin{Bmatrix}\dfrac{\partial f}{\partial \xi}\\[2mm] \dfrac{\partial f}{\partial \eta}\end{Bmatrix} \tag{N_2}$$

式中J^*为J的伴随矩阵，是$\begin{pmatrix}J_{11} & J_{12}\\ J_{21} & J_{22}\end{pmatrix}$矩阵代数余子式转置，即：

$$J^*=\begin{pmatrix}J_{22} & -J_{12}\\ -J_{21} & J_{11}\end{pmatrix} \tag{O}$$

而

$$\det J=\begin{vmatrix}J_{11} & J_{12}\\ J_{21} & J_{22}\end{vmatrix} \tag{P}$$

根据微积分可有下列关系式：

$$\mathrm{d}x\mathrm{d}y=\det J\mathrm{d}\xi\mathrm{d}\eta \tag{Q}$$

(7)应力与应变关系

对于边长为2的正方形基本单元(标准单元)，对应的实际单元中一点的位移函数为：

$$\begin{pmatrix} U \\ V \end{pmatrix} = \begin{pmatrix} N_1 & 0 & N_2 & 0 & N_3 & 0 & N_x \\ 0 & N_1 & 0 & N_2 & 0 & N_3 & 0 \end{pmatrix} \cdot \begin{Bmatrix} u_1 \\ v_1 \\ u_2 \\ v_2 \\ u_3 \\ v_3 \end{Bmatrix} = [N]\{\delta^e\} \tag{A}$$

式中

$$[N] = \begin{Bmatrix} N_1 & 0 & N_1 & 0 & N_1 & 0 & N_1 & 0 \\ 0 & N_1 & 0 & N_1 & 0 & N_1 & 0 & N_1 \end{Bmatrix} \tag{B}$$

N_i 是标准单元的形函数矩阵，即

$$\begin{cases} N_1 = \frac{1}{4}(1-\zeta)(1-\eta) \\ N_2 = \frac{1}{4}(1+\zeta)(1-\eta) \\ N_3 = \frac{1}{4}(1+\zeta)(1+\eta) \\ N_4 = \frac{1}{4}(1-\zeta)(1+\eta) \end{cases} \tag{C}$$

$\{\delta^e\}$ 为实际单元四节点位移。

$$\{\delta^e\} = \{u_1 \quad v_1 \quad u_2 \quad v_2 \quad u_3 \quad v_3 \quad u_4 \quad v_4\}^T \tag{D}$$

实际单元内任一点应力为：

$$\varepsilon = \begin{Bmatrix} \varepsilon_x \\ \varepsilon_y \\ \gamma_{xy} \end{Bmatrix} = \begin{Bmatrix} \frac{\partial u}{\partial x} \\ \frac{\partial v}{\partial y} \\ \frac{\partial v}{\partial x} + \frac{\partial u}{\partial y} \end{Bmatrix} = \begin{bmatrix} \frac{\partial}{\partial x} & 0 \\ 0 & \frac{\partial}{\partial y} \\ \frac{\partial}{\partial y} & \frac{\partial}{\partial x} \end{bmatrix} \begin{Bmatrix} u \\ v \end{Bmatrix} \tag{E}$$

将式(A)带入式(E)得：

$$\varepsilon = \begin{bmatrix} \frac{\partial}{\partial x} & 0 \\ 0 & \frac{\partial}{\partial y} \\ \frac{\partial}{\partial y} & \frac{\partial}{\partial x} \end{bmatrix} [N]\{\delta^e\} \tag{F}$$

$$令 \begin{bmatrix} \frac{\partial}{\partial x} & 0 \\ 0 & \frac{\partial}{\partial y} \\ \frac{\partial}{\partial y} & \frac{\partial}{\partial x} \end{bmatrix} [N] = B \tag{F$_1$}$$

$$\begin{bmatrix} \frac{\partial}{\partial x} & 0 \\ 0 & \frac{\partial}{\partial y} \\ \frac{\partial}{\partial y} & \frac{\partial}{\partial x} \end{bmatrix}_{3\times 2} \begin{bmatrix} N_1 & 0 & N_2 & 0 & N_3 & 0 & N_4 & 0 \\ 0 & N_1 & 0 & N_2 & 0 & N_3 & 0 & N_4 \end{bmatrix}_{2\times 8}$$

$$= \begin{bmatrix} \frac{\partial N_1}{\partial x} & 0 & \frac{\partial N_2}{\partial x} & 0 & \frac{\partial N_3}{\partial x} & 0 & \frac{\partial N_4}{\partial x} & 0 \\ 0 & \frac{\partial N_1}{\partial y} & 0 & \frac{\partial N_2}{\partial y} & 0 & \frac{\partial N_3}{\partial y} & 0 & \frac{\partial N_4}{\partial y} \\ \frac{\partial N_1}{\partial y} & \frac{\partial N_1}{\partial x} & \frac{\partial N_2}{\partial y} & \frac{\partial N_2}{\partial x} & \frac{\partial N_3}{\partial y} & \frac{\partial N_3}{\partial x} & \frac{\partial N_4}{\partial y} & \frac{\partial N_4}{\partial x} \end{bmatrix}_{3\times 8}$$

$$B_1 \qquad\qquad B_2 \qquad\qquad B_3 \qquad\qquad B_4$$

则：

$$\varepsilon = B[\delta^e] \tag{F$_2$}$$

式中 $B = [B_1 \quad B_2 \quad B_3 \quad B_4]$。

$$\{B_i\} = \begin{bmatrix} \frac{\partial N_i}{\partial x} & 0 \\ 0 & \frac{\partial N_i}{\partial y} \\ \frac{\partial N_i}{\partial y} & \frac{\partial N_i}{\partial x} \end{bmatrix} \quad (i=1,\ 2,\ 3,\ 4) \tag{G}$$

根据胡克定律：

$$\sigma = D\varepsilon \tag{H}$$

式中 D 为：

注明 1：对于平面应力问题，$\sigma_z = 0$，$\tau_{zx} = 0$，$\tau_{zy} = 0$。

$$D = \frac{E}{1-\mu^2} \begin{bmatrix} 1 & \frac{\mu}{1-\mu} & 0 \\ \frac{\mu}{1-\mu} & 1 & 0 \\ 0 & 0 & \frac{1-2\mu}{2(1-\mu)} \end{bmatrix} \tag{I$_1$}$$

注明 2：对于平面应变问题，$\varepsilon_z = 0$，$\gamma_{zx} = 0$，$\gamma_{zy} = 0$。

$$D = \frac{E(1-\mu)}{(1+\mu)(1-2\mu)} \begin{bmatrix} 1 & \frac{\mu}{1-\mu} & 0 \\ \frac{\mu}{1-\mu} & 1 & 0 \\ 0 & 0 & \frac{1-2\mu}{2(1-\mu)} \end{bmatrix} \tag{I$_2$}$$

因此，对于平面应力问题

$$\sigma = D\varepsilon = DB\delta^e \tag{J}$$

令 $DB = S$，则：

$$\sigma = S\delta^e \tag{K}$$

式中 $S = DB = (S_1 \quad S_2 \quad S_3 \quad S_4)$

其中 $$S_i = DB_i = \frac{E}{2(1-\mu^2)A}\begin{bmatrix} \frac{\partial N_i}{\partial x} & \frac{\partial N_i}{\partial y} \\ \frac{\partial N_i}{\partial x} & \frac{\partial N_i}{\partial y} \\ \frac{1-\mu}{2}\frac{\partial N_i}{\partial y} & \frac{1-\mu}{2}\frac{\partial N_i}{\partial x} \end{bmatrix} \tag{L}$$

(8)单元刚度矩阵

虚功原理是使系统保持平衡的充分必要条件，其表述为：外力在虚位移上所做的功等于内力在相应位移上所做的功，单元刚度矩阵是联系外力与节点位移之间的关系矩阵。设实际单元节点位移与节点力分别为：

$$\delta^e = \begin{Bmatrix} \delta_1^{\ e} \\ \delta_2^{\ e} \\ \delta_3^{\ e} \\ \delta_4^{\ e} \end{Bmatrix} = \begin{Bmatrix} \mathrm{u}_1 \\ v_1 \\ \mathrm{u}_2 \\ v_2 \\ \mathrm{u}_3 \\ v_3 \\ \mathrm{u}_4 \\ v_4 \end{Bmatrix} \tag{A}$$

$$F^e = \begin{Bmatrix} F_1^e \\ F_2^e \\ F_3^e \\ F_4^e \end{Bmatrix} = \begin{Bmatrix} F_{x1} \\ F_{y1} \\ F_{x2} \\ F_{y2} \\ F_{x3} \\ F_{y3} \\ F_{x4} \\ F_{y4} \end{Bmatrix} \tag{B}$$

各节点虚位移为 $\delta^{e*} = [\delta_1^* \delta_2^* \cdots \delta_n^*]^T$。节点外力在虚位移上所做的功为：

$$\mathrm{W}_F^* = (\delta_1^{\ e*})^T F_1^e + (\delta_2^{\ e*})^T F_2^e + \cdots + (\delta_n^{\ e*})^T F_n^e = (\delta^{e*})^T F^e \tag{C}$$

虚位移引起的虚应变为 ε^*，则应力所做的功即为单元体积的应变能为 $\omega_\sigma^* = \varepsilon^{*T}\sigma$。因 $\varepsilon = \mathrm{B}\delta^e$，所以 $\varepsilon^* = \mathrm{B}\delta^{e*}$，因此有：

$$\sigma = D\varepsilon = DB\delta^\rho \tag{D}$$

根据虚功原理，在总体体积上外力功等于应变能，即：

$W_F^{\ *} = w_\sigma^{\ *}$，则有：

$$\begin{aligned} W_F^{\ *} &= (\delta^{e*})^T F^\rho = \int_v w_\sigma^{\ *} \mathrm{d}V = \int_v \varepsilon^{*T}\sigma \mathrm{d}V \\ &= \int_v [B\delta^{e*}]^T \cdot DB\delta^\rho \mathrm{d}V \\ &= \int_v (\delta^{e*})^T B^T DB\delta^\rho \mathrm{d}V \end{aligned} \tag{E}$$

因(δ^{e*})与体积无关，即可提积分外，则式(E)可写为：

$$F^e = \int_v B^T D B \delta^e \mathrm{d}V \tag{F}$$

令

$$k^e = \int_v B^T D B \mathrm{d}V \tag{G}$$

$$F^e = k^e \delta^e \tag{H}$$

式(G)即为单元刚度矩阵，可用数值积分求解。

(9)体力移置

令单元所受均布体力为$\{f^e\} = \begin{Bmatrix} X \\ Y \end{Bmatrix}$，根据虚功原理，可得移置到节点相当载荷$\{F^e\}$为：

$$(\delta^{e*})^T \{F_T^e\} = \iint (\delta^*)^T [N]^T (f^e) t dx dy$$

$$\{F_f^e\} = \iint (N)^T \{f^e\} t dx dy \tag{A}$$

(10)面力移量

令单元边上分布面力为$\{q^e\} = \begin{Bmatrix} \bar{X} \\ \bar{Y} \end{Bmatrix}$，移到节点的相当载荷为：

$$\{F_f\} = \int_s \{N\}^T \{q^e\} t ds \tag{B}$$

(11)数值积分

用数值积分求解单元刚度、体力、面力。

定义：如果某个求积公式对于任何次数不超过 m 的分项式均能准确地成立，而对于 $m+1$次的多项式就不准确成立，则称该求积公式具有 m 次代数精度。

设数值求积基本型为：$\int_a^b f(x) \mathrm{d}x$，

则求积公式为：

$$\int_a^b f(x) \mathrm{d}x = \sum_{k=0}^{n} A_k f(x_k) \tag{A}$$

其至少具有 m 次代数精度的充分必要条件是：当被积函数$f(x)$分别等于1、x、x^2、…、x^m 时该求积公式均准确成立(误差为0)，即求积公式中各求积节点 X_k 与求积系数 A_k($k=0$、$1\cdots n$)满足如下条件：

$$\begin{cases} \sum_{k=0}^{n} A_k = b - a \\ \sum_{k=0}^{n} A_k X_k = \frac{1}{2}(b^2 - a^2) \\ \cdots\cdots \\ \sum_{k=0}^{n} A_k X_k^m = \frac{1}{m+1}(b^{m+1} - a^{m+1}) \end{cases} \tag{B}$$

事先选定各求积节点 X_k($k=0$、$1\cdots n$)，并取 $m=n$，则(B)式是一个以 A_k 为求未积数的 $n+1$ 阶线性方程组，从而解出 A_k 值，使求积变成求解多项式。

9.5　板单元有限元法

板壳结构是厚度尺寸与其他两个方向的尺寸相比很小，且承受弯矩作用的结构。如图9－49所示，距板壳结构上下表面等距的面称为中面，如果中面是平面则称为平板，中面是非平面称为壳。薄板即指板厚 h 与板平面最小线性尺寸比小于1/5的平板（$\frac{h}{L_{\min}}<\frac{1}{5}$，其中$L_{\min}$为平板其他两个方向线性尺寸最小者的长度）；最小挠度弯曲是指薄板中间挠度 ω 远远小于板厚度 $h(\omega \ll h)$；薄板载荷分为两类，一类是作用在中面内平行于中面的纵向载荷，另一类是垂直于中面的横向载荷。其中纵向载荷可认为沿厚度方向均布，按平面应力的方法进行计算，横向载荷使板弯曲，按薄板弯曲问题计算，即薄板小挠度弯曲理论计算。

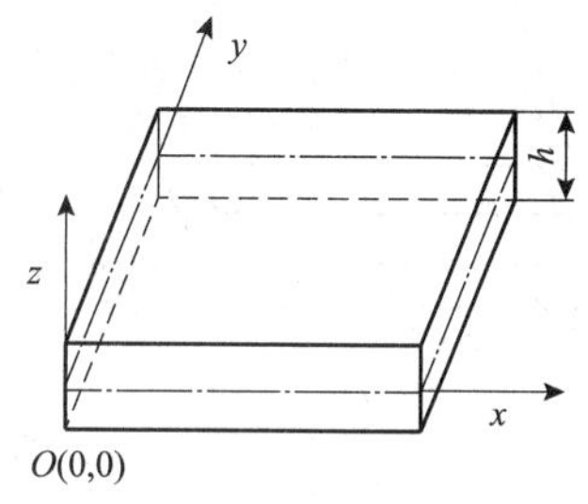

图9－49　薄板结构

9.5.1　板单元

(1)克希霍夫(Kirchhoff)假设

直法线假设　假设变形前垂直于中面的法线，变形后仍垂直于中面，且法向线段没有变化，即：

$$\varepsilon_z=0\ \gamma_{yz}=\gamma_{zx}=0$$

正应力假设　假设在平行于中面的各截面互不挤压，正应力σ_z远远小于截面内σ_x、σ_y和τ_{xy}，即$\sigma_z=0$。

小挠度假设　假设薄板中面的挠度 ω 远远小于板厚度 h，板的中面在弯曲变形过程中不产生应变，始终保持为中性曲面，即中面内各点只有 z 方向挠度，x 和 y 方向位移为零，即：

$$u_{(z=0)}=0,\ v_{(z=0)}=0$$

(2)薄板基本方程

位移函数　薄板变形几何关系如图9－50所示，假想作一垂直于 y 轴的平面截薄板，在截面上取任意一点 B，B 到中面距离为2，变形前 AB 为法线，变形后中面上点 A 移到 A'，位移为 ω，B 点移到 B'，$A'B'$为变形后的法线，根据直法线假设，$A'B'$垂直于变形后的中面。

根据直法线假设，垂直于中面的正应变极其微小，可忽略不计，即$\varepsilon_t=0$，又根据几何方程 $\varepsilon_t=\frac{\partial\omega}{\partial z}$，故 $\varepsilon_t=\frac{\partial\omega}{\partial\tau}=0$，说明挠度 ω 与 z 无关，仅为 x 和 y 的函数，即为

$$\omega=\omega(x,\ y) \tag{9-91}$$

其意义：在中面的任一法线上，薄板厚度方向所有各点都具有相同的位移 ω。

同时，直法线假设下，$\gamma_{zx}=0$，$\gamma_{zy}=0$ 根据几何方程有：

$$\begin{cases} \gamma_{zx} = \dfrac{\partial u}{\partial z} + \dfrac{\partial w}{\partial x} = 0 \\ \gamma_{zy} = \dfrac{\partial w}{\partial y} + \dfrac{\partial v}{\partial z} = 0 \end{cases} \tag{A}$$

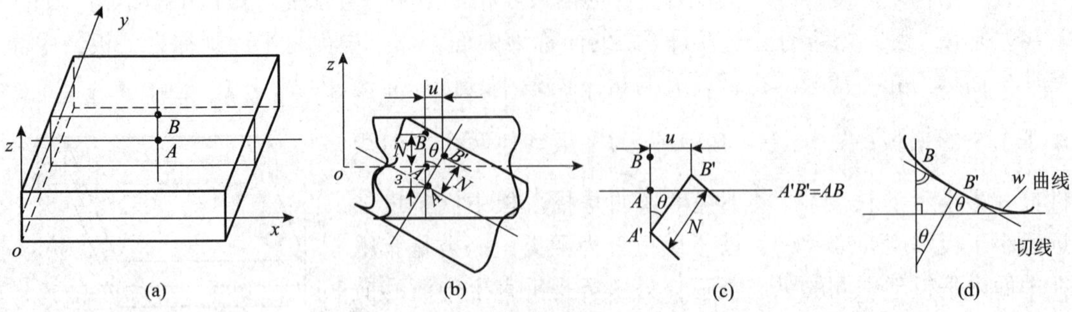

图9－50　薄板变形几何关系

对于式(A)积分，可以看出：由于$\dfrac{\partial w}{\partial x}$，$\dfrac{\partial w}{\partial y}$与 Z 无关，积分后得：

$$\begin{cases} u = z\dfrac{\partial w}{\partial x} + u_0(x,\ y) = 0 \\ v = z\dfrac{\partial v}{\partial z} + v_0(x,\ y) = 0 \end{cases} \tag{B}$$

根据小挠度假设，薄板中面内各点都没有平行于中面的位移，即：

$$\begin{cases} u|_{z=0} = 0 \\ v|_{z=0} = 0 \end{cases} \tag{C}$$

因此式(B)可写为：

$$\begin{cases} u = -z\dfrac{\partial w}{\partial x} \\ v = -z\dfrac{\partial v}{\partial y} \end{cases} \tag{9-92}$$

讨论几何意义：如图9－50(c)所示，点 B 在 x 方向的位移为：

$$u \approx z \cdot tg\theta \tag{A}$$

如图9－50(d)所示，因为 ω 很小，因此 θ 也很小，B'点的切线斜率就是此点的导数，因此有：

$$\tan\theta \approx -\frac{\partial w}{\partial x} \tag{B}$$

故 B 点 x 方向位移为：

$$u = -z\frac{\partial w}{\partial x} \tag{C}$$

同理

$$v = -z\frac{\partial w}{\partial y} \tag{D}$$

薄板内各点的位移为：

$$\{u\}^e=\begin{Bmatrix}u_z\\u_x\\u_y\end{Bmatrix}=\begin{Bmatrix}\omega(x,\ y)\\u(x,\ y,\ z)\\v(x,\ y,\ z)\end{Bmatrix}=\begin{Bmatrix}\omega\\-z\dfrac{\partial\omega}{\partial x}\\-z\dfrac{\partial\omega}{\partial y}\end{Bmatrix}\tag{9-93}$$

以挠度 ω 和绕 x 轴与绕 y 轴法线转角为参数表示的位移为：

$$\{\delta\}^e=\begin{Bmatrix}\omega\\\theta_x\\\theta_y\end{Bmatrix}\tag{9-94}$$

应变函数　根据几何方程 $\varepsilon_x=\dfrac{\partial u}{\partial x}$，$\varepsilon_y=\dfrac{\partial v}{\partial y}$，$\gamma_{xy}=\dfrac{\partial v}{\partial x}+\dfrac{\partial u}{\partial y}$，且结合式(9-92)

$$\varepsilon=\begin{Bmatrix}\varepsilon_x\\\varepsilon_y\\\gamma_{xy}\end{Bmatrix}=\begin{Bmatrix}\dfrac{\partial u}{\partial x}\\\dfrac{\partial v}{\partial y}\\\dfrac{\partial u}{\partial y}+\dfrac{\partial v}{\partial x}\end{Bmatrix}=-z\begin{Bmatrix}\dfrac{\partial^2 w}{\partial x^2}\\\dfrac{\partial^2 w}{\partial y^2}\\2\dfrac{\partial^2 w}{\partial x\partial y}\end{Bmatrix}\tag{9-95}$$

式中 $-\dfrac{\partial^2 w}{\partial x^2}$，$-\dfrac{\partial^2 w}{\partial y^2}$，$-2\dfrac{\partial^2 w}{\partial x\partial y}$是法线角位移的变化率，反映板弯曲变形的程度，称为曲率，其曲率列阵为：

$$\{K\}=\{K_x,\ K_y,\ K_{xy}\}^T$$
$$\left\{-\frac{\partial^2 w}{\partial x^2},\ -\frac{\partial^2 w}{\partial y^2},\ -2\frac{\partial^2 w}{\partial x\partial y}\right\}^T\tag{9-96}$$

应变函数列阵为：

$$\{\sigma\}=\begin{bmatrix}\varepsilon_x\\\varepsilon_y\\\gamma_{xy}\end{bmatrix}=\begin{bmatrix}2K_x\\2K_y\\2K_{xy}\end{bmatrix}=Z[K]\tag{9-97}$$

应力函数　根据物理方程：

$$\begin{cases}\varepsilon_x=\dfrac{1}{E}(\sigma_x-\mu\sigma_y)\\\varepsilon_y=\dfrac{1}{E}(\sigma_y-\mu\sigma_x)\\\gamma_{xy}=\dfrac{2(1+\mu)}{E}\tau_{xy}\end{cases}\tag{9-98}$$

式中 E 为弹性模量，μ 为泊松比，因此：

$$\{\sigma\}=\begin{Bmatrix}\sigma_x\\\sigma_y\\\tau_{xy}\end{Bmatrix}=\frac{E}{1-\mu^2}\begin{bmatrix}1&\mu&0\\\mu&1&0\\0&0&\dfrac{1-\mu}{2}\end{bmatrix}\begin{Bmatrix}\varepsilon_x\\\varepsilon_y\\\gamma_{xy}\end{Bmatrix}=D\begin{Bmatrix}\varepsilon_x\\\varepsilon_y\\\gamma_{xy}\end{Bmatrix}\tag{9-99}$$

因此有：

$$[\sigma] = \frac{Ez}{1-\mu^2}\begin{bmatrix} 1 & \mu & 0 \\ \mu & 1 & 0 \\ 0 & 0 & \frac{1-\mu}{2} \end{bmatrix}\begin{bmatrix} -\frac{\partial^2 w}{\partial x^2} \\ -\frac{\partial^2 w}{\partial y^2} \\ -2\frac{\partial^2 w}{\partial x \partial y} \end{bmatrix}$$

$$= z[D]\{K\} \tag{9-100}$$

其中$[D]$为弹性矩阵：

$$[D] = \frac{E}{1-\mu^2}\begin{bmatrix} 1 & \mu & 0 \\ \mu & 1 & 0 \\ 0 & 0 & \frac{1-\mu}{2} \end{bmatrix} \tag{9-101}$$

可见σ_x，σ_y，τ_{xy}沿板厚呈直线分布，而薄板弯曲中另三个应力σ_z，τ_{zx}，τ_{zy}远小于σ_x，σ_y，τ_{xy}，是次要的，可忽略不计。

内力素　如图9－51所示，内力素通常用单位长度上的内力来表示正应力对应的内力矩，因为$\{\sigma\}$与z方向坐标成正比，即应力沿厚度方向呈线性变化，且中面上正应力等于零。

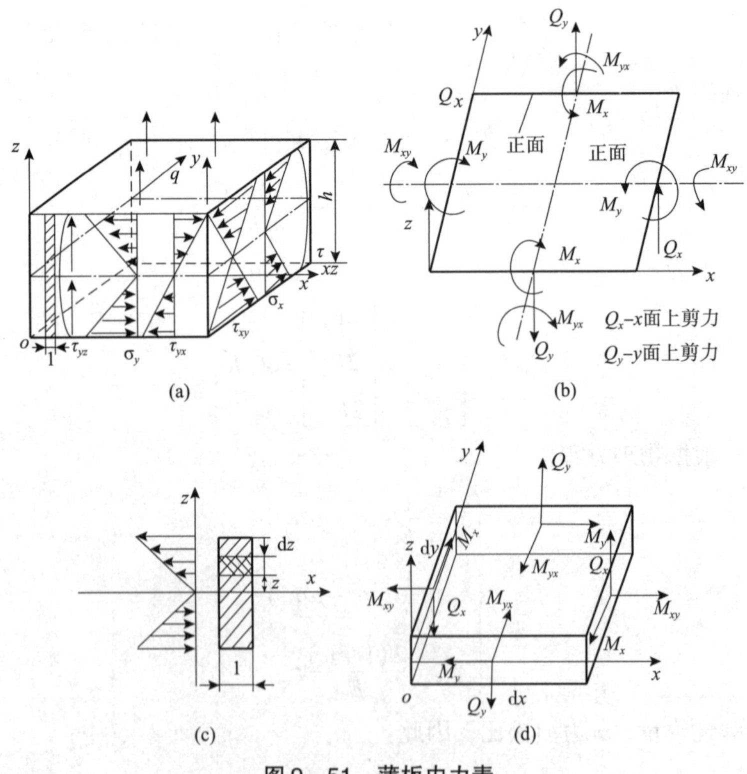

图9－51　薄板内力素

正应力σ_x形成的弯矩：

$$M_x = \int_{-\frac{h}{2}}^{\frac{h}{2}} \sigma_x z \mathrm{d}z \tag{A}$$

正应力σ_y形成的弯矩： $$M_y = \int_{-\frac{h}{2}}^{\frac{h}{2}} \sigma_y z \mathrm{d}z \tag{B}$$

剪应力τ_{xy}形成的扭矩： $$M_{xy} = \int_{-\frac{h}{2}}^{\frac{h}{2}} \tau_{xy} z \mathrm{d}z \tag{C}$$

其方向使薄板向外弯为正，反之为负，矩的矢量方向按右手螺旋定则确定。$M_x M_y M_{xy}$为薄板内力矩，其矩阵形式为：

$$\{M\} = \begin{Bmatrix} M_x \\ M_{xy} \\ M_{xy} \end{Bmatrix} = \int_{-\frac{h}{2}}^{\frac{h}{2}} z\{\sigma\}\mathrm{d}z$$

$$= \int_{-\frac{h}{2}}^{\frac{h}{2}} z^2[D]\{K\}\mathrm{d}z = \int_{-\frac{h}{2}}^{\frac{h}{2}} z^2\mathrm{d}z([D][K])$$

$$= \frac{h^3}{12}[D]\{K\} = [D']\{K\} \tag{9-102}$$

此式为薄板弯曲基本方程，其中$[D']$为薄板弯曲弹性系数矩阵，即薄板弯曲刚度：

$$[D'] = \frac{Eh^3}{12(1-\mu^2)}\begin{bmatrix} 1 & \mu & 0 \\ \mu & 1 & 0 \\ 0 & 0 & \frac{1-\mu}{2} \end{bmatrix}$$

因为$\{\sigma\} = z[D]\{K\}$结合式(9－102)，可知：

$$\{\sigma\} = \begin{Bmatrix} \sigma_x \\ \sigma_y \\ \tau_{xy} \end{Bmatrix} = \frac{12z}{h^3}\{M\} \tag{9-103}$$

讨论：最大应力出现在板的上下表面(即$z = \pm\frac{h}{2}$)处，因此最大应力为：

$$[\sigma]_{\max} = \begin{bmatrix} \sigma_x \\ \sigma_y \\ \tau_{xy} \end{bmatrix}_{\max} = \pm\frac{6[M]}{h^2}$$

内力平衡方程　如图9－52所示，取微元dx，dy，板弯曲平衡方程为：

Z方向合力为零，即：

$$\left(Q_x + \frac{\partial Q_x}{\partial x}\mathrm{d}x - Q_x\right)\mathrm{d}y + \left(Q_y + \frac{\partial Q_y}{\partial y}\mathrm{d}y - Q_y\right)\mathrm{d}x + q\mathrm{d}x\mathrm{d}y = 0$$

整理后，得：

$$\frac{\partial Q_x}{\partial x} + \frac{\partial Q_y}{\partial y} + q = 0 \tag{A}$$

绕X轴力矩平衡：

$$\left(M_x + \frac{\partial M_x}{\partial y}\mathrm{d}y - M_x\right)\mathrm{d}x + \left(M_{xy} + \frac{\partial M_{xy}}{\partial y}\mathrm{d}y\right)\mathrm{d}y + \left(Q_x + \frac{\partial Q_x}{\partial x}\mathrm{d}x - Q_x\right)\mathrm{d}y \cdot \frac{\mathrm{d}y}{2} + \left(Q_y + \frac{\partial Q_y}{\partial y}\mathrm{d}y\right)$$

$$\mathrm{d}x\mathrm{d}y + q\mathrm{d}x\mathrm{d}y \cdot \frac{\mathrm{d}y}{2} = 0$$

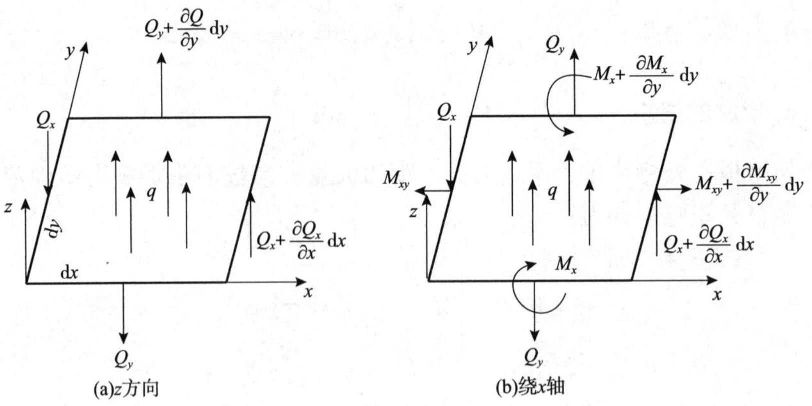

(a)z方向　(b)绕x轴

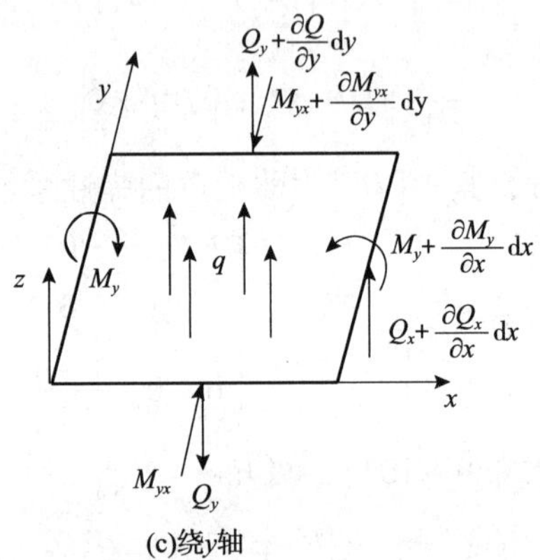

(c)绕y轴

图9－52　z向、x轴、y轴内力平衡分析

简化略去高阶小，整理得：

$$\frac{\partial M_x}{\partial x}+\frac{\partial M_{xy}}{\partial y}-Q_x=0 \tag{B}$$

同理绕 y 轴力矩平衡：

$$\frac{\partial M_y}{\partial y}+\frac{\partial M_{xy}}{\partial x}-Q_y=0 \tag{C}$$

因此内力平衡方程为：

$$\begin{cases}\dfrac{\partial Q_x}{\partial x}+\dfrac{\partial Q_y}{\partial y}+q=0 & (9-104a)\\[2ex] \dfrac{\partial M_x}{\partial x}+\dfrac{\partial M_{xy}}{\partial y}-Q_x=0 & (9-104b)\\[2ex] \dfrac{\partial M_y}{\partial y}+\dfrac{\partial M_{xy}}{\partial x}-Q_y=0 & (9-104c)\end{cases}$$

由式(9－99)知：

$$\sigma_x=\frac{Ez}{1-\mu^2}\left(-\frac{\partial^2 w}{\partial x^2}-\mu\frac{\partial^2 w}{\partial y^2}\right) \tag{A}$$

将式(A)代入式(9－101)中 $M_x=\int_{-\frac{h}{2}}^{\frac{h}{2}}\sigma_x z\mathrm{d}z$，得：

$$M_x = \int_{-\frac{h}{2}}^{\frac{h}{2}} z \cdot \frac{Ez}{1-\mu^2}\left(-\frac{\partial^2 w}{\partial x^2} - \mu\frac{\partial^2 w}{\partial y^2}\right)\mathrm{d}z$$

$$= \frac{E}{1-\mu^2}\cdot\frac{h^3}{12}\left(-\frac{\partial^2 w}{\partial x^2} - \mu\frac{\partial^2 w}{\partial y^2}\right)$$

令 $D' = \dfrac{Eh^3}{12(1-\mu^2)}$为板的弯曲刚度，则有：

$$M_x = D\left(-\frac{\partial^2 w}{\partial x^2} - \mu\frac{\partial^2 w}{\partial y^2}\right)$$

同理并整理得：

$$\begin{cases} M_x = -D\left(\dfrac{\partial^2 w}{\partial x^2} + \mu\dfrac{\partial^2 w}{\partial y^2}\right) \\ M_y = -D\left(\dfrac{\partial^2 w}{\partial y^2} + \mu\dfrac{\partial^2 w}{\partial x^2}\right) \\ M_{xy} = D(1-\mu)\dfrac{\partial^2 w}{\partial x\partial y} \end{cases} \tag{9-105}$$

将式(9 - 105)代入式(9 - 104b)、式(9 - 104c)，解出Q_x、Q_y再将Q_x、Q_y代入式(9 - 104a)得：

$$D'\left(\frac{\partial^4 w}{\partial x^4} + 2\frac{\partial^4 w}{\partial x^2\partial y^2} + \frac{\partial^4 w}{\partial y^4}\right) = q \tag{9-106}$$

此式为薄板弯曲控制微分方程。

薄板的势能 薄板总势能为：$U = \dfrac{1}{2}\int(\sigma_x\varepsilon_x + \sigma_y\varepsilon_y + \tau_{xy}\gamma_{xy})$

将 $\begin{cases} \varepsilon_x = -z\dfrac{\partial^2 w}{\partial x^2} \\ \varepsilon_y = -z\dfrac{\partial^2 w}{\partial y^2} \\ \gamma_{xy} = -z\dfrac{2\partial^2 \mathrm{w}}{\partial \mathrm{x}\partial \mathrm{y}} \end{cases}$，$\begin{cases} M_x = \int_{-\frac{h}{2}}^{\frac{h}{2}}\sigma_x z\mathrm{d}z \\ M_y = \int_{-\frac{h}{2}}^{\frac{h}{2}}\sigma_y z\mathrm{d}z \\ M_{xy} = \int_{-\frac{h}{2}}^{\frac{h}{2}}\tau_{xy} z\mathrm{d}z \end{cases}$

代入上式，且 $\mathrm{d}v = \mathrm{d}x\mathrm{d}y\mathrm{d}z$，因此得：

$$U = \frac{1}{2}\int_v \sigma_x\left(-z\frac{\partial^2 w}{\partial x^2}\right) + \sigma_y\left(-z\frac{\partial^2 w}{\partial y^2}\right) + \tau_{xy}\left(-z\frac{2\partial^2 w}{\partial x\partial y}\right)\mathrm{d}v$$

$$= -\frac{1}{2}\left[\iiint_v(\sigma_x z\mathrm{d}z)\left(\frac{\partial^2 w}{\partial x^2}\mathrm{d}x\mathrm{d}y\right) + \iiint_v(\sigma_y z\mathrm{d}z)\left(\frac{\partial^2 w}{\partial y^2}\mathrm{d}x\mathrm{d}y\right) + \iiint_v(\tau_{xy} z\mathrm{d}z)\left(\frac{2\partial^2 w}{\partial x\partial y}\mathrm{d}x\mathrm{d}y\right)\right]$$

$$= -\frac{1}{2}\iint_A\left(M_x\frac{\partial^2 w}{\partial x^2} + M_y\frac{\partial^2 w}{\partial y^2} + M_{xy}\frac{2\partial^2 w}{\partial x\partial y}\right)\mathrm{d}x\mathrm{d}y$$

$$= \frac{1}{2}\iint_A(M_x K_x + M_y K_y + M_{xy}K_{xy})\mathrm{d}A$$

$$= \frac{1}{2}\iint [K]^T[M]\mathrm{d}A$$

(9 - 107)

说明：内力是应力的合成，应力是内力的分布，因此内力应变能与应力应变能表示的应变能是等同的，只是两种不同的表达形式。

(1)四边形薄板单元分析

矩形板单元如图9－53所示，建立全局坐标系x，y和局部坐标系ξ，η，矩形单元取x方向长度为$2a$，y方向长度为$2b$，板厚为h，4个节点分别为i、j、m、n。

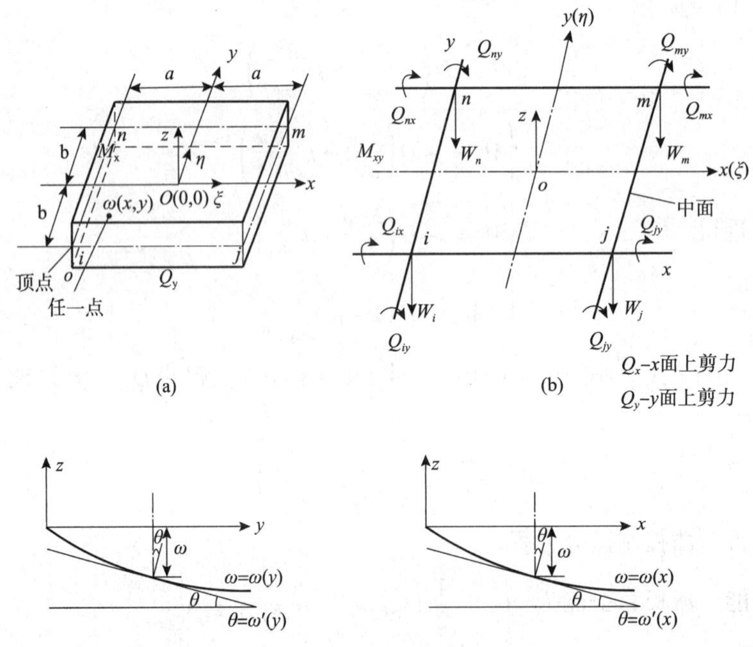

图9－53　矩形单元分析

位移分析　薄板仅承受弯曲力矩作用，其仅产生三个位移：z方向位移w、绕x轴转角θ_x、绕y轴转角θ_y，且$\theta_x = \dfrac{\partial w}{\partial y}$，$\theta_y = -\dfrac{\partial w}{\partial x}$，即：

$$\{\delta_k\} = \begin{Bmatrix} w_k \\ \theta_{kx} \\ \theta_{ky} \end{Bmatrix} = \begin{Bmatrix} w_k \\ \dfrac{\partial w_k}{\partial y} \\ \dfrac{\partial w_k}{\partial x} \end{Bmatrix} \quad (k = i,\ j,\ m,\ n) \tag{9-108}$$

每个单元4个节点，共12个位移分量，节点位移列阵为：

$$\{\delta_e\} = [w_x,\ \theta_{ix},\ \theta_{iy},\ w_j,\ \theta_{jx},\ \theta_{jy},\ w_m,\ \theta_{mx},\ \theta_{my},\ w_n,\ \theta_{nx},\ \theta_{ny}]^T$$

因为矩形板单元有12个位移分量，所以单元挠度$w(x,\ y)$应取12项多项式，即：

$$\begin{aligned} w(x,\ y) = {} & a_1 + a_2x + a_3y + a_4x^2 + a_5xy + a_6y^2 + a_7x^3 \\ & + a_8x^2y + a_9xy^2 + a_{10}y^3 + a_{11}x^3y + a_{12}xy^3 \end{aligned} \tag{9-109}$$

其中$(a_1,\ \cdots,\ a_{12})$为待定系数。将挠度$w(x,\ y)$求偏导得转角插值多项式，因此得到位移多项式为：

$$\begin{cases} w = a_1 + a_2 x + a_3 y + a_4 xy + a_5 x^2 + a_6 y^2 + a_7 x^2 y + a_8 xy^2 + a_9 x^3 \\ \quad + a_{10} y^3 + a_{11} x^3 y + a_{12} xy^3 \\ \theta_x = \dfrac{\partial w}{\partial y} = a_3 + a_4 x + 2a_6 y + a_7 x^2 + 2a_8 xy + 3a_{10} y^2 + a_{11} x^3 + 3a_{12} xy^2 \\ \theta_y = \dfrac{\partial w}{\partial x} = -(a_2 + a_4 y + 2a_5 x + 2a_7 xy + a_8 y^2 + 3a_9 x^2 + 3a_{11} x^2 y + a_{12} y^3) \end{cases} \tag{9-110}$$

或

$$\begin{cases} w_k = a_1 + a_2 x_k + a_3 y + a_4 x_k^2 + a_5 x_k y_k + a_6 y_k^2 + a_7 x_k^2 y_k + a_8 x_k y_k^2 + a_9 x_k^3 + a_{10} y_k^3 \\ \quad + a_{11} x_k^3 y_k + a_{12} x_k y_k^3 \\ \theta_{kx} = a_3 + a_4 x_k + 2a_6 y_k + a_7 x_k^2 + 2a_8 x_k y_k + 3a_{10} y_k^2 + a_{11} x_k^3 + 3a_{12} x_k y_k^2 \\ \theta_{ky} = -(a_2 + a_4 y_k + 2a_5 x_k + 2a_7 x_k y_k + a_8 y_k^2 + 3a_9 x_k^2 + 3a_{11} x_k^2 y_k + a_{12} y_k^3) \end{cases} \quad (k = i,\ j,\ m,\ n) \tag{9-111}$$

其矩阵形式为：

$$\begin{bmatrix} w \\ \theta_x \\ \theta_y \end{bmatrix} = \begin{bmatrix} 1 & x & y & xy & x^2 & y^2 & x^2 y & xy^2 & x^3 & y^3 & x^3 y & xy^3 \\ 0 & 0 & 1 & x & 0 & 2y & x^2 & 2xy & 0 & 3y^2 & x^3 & 3xy^2 \\ 0 & -1 & 0 & -y & -2x & 0 & -2xy & -y^2 & -3x^2 & 0 & -3x^2 y & -y^3 \end{bmatrix} \begin{bmatrix} a_1 \\ a_2 \\ \vdots \\ a_{12} \end{bmatrix} \tag{9-112}$$

将4个节点的坐标和节点对应的位移分量代入上式，得：

$$\begin{Bmatrix} w_i \\ \theta_{ix} \\ \theta_{iy} \\ w_j \\ \theta_{jx} \\ \theta_{jy} \\ w_m \\ \theta_{mx} \\ \theta_{my} \\ w_n \\ \theta_{nx} \\ \theta_{ny} \end{Bmatrix} = \begin{bmatrix} 1 & x_i & y_i & x_i y_i & x_i^2 & y_i^2 & x_i^2 y_i & x_i y_i^2 & x_i^3 & y_i^3 & x_i^3 y_i & x_i y_i^3 \\ 0 & 0 & 1 & x_i & 0 & 2y_i & x_i^2 & 2x_i y_i & 0 & 3y_i^2 & x_i^3 & 3x_i y_i^2 \\ 0 & -1 & 0 & -y_i & -2x_i & 0 & -2x_i y_i & -y_i^2 & -3x_i^2 & 0 & -3x_i^2 y_i & -y_i^3 \\ 1 & x_j & y_j & x_j y_j & x_j^2 & y_j^2 & x_j^2 y_j & x_j y_j^2 & x_j^3 & y_j^3 & x_j^3 y_j & x_j y_j^3 \\ 0 & 0 & 1 & x_j & 0 & 2y_j & x_j^2 & 2x_j y_j & 0 & 3y_j^2 & x_j^3 & 3x_j y_j^2 \\ 0 & -1 & 0 & -y_j & -2x_j & 0 & -2x_j y_j & -y_j^2 & -3x_j^2 & 0 & -3x_j^2 y_j & -y_j^3 \\ 1 & x_m & y_m & x_m y_m & x_m^2 & y_m^2 & x_m^2 y_m & x_m y_m^2 & x_m^3 & y_m^3 & x_m^3 y_m & x_m y_m^3 \\ 0 & 0 & 1 & x_m & 0 & 2y_m & x_m^2 & 2x_m y_m & 0 & 3y_m^2 & x_m^3 & 3x_m y_m^2 \\ 0 & -1 & 0 & -y_m & -2x_m & 0 & -2x_m y_m & -y_m^2 & -3x_m^2 & 0 & -3x_m^2 y_m & -y_m^3 \\ 1 & x_n & y_n & x_n y_n & x_n^2 & y_n^2 & x_n^2 y_n & x_n y_n^2 & x_n^3 & y_n^3 & x_n^3 y_n & x_n y_n^3 \\ 0 & 0 & 1 & x_n & 0 & 2y_n & x_n^2 & 2x_n y_n & 0 & 3y_n^2 & x_n^3 & 3x_n y_n^2 \\ 0 & -1 & 0 & -y_n & -2x_n & 0 & -2x_n y_n & -y_n^2 & -3x_n^2 & 0 & -3x_n^2 y_n & -y_n^3 \end{bmatrix} \begin{Bmatrix} a_1 \\ a_2 \\ a_3 \\ a_4 \\ a_5 \\ a_6 \\ a_7 \\ a_8 \\ a_9 \\ a_{10} \\ a_{11} \\ a_{12} \end{Bmatrix} \tag{9-113}$$

从上式可以解得系数矢量$[a_1,\ \cdots,\ a_{12}]^T$，再代入位移模式方程(9－112)式，并写成用形函数矩阵N表达的形式：

$$w = N\delta^e \tag{9-114}$$

其中，δ^e 为节点位移，$\delta^e=\{w_i \quad \theta_{ix} \quad \theta_{iy} \quad w_j \quad \theta_{jx} \quad \theta_{jy} \quad w_m \quad \theta_{mx} \quad \theta_{my} \quad w_n \quad \theta_{nx} \quad \theta_{ny}\}^T$，形函数矩阵 N 如下：

$$N=[N_1 \quad N_2 \quad N_3 \quad N_4 \quad N_5 \quad N_6 \quad N_7 \quad N_8 \quad N_9 \quad N_{10} \quad N_{11} \quad N_{12}]$$

$$=[1 \quad x \quad y \quad xy \quad x^2 \quad y^2 \quad x^2y \quad xy^2 \quad x^3 \quad y^3 \quad x^3y \quad xy^3]$$

$$=\begin{bmatrix}
1 & x_i & y_i & x_iy_i & x_i^2 & y_i^2 & x_i^2y_i & x_iy_i^2 & x_i^3 & y_i^3 & x_i^3y_i & x_iy_i^3 \\
0 & 0 & 1 & x_i & 0 & 2y_i & x_i^2 & 2x_iy_i & 0 & 3y_i^2 & x_i^3 & 3x_iy_i^2 \\
0 & -1 & 0 & -y_i & -2x_i & 0 & -2x_iy_i & -y_i^2 & -3x_i^2 & 0 & -3x_i^2y_i & -y_i^3 \\
1 & x_j & y_j & x_jy_j & x_j^2 & y_j^2 & x_j^2y_j & x_jy_j^2 & x_j^3 & y_j^3 & x_j^3y_j & x_jy_j^3 \\
0 & 0 & 1 & x_j & 0 & 2y_j & x_j^2 & 2x_jy_j & 0 & 3y_j^2 & x_j^3 & 3x_jy_j^2 \\
0 & -1 & 0 & -y_j & -2x_j & 0 & -2x_jy_j & -y_j^2 & -3x_j^2 & 0 & -3x_j^2y_j & -y_j^3 \\
1 & x_m & y_m & x_my_m & x_m^2 & y_m^2 & x_m^2y_m & x_my_m^2 & x_m^3 & y_m^3 & x_m^3y_m & x_my_m^3 \\
0 & 0 & 1 & x_m & 0 & 2y_m & x_m^2 & 2x_my_m & 0 & 3y_m^2 & x_m^3 & 3x_my_m^2 \\
0 & -1 & 0 & -y_m & -2x_m & 0 & -2x_my_m & -y_m^2 & -3x_m^2 & 0 & -3x_m^2y_m & -y_m^3 \\
1 & x_n & y_n & x_ny_n & x_n^2 & y_n^2 & x_n^2y_n & x_ny_n^2 & x_n^3 & y_n^3 & x_n^3y_n & x_ny_n^3 \\
0 & 0 & 1 & x_n & 0 & 2y_n & x_n^2 & 2x_ny_n & 0 & 3y_n^2 & x_n^3 & 3x_ny_n^2 \\
0 & -1 & 0 & -y_n & -2x_n & 0 & -2x_ny_n & -y_n^2 & -3x_n^2 & 0 & -3x_n^2y_n & -y_n^3
\end{bmatrix}^{-1} \tag{9-115}$$

应变分析

因：
$$\varepsilon=\begin{Bmatrix}\varepsilon_x\\ \varepsilon_y\\ \gamma_{xy}\end{Bmatrix}=\begin{Bmatrix}\dfrac{\partial u}{\partial x}\\ \dfrac{\partial v}{\partial y}\\ \dfrac{\partial u}{\partial y}+\dfrac{\partial v}{\partial x}\end{Bmatrix}=-z\begin{Bmatrix}\dfrac{\partial^2 w}{\partial x^2}\\ \dfrac{\partial^2 w}{\partial y^2}\\ 2\dfrac{\partial^2 w}{\partial x\partial y}\end{Bmatrix}=-z\begin{Bmatrix}\dfrac{\partial^2}{\partial x^2}\\ \dfrac{\partial^2}{\partial y^2}\\ 2\dfrac{\partial^2}{\partial x\partial y}\end{Bmatrix}w \tag{A}$$

又因为：
$$w=N\delta^e \tag{B}$$

因此有：
$$\varepsilon=-z\begin{Bmatrix}\dfrac{\partial^2}{\partial x^2}\\ \dfrac{\partial^2}{\partial y^2}\\ 2\dfrac{\partial^2}{\partial x\partial y}\end{Bmatrix}N\delta^e \tag{C}$$

令：
$$B=-z\begin{Bmatrix}\dfrac{\partial^2}{\partial x^2}\\ \dfrac{\partial^2}{\partial y^2}\\ 2\dfrac{\partial^2}{\partial x\partial y}\end{Bmatrix}N \tag{D}$$

故有 $\varepsilon=B\delta^e$。 (9-116)

应力分析

$$\sigma = D\varepsilon = DB\delta^e \quad (9-117)$$

(2)刚度矩阵分析

根据虚位移原理：使单元节点上产生任意一虚位移 δ^{*e}，则外力在该虚位移上所做的虚功$[(\delta^{*e})^T F^e]$等于广义应力(即内力)M 在相应虚位移上产生的虚应变能，即：

$$(\delta^{*e})^T F^e = \iint [K]^T [M] \mathrm{d}x\mathrm{d}y$$

因为：$[M] = [D'][K]$，$[K] = [B][\delta]^e$

所以有：

$$(\delta^{*e})^T F^e = \iint (B\delta^{*e})^T (D'B\delta^e) dxdy = (\delta^{*e})^T \iint B^T D' B dxdy \delta^e$$

因 δ^{*e}是任意的，所以：

$$F^e = \iint B^T D' B dxdy \delta^e$$

令 $K^e = \iint B^T D' B dxdy \quad (9-118)$

所以：$F^e = K^e \delta^e \quad (9-119)$

式中 $K^e = \iint B^T D' B dxdy$ 为薄板单元刚度矩阵。

9.6 壳单元有限元法

(1)壳单元特点

特点1：壳体平面单元受外载荷作用，可分解为作用在平面内和垂直于平面两分量。作用在平面内的用平面问题计算方法，垂直于平面的用平板弯曲计算方法。

特点2：壳体平面单元可看作由平面单元和薄板单元合并而成，平面内的变形与平板的弯曲变形互不影响。

特点3：壳体平面单元应力状态，由平面应力和弯曲应力叠加而成。

特点4：薄壳单元有矩形单元和三角形单元，如果壳体的形状较为规则的四边形，可采用矩形壳单元来模拟。对于任意形状的壳体，通常采用三角形单元来模拟，具有较好的边界适应性。

(2)板和壳的区别

板和壳的区别在于几何形状和受力变形。从几何形状上讲，板的中面是平面，壳的中面是曲面。从受力状态上讲，板小挠度下只受弯曲变形，其板中面上的点不产生中面内的位移；壳受平面应力和弯曲应力作用，共壳中面上的点，即产生弯曲变形，又产生中面内的位移。

(3)基本假设

①垂直于中面方向的正应变极其微小，可以不计。即 $\varepsilon_z = 0$。

②中面的法线总保持为直线，且中面法线与其相互垂直线段之间直角保持不变。这两个方向的剪应变为零，即 $\gamma_{xy} = \gamma_{yx} = 0$

③体力及面力均可化为作用在中面上的载荷。

④与中面平行的载荷面上的正应力(即挤压应力)远小于中面垂直面上的正应力。它对变形的影响可忽略不计。即 $\sigma_z = 0$

(4)矩形薄板单元分析

壳体平面单元可以看成是平面单元和平板单元合成的。因此壳体平面单元应力状态可以由平面应力状态(用 p 表示)和平板弯曲状态(用 b 表示)合成，如图 9－54 所示。

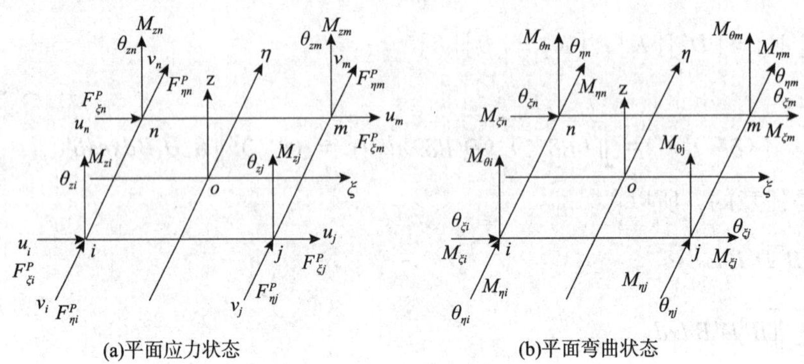

(a)平面应力状态　(b)平面弯曲状态

图 9－54　平面壳体单元

局部坐标系下单元刚度矩阵

①平面应力状态下

平面应力状态下单元刚度方程：　$F^{ep} = k^{ep}\delta^{ep}$　(9－120)

平面应力状态下单元节点力列阵：

$$F^{ep} = [F_i^p F_j^p F_m^p F_n^p]^T \qquad F_i^p = [P_{\xi i}^p,\ P_{\eta i}^p](i,\ j,\ m,\ n) \tag{9-121}$$

平面应力状态下的单元节点位移列阵：

$$\delta^{ep} = [\delta_i^p \delta_j^p \delta_m^p \delta_n^p] \qquad \delta_i^p = [u_i,\ v_i](i,\ j,\ m,\ n) \tag{9-122}$$

平面应力状态单元刚度矩阵：

$$k^{ep} = \begin{bmatrix} k_{ii}^p & k_{ij}^p & k_{im}^p & k_{in}^p \\ k_{ji}^p & k_{jj}^p & k_{jm}^p & k_{jn}^p \\ k_{mi}^p & k_{mj}^p & k_{mm}^p & k_{mn}^p \\ k_{ni}^p & k_{nj}^p & k_{nm}^p & k_{nn}^p \end{bmatrix} \tag{9-123}$$

②平面弯曲状态

单元刚度方程：$F^{eb} = \mathrm{k}^{eb}\delta^{eb}$

平板弯曲状态下单元节点力列阵：

$$F^{eb} = [F_i^b F_j^b F_m^b F_n^b]^T \qquad F_i^b = [F_{Qi} M_{\xi i} M_{\eta i}]\quad (i,\ j,\ m,\ n) \tag{9-124}$$

平板弯曲状态下单元节点位移列阵：

$$\delta^{eb} = [\delta_i^b,\ \delta_j^b,\ \delta_m^b,\ \delta_n^b]^T \qquad \delta_i^b = [w_i,\ Q_{\zeta i},\ Q_{\eta i}]\quad (i,\ j,\ m,\ n) \tag{9-125}$$

平板弯曲状态下单元刚度矩阵：

$$k^{eb}=\begin{bmatrix} k_{ii}^{b} & k_{ij}^{b} & k_{im}^{b} & k_{in}^{b} \\ k_{ji}^{b} & k_{jj}^{b} & k_{jm}^{b} & k_{jn}^{b} \\ k_{mi}^{b} & k_{mj}^{b} & k_{mm}^{b} & k_{mn}^{b} \\ k_{ni}^{b} & k_{nj}^{b} & k_{nm}^{b} & k_{nn}^{b} \end{bmatrix} \tag{9-126}$$

③壳体平面单元应力状态

壳体平面单元刚度方程：

$$F^{e}=k^{e}\delta^{e} \tag{9-127}$$

壳体平面单元节点力矩阵：

$$F^{e}=[F_{i}^{p} \quad F_{i}^{b} \quad M_{zi} \quad F_{j}^{p} \quad F_{j}^{b} \quad M_{zj} \quad F_{m}^{p} \quad F_{m}^{b} \quad M_{zm} \quad F_{n}^{p} \quad F_{n}^{b} \quad M_{nn}]^{T} \tag{9-128}$$

壳体平面单元位移列阵：

$$\delta^{e}=[\delta_{i}^{p} \quad \delta_{i}^{b} \quad Q_{zi} \quad \delta_{j}^{p} \quad \delta_{j}^{b} \quad Q_{zj} \quad \delta_{m}^{p} \quad \delta_{m}^{b} \quad Q_{mj} \quad \delta_{n}^{p} \quad \delta_{n}^{b} \quad Q_{nn}]^{T} \tag{9-129}$$

壳体平面单元刚度矩阵：

$$k'^{e}=\begin{bmatrix} k_{ii}^{p} & 0 & 0 & k_{ij}^{p} & 0 & 0 & k_{im}^{p} & 0 & 0 & k_{in}^{p} & 0 & 0 \\ 0 & k_{ii}^{b} & 0 & 0 & k_{ij}^{b} & 0 & 0 & k_{im}^{b} & 0 & 0 & k_{in}^{b} & 0 \\ 0 & 0 & 0 & 0 & 0 & 0 & 0 & 0 & 0 & 0 & 0 & 0 \\ k_{ji}^{p} & 0 & 0 & k_{jj}^{p} & 0 & 0 & k_{im}^{p} & 0 & 0 & k_{jn}^{p} & 0 & 0 \\ 0 & k_{ji}^{b} & 0 & 0 & k_{jj}^{b} & 0 & 0 & k_{jm}^{b} & 0 & 0 & k_{jn}^{b} & 0 \\ 0 & 0 & 0 & 0 & 0 & 0 & 0 & 0 & 0 & 0 & 0 & 0 \\ k_{mi}^{p} & 0 & 0 & k_{mj}^{p} & 0 & 0 & k_{mm}^{p} & 0 & 0 & k_{mn}^{p} & 0 & 0 \\ 0 & k_{mi}^{b} & 0 & 0 & k_{mj}^{b} & 0 & 0 & k_{mm}^{b} & 0 & 0 & k_{mn}^{b} & 0 \\ 0 & 0 & 0 & 0 & 0 & 0 & 0 & 0 & 0 & 0 & 0 & 0 \\ k_{ni}^{p} & 0 & 0 & k_{nj}^{p} & 0 & 0 & k_{nm}^{p} & 0 & 0 & k_{nn}^{p} & 0 & 0 \\ 0 & k_{ni}^{b} & 0 & 0 & k_{nj}^{b} & 0 & 0 & k_{nm}^{b} & 0 & 0 & k_{nn}^{b} & 0 \\ 0 & 0 & 0 & 0 & 0 & 0 & 0 & 0 & 0 & 0 & 0 & 0 \end{bmatrix} \tag{9-130}$$

总体坐标系下的单元刚度矩阵 为分析问题简便，首先取以单元中面 $\xi\eta$ 面和垂直于中面的 z 轴为局部坐标系。对于薄壳，为了不同平面内的单元在节点处集合，建主节点平衡方程，就必须建立起一个统一的总体坐标系。并须将各单元在局部坐标系中的单元刚度矩阵转换到整体坐标系中刚度矩阵。

①节点在总体和局部坐标系下的转换

在局部坐标系($o\xi\eta z$)中，任一点的节点力和位移表示为：

$$F_{i}=[F'_{\xi i}F'_{\eta i}F'_{Qi}M'_{xi}M'_{yi}M'_{zi}]^{T}$$

$$\delta_{i}=[U'_{i}V'_{i}W'_{i}Q'_{\xi i}Q'_{\eta i}Q'_{zi}]^{T}$$

在总体坐标系($oxyz$)中，该节点处的节点力和位移表示为：

$$F_{\mathrm{i}}=[F_{\mathrm{xi}}F_{\mathrm{yi}}F_{\mathrm{Qi}}M_{\mathrm{xi}}M_{\mathrm{yi}}M_{\mathrm{zi}}]^{T}$$

$$\delta_{\mathrm{i}}=[u_{\mathrm{i}}v_{\mathrm{i}}w_{\mathrm{i}}Q_{\mathrm{xi}}Q_{\mathrm{yi}}Q_{\mathrm{zi}}]^{T}$$

节点力及节点位移在两个坐标系中的变换可写成：

$$\delta'_{\mathrm{i}}=\lambda\delta_{\mathrm{i}}$$

$$F'_{\mathrm{i}}\lambda_{\mathrm{i}}=F_{\mathrm{i}}$$

其中

$$\lambda=\begin{bmatrix}\lambda_{\xi x} & \lambda_{\xi y} & \lambda_{\xi z} & 0 & 0 & 0\\ \lambda_{\eta x} & \lambda_{\eta y} & \lambda_{\eta z} & 0 & 0 & 0\\ \lambda_{zx} & \lambda_{zy} & \lambda_{zz} & 0 & 0 & 0\\ 0 & 0 & 0 & \lambda_{\xi x} & \lambda_{\xi y} & \lambda_{\xi z}\\ 0 & 0 & 0 & \lambda_{\eta x} & \lambda_{\eta y} & \lambda_{\eta z}\\ 0 & 0 & 0 & \lambda_{zx} & \lambda_{zy} & \lambda_{zz}\end{bmatrix}$$

式中$\lambda_{\xi x}$为ξ与x轴的夹角余弦，$\lambda_{\xi y}$是η轴与y轴之间夹角的方向余弦，其他λ_{xy}，λ_{xz}…依次类推。

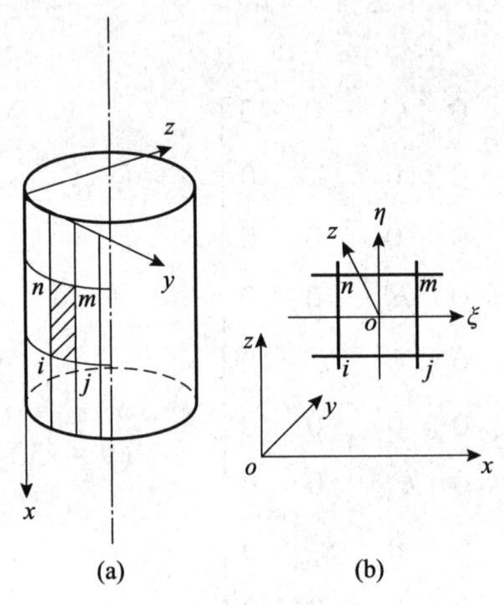

图 9－55　柱面薄壳坐标变换

对于柱面薄壳，为了简便可以把整个坐标x轴选为柱面母线方向，x与ξ同向，如图9－55所示。

$$\lambda_{xx}=1,\ \lambda_{xy}=0,\ \lambda_{xz}=0$$

$$\lambda_{yx}=0,\ \lambda_{yy}=\frac{y_n-y_i}{l_{ni}},\ \lambda_{yz}=\frac{y_p-y_i}{l_{ni}}$$

$$\lambda_{zx}=0,\ \lambda_{xy}=\frac{\mathrm{z_p}-\mathrm{z}_i}{l_{ni}},\ \lambda_{xz}=\frac{y_p-y_i}{l_{ni}}$$

式中l_{ni}为ni边的长度，即：

$$l_{ni}=\sqrt{(z_p-z_i)^2+(y_p-y_i)^2}$$

②单元在总体和局部坐标系下的坐标转换

单元在两种坐标系下的转换关系为：

$$\begin{cases}\delta'=T\delta^e\\ F'=TF^e\end{cases}\tag{9-131}$$

式中，F^e、δ^e为总体坐标系下节点力和节点位移；F'^e、δ'^e为局部坐标系下节点力和节点位移；T为坐标转换矩阵。

$$T=\begin{bmatrix}L & 0 & 0 & 0\\ 0 & L & 0 & 0\\ 0 & 0 & L & 0\\ 0 & 0 & 0 & L\end{bmatrix}\tag{A}$$

$$L=\begin{bmatrix}\lambda & 0\\ 0 & \lambda\end{bmatrix}\tag{B}$$

$$\lambda=\begin{bmatrix}\lambda_{\xi x} & \lambda_{\xi y} & \lambda_{\xi z}\\ \lambda_{\eta x} & \lambda_{\eta y} & \lambda_{\eta z}\\ \lambda_{zx} & \lambda_{zy} & \lambda_{zz}\end{bmatrix}\tag{C}$$

坐标转换矩阵T由单元4个节点的总体节点坐标$(x_i,\ y_i,\ z_i)(i=i,\ j,\ m,\ n)$求得。

③单元在整体和局部坐标下刚度矩阵转换

单元在局部坐标下，节点力和节点位移关系：

$$K'^e\delta'^e=F'^e\tag{A}$$

两种坐标系下节点力和节点位移关系：

$$\begin{cases} \delta'^e = T\delta^e \\ F'^e = TF^e \end{cases} \tag{B}$$

将式(B)代入式(A)中，得：

$$K'^e T\delta^e = TF^e \tag{C}$$

因为 $T^T T = I$，所以 $T^{-1} = T^T$。将 T^T乘式(C)两边，得：

$$T^T K'^e T\delta^e = T^T TF^e = F^e \tag{D}$$

定义整体坐标下壳体单元刚度矩阵为：

$$K^e = T^T K'^e T \tag{9-132}$$

则有：

$$K^e \delta^e = F^e \tag{9-133}$$

此式为总体坐标系下壳体单元基本方程。它表示壳体单元的节点力与节点位移之间的关系。

9.7 轴对称问题有限元法

在石油化工装备中，常常是几何载荷和约束对称于旋转轴的压力容器和高速旋转的转子等，这些问题统称为轴对称问题。有限元法常用于解决轴对称问题，特别是厚壁压力容器问题。

9.7.1 轴对称问题基本方程

轴对称问题通常采用圆柱坐标(r，θ，z)来替代直角坐标(x，y，z)。如图 9-56 所示，(r，θ，z)符合右手定则。

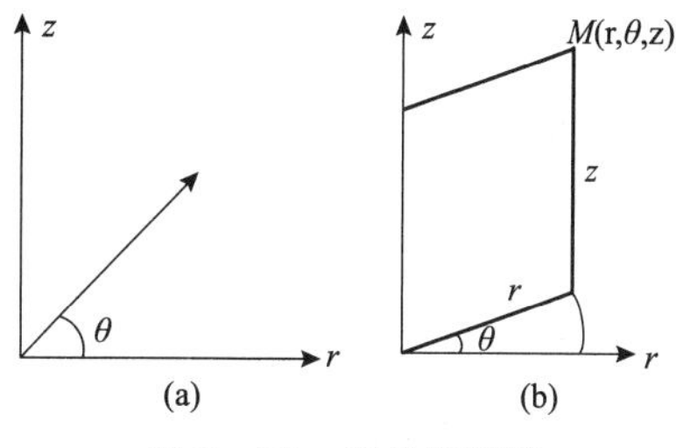

图 9-56 圆柱坐标系

(1)轴对称问题分析

厚壁圆筒如图 9-57 所示，在其(r，θ，z)处取一微小单元(dr，dθ，dz)。

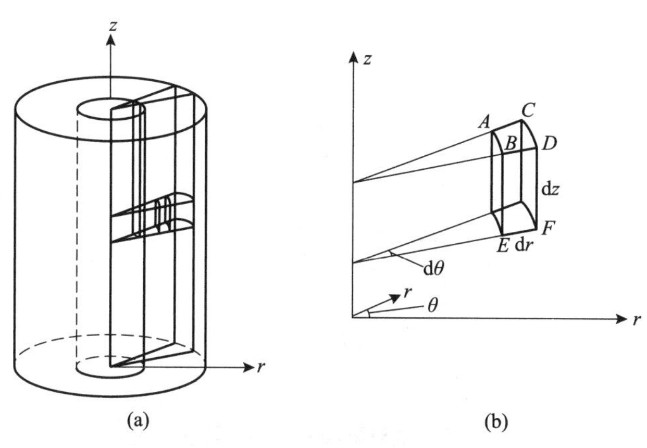

图 9-57 厚壁圆筒微元体

坐标特点 由于轴对称问题是关于结构，载荷和约束均对称于 z 轴的问题，其过轴线任意截面对应点上的位移，应变和应力都一样。位移、应变和应力与周向坐标 θ 无关，它们都是 (r, z) 的函数。因此，空间三维问题 (r, θ, z) 变成平面二维问题 (r, z)。

位移特点 轴对称问题中，壳体任一点 $M(r, \theta, z)$ 沿 r，θ，z 方向的位移分别为径向位移 u，周向位移 v 和纵向位移 w，如图 9－58 所示。其任意点 $M(r, \theta, z)$ 位移表示为：

$$\{q\} = \{u, v, w\}^T$$

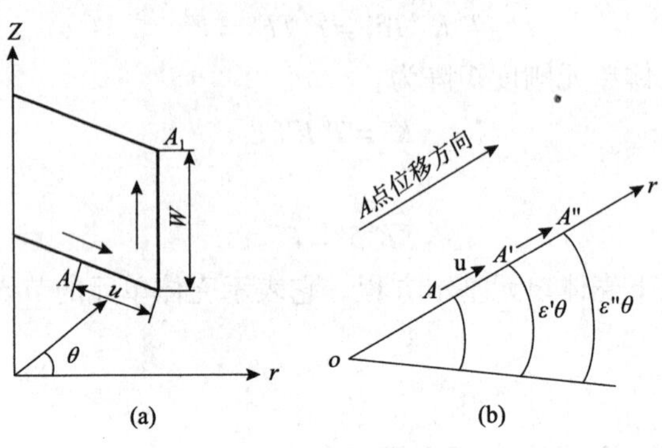

图 9－58 位移特点

由图 9－58 可以看出，周向位移 $v=0$，径向位移 u 和纵向位移 w 是 (r, z) 的函数，即：

$$[q] = \begin{bmatrix} u(r, z) \\ v=0 \\ w(r, z) \end{bmatrix} \tag{9-134}$$

应力应变特点 轴对称问题中，由于绕 z 轴具有对称性，故位移、应力、应变与 θ 角无关。所有与 θ 角相关的推导都不存在，故周向剪应变和剪应力为 0，即：

$$\tau_{r\theta} = \tau_{z\theta} = 0 \qquad \gamma_{r\theta} = \gamma_{z\theta} = 0 \tag{9-135}$$

虽然周向位移为零(即 $v=0$)，径向位移产生周向应变，故存在周向正应力 σ_θ 和周向正应变 ε_θ，只是其并非独立的变量，因此，轴对称问题的应力和应变各 4 个分量如图 9－59所示，即：

$$[\varepsilon] = [\varepsilon_r, \varepsilon_\theta, \varepsilon_z, \gamma_{rz}]^T$$

$$[\sigma] = [\sigma_r, \sigma_\theta, \sigma_z, \tau_{rz}]^T$$

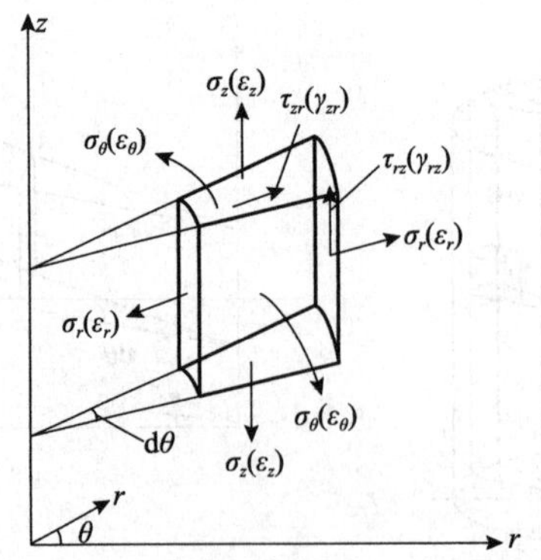

图 9－59 轴对称问题应力、应变分量

轴对称问题基本方程 如图 9-60 所示，取微元体($\mathrm{d}r$，$\mathrm{d}\theta$，$\mathrm{d}z$)，则经向应变为：

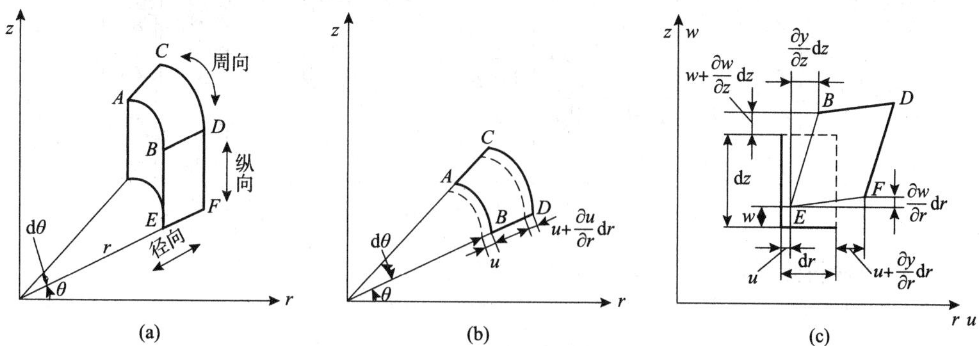

图 9-60 轴对称微元体位移分析

$$\varepsilon_{\mathrm{r}}=\frac{\partial u}{\partial r} \tag{A}$$

周向应变为：

$$\varepsilon_{\theta}=\frac{(r+u)\mathrm{d}\theta-r\mathrm{d}\theta}{r\mathrm{d}\theta}=\frac{u}{r} \tag{B}$$

纵向应变为：

$$\varepsilon_{z}=\frac{\partial \omega}{\partial z} \tag{C}$$

r—z 平面剪切应变为：

$$\gamma_{rz}=\frac{\partial u}{\partial z}+\frac{\partial w}{\partial r} \tag{D}$$

应变列阵为：

$$\{\varepsilon\}=\begin{Bmatrix}\varepsilon_{\mathrm{r}}\\ \varepsilon_{\theta}\\ \varepsilon_{z}\\ \gamma_{rz}\end{Bmatrix}=\begin{Bmatrix}\dfrac{\partial u}{\partial \mathrm{r}}\\ \dfrac{u}{r}\\ \dfrac{\partial w}{\partial r}\\ \dfrac{\partial u}{\partial \mathrm{z}}+\dfrac{\partial w}{\partial r}\end{Bmatrix} \tag{9-136}$$

根据物理方程

$$\begin{Bmatrix}\varepsilon_{\mathrm{r}}\\ \varepsilon_{\theta}\\ \varepsilon_{z}\\ \gamma_{rz}\end{Bmatrix}=\begin{Bmatrix}\dfrac{1}{E}[\sigma_{r}-\mu(\sigma_{\theta}+\sigma_{z})]\\ \dfrac{1}{E}[\sigma_{\theta}-\mu(\sigma_{r}+\sigma_{z})]\\ \dfrac{\dfrac{1}{E}[\sigma_{z}-\mu(\sigma_{r}+\sigma_{z})]}{\partial r}\\ \dfrac{2(1+\mu)}{E}\tau_{rz}\end{Bmatrix}$$

得轴对称问题应力为：

$$\{\sigma\}=\begin{Bmatrix}\sigma_r\\ \sigma_\theta\\ \sigma_z\\ \sigma_{rz}\end{Bmatrix}=\frac{E(1-\mu)}{(1+\mu)(1-2\mu)}\begin{bmatrix}1 & \frac{\mu}{1-\mu} & \frac{\mu}{1-\mu} & 0\\ \frac{\mu}{1-\mu} & 1 & \frac{\mu}{1-\mu} & 0\\ \frac{\mu}{1-\mu} & \frac{\mu}{1-\mu} & 1 & 0\\ 0 & 0 & 0 & \frac{1-2\mu}{2(1-\mu)}\end{bmatrix}\begin{bmatrix}\varepsilon_r\\ \varepsilon_\theta\\ \varepsilon_z\\ \gamma_{rz}\end{bmatrix} \tag{9-137}$$

式中 E 为材料弹性模量，μ 为泊松比。

上式可写为

$$\{\sigma\}=[D]\{\varepsilon\} \tag{9-138}$$

式中$[D]$为弹性矩阵，其 4×4 对称阵形式为：

$$[D]=\frac{E(1-\mu)}{(1+\mu)(1-2\mu)}\begin{bmatrix}1 & \frac{\mu}{1-\mu} & \frac{\mu}{1-\mu} & 0\\ \frac{\mu}{1-\mu} & 1 & \frac{\mu}{1-\mu} & 0\\ \frac{\mu}{1-\mu} & \frac{\mu}{1-\mu} & 1 & 0\\ 0 & 0 & 0 & \frac{1-2\mu}{2(1-\mu)}\end{bmatrix}_{4\times4} \tag{9-139}$$

9.7.2 轴对阵问题有限元法

(1)轴对称单元几何特征

轴对称单元是三角形圆环体。如图 9-61 所示，其几何特征为：

①每个单元相对于轴 z 是几何和载荷对称。

②每个单元的垂直截面是平面三角形。

③轴对称三角单元的节点迹线是圆周线。三角形环形单元经常用于理想化轴对称系统。因为它们能用于模拟复杂的平面且很容易处理。

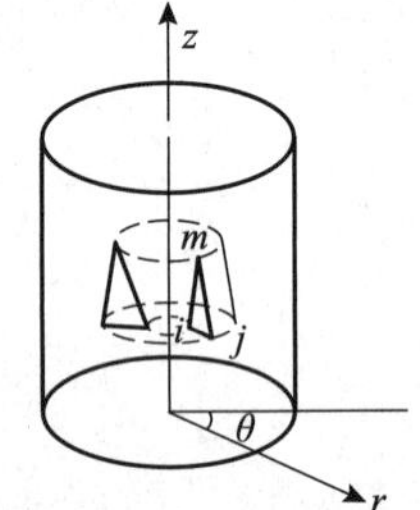

图 9-61 轴对称单元

(2)题有限元方法

Step1，选择单元类型

将轴对阵体离散成三角单元。如图 9-62 所示，单元有三个节点，每个节点有两个自由度(即 u，w)。

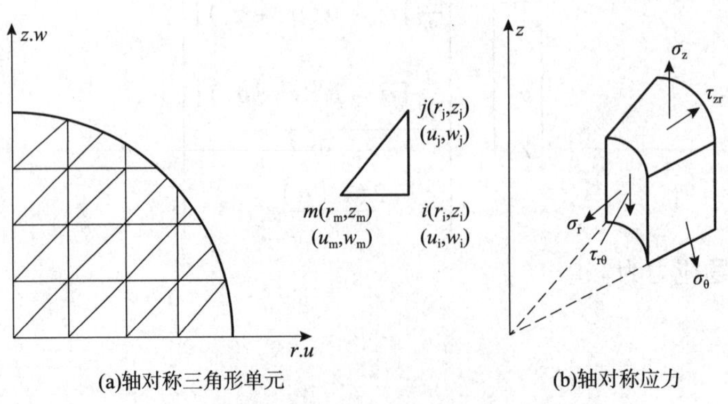

图 9-62 离散的轴对称体

Step2，选择位移函数

单元位移函数取为：

$$\begin{cases} u(r,\ z) = a_1 + a_2 r + a_3 z \\ w(r,\ z) = a_4 + a_5 r + a_6 z \end{cases} \tag{A}$$

节点位移为：

$$\{d\} = \begin{Bmatrix} d_i \\ d_j \\ d_m \end{Bmatrix} = \begin{Bmatrix} u_i \\ w_i \\ u_j \\ w_j \\ u_m \\ w_m \end{Bmatrix} \tag{B}$$

节点 i 的位移量：

$$u(r_i,\ z_i) = u_i = a_1 + a_2 r_i + a_3 z_i \tag{C}$$

总的位移函数矩阵形式：

$$\{\psi\} = \begin{Bmatrix} u \\ w \end{Bmatrix} = \begin{Bmatrix} a_1 + a_2 r + a_3 z \\ a_4 + a_5 r + a_6 z \end{Bmatrix} = \begin{Bmatrix} 1 & r & z & 0 & 0 & 0 \\ 0 & 0 & 0 & 1 & r & z \end{Bmatrix} \begin{Bmatrix} a_1 \\ a_2 \\ a_3 \\ a_4 \\ a_5 \\ a_6 \end{Bmatrix} \tag{D}$$

则

$$\begin{Bmatrix} a_1 \\ a_2 \\ a_3 \end{Bmatrix} = \begin{bmatrix} 1 & r_i & z_i \\ 1 & r_j & z_j \\ 1 & r_m & z_m \end{bmatrix}^{-1} \begin{Bmatrix} u_i \\ u_j \\ u_m \end{Bmatrix} \tag{E}$$

$$\begin{Bmatrix} a_4 \\ a_5 \\ a_6 \end{Bmatrix} = \begin{bmatrix} 1 & r_i & z_i \\ 1 & r_j & z_j \\ 1 & r_m & z_m \end{bmatrix}^{-1} \begin{Bmatrix} w_i \\ w_j \\ w_m \end{Bmatrix} \tag{F}$$

求逆运算得：

$$\begin{Bmatrix} a_1 \\ a_2 \\ a_3 \end{Bmatrix} = \frac{1}{2A} \begin{bmatrix} \alpha_i & \alpha_j & \alpha_m \\ \beta_i & \beta_j & \beta_m \\ \gamma_i & \gamma_j & \gamma_m \end{bmatrix} \begin{Bmatrix} u_i \\ u_j \\ u_m \end{Bmatrix} \tag{G}$$

$$\begin{Bmatrix} a_4 \\ a_5 \\ a_6 \end{Bmatrix} = \frac{1}{2A} \begin{bmatrix} \alpha_i & \alpha_j & \alpha_m \\ \beta_i & \beta_j & \beta_m \\ \gamma_i & \gamma_j & \gamma_m \end{bmatrix} \begin{Bmatrix} w_i \\ w_j \\ w_m \end{Bmatrix} \tag{H}$$

式中

$$\begin{aligned}&\alpha_i = r_j z_m - z_j r_m \quad &&\alpha_j = r_m z_i - z_m r_i \quad &&\alpha_m = r_i z_j - z_i r_j \\ &\beta i = z_j - z_m \quad &&\beta_j = z_m - z_i \quad &&\beta_m = z_i - z_j \\ &\gamma_i = r_m - r_j \quad &&\gamma_j = r_i - r_m \quad &&\gamma_m = r_j - r_i\end{aligned} \tag{I}$$

形函数定义为：

$$\begin{aligned}N_i &= \frac{1}{2A}(\alpha_i + \beta_i r + \gamma_i z) \\ N_j &= \frac{1}{2A}(\alpha_j + \beta_j r + \gamma_j z) \\ N_m &= \frac{1}{2A}(\alpha_m + \beta_m r + \gamma_m z)\end{aligned} \tag{9-140}$$

位移函数一般形式为：

$$\{\psi\} = \begin{Bmatrix} u(r, z) \\ w(r, z) \end{Bmatrix} = \begin{bmatrix} N_i & 0 & N_j & 0 & N_m & 0 \\ 0 & N_i & 0 & N_j & 0 & N_m \end{bmatrix} \begin{bmatrix} u_i \\ w_i \\ u_j \\ w_j \\ u_m \\ w_m \end{bmatrix} \tag{9-141a}$$

或

$$\{\psi\} = [N]\{\alpha\} \tag{9-141b}$$

Step 3，确定应变位移和应力应变关系

由式(9-136)和式(A)得应变为：

$$\{\varepsilon\} = \begin{Bmatrix} a_2 \\ a_6 \\ \dfrac{a_1}{r} + a_2 + \dfrac{a_3 z}{r} \\ a_3 + a_5 \end{Bmatrix} \tag{9-142}$$

即

$$\begin{Bmatrix} \varepsilon_r \\ \varepsilon_z \\ \varepsilon_\theta \\ \gamma_{rz} \end{Bmatrix} = \begin{bmatrix} 0 & 1 & 0 & 0 & 0 & 0 \\ 0 & 0 & 0 & 0 & 0 & 1 \\ \dfrac{1}{r} & 1 & \dfrac{2}{r} & 0 & 0 & 0 \\ 0 & 0 & 1 & 0 & 1 & 0 \end{bmatrix} \begin{Bmatrix} a_1 \\ a_2 \\ a_3 \\ a_4 \\ a_5 \\ a_6 \end{Bmatrix} \tag{9-143}$$

将式(E)和式(F)代入上式，得：

$$\{\varepsilon\} = \frac{1}{2A} \begin{bmatrix} 0 & \beta_m & 0 \\ r_j & 0 & r_m \\ \beta_j & r_m & \beta_m \end{bmatrix} \begin{Bmatrix} u_i \\ w_i \\ u_j \\ w_j \\ u_m \\ w_m \end{Bmatrix} \tag{9-144}$$

其矩阵形式为：

$$\{\varepsilon\}=[B_i \quad B_j \quad B_m]\begin{Bmatrix}U_i\\W_i\\U_j\\W_j\\U_m\\W_m\end{Bmatrix} \tag{9-145}$$

式中

$$[B_i]=\frac{1}{2A}\begin{bmatrix}B_i & 0\\ 0 & r_i\\ \dfrac{\alpha_i}{r}+\beta_i+\dfrac{\gamma_i z}{r} & 0\\ r_i & \beta_i\end{bmatrix} \qquad \overrightarrow{\underleftarrow{i \quad j \quad k}} \tag{9-146}$$

其应变位移矩阵形式

$$\{\varepsilon\}=[B]\{d\} \tag{9-147}$$

式中

$$[B]=[B_i \quad B_j \quad B_m] \tag{9-148}$$

$$[B_i]=\frac{1}{2A}\begin{bmatrix}\beta_i & 0\\ 0 & \gamma_i\\ \gamma_i & \beta_i\end{bmatrix} \qquad [B_j]=\frac{1}{2A}\begin{bmatrix}\beta_j & 0\\ 0 & \gamma_j\\ \gamma_j & \beta_j\end{bmatrix} \qquad [B_m]=\frac{1}{2A}\begin{bmatrix}\beta_m & 0\\ 0 & \gamma_m\\ \gamma_m & \beta_m\end{bmatrix}$$

其应力位移矩阵形式为：

$$\{\sigma\}=[D][B]\{d\} \tag{9-149}$$

Step 4，单元刚度矩阵

对于基本的平面应力单元，总势能是节点位移 u_i，v_i，u_j，…，v_m 的函数，即$\{d\}$的函数，形式为：

$$\pi_p=\pi_p(u_i,\ v_i,\ u_j,\ \cdots,\ v_m) \tag{A}$$

其中总势能由以下公式给出：$\pi_p=U+\Omega_b+\Omega_p+\Omega_s$ (B)

式中的应变能为：

$$U=\frac{1}{2}\iiint_V\{\varepsilon\}^T\{\sigma\}\mathrm{d}V \tag{C}$$

$$U=\frac{1}{2}\iiint_v\{\varepsilon\}^T[D]\{\varepsilon\}\mathrm{d}V \tag{D}$$

在式(D)中用了$[D]^T=[D]$。

体力的势能由下列公式给出：

$$\Omega_b=-\iiint_V\{\psi\}^T\{X\}\mathrm{d}V \tag{E}$$

式中$\{\psi\}$仍是广义位移函数，$\{X\}$是单位体积重力或重力密度矩阵(通常单位为磅/立方英寸或千牛顿/立方米)。

集中荷载的势能由下列公式给出：

$$\Omega_p=-\{d\}^T\{P\} \tag{F}$$

式中的$\{d\}$代表通常的节点位移，$\{P\}$代表集中的外载荷。

分布荷载(或表面拉力)沿各自的表面位移所产生的的势能由以下公式给出：

$$\Omega_s = -\iint_S \{\psi_S\}^T\{T_S\}dS \tag{G}$$

式中的$\{T_S\}$代表表面拉力(通常单位为磅/平方英寸或千牛顿/平方米)，$\{\psi_S\}$代表表面拉力所作用的表面位移场，S代表表面拉力$\{T_S\}$作用的表面。将$\{\psi_S\}$表示为$\{\psi_S\} = [N_S][d]$，式中$[N_S]$代表沿表面张力作用的表面计算的形函数矩阵。

将表示$\{\psi\}$的方程和表示应变的方程代入式(D)至式(G)，利用最小势能原理得出：

$$\begin{aligned}\pi_p = & \frac{1}{2}\iiint_V \{d\}^T[B]^T[D][B]\{d\}\mathrm{d}V - \iiint_V \{d\}^T[N]^T\{X\}\mathrm{d}V \\ & - \{\mathrm{d}\}^T\{P\} - \iint_S \{d\}^T[N_s]^T\{T_s\}\mathrm{d}S\end{aligned} \tag{9-150}$$

节点位移$\{d\}$与全局$x-y$坐标无关，因此$\{d\}$可以从方程的积分中提出，从而有：

$$\begin{aligned}\pi_p = & \frac{1}{2}\{d\}^T\iiint_V [B]^T[D][B]\mathrm{d}V\{d\} - \{d\}^T\iiint_V [N]^T\{X\}\mathrm{d}V \\ & - \{d\}^T\{P\} - \{d\}^T\iint_S [N_s]^T\{T_s\}\mathrm{d}S\end{aligned} \tag{H}$$

式(H)的最后三项代表作用在单元上的总的荷载系统$\{f\}$，即：

$$\{f\} = \iiint_V [N]^T\{X\}\mathrm{d}V + \{P\} + \iint_S [N_s]^T\{T_s\}\mathrm{d}S \tag{I}$$

此方程右侧的第一、第二和第三项，分别代表体力、集中节点力和表面拉力。将式(I)代入式(H)得出：

$$\pi_p = \frac{1}{2}\{d\}^T\iiint_V [B]^T[D][B]\mathrm{d}V\{d\} - \{d\}^T\{f\} \tag{J}$$

对π_p取一阶变分，取$\pi_p = \pi_p(\{\mathrm{d}\})$对于节点位移的偏微分，得出：

$$\frac{\partial \pi_p}{\partial\{d\}} = \left[\iiint_V [B]^T[D][B]\mathrm{d}V\right]\{d\} - \{f\} \tag{K}$$

即：

$$\iiint_V [B]^T[D][B]\mathrm{d}V\{d\} = \{f\} \tag{L}$$

从式(L)可以看出：

$$[k] = \iiint_V [B]^T[\mathrm{D}][B]\mathrm{d}V \tag{9-151}$$

对于厚度t不变的单元，方程变为：

$$[k] = t\iint_A [B]^T[D][B]\mathrm{d}x\mathrm{d}y \tag{9-152}$$

式中的被积函数对于常应变三角形单元不是x或y的函数，因此可以从积分中提出，由此得出：

$$[k] = tA[B]^T[D][B] \tag{9-153}$$

式中A由方程$2A = x_i(y_i - y_m) + x_j(y_m - y_i) + x_m(y_i - y_j)$给出。$[B]$由方程$[B] = [[B_i][B_j][B_m]]$给出。我们将假定单元厚度是不变的，当单元尺寸减小时，此假定越来越接近于实际情况。

由于$[B]$和A是用节点坐标定义的，所以$[k]$是节点坐标的函数，以及力学性能$[E]$和v的函数(因为$[D]$是$[E]$和v的函数)。对于一个单元，上述方程扩展形式为：

$$[k]=\begin{bmatrix}[k_{ii}] & [k_{ij}] & [k_{im}]\\ [k_{ji}] & [k_{jj}] & [k_{jm}]\\ [k_{mi}] & [k_{mj}] & [k_{mm}]\end{bmatrix} \tag{9-154}$$

式中2×2子矩阵由以下公式给出：

$$\begin{aligned}[k_{ii}] &= [B_i]^T[D][B_i]tA\\ [k_{ij}] &= [B_i]^T[D][B_j]tA\\ [k_{im}] &= [B_i]^T[D][B_m]tA\end{aligned} \tag{9-155}$$

对于常应变三角形单元，体力和表面力可以堆积在节点上产生同样的结果，并叠加上任何集中节点力得出单元刚度矩阵。单元方程于是由下列公式给出：

$$\begin{Bmatrix}f_{1x}\\ f_{1y}\\ f_{2x}\\ f_{2y}\\ f_{3x}\\ f_{3y}\end{Bmatrix}=\begin{bmatrix}k_{11} & k_{12} & \cdots & k_{16}\\ k_{21} & k_{22} & \cdots & k_{26}\\ \vdots & \vdots & & \vdots\\ k_{61} & k_{62} & \cdots & k_{66}\end{bmatrix}\begin{Bmatrix}u_1\\ v_1\\ u_2\\ v_2\\ u_3\\ v_3\end{Bmatrix} \tag{9-156}$$

因此轴对称单元刚度矩阵为：

$$[k] = \iiint_V [B]^T[D][B]\mathrm{d}V \tag{9-157}$$

或

$$[k] = 2\pi\iint_A [B]^T[D][B]r\mathrm{d}r\mathrm{d}z \tag{9-158}$$

在沿周向边界积分后，$[B]$矩阵是r和z的函数，因此，$[k]$是r和z的函数，并且是6×6阶的。

可以用下列三种方法之一来计算$[k]$的方程：

①用数值积分(高斯求积法)。

②直接相乘并逐项积分。

③对单元的中心点$(\bar{r},\bar{z})$计算$[B]$：

$$r=\bar{r}=\frac{r_i+r_j+r_m}{3} \qquad z=\bar{z}=\frac{z_i+z_j+z_m}{3} \tag{9-159}$$

并定义$[B(\bar{r},\bar{z})]=[\bar{B}]$。因此，作为一阶近似，有：

$$[k]=2\pi\bar{r}A[\bar{B}]^T[D][B] \tag{9-160}$$

假使三角形的剖分是与最后的应力分布一致(也就是在高应力梯度的区域用小单元)，那么用方法3能得到可接受的结果。

Step 5，总体方程

分布体力　重力载荷(在z轴方向)或在旋转机械部件中的离心力(在r轴方向)均考虑为体力(见图9-63)。体力可以由下式得到：

$$\{f_b\} = 2\pi \iint_A [N]^T \begin{Bmatrix} R_b \\ Z_b \end{Bmatrix} r\mathrm{d}r\mathrm{d}z \tag{9-161}$$

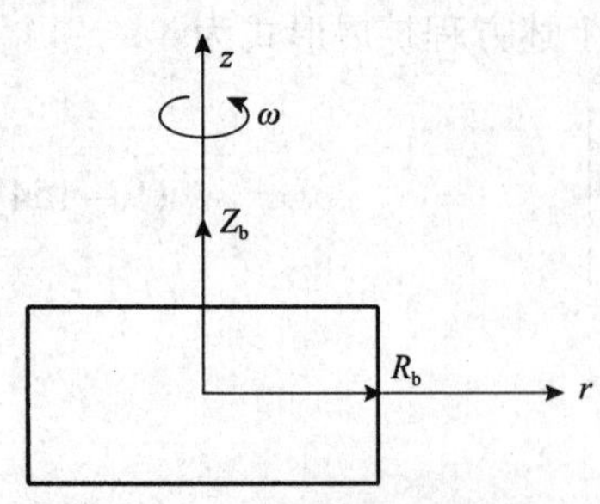

图 9-63　有单位体积体力的轴对称单元

式中，对于以等角速度 $R_b = \omega^2 \rho r$ 饶 z 轴旋转的机械部件 ω，ρ 是材料的质量密度，r 是径向坐标，Z_b 是由重力引起的单位体积体力。

考虑节点 i 处的体力，有：

$$|f_{bi}| = 2\pi \iint_A [N_i]^T \begin{Bmatrix} R_b \\ Z_b \end{Bmatrix} r\mathrm{d}r\mathrm{d}z \tag{9-162}$$

式中
$$[N_i]^T = \begin{bmatrix} N_i & 0 \\ 0 & N_i \end{bmatrix} \tag{9-163}$$

在方程中进行相乘并积分后可得到：

$$|f_{bi}| = \frac{2\pi}{3} \begin{Bmatrix} \bar{R}_b \\ Z_b \end{Bmatrix} A\,\bar{r} \tag{9-164}$$

式中坐标原点取在单元中心，$\bar{R}_b$ 是单元中心的径向单位体积的体力。在节点 j 和 m 处的体力，与式(9-164)给出的在节点 i 处的体力相同，因此有：

$$|f_{bi}| = \frac{2\pi \bar{r} A}{3} \begin{Bmatrix} \bar{R}_b \\ Z_b \\ \bar{R}_b \\ Z_b \\ \bar{R}_b \\ Z_b \end{Bmatrix} \tag{9-165}$$

式中：
$$\bar{R}_b = \omega^2 \rho\,\bar{r} \tag{9-166}$$

式(9-165)是对径向分布体力的一阶近似。

表面力　表面力可以由下式得到：

$$\{f_s\} = \iint_S [N_s]^T \{T\}\,\mathrm{d}S \tag{9-167}$$

式中$[N_s]$是在表面力作用的表面上计算的形函数矩阵。

对于径向和轴向压力 p_r 和 p_z，可得：

$$\{f_s\} = \iint_S [N_s]^T \begin{Bmatrix} p_r \\ p_z \end{Bmatrix} \mathrm{d}S \tag{9-168}$$

例如沿着图 9-64 所示的单元垂直表面 jm，设均匀荷载 p_r 和 p_z 沿 $r = r_j$ 的表面作用。那么对于每一个节点可以分别应用式(9-168)。例如对于节点 j，将式(9-140)的 N_j 带入式(9-168)可得到：

$$\{f_{sj}\} = \int_{z_j}^{z_m} \frac{1}{2A} \begin{bmatrix} \alpha_j + \beta_j r + \gamma_j z & 0 \\ 0 & \alpha_j + \beta_j r + \gamma_j z \end{bmatrix} \Bigg| \begin{Bmatrix} p_r \\ p_z \end{Bmatrix} 2\pi r_j d_z \tag{9-169}$$

$$r = r_j,\ z = z$$

式(9-169)的积分可以得到显示表达式，对 f_{si} 和 f_{sm} 进行相似的计算，最后可得到节

点 i，j 和 m 的总表面力分布：

$$\{f_s\}=\frac{2\pi r_j(z_m-z_j)}{2}\begin{Bmatrix}0\\0\\p_r\\p_z\\p_r\\p_z\end{Bmatrix} \tag{9-170}$$

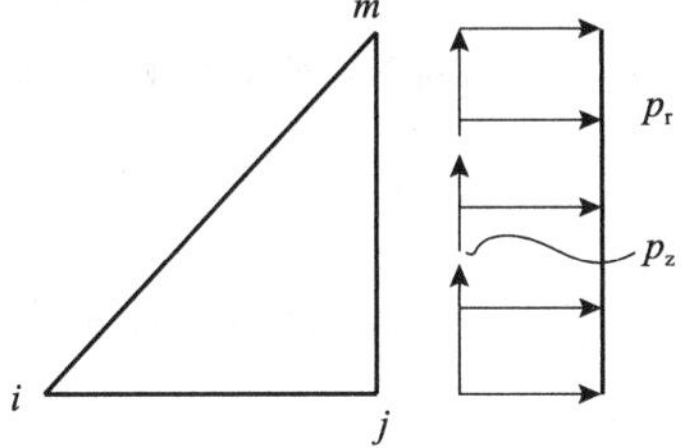

图 9-64 有表面力的轴对称单元

组装单元方程得总体方程 利用直接刚度法得出总体结构刚度矩阵和方程如下：

$$[k]=\sum_{e=1}^{N}[k^{(e)}] \tag{9-171}$$

和

$$\{F\}=[k]\{d\} \tag{9-172}$$

在式(9-171)中，所有单元刚度矩阵用总体 $x-y$ 坐标系统定义，$\{d\}$为总体结构位移矩阵，且：

$$\{F\}=\sum_{e=1}^{N}[f^{(e)}] \tag{9-173}$$

将体积力和分布载荷移置在适当节点上得出的等价总体节点载荷，并包括集中节点载荷。当常应变三角单元的局部轴和整个结构的总体轴不平行，利用转动轴变换方程建立单元刚度矩阵、单元节点力和位移矩阵。如图 9-65 所示三角单元的轴的变换，该单元的局部 $\hat{x}-\hat{y}$ 轴与总体 $x-y$ 轴不平行。局部位移与总体位移、局部力与总体力、局部刚度矩阵与总体刚度矩阵转换关联关系为：

$$\underline{\hat{d}}=\underline{T}\,\underline{d} \qquad \underline{\hat{f}}=\underline{T}\,\underline{f} \qquad \underline{k}=\underline{T}^T\,\underline{\hat{k}}\,\underline{T} \tag{9-174}$$

$$T=\begin{bmatrix}C & S & 0 & 0 & 0 & 0\\-S & C & 0 & 0 & 0 & 0\\0 & 0 & C & S & 0 & 0\\0 & 0 & -S & C & 0 & 0\\0 & 0 & 0 & 0 & C & S\\0 & 0 & 0 & 0 & -S & C\end{bmatrix} \tag{9-175}$$

式中 $C=\cos\theta$，$S=\sin\theta$

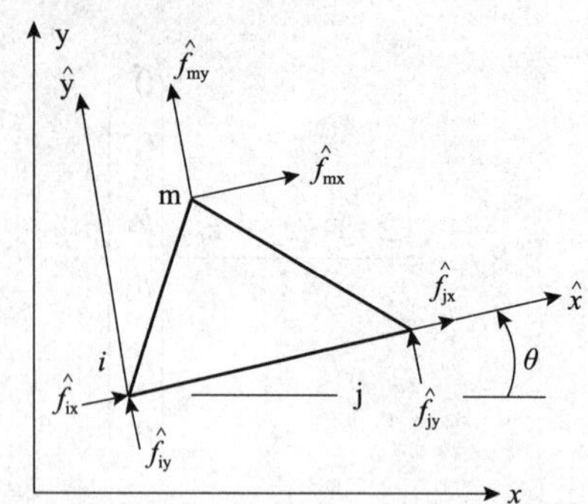

图 9-65　局部轴不平行于总体的三角单元

Step 6，求解节点位移

求解代数方程组 $\{F\} = \sum_{e=1}^{N}\{f^{(e)}\}$，求得总体结构节点位移。

Step 7 ，求解应变、应力

轴对称问题单元的周向应变 ε_θ 不是常量，而是坐标 (r, z) 的函数。假设轴对称 3 节点三角形单元三个节点 i、j、m 的坐标分别为 (r_i, z_i)、(r_j, z_j)、(r_m, z_m)，节点位移为 $\{q\}^c = \{u_i, w_i, u_j w_j, u_m, w_m\}^T$，则单元的形心坐标为：

$$\begin{cases} r_c = \dfrac{1}{3}(r_i + r_j + r_m) \\ z_c = \dfrac{1}{3}(z_i + z_j + z_m) \end{cases}$$

单元形心 (r_c, z_c) 处的应变分量为：

$$\{\varepsilon\}_c^e = \begin{Bmatrix} \varepsilon_r \\ \varepsilon_\theta \\ \varepsilon_z \\ \gamma_{rz} \end{Bmatrix}_c = \begin{cases} \dfrac{1}{2A}(b_i u_i + b_j u_j + b_m u_m) \\ \dfrac{1}{2A}\left(\dfrac{a_i + b_i r_c + c_i z_c}{r_c}u_i + \dfrac{a_j + b_j r_c + c_j z_c}{r_c}u_j + \dfrac{a_m + b_m r_c + c_m z_c}{r_c}u_m\right) \\ \dfrac{1}{2A}(c_i w_i + c_j w_j + c_m w_m) \\ \dfrac{1}{2A}(c_i u_i + b_i w_i + c_j u_j + b_j w_j + c_m u_m + b_m w_m) \end{cases} \tag{9-176}$$

单元形心 (r_c, z_c) 处的应力分量为

$$\{\sigma\}_c^e = \begin{Bmatrix} \sigma_r \\ \sigma_\theta \\ \sigma_z \\ \tau_{rz} \end{Bmatrix} = \frac{E}{(1+\mu)(1+\mu)}\begin{bmatrix} 1-\mu & \mu & \mu & 0 \\ \mu & 1-\mu & \mu & 0 \\ \mu & \mu & 1-\mu & 0 \\ 0 & 0 & 0 & \dfrac{1-2\mu}{2} \end{bmatrix}\begin{Bmatrix} \varepsilon_r \\ \varepsilon_\theta \\ \varepsilon_z \\ \gamma_{rz} \end{Bmatrix}_c \tag{9-177}$$

当有多个单元时，每个节点的应力通常取围绕该节点，所有单元应力的平均值。

9.8 Ansys 应力分析

9.8.1 Ansys 应力分析过程

通过以上章节的阐述，可以清楚对于化工设备有限元的分析需要进行大量单元体划分，这就导致十分庞大的计算量，而使用手工计算实现如此之大的计算量是不现实，目前采用计算方法为多为商用有限元软件，其中最为常用的商用软件就是 Ansys。

以下本书以 ANSYS Workbench 软件为例进行简单的化工设备有限元分析，用以启发读者。使用 ANSYS Workbench 进行有限分析的流程见图 9-66。

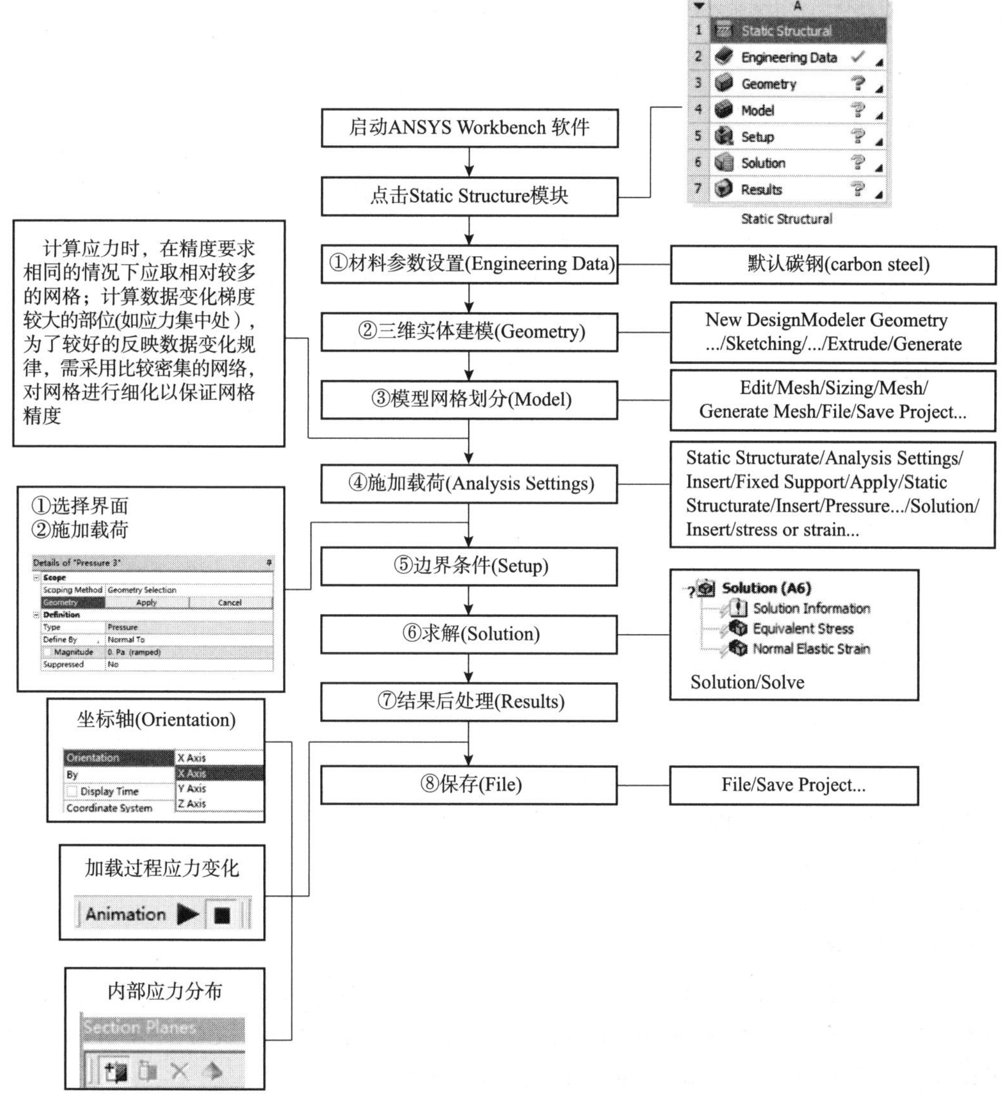

图 9-66 使用 ANSYS Workbench 进行有限分析的流程图

本节将以典型的化工设备分析的6个实例：薄板理论、厚壁筒体内压、开孔、卧式压力容器、有力矩理论、外压容器演示 ANSYS Workbench 的使用方法。并通过与传统计算方法进行对比，通过结果的对比希望可以对读者有所启迪。

工程实践例题与简解

【例题 9 - 1】薄板理论：

有一反应釜如图 9 - 67 所示，内压 $P=0.2$MPa，公称直径 $D=800$mm，筒体壁厚为12mm，平盖封头厚度为 16mm，封头材料为 Q345R，其许用应力$[\sigma]^t=183$MPa。

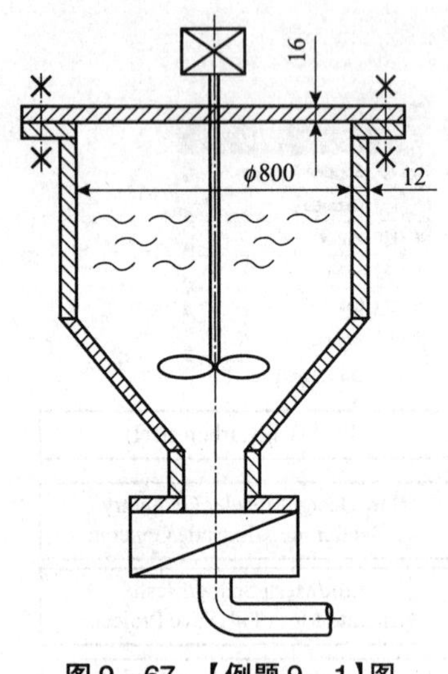

图9-67 【例题9-1】图

求：(1)平盖封头应力分布，确定最大，最小应力位置。

(2)校核反应釜是否安全。

解：

(1)经典理论计算：

本体模型可视作周边简支圆板，其特点是只限制挠度面而不限制转角，故不存在径向弯矩。可以使用书中式(4-11)。

最大应力发生在圆板中心($r=0$)处。

$$\sigma'_{\max}=(\sigma'_r)_{r=0}=(\sigma'_\theta)_{r=0}=\frac{3(3+\mu)pR^2}{8\delta^2}$$

$$=\frac{3(3+0.3)0.2\times10^6\times400^2}{8\times16^2}$$

$$=154.6875\text{MPa}$$

在周边处($r=R$)的应力为：

$$\sigma_r=0$$

$$\sigma_\theta=\mp\frac{3(2-2\mu)}{8}\cdot\frac{pR^2}{\delta^2}=\frac{3(1-\mu)}{4}\cdot\frac{pR^2}{\delta^2}$$

$$=\frac{3(1-0.3)}{4}\cdot\frac{0.2\times10^6\times400^2}{16^2}$$

$$=65.625\text{MPa}$$

又 $\sigma_{\max}<[\sigma]^t=183$MPa，故该反应釜校核安全。

(2)模拟仿真计算：

Step1，模型建立及物性参数设置

几何模型的建立

对于几何模型的建立(见图9-68)，在不同的实际工程需求及经济性考量下，多使用不同类型的建模软件，常见的如 Solidworks，Pro/ENGINEER，Catia，UG 或 ANSYS 自带的建模软件，在本例中，采用 Solidworks 进行模型建立工作。

物性参数设置　进入 workbench 后，先创建一个静力学分析的流程，然后双击 Engineering Data，进入相关物性参数设置界面，如图 9-69 所示，可以根据工程条件对材料的泊松比、弹性模量和密度等进行设置如图 9－70 所示。

图 9－68 设备几何模型

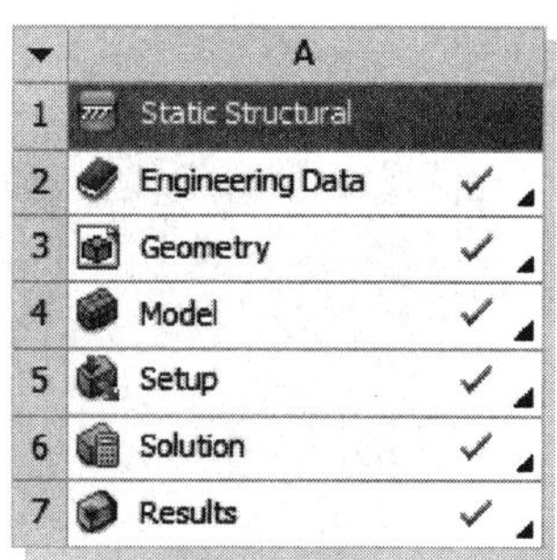

图 9－69 参数界面

Properties of Outline Row 3: Structural Steel

	A	B	C	D	E
1	Property	Value	Unit		
2	Material Field Variables	Table			
3	Density	7850	kg m^-3		
4	Isotropic Secant Coefficient of Thermal Expansion				
6	Isotropic Elasticity				
12	Strain-Life Parameters				
20	S-N Curve	Tabular			
24	Tensile Yield Strength	2.5E+08	Pa		
25	Compressive Yield Strength	2.5E+08	Pa		
26	Tensile Ultimate Strength	4.6E+08	Pa		
27	Compressive Ultimate Strength	0	Pa		

图 9－70 参数设置

Step2，模型导入

模型建立完毕后，需要将建立好的模型导入至 ANSYS 软件中进行模拟计算。鼠标右击 Geometry > Import Geometry > Browse。选择输入已画好的模型，如图 9－71 所示。

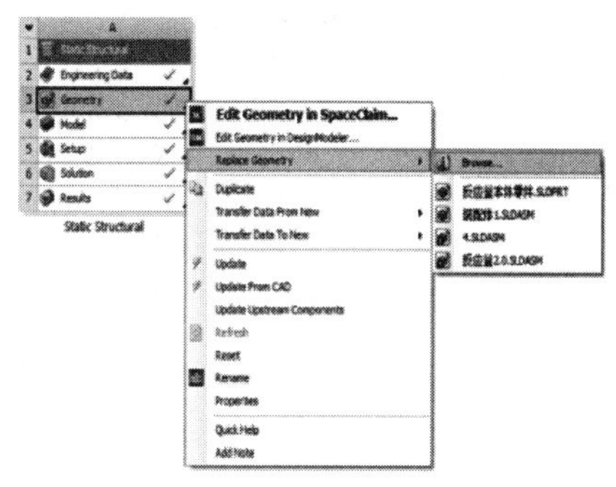

图 9－71 模型导入

Step3，网格划分

在完成上一步后，需要对模型进行网格划分，即通过基于有限元的思想，使用计算机对各个单元网格进行计算，以求得最终解。双击 Model，进入网格划分界面，此时可以在左下方 Details of "Mesh" 中设置网格的质量、数量、形状等参数，如图 9－72 所示。而网格形状及数量的划分在一定程度上会影响最终结果。

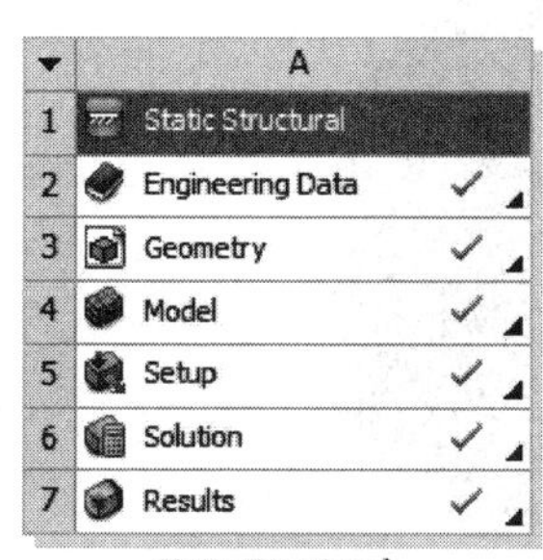

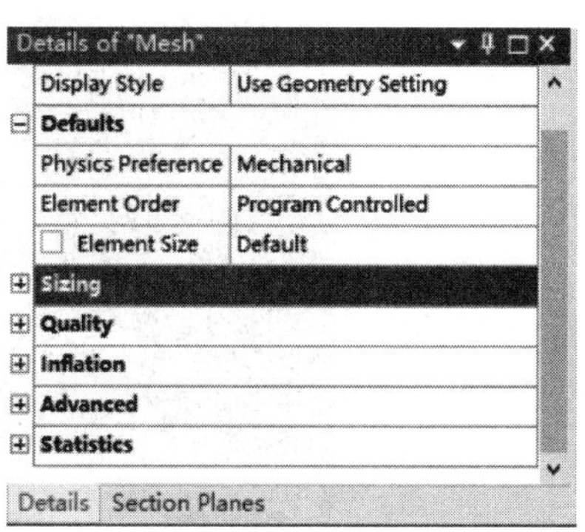

图 9－72 网格划分设置

划分完毕的网格如图 9－73 所示。

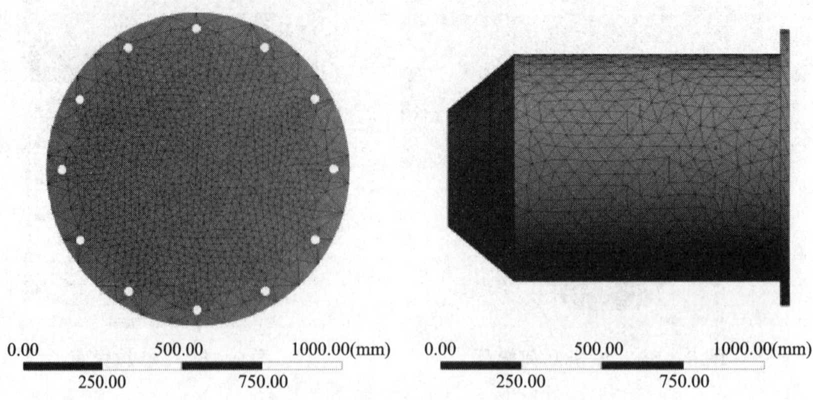

图 9－73　网格划分结果

Step4，边界条件设定

固定约束设置　在完成网格划分后，可对所求目标进行固定约束设置，如图 9－74 所示。插入 Static Structral(A5) > Insert > Fix Support(选取固定面进行固定)。

图 9－74　约束设定

载荷边界条件的设置　插入 Static Structral(A5) > Insert > Pressure > Detail of Pressure > Geometry(选择边界，内表面加压) > Magnitude，如图 9－75 所示。

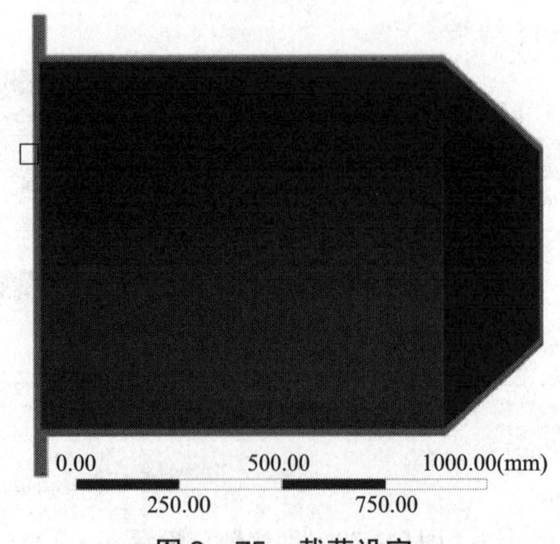

图 9－75　载荷设定

Step5，结果计算

最后一步，需要对目标进行直接求解，在这一步中，无需其他繁琐操作，仅仅点击计算按钮 Solve 即可。再右击 Solution > Insert > Stress > Equivalent Stress，如图 9 – 76 所示。

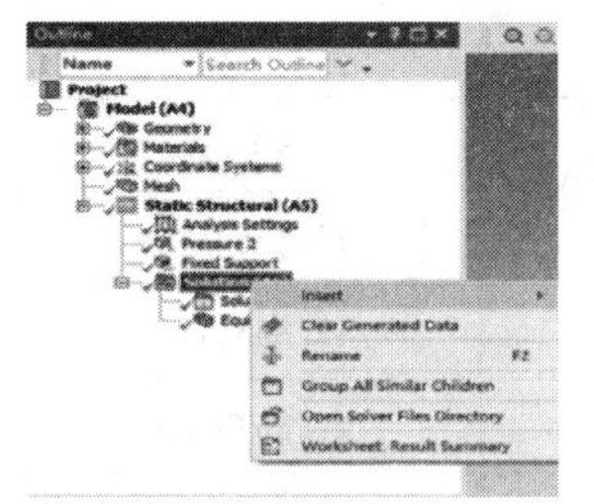
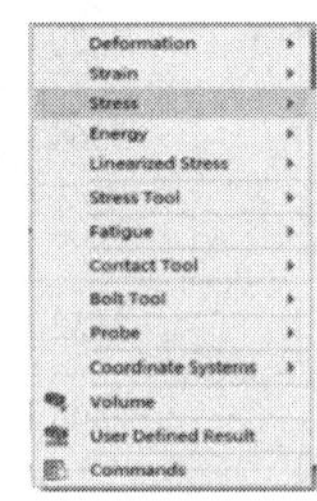

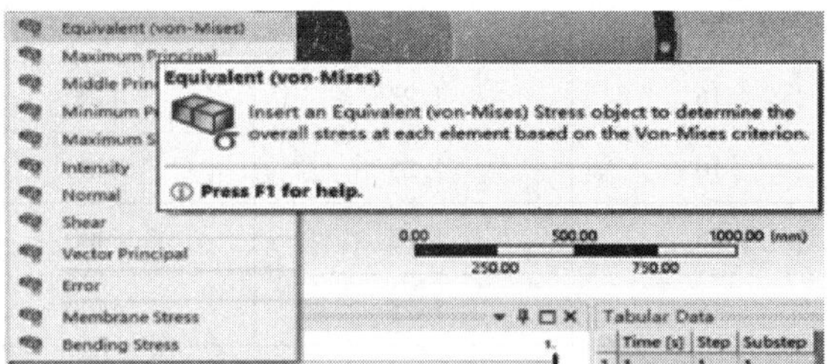

图 9 –76　求解过程

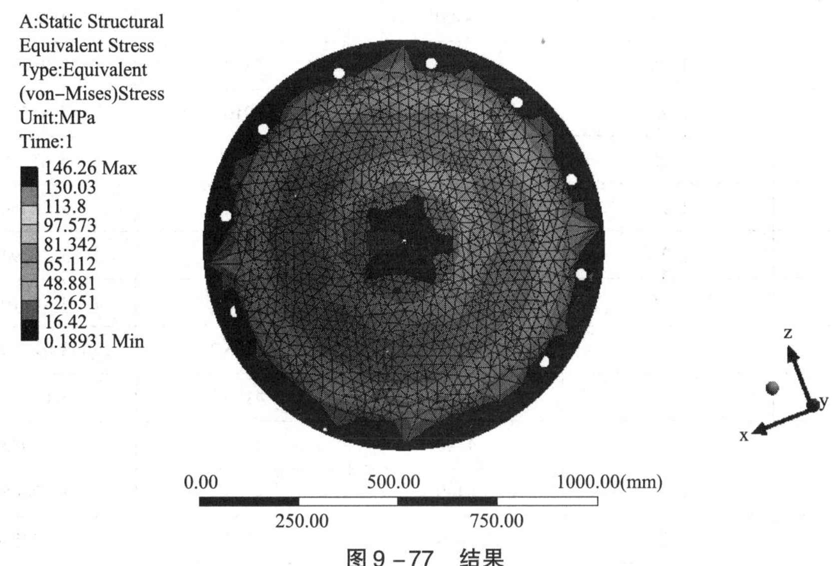

图 9 –77　结果

由图 9 – 77 可以看出，应力最大区域集中在中心处，且最大值为 156. 4MPa。

(3) 经典理论与模拟仿真计算对比

理论计算得到的最大应力为 154. 6875MPa，而仿真计算的最大应力 156. 4MPa，误差 1%，即在误差范围内，说明仿真所得到的数据真实可靠。

【例题 9 –2】厚壁圆筒：

某大型化塔器筒体，内径 $D_i = 3520\text{mm}$，筒体壁厚 $t = 440\text{mm}$，筒体材质为 $Q345R$ $(R-HIC)$ 正火板，总长度 $l = 3400\text{mm}$，工作压力 $p_w = 16\text{MPa}$，试分析筒体壁厚方向应力分布情况。

解： (1) 经典理论计算

厚壁筒体仅受内压时，有：

$$\sigma_r = \frac{p_i}{K^2 1}\left(1 - \frac{R_o^2}{r^2}\right)$$

依据径向力公式算得不同位置厚壁筒体所受应力大小如表9-1所示，理论计算厚壁筒体沿径向所受应力如图9-78所示。

表9-1　依据径向力公式算得不同位置厚壁筒体所受应力大小

p_i/MPa	K	R_o/mm	r/mm	σ_r/MPa
16	1.25	4400	3520	16
16	1.25	4400	3564	14.90938035
16	1.25	4400	3608	13.85841761
16	1.25	4400	3652	12.84521217
16	1.25	4400	3696	11.86797682
16	1.25	4400	3740	10.92502884
16	1.25	4400	3784	10.01478277
16	1.25	4400	3828	9.13574375
16	1.25	4400	3872	8.286501377
16	1.25	4400	3916	7.465724025
16	1.25	4400	3960	6.672153635
16	1.25	4400	4004	5.904600894
16	1.25	4400	4048	5.161940769
16	1.25	4400	4092	4.443108388
16	1.25	4400	4136	3.747095217
16	1.25	4400	4180	3.072945522
16	1.25	4400	4224	2.419753086
16	1.25	4400	4268	1.786658164
16	1.25	4400	4312	1.172844648
16	1.25	4400	4356	0.577537439
16	1.25	4400	4400	0

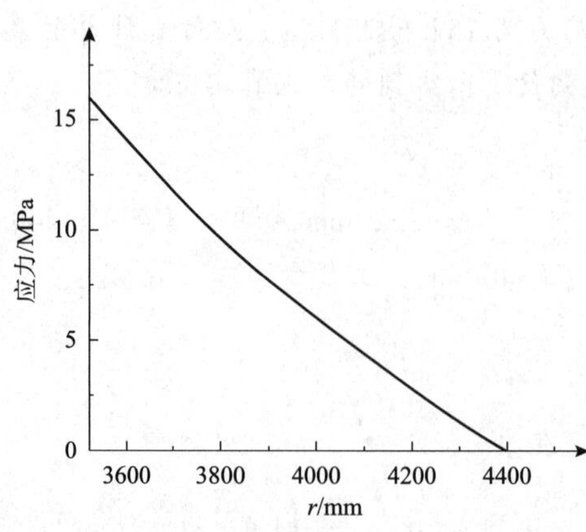

图9-78　理论计算厚壁筒体沿径向所受应力

(2)模拟仿真计算：

Step1，前处理

几何模型的建立　进入 workbench 后，先创建一个静力学分析的流程，双击 Static Structural > 右击 Geometry > 选择 Analysis Type > 2D(由于厚壁筒体是对称结构，为了减少网格的计算量，特以 2D 平面代替 3D 三维模型)，如图 9－79 所示。

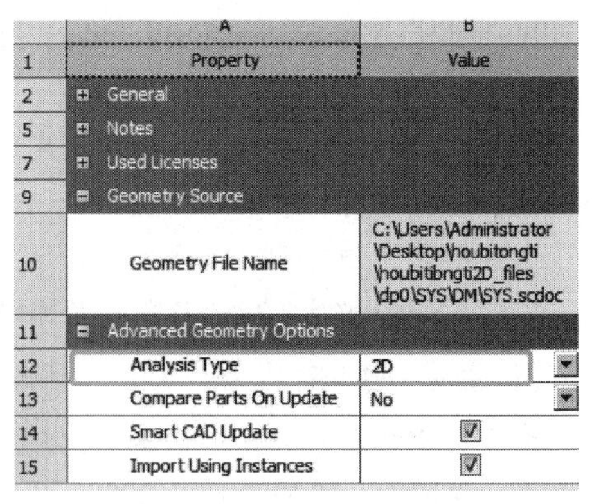

图 9－79　几何模型的建立

材料参数的定义　双击 Engineering Date，输入相应的泊松比、弹性模量和密度。过程与例 9－1 相同，此处及下文所有与例 9－1 相同过程皆不作赘述，如有不同另作说明。

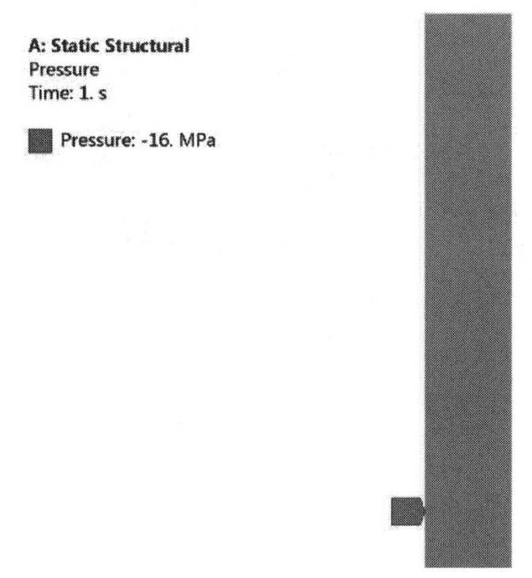

图 9－80　载荷边界条件的设置

Step2，求解

网格的划分　双击 Model 进入 Mechanical 模块，Mesh > Generate Mesh。

约束边界条件的设置　插入 Static Structral(A5) > Insert > Displacement > Y Component 为 0。

载荷边界条件的设置　插入 Static Structral(A5) > Insert > Pressure > Detail of Pressure > Geometry(选择边界) > Magnitude(大小 16MPa)，如图 9－80 所示。

Step3，后处理

应力和应变的求解　右击 Solution > Insert > Stress > Equivalent(von－Mises)插入应力云图，为了查看沿径向应力分布，右击 Solution > Insert > Stress > Normal，修改应力方向沿 x 方向，如图 9－81 所示。

输出应力、应变云图　右击 Solution > solve，查看应力云图，如图 9－82 所示。

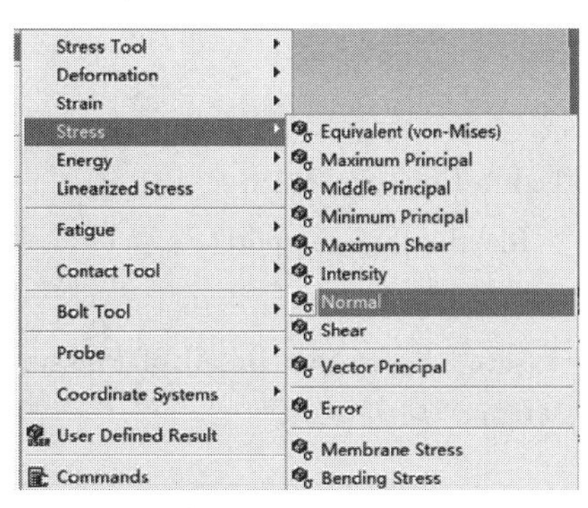

图 9－81　应力和应变的求解

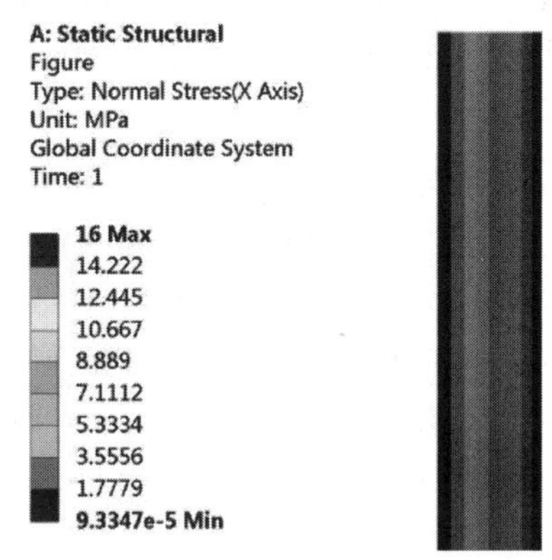

图 9－82　厚壁筒体有限元仿真沿径向所受应力大小

(3)经典理论与模拟仿真计算对比：

通过对比图 9－77 理论应力分布图和图 9－82 有限元仿真应力分布可以得出以下结论：

①理论计算的数值取得最大应力的位置在内壁处，值为 16MPa，和仿真模拟的数值吻合，可以说明仿真有足够的精度。

②理论计算相对于仿真计算较为准确。

③仿真模拟相对于理论计算较为简单，同时仿真模拟的结果较为清楚。

【例题 9－3】开孔应力

某浮头换热器，壳体材料为 $Q245R$，内径 $D_i=400\text{mm}$，壁厚 $\delta=10\text{mm}$，根据工艺要求，要求在图 9－83 所示位置开孔，开孔直径 108mm，试计算开孔壳体的应力集中系数。

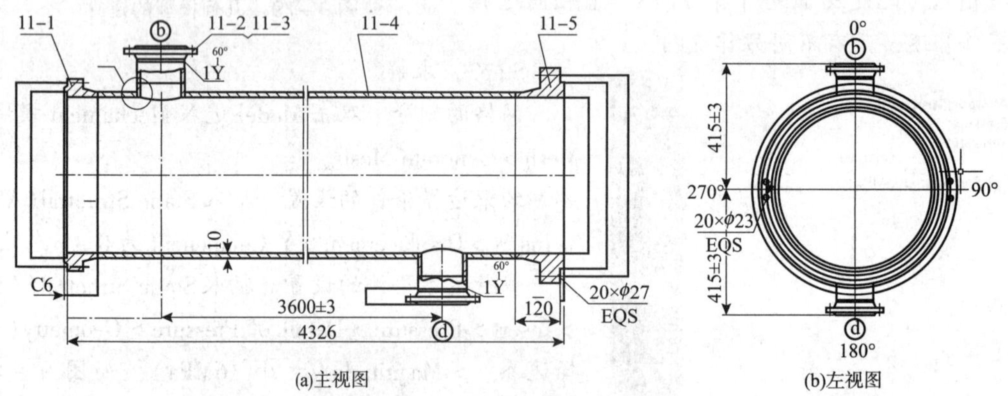

图 9－83 浮头换热器主、左视图

解：(1)经典理论计算

由应力集中系数可得：

$$K=\frac{\sigma_{\max}}{\sigma}=\frac{2.5\sigma_\theta}{\sigma_\theta}=2.5$$

(2)模拟仿真计算

Step1，前处理

材料参数的定义 双击 Engineering Date，输入相应的泊松比、弹性模量和密度。

几何模型的建立 导入几何模型，双击 Static Structural > 右击 Geometry > Import > Browse，

Step2，求解

网格的划分 双击 Model 进入 Mechanical 模块，Mesh > Generate Mesh。

约束边界条件的设置 插入 Static Structral(A5) > Insert > Fix Support(选取两端面固定)。如图 9－84 所示。

载荷边界条件的设置 插入 Static Structral(A5) > Insert > Pressure > Detail of Pressure > Geometry(选择边界，内表面加压) > Magnitude(大小 5MPa)。如图 9－85。

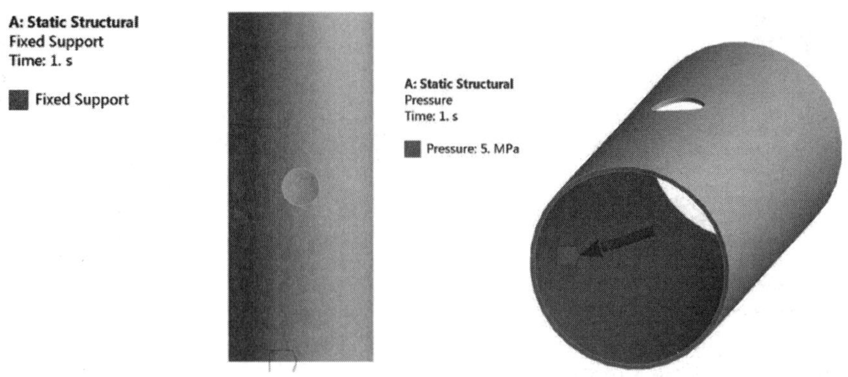

图 9-84 约束边界条件的设置　　　　图 9-85 载荷边界条件的设置

Step3，后处理

(1)应力的求解

本题由于算得是应力集中系数，因此需要通过路径来得出薄膜应力。首先建立路径 Construction Geometry > Insert > Path，如图 9-86 所示，选取厚度的两点作为路径，如图 9-87 所示。

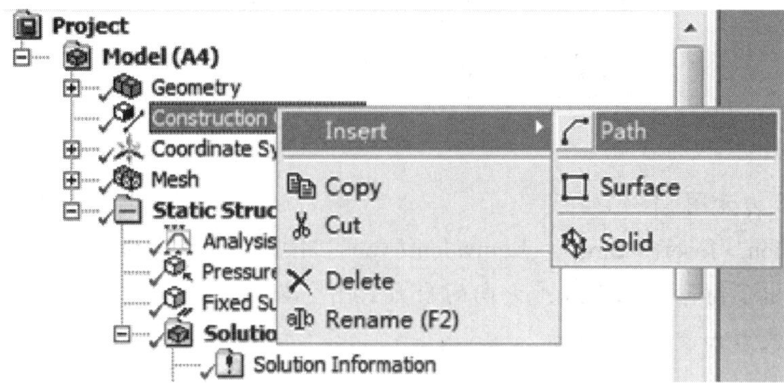

图 9-86

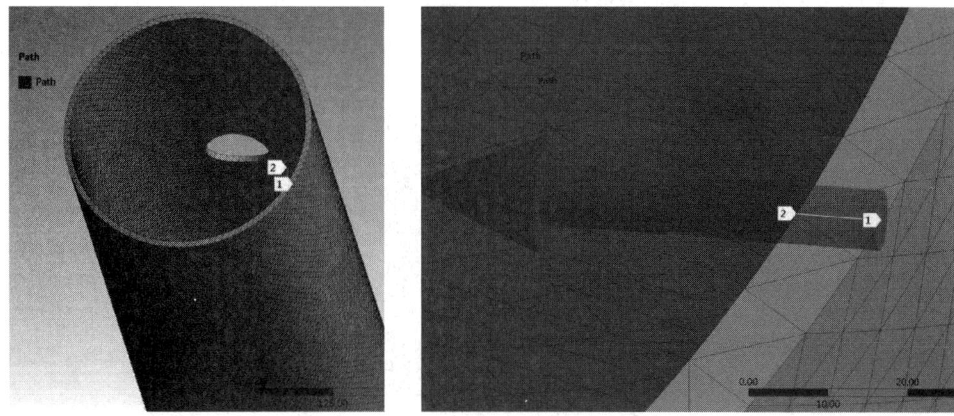

图 9-87 路径设置

右击 Solution > Insert > Linearized Stress > Intensity，如图 9-88 所示。

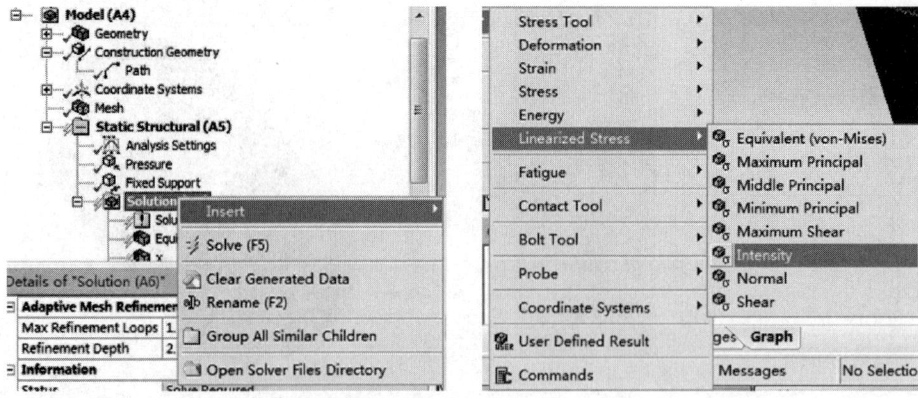

图 9－88

点击 Linearized Stress Intensity，选择上一步做的路径。如图 9－89 所示。

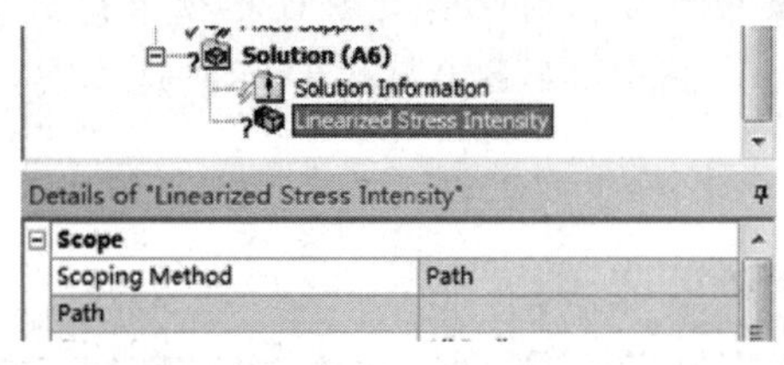

图 9－89

(2)输出应力云图

右击 Solution > Insert > Stress > Equivalent(von－Mises)插入应力云图，经 Ansys 软件模拟仿真之后得出了筒体开孔沿厚度方向的应力云图，如图 9－90 所示。沿厚度方向最大薄膜应力和最大应力如表 9－2 所示。

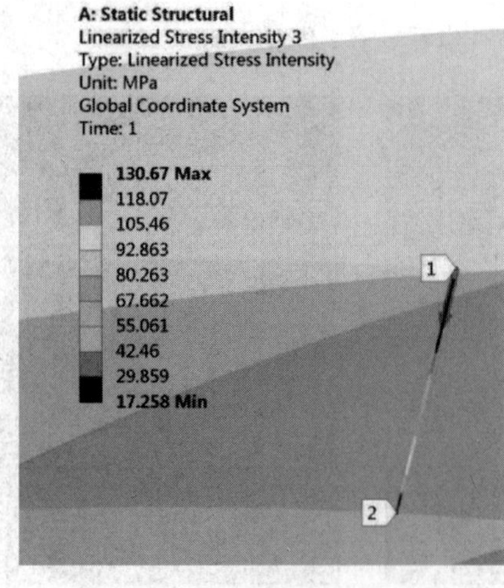

图 9－90 沿厚度方向的应力值

表 9-2 沿厚度方向最大薄膜应力和最大应力

厚度/mm	最大薄膜应力/N	最大应力/N
0	51.99	35.786
2.7717	51.99	45.677
5.3302	51.99	55.165
7.8887	51.99	94.229
9.5944	51.99	120.7
10	51.99	130.67

经仿真后得到的应力集中系数为 $K=\dfrac{\sigma_{max}}{\sigma_{仿真薄膜应力}}=\dfrac{130.67}{51.99}=2.51$

(3)经典理论与模拟仿真计算对比

理论计算得到的应力集中系数为2.5，而仿真计算的应力集中系数为2.51，误差为0.4%，即在误差范围内，说明仿真所得到的数据真实可靠。

【例题 9-4】卧式压力容器

一台卧式液氨储罐如图9-91所示，两端为椭圆形封头，采用双鞍式支座，材料为16MnR，圆筒内直径 $D_i=660$mm，圆筒长度（焊缝到焊缝）$L=2000$mm，封头深度 $H=165$mm，钢板负偏差 $C_1=0.3$mm 壁厚附加量 $C_2=2.0$mm，设计压力 $P=2.5$MPa 设计温度 $t=200$℃ 焊缝系数 $\phi=0.85$，鞍座中心线距封头切线 $A=165$mm，鞍座包角 $\theta=120°$，试分析支座截面处圆筒的轴向应力。（密度 $\rho=7.85\times10^3$kg/m^3、许用应力 $[\sigma]^t=167$MPa）

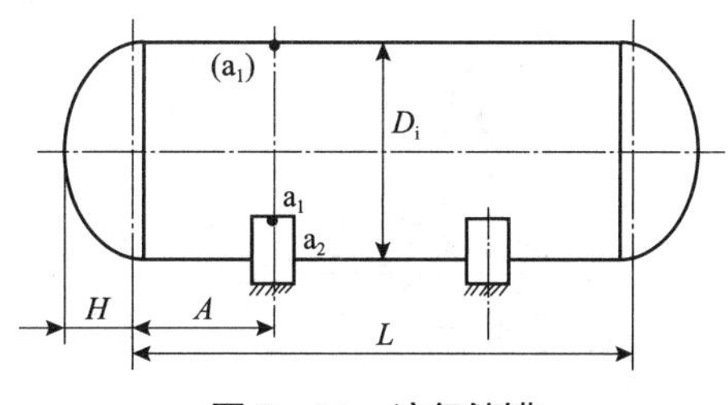

图 9-91 液氨储罐

解：(1)经典理论计算

设计参数如表9-3所示。

表 9-3 设计参数表

名称	大小	材料
筒体长度 L	2000mm	16MnR
封头深度 H	165mm	16MnR
筒体内径 D_i	660mm	
鞍座中心线至封头切线间的距离 A	165mm	
钢板负偏差 C_1	0.3mm	
设计压力 P	2.5MPa	
设计温度 t	200℃	
焊缝系数 Φ	0.85	
鞍座包角 θ	120°	
壁厚附加量 C_2	2.0mm	

筒体壁厚的计算：

$$\delta=\frac{P_c D_i}{2[\sigma]^t\phi-P_c}=\frac{2.5\times660}{2\times167\times0.85-2.5}=5.86\text{mm}$$

$$\delta_d=\delta+C_2=5.86+2=7.86\text{mm}$$

$$\delta_n=9\text{mm}$$

$$\delta_e=\delta_n-C_1-C_2=9-0.3-2=6.7\text{mm}$$

$$V=\pi D_i(L+\frac{4}{3}H)\delta_n=0.04143\text{m}^3$$

$$m=\rho v=325.21\text{kg}$$

$$G=\text{mg}=3186.96\text{N}$$

鞍座处圆筒截面处的截面系数：

$$W_a=\pi R_m^2\delta_e=2292.20\ \text{cm}^3$$

$$M_2=\frac{FA}{1+\frac{4H}{3L}}(\frac{4H}{3L}-\frac{A}{L}+\frac{R_i^2-H^2}{2LR_i}\cdot\frac{R_i}{A})$$

$$=\frac{0.5GA}{1+\frac{4H}{3L}}(\frac{4H}{3L}-\frac{A}{L}+\frac{R_i^2-H^2}{2LR_i}\cdot\frac{R_i}{A})$$

$$=\frac{318.696\times0.165}{1+\frac{4\times0.165}{3\times2}}\times\left[1-\frac{0.165}{2}+\frac{0.33^2-0.165^2}{2\times2\times0.33}\times\frac{0.33}{0.165}-(1+\frac{4\times0.165}{3\times2})\right]$$

$$=-32.57\text{N}\cdot\text{m}$$

支座截面处筒体的最大轴向应力：

在截面最高点：

$$\sigma_3=\frac{PR_m}{2\delta_e}-\frac{M_2}{\pi K_1R_m^2\delta_e}=\frac{2.5\times330}{2\times6.7}+\frac{32.57}{\pi\times0.33^2\times6.7\times10^{-3}}\times10^{-6}=61.58\text{MPa}$$

在截面最低点：

$$\sigma_4=\frac{PR_m}{2\delta_e}+\frac{M_2}{\pi K_2R_m^2\delta_e}=\frac{2.5\times330}{2\times6.7}-\frac{32.57}{\pi\times1\times0.33^2\times6.7\times10^{-3}}\times10^{-6}=61.56\text{MPa}$$

(2)模拟仿真计算

Step1，前处理 首先利用 SOLIDWORK 软件或者也可使用 ANSYS 自带建模软件建立模型，本题使用 SOLIDWORK 软件进行建模。如图 9-92 所示：

图 9-92 建立模型

Step2，求解

①材料参数的定义，Engineering Date > Edit。

②将已建立好的模型导入到 ANSYS 软件中，Geometry > Import Geometry > Browse。

③划分网格，双击 Model 进入 Mechanical 模块，Mesh > Generate Mesh。

网格形状和数量的划分在一定的程度上影响解的精确性，本题利用软件自动划分网格的功能将对已建立好的模型进行网格的划分，划分网格的数量为 87248 个。如图 9-93 所示。

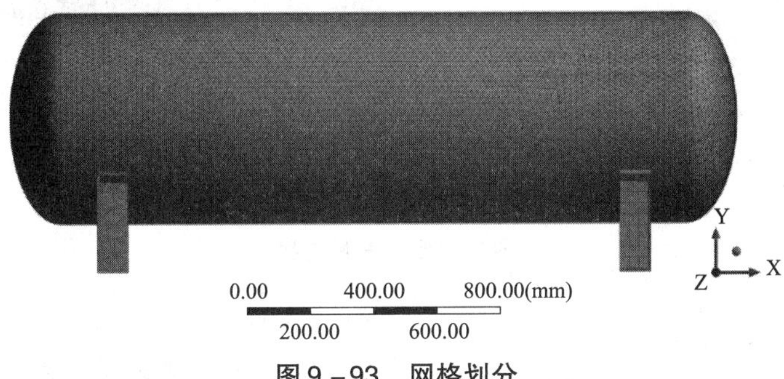

图 9-93 网格划分

(3) 对卧式容器的两个鞍座添加固定约束，如图 9-94 所示，Static(A5) > Insert > Displacement > Y Component 为 0。

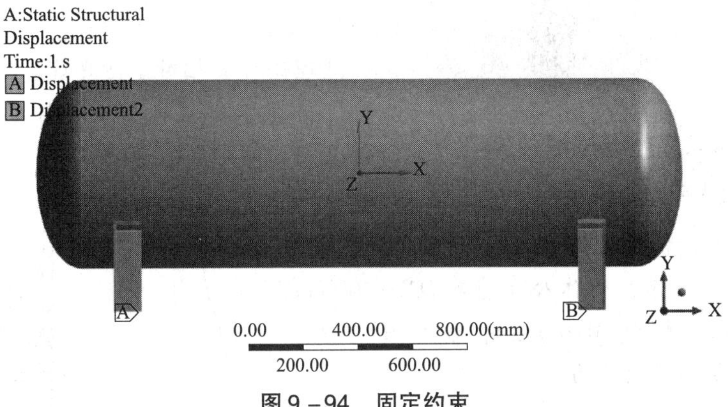

图 9-94 固定约束

(4) 载荷边界条件的设置如图 9-95，Static Structral(A5) > Insert > Pressure > Detail of Pressure > Geometry(选择边界) > Magnitude(大小 2.5MPa)。

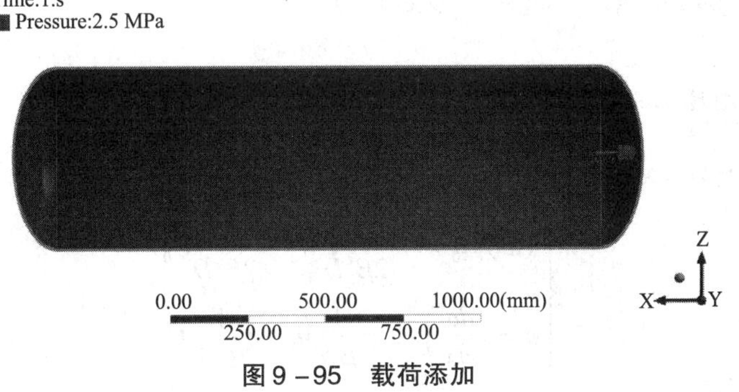

图 9-95 载荷添加

(5)应力和应变的求解，过程如图 9 -96，右击 Solution > Insert > Stress > Normal，修改应力方向沿 x 方向，为了查看沿轴向应力的分布。

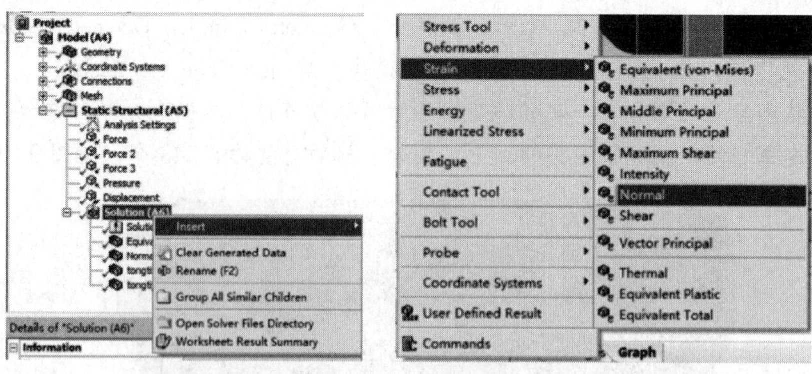

图 9 -96　求解过程

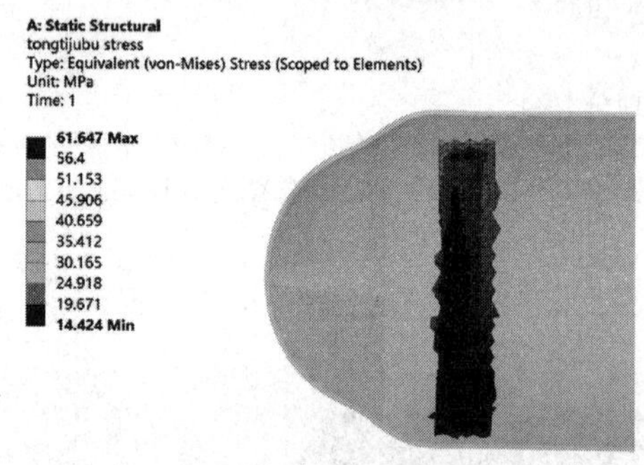

图 9 -97　应力云图

Step3，后处理

输出应力、应变云图，右击 Solution > solve，查看应力云图 9 -97。

3)经典理论与模拟仿真计算对比：

①理论计算的结果与仿真计算的结果误差值为 0.14%。

②理论计算相对于仿真计算较为准确。

③仿真模拟相对于理论计算较为简单，同时仿真模拟的结果较为清楚。

【例题 9 -5】有力矩理论

某立式换热器管箱与壳体之间采用甲型平焊法连接如图 9 -98 所示，筒体公称直径 $DN=400$mm，筒体壁厚 10mm，螺柱 M16 × 20，设计压力 $P=0.8$MPa。试分析法兰的应力。

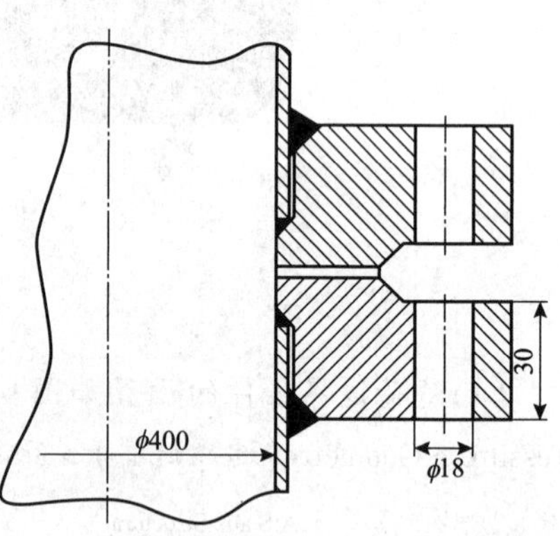

图 9 -98　【例题 9 -5】图

解:

(1)经典理论计算：

由平衡方程、几何方程、物理方程解出挠度 ω 为：

$$\omega=-\frac{e^{-\beta x}}{2\beta^3 D}[\beta M_0(\cos\beta x-\sin\beta x)-Q_0\cos\beta x]$$

其中，抗弯刚度 $D=\dfrac{E\delta^3}{12(1-\mu^2)}$，$\beta=\dfrac{\sqrt{3(1-\mu^2)}}{\sqrt{R\delta}}$

最大挠度发生在 $x=0$ 的边缘处，有如下关系成立：

$$\begin{cases}(\omega)_{x=0}=-\dfrac{1}{2\beta^2 D}M_0+\dfrac{1}{2\beta^3 D}Q_0\\ \vartheta=\left(\dfrac{d\omega}{dx}\right)_{x=0}=\dfrac{1}{\beta D}M_0-\dfrac{1}{2\beta^2 D}Q_0\end{cases}$$

带入变形协调方程并解得：

$$\begin{cases} M_0 = 0 \\ Q_0 = \dfrac{p}{8\beta} \end{cases}$$

由此可得：

$$\omega = \frac{e^{-\beta x}}{2\beta^3 D} \cdot \frac{p}{8\beta}\cos\beta x = \frac{pe^{-\beta x}}{16\beta^4 D}\cos\beta x$$

所以

$$\begin{cases} N_\theta = -\dfrac{E\delta}{R}\omega = -\dfrac{pR}{4}e^{-\beta x}\cos\beta x \\ M_x = -D\dfrac{d^2\omega}{dx^2} = -\dfrac{p}{8\beta^2}e^{-\beta x}\sin\beta x \\ M_\theta = \mu M_x \end{cases}$$

$$\sigma_x = \sigma_x^P + \sigma_x^M = \frac{pR}{2\delta} + \frac{3p}{4\beta\delta}e^{-\beta x}\sin\beta x$$

在最大应力处，有$\dfrac{\mathrm{d}\sigma_x}{\mathrm{d}x} = 0$，即$\dfrac{3p}{4\beta\delta}e^{-\beta x}(\cos\beta x - \sin\beta x) = 0$。

解得$\beta x = \dfrac{\pi}{4}$。

所以，最大应力为：

$$(\sigma_x)_{\max} = \frac{pR}{2\delta} + \frac{3\sqrt{2}p}{8\delta\beta}e^{-\frac{\pi}{4}} = 0.646\frac{pR}{\delta} = 8.398\text{MPa}$$

(2)模拟仿真计算：

step1，前处理

几何模型的建立 用 ansys 自带软件或者 solidworks 等其他三维画图软件建模，模型如图 9－99。

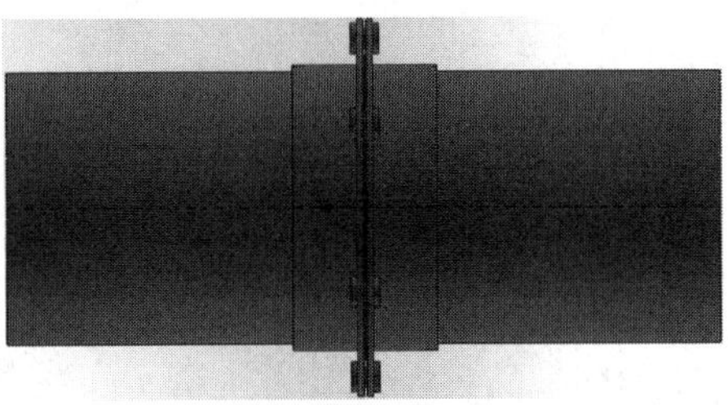

图 9－99 几何模型

材料参数的定义 进入 workbench 后，先创建一个静力学分析的流程，鼠标右击 Geometry，选择输入已画好的模型，如下图。双击 Engineering Date，输入相应的泊松比、弹性模量和密度。

模型导入 将已建立好的模型导入到 ANSYS 软件中，Geometry > Import Geometry > Browse。

Step2，求解

网格的划分 双击 Model 进入 Mechanical 模块，Mesh > Generate Mesh。划分后如图

9－100 所示。

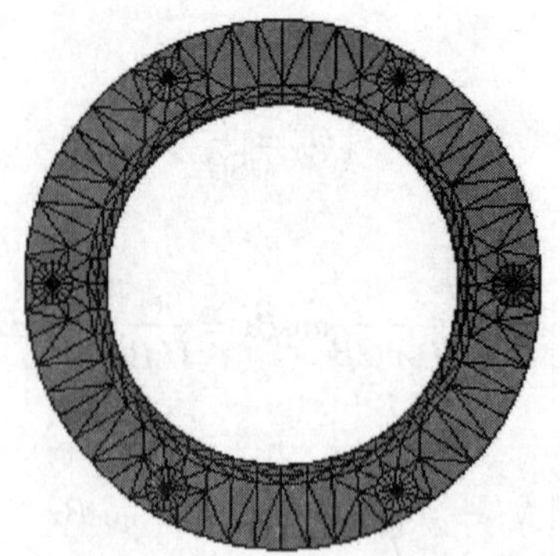

图 9－100 网格划分

约束条件的设置 由于是压力容器的一部分，故筒体的两端应为全约束，如图 9－101 所示。

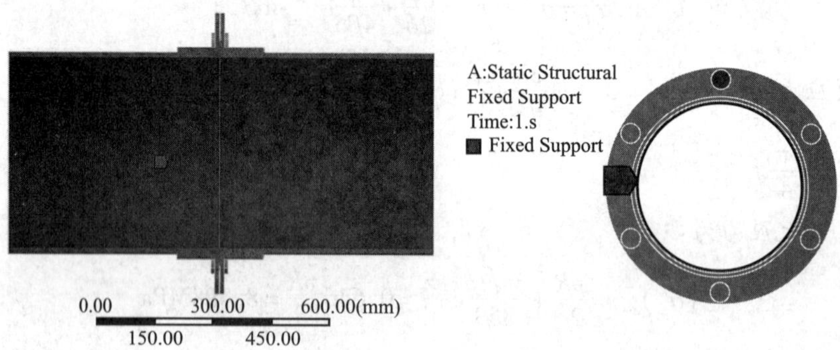

图 9－101 载荷设定

应力的求解 插入应力强度线性化鼠标右击 Solution，选择 Insert > Stress > Equivalent (von－Mises)。

Step3，后处理

输出云图，右击 Solution > solve，查看应力云图 9－102。

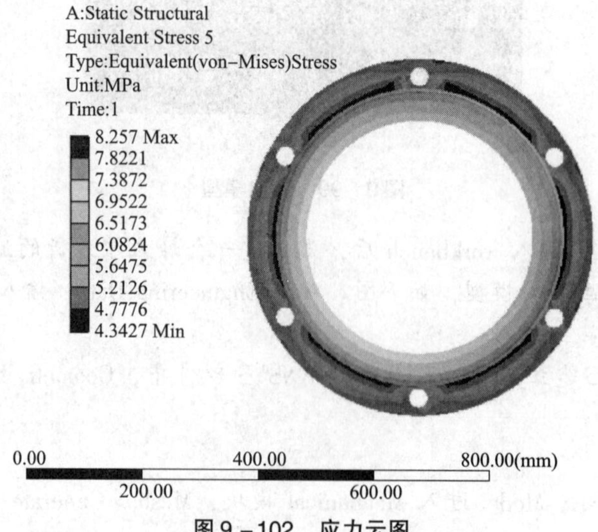

图 9－102 应力云图

(3)经典理论与模拟仿真计算对比

通过 anaya 仿真计算分析，法兰的最大应力为 8.257MPa，位置在与筒体相接的边缘处，与理论计算值 8.398MPa 相差 0.141MPa，误差为 1.7%，在误差允许范围内，故仿真模拟符合实际工况。

【例题 9-6】外压容器

一立式夹套反应器，两端均采用椭圆形封头。反应器圆筒内最高工作压力 $P_w=2.2\text{MPa}$，圆筒内径 $D_i=1800\text{mm}$，长度 $L=1800\text{mm}$，厚度 $\delta=34\text{mm}$；夹套内最高工作压力 $P_w=2.3\text{MPa}$。夹套内径 $D_i=1900\text{mm}$，长度 $L=1400\text{mm}$，夹套厚度 $\delta=46\text{mm}$，圆筒和夹套材料为 Q245R，腐蚀余量 $C=2$。试对圆筒进行应力分析。

解：

(1)经典理论计算

由于圆筒外径 D 与厚度 δ 之比大于 20，所以为长圆筒。长圆筒可以忽略两端边界对稳定性的影响，临界压力 p_{cr} 与 δ/D 有关，与 L/D 无关，在内压作用下，有：

$$\sigma_{cr}=\frac{p_{cr}D_0}{2\delta_e}=1.1E\left(\frac{\delta_e}{D_0}\right)^2=1.1\times2\times10^5\times\left(\frac{34-2}{1800+34\times2}\right)^2=64.838\text{MPa}$$

在外压作用下，

$$\sigma_{cr}=\frac{p_{cr}D_0}{2\delta_e}=1.1E\left(\frac{\delta_e}{D_0}\right)^2=1.1\times2\times10^5\times\left(\frac{46-2}{1900+46\times2}\right)^2=107.336\text{MPa}$$

(2)模拟仿真计算

Step1，前处理

材料参数的定义　双击 Engineering Date，输入相应的泊松比、弹性模量和密度。

几何模型的建立　导入几何模型，双击 Static Structural > 右击 Geometry > Import > Browse，

Step2，求解

网格的划分　双击 Model 进入 Mechanical 模块，Mesh > Generate Mesh。

约束边界条件的设置　插入 Static Structral(A5) > Insert > Fix Support(选取两端面固定)。如图 9-103。

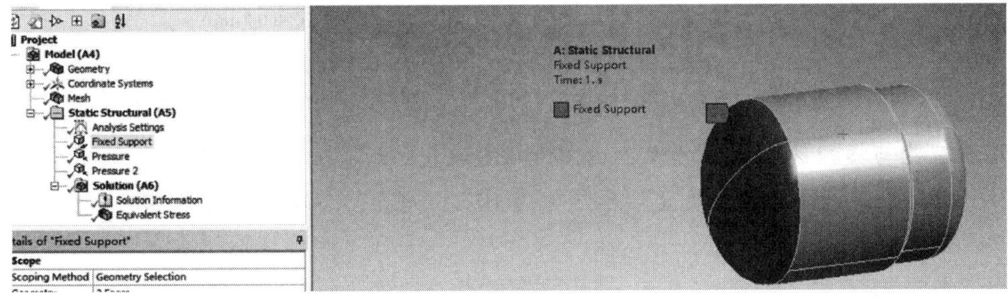

图 9-103　约束边界条件的设置

载荷边界条件的设置　插入 Static Structral(A5) > Insert > Pressure > Detail of Pressure > Geometry(选择边界，内表面加压) > Magnitude，同理夹套加压插入 Static Structral(A5) > Insert > Pressure > Detail of Pressure > Geometry(选择边界，夹套加外压) > Magnitude，如图

9-104 所示。

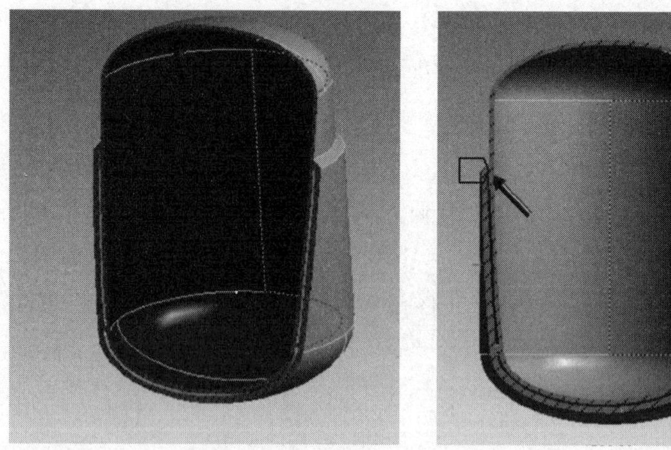

图 9-104　载荷边界条件的设置

Step3，后处理

右击 Solution > Insert > Stress > Equivalent(von-Mises)插入应力云图。

输出应力、应变云图　右击 Solution > solve，查看应力云图，如图 9-105 所示。在外压作用下：

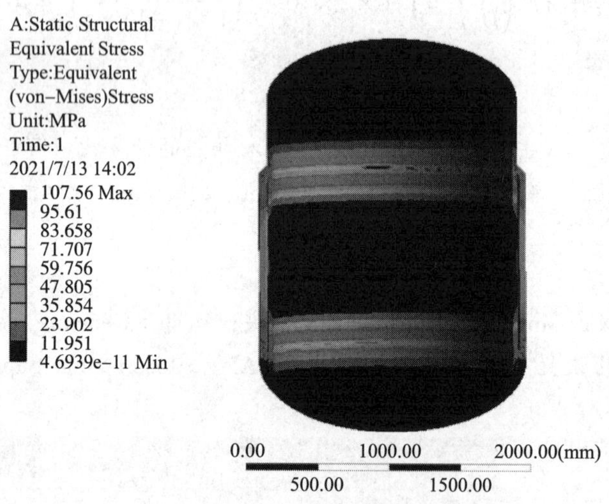

图 9-105　外压作用下应力

经典理论与模拟仿真计算对比　由图 9-105 可看出，在内压作用下最大临界应力为 64.638MPa，在外压作用下，最大临界应力为 107.56MPa，与理论计算基本符合。

参考文献

[1]徐芝纶．弹性力学[M].(第5版). 北京：高等教育出版社，2016.

[2]老大中．分法基础[M]. 北京：国防工业出版社，2007.

[3]李卫民，刘淑芬．弹性力学及有限元[M]. 沈阳：东北大学出版社，2005.

[4]王光钦，丁桂保、杨杰．弹性力学[M].(第3版). 北京：清华大学出版社，2015.

[5]王润富．弹性力学简明教程学习指导[M]. 北京：高等教育出版社，2004.

[6](美)戴维 C. 雷，(美)史蒂文 R. 雷．线性代数及其应用[M].(第5版). 北京：机械工业出版社，2018.

[7]李福宝，李勤．压力容器及过程设备设计[M]. 北京：冶金工业出版社，2010.

[8]蒋玉川，李章政．弹性力学与有限元法简明教程[M]. 北京：化学工业出版社出版，2010.

[9]尹飞鸿．有限元法基本原理及应用[M]. 北京：高等教育出版社，2000.

[10]史治宇．变分原理及有限元[M]. 北京：国防工业出版社，2016.

[11]陆明万，张雄，葛东云．工程弹性力学与有限元法[M]. 北京：清华大学出版社，2005.

[12](美)钱德拉佩特拉，(美)贝莱冈度．曾攀，雷丽萍，译．工程中的有限元方法[M]. 北京：机械工业出版社，2015.

[13](美)洛根．L. 达里尔，有限元方法基础教程[M].(国际单位制版)(第5版). 北京：电子工业出版社，2014.

[14]陈章华，宁晓钧．工程中的有限元分析方法[M]. 北京：冶金工业出版社，2013.

[15]陈雪峰，李冰，曹宏瑞．有限元方法及其工程案例[M]. 北京：科学出版社，2014.

[16]冷纪桐，赵军，张娅．有限元技术基础[M]. 北京：化学工业出版社，2018.

[17]张洪信，管殿柱．有限元基础理论与 ANSYS18.0 应用[M]. 北京：机械工业出版社，2018.

[18]周炬，苏金英．ANSYS Workbench 有限元分析实例详解：静力学[M]. 北京：人民邮电出版社，2017.

[19]张延庆．结构分析有限元法[M]. 北京：科学出版社，2016.

[20]张昭，蔡志勤．有限元方法与应用[M]. 大连：大连理工大学出版社，2011.

[21]曾攀．有限元分析及应用[M]. 北京：清华大学出版社，2004.

[22]王泽军．锅炉结构有限元分析[M]. 北京：化学工业出版社，2005.

[23]王心明，(美)麦克．工程压力容器设计与计算[M].(第2版). 北京：国防工业出版社，2011.

[24]主文友．过程装备制造工艺[M]. 北京: 中国石化出版社，2013.

[25]李福宝，李勤．过程装备机械基础[M]. 北京：化学工业出版社，2012.

[26]周永源．理论力学学习指导[M]. 沈阳：东北大学出版社，2015.

[27]王光钦．弹性力学理论概要与典型题解[M]. 成都：西南交通大学出版社，2009.

[28]鲍荣浩，徐博侯．弹性力学变分原理引论[M]. 杭州：浙江大学出版社，2017.

[29]武际中．弹性力学引论[M].(修订版) 北京：北京大学出版社，2001.

[30]王敏中，高存法，高阳．数学弹性力学研究的若干进展[M]. 北京：科学出版社，2021.

[31](日)中原一郎，(日)涉谷寿一，(日)土田栄一郎，等．弹性力学手册[M]. 西安：西安交通大学出版社，2014.

[32]伍章健，武海军，韩峰. 弹性力学[M]. 北京：北京理工大学出版社，2017.
[33]李福宝，周丽楠，李勤. 工程力学[M]. 北京：化学工业出版社，2019.
[34]江民圣. ANSYS Workbench 19.0 基础入门与工程实践[M]. 北京：人民邮电出版社，2019.
[35]中国石油和化学工业局. HG/T20549—1998[S]. 化工装置管道布置设计规定，1998.
[36]中国石油和化学工业局. HG/T20546—2009[S]. 化工装置设备布置设计规定，2009.
[37]中国石油和化学工业局. HG/T 20592—2018[S]. 钢制管法兰(PN 系列)，2018.
[38]刘鸿文. 材料力学 I [M]. (第 6 版) 北京：高等教育出版社，2017.
[39]李云，姜培正. 过程流体机械[M]. 北京：化学工业出版社，2010.
[40]康勇，李桂水. 过程流体机械[M]. 北京：化学工业出版社，2016.
[41]朱张校，姚可夫，王昆林，等. 工程材料[M]. (第 5 版). 北京：清华大学出版社，2011.